黄师傅教你识读电工电路

黄海平　编著

科学出版社

北　京

内 容 简 介

本书总结作者多年的工作经验，结合实际应用情况，以流程图的形式介绍电工必备的识图方法和技巧。全书共分10章，主要内容包括直流电动机启动与制动控制电路，电动机单向直接启动控制电路，电动机降压启动控制电路，电动机可逆直接启动控制电路，电动机制动控制电路，电动机顺序控制电路，电动机自动往返控制电路，供、排水系统控制电路，速度控制电路及其他实用电路。

本书图文并茂、深入浅出，文字表述通俗易懂，流程图清晰明了，电路实例实用性强。

本书可供广大电工技术人员学习参考，也可作为工科院校电工、电子、自动化及相关专业师生的参考用书。

图书在版编目(CIP)数据

黄师傅教你识读电工电路/黄海平编著. —北京:科学出版社,2013.7

ISBN 978-7-03-037535-3

Ⅰ.黄…　Ⅱ.黄…　Ⅲ.电路-基本知识　Ⅳ.TM13

中国版本图书馆CIP数据核字(2013)第106156号

责任编辑：孙力维　杨　凯/责任制作：魏　谨

责任印制：赵德静/封面设计：画道设计

北京东方科龙图文有限公司　制作

http://www.okbook.com.cn

科学出版社　出版

北京东黄城根北街16号

邮政编码:100717

http://www.sciencep.com

新科印刷有限公司　印刷

科学出版社发行　各地新华书店经销

*

2013年7月第　一　版　　开本：A5(890×1240)

2013年7月第一次印刷　　印张：11 1/2

印数：1—4 000　　字数：350 000

定　价：38.00元

(如有印装质量问题，我社负责调换)

前　言

电气线路图是电工技术人员进行电路设计、备料、安装、分析、查找电路故障的重要依据，也是电工技术人员互相交流的“语言”。通过对电气线路图的识读和分析，可以了解电气设备的工作原理及工作过程，从而掌握正确的操作和维护方法，在出现故障时能迅速找出故障根源并排除。

识图是电工技术人员学习电路控制的基础，单纯的文字叙述，往往使读者在学习过程中感到枯燥无味，学习起来有心无力。

为了快速提高电工技术人员的识图能力，本书运用简洁准确的语言，结合大量电工实用电路实例，浅显易懂地介绍电工应该具备的识图方法和技巧。本书用箭头来表示控制电路图不同控制器件工作时所形成的电路，读者顺着箭头就会自然而然地理解电路的工作原理。

本书共10章，主要内容包括直流电动机启动与制动控制电路，电动机单向直接启动控制电路，电动机降压启动控制电路，电动机可逆直接启动控制电路，电动机制动控制电路，电动机顺序控制电路，电动机自动往返控制电路，供、排水系统控制电路，速度控制电路及其他实用电路。

本书的主要特点是：

(1) 图文并茂，深入浅出。

(2) 文字表述通俗易懂，流程图清晰明了。

(3) 电路实例实用性强。

本书可供广大电工技术人员学习参考，也可作为工科院校电工、电子、自动化及相关专业师生的参考用书。

参加本书编写工作的还有黄鑫、黄海静、李志平、王义政、李燕、李雅茜、李志安等同志，在此表示衷心感谢。

由于编写时间仓促，书中不足之处在所难免，敬请专家同仁赐教。

黄海平

2013年3月于山东威海福德花园

目　录

第1章

直流电动机启动与制动控制电路

1.1 直流电动机按电流原则启动控制电路

直流电动机按电流原则启动控制电路如图 1.1 所示。

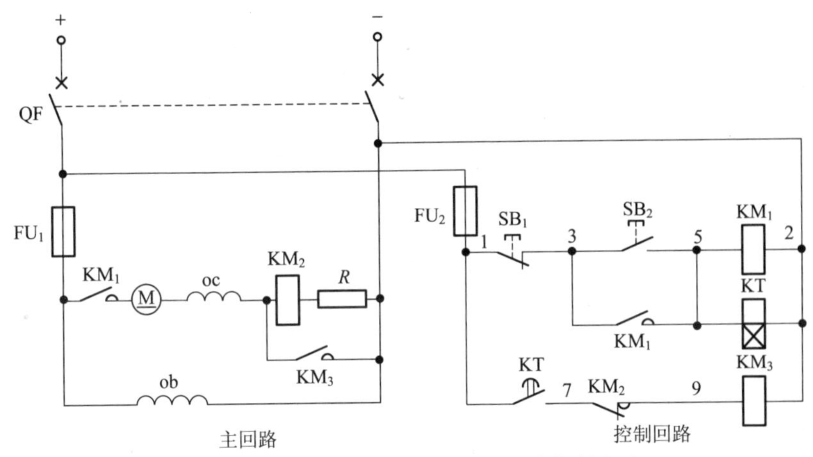

图 1.1 直流电动机按电流原则启动控制电路

启动时，按下启动按钮 SB_2(3-5)，接触器 KM_1、得电延时时间继电器 KT 线圈得电吸合且 KM_1 辅助常开触点(3-5)闭合自锁，KT 开始延时，KM_1 主触点闭合，电动机电枢回路串入电阻器 R 进行启动。在电动机电枢回路得电的同时，接触器 KM_2 线圈也得电吸合，KM_2 串联在接触器 KM_3 线圈回路中的辅助常闭触点(7-9)断开。随着电动机转速的升高，电动机电枢电流也随之下降，当电流下降至 KM_2 的释放电流时，KM_2 线圈释放，KM_2 辅助常闭触点恢复常闭，此时经 KT 延时后，KT 得电延时闭合的常开触点(1-7)闭合,接触器 KM_3 线圈得电吸合,KM_3 主触点闭合,将电阻器 R 短接起来,电动机得电以额定电压正常运转。

1.2　直流电动机按速度原则启动控制电路

直流电动机按速度原则启动控制电路如图 1.2 所示,在电路图 1.2 中,接触器 KM_2、KM_3 和 KM_4 的线圈电压不同,应满足 $U_{KM_2}<U_{KM_3}<U_{KM_4}$。

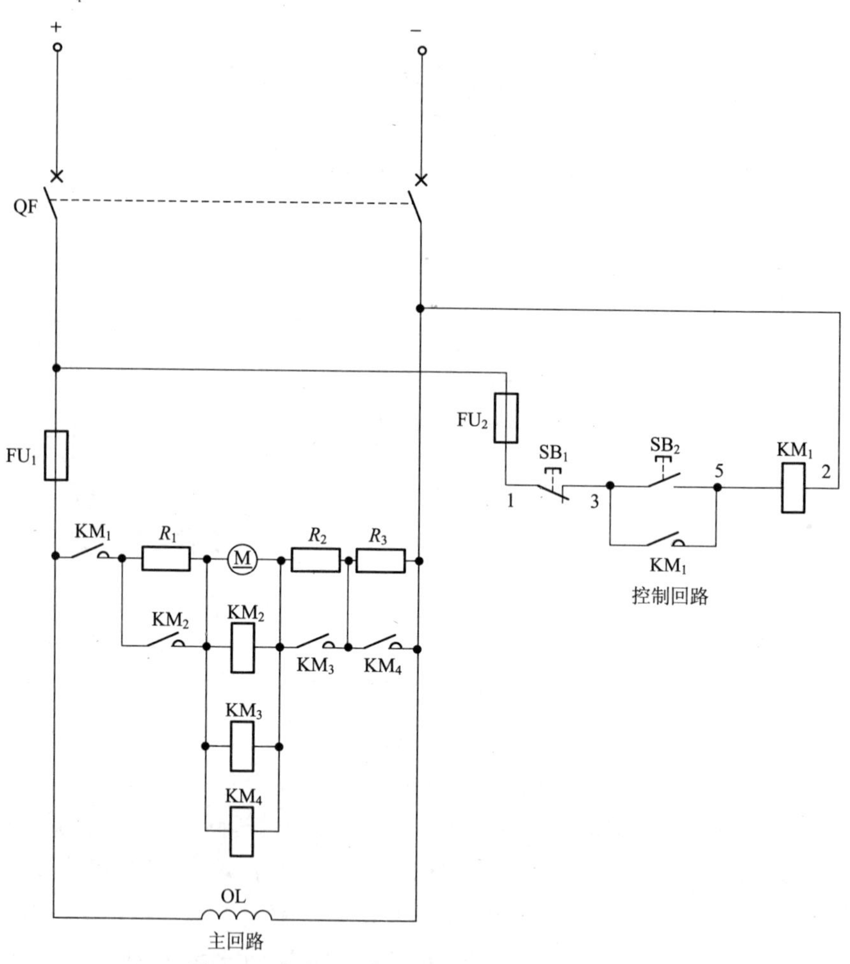

图 1.2　直流电动机按速度原则启动控制电路

启动时，按下启动按钮 SB_2，接触器 KM_1 线圈得电吸合且 KM_1 辅助常开触点闭合自锁，KM_1 主触点闭合，电动机电枢回路串入全部电阻器 R_1、R_2、R_3 开始进行启动。随着电动机转速的逐渐提高，其反电势逐渐增大，电枢两端的电压也逐渐升高，当电枢电压升至接触器 KM_2 线圈的吸合电压时，KM_2 线圈吸合，KM_2 主触点闭合，将电阻器 R_1 短接起来，电动机继续加速；其反电势也继续增大，电枢两端的电压也继续升高，当电枢电压升至接触器 KM_3 线圈的吸合电压时，KM_3 线圈吸合，KM_3 主触点闭合，将电阻器 R_2 短接起来，电动机继续加速，其反电势也继续增大。当电枢两端的电压升至接触器 KM_4 线圈的吸合电压时，KM_4 线圈吸合，KM_4 主触点闭合，将最后一只电阻器 R_3 也短接起来，电动机电枢得以全压运转。也就是说，当所有电阻器 R_1、R_2、R_3 全部被依次短接后，电动机就从启动过程过渡到全压正常运转过程。

停止时，按下停止按钮 SB_1，接触器 KM_1 线圈断电释放，KM_1 主触点断开，切断电动机电枢回路电源，电动机失电停止运转；同时接触器 KM_2、KM_3、KM_4 线圈也断电释放，KM_2、KM_3、KM_4 各自的触点恢复原始常开状态，为再次启动电动机做准备。

1.3　直流电动机按时间原则启动控制电路

直流电动机按时间原则启动控制电路如图 1.3 所示。

启动时，按下启动按钮 SB_2，接触器 KM_1 线圈得电吸合且 KM_1 辅助常开触点闭合自锁，KM_1 主触点闭合，接通电动机电枢回路电源，电动机电枢回路串入电阻器 R_1、R_2 进行启动。在按下启动按钮 SB_2 的同时，得电延时时间继电器 KT_1 线圈也同时得电吸合并开始延时。经 KT_1 一段延时后，KT_1 得电延时闭合的常开触点闭合，接通了接触器 KM_2 和得电延时时间继电器 KT_2 线圈回路电源，KM_2、KT_2 线圈得电吸合且 KT_2 开始延时。在 KM_2 线圈得电吸合后，KM_2 主触点闭合，将电阻器 R_1 短接起来，电动机开始加速。经 KT_2 一段延时后，KT_2 得电延时闭合的常开触点闭合，接通了接触器 KM_3 线圈回路电源，KM_3 线圈得电吸合，KM_3 主触点闭合，将电阻器 R_2 短接起来，电动机电枢回路得以额定电压全速（额定转速）正常运转。至此，整个启动过程结束。

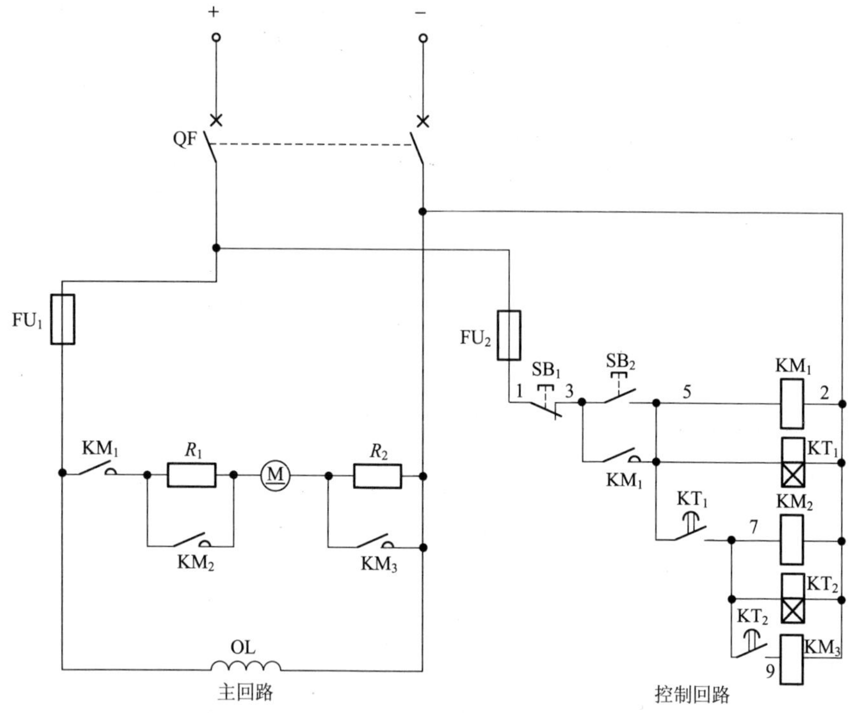

图 1.3　直流电动机按时间原则启动控制电路

1.4　直流电动机可逆频繁启动控制电路

有的场合要求对直流电动机进行频繁的可逆启动控制，通过改变直流电动机电枢电流的方向即可改变直流电动机的旋转方向。

直流电动机可逆频繁启动控制电路如图 1.4 所示，合上主回路断路器 QF_1、控制回路断路器 QF_2，电源兼停止指示灯 HL_1 亮，说明电路电源正常。

正转启动时，按下正转启动按钮 SB_2，正转直流接触器 KM_1 线圈得电吸合且 KM_1 辅助常开触点闭合自锁，KM_1 三相主触点闭合，其中 KM_1 的两组主触点将直流电动机电源接通，另一组主触点将励磁回路接通，直流电动机得电正向启动运转。同时，KM_1 串联在反转直流接触器 KM_2 线圈回路中的辅助常闭触点断开，起到互锁保护作用，KM_1 另一组辅助常闭触点断开，指示灯 HL_1 灭，KM_1 另一组辅助常开触点闭合，指

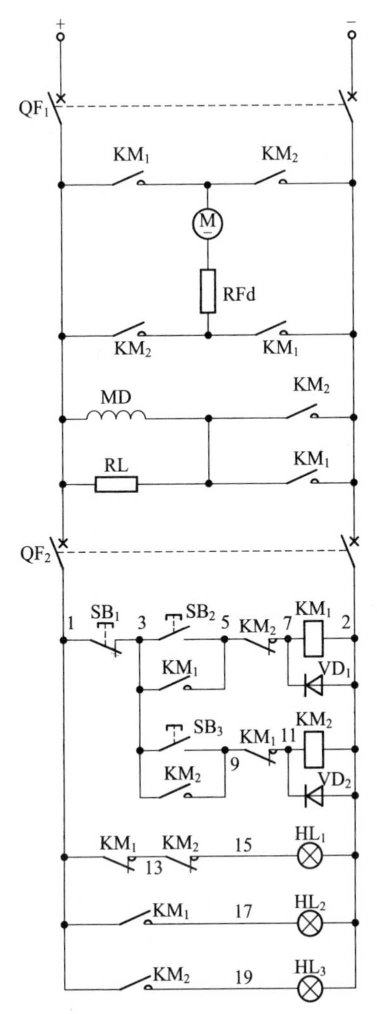

图 1.4　直流电动机可逆频繁启动控制电路

示灯 HL_2 亮，说明直流电动机已正转启动运转了。

反转启动时，若直流电动机已正转启动运转，不能直接按反转启动按钮 SB_3 操作，因为在本电路中正、反转按钮 SB_2、SB_3 没有按钮常闭触点互锁，所以必须先按下停止按钮 SB_1，正转直流接触器 KM_1 线圈断电释放，其三相主触点断开，使直流电动机正转停止后，方可按下反转启动按钮 SB_3。此时，反转直流接触器 KM_2 线圈得电吸合且 KM_2 辅助常开触点闭合自锁，KM_2 三相主触点闭合，其中 KM_2 的两组主触点将直流电动机电源极性反接，另一组主触点将励磁回路接通，这样，直流电动机得电反向启动运转。同时，KM_2 串联在正转直流接触器 KM_1 线圈回路中的辅助常闭触点断开，起到互锁保护作用，KM_2 的另一组辅助常闭触点断开，指示灯 HL_1 灭，KM_2 的另一组辅助常开触点闭合，指示灯 HL_3 亮，说明直流电动机已反转启动运转了。

为了防止过电压损坏电动机，通常在励磁线圈 MD 上并接有放电电阻 RL，其阻值一般为励磁绕组阻值的 5～8 倍，也可根据实际应用确定。

1.5 用变阻器启动直流电动机控制电路

用变阻器启动直流电动机控制电路如图 1.5 所示。合上断路器 QF 后，失电延时时间继电器 KT_1 线圈得电吸合，KT_1 失电延时闭合的常闭触点立即断开，为延时短接电阻器 R_1 做准备。

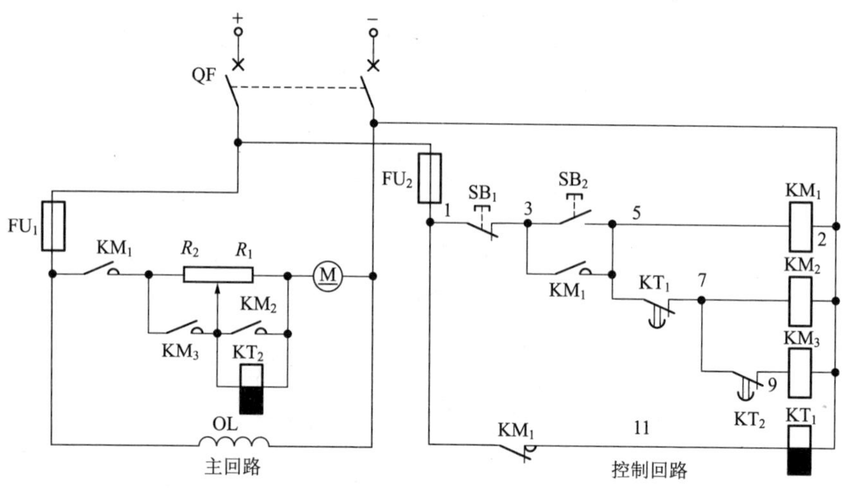

图 1.5 用变阻器启动直流电动机控制电路

启动时，按下启动按钮 SB_2(3-5)，接触器 KM_1 线圈得电吸合且 KM_1 辅助常开触点(3-5)闭合自锁，KM_1 辅助常闭触点(1-11)断开，切断失电延时时间继电器 KT_1 线圈回路电源，KT_1 线圈断电释放并开始延时。在 KM_1 线圈得电吸合后，KM_1 主触点闭合，接通电动机电枢回路电源，电动机电枢回路串入全部启动电阻开始启动。此时由于电枢电流在电阻器 R_1 上的压降足以使失电延时时间继电器 KT_2 线圈得电吸合，KT_1 失电延时闭合的常闭触点(5-7)立即断开，为延时接通全压接触器 KM_3 线圈做准备。经 KT_1 一段延时后，KT_1 失电延时闭合的常闭触点(5-7)恢复常闭，使接触器 KM_2 线圈得电吸合，KM_2 主触点闭合，将电阻器 R_1 及 KT_2 线圈回路短接起来，KT_2 线圈断电释放并开始延时。此时，电动机电枢回路只串入了电阻器 R_2 部分，电动机速度将逐渐升高。经 KT_2 一段延时后，KT_2 失电延时闭合的常闭触点恢复常闭，接通了接触器 KM_3 线圈回路电源，KM_3 线圈得电吸合，KM_3 主触点闭合，将电阻器 R_2 也短接起来，这样，电动机电枢回路得以额定工作电压，按额定转速运转。至此，完成整个启动过程。

停止时，按下停止按钮 SB_1(1-3)，接触器 KM_1、KM_2、KM_3 线圈均断电释放，其各自的触点全部恢复原始状态，电动机失电停止运转。在 KM_1 线圈断电释放后，KM_1 辅助常闭触点(1-11)闭合，又重新使 KT_1 线圈得电吸合，KT_1 失电延时闭合的常闭触点(5-7)立即断开，为重新启动做准备。

1.6 直流电动机能耗制动控制电路

直流电动机能耗制动控制电路如图 1.6 所示。

启动时，按下启动按钮 SB_2(3-5)，接触器 KM_1 线圈得电吸合且 KM_1 辅助常开触点(3-5)闭合自锁，KM_1 辅助常闭触点断开，切断电压继电器 KM_2 线圈回路电源，为能耗制动做准备。KM_1 主触点闭合，电动机励磁线圈和电枢回路得电而运转。

制动时，按下停止按钮 SB_1(1-3)，接触器 KM_1 线圈断电释放，KM_1 辅助常闭触点恢复常闭，KM_1 主触点断开，电动机失电但仍靠惯性继续转动，由于电动机转子仍在转动，将产生激磁电压，电压继电器 KM_2 线圈得电吸合，KM_2 常开触点(1-7)闭合，使接触器 KM_3 线圈得电吸合，KM_3 常开触点闭合，将制动电阻 R 并联在电动机电枢两端，这时因激磁电流方向未改变，电动机产生的转矩为制动转矩，电动机的转速骤降而停止运转。当电枢反电势低至电压继电器 KM_2 线圈的释放电压时，KM_2 线圈释放，KM_2 常开触点(1-7)断开，接触器 KM_3 线圈也随之断电释放，KM_3 常开触点断开，制动过程结束。

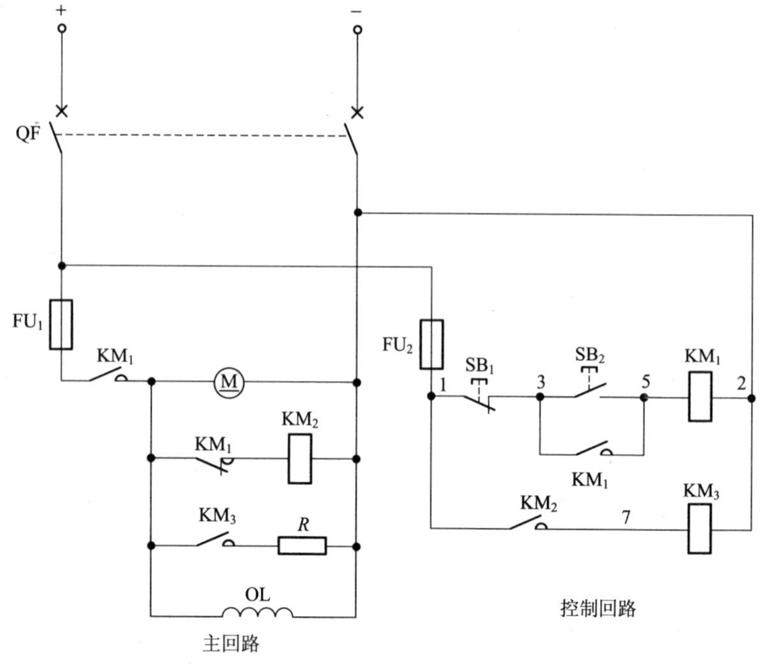

图 1.6　直流电动机能耗制动控制电路

1.7　直流电动机反接制动控制电路

直流电动机反接制动控制电路如图 1.7 所示。

启动时，按下启动按钮 SB_2，首先 SB_2 的一组常闭触点(9-11)断开，起互锁作用；SB_2 的另一组常开触点(3-5)闭合，使接触器 KM_1 和失电延时时间继电器 KT 线圈得电吸合且 KM_1 辅助常开触点(3-5)闭合自锁，KT 不延时瞬动常闭触点(13-15)断开，KT 失电延时断开的常开触点(11-13)立即闭合，为反接制动做准备。在 KM_1 线圈得电吸合后，KM_1 的三组主触点闭合，接通电动机励磁线圈和电枢回路电源，电动机得电运转。

反接制动时，按下停止按钮 SB_1(1-3)，接触器 KM_1 和失电延时时间继电器 KT 线圈断电释放，KT 开始延时，KM_1 主触点断开，电动机失电但仍靠惯性继续转动；此时，接触器 KM_2 线圈得电吸合，KM_2 主触点闭合，将电动机电枢电源反接，电动机电磁转矩改变为制动转矩，使电动机

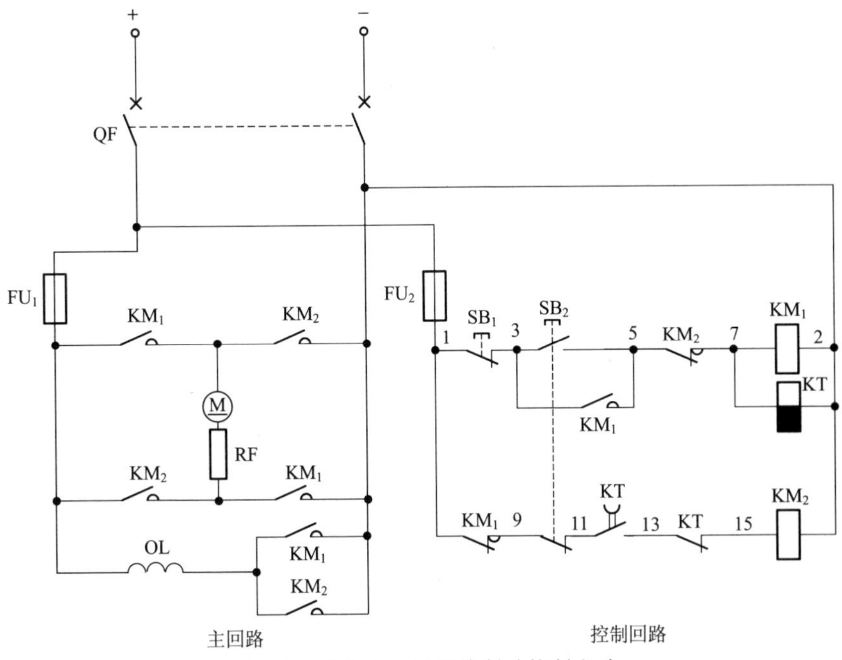

图 1.7 直流电动机反接制动控制电路

的转速迅速下降而停止，从而起到反接制动作用。经 KT 一段延时后，KT 失电延时断开的常开触点(11-13)断开，切断接触器 KM_2 线圈回路电源，KM_2 线圈断电释放，KM_2 主触点断开，解除通入电动机电枢内的反接制动电源，制动过程结束。

1.8 他励直流电动机防励磁丢失保护控制电路

他励直流电动机防励磁丢失保护控制电路如图 1.8 所示。

对于他励直流电动机来讲，最可怕的是运行中励磁丢失，倘若励磁丢失，会造成电动机“飞车”事故。为此，可在励磁回路中串联一只欠电流继电器 KI 线圈。在励磁回路工作正常时，将有电流产生，欠电流继电器 KI 线圈吸合工作，KI 串联在控制回路中的常开触点(3-5)闭合，为控制回路工作做准备。当励磁回路出现断路时，欠电流继电器 KI 线圈无电流释放，KI 串联在控制回路中的常开触点(3-5)断开，切断其控制回路电源，使其停止工作，以防“飞车”事故的发生。

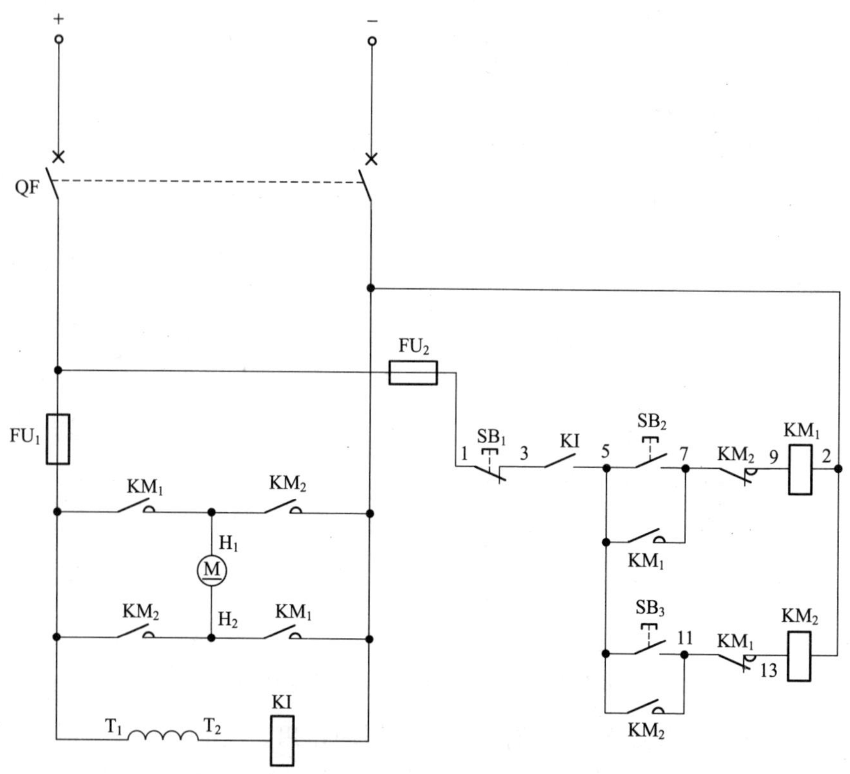

图 1.8 他励直流电动机防励磁丢失保护控制电路

第2章

电动机单向直接启动控制电路

2.1 单按钮控制电动机启停电路(一)

单按钮控制电动机启停电路(一)如图2.1所示。

奇次按下按钮SB,其两组常闭触点(3-5、3-7)断开,常开触点(1-3)闭合,使交流接触器KM线圈得电吸合且KM辅助常开触点(1-3)闭合自锁,KM三相主触点闭合,电动机得电启动运转,松开按钮SB,其所有触点恢复原始状态,失电延时时间继电器KT线圈得电吸合,KT不延时瞬动常开触点(3-5)闭合;KT失电延时闭合的常闭触点(3-7)立即断开,为停止时偶次按下按钮SB时允许SB常闭触点(3-7)断开、切断KM线圈回路做准备。

偶次按下按钮SB,其两组常闭触点(3-5、3-7)断开,常开触点(1-3)闭合,其中SB的一组常闭触点(3-7)断开,切断了交流接触器KM线圈回路电源,KM线圈断电释放,KM自锁辅助常开触点(1-3)断开,也切断了失电延时时间继电器KT线圈回路电源,KT线圈断电释放,并开始延时,KT失电延时闭合的常闭触点(3-7)开始恢复常闭,在KT此延时触点未恢复常闭期间,松开SB按钮,SB和一组常闭触点(3-7)可能断开,可以保证KM线圈断电释放,也就是交流电动机可靠地停止运转。在KM线圈断电释放时,KM三相主触点断开,电动机失电停止运转。

值得提醒的是,偶次按下SB的时间不要超出KT的延时时间,否则KM重新自动启动工作。也就是说,偶次按下SB的操作为一按下即松开就行了。

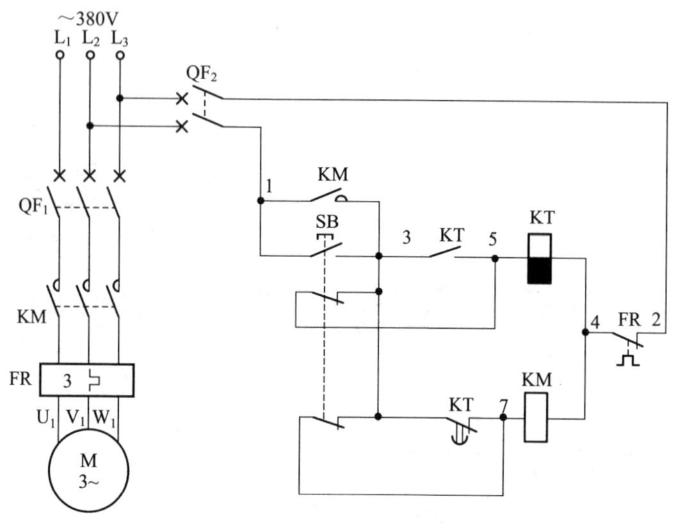

图 2.1 单按钮控制电动机启停电路(一)

2.2 单按钮控制电动机启停电路(二)

单按钮控制电动机启停电路(二)如图 2.2 所示。

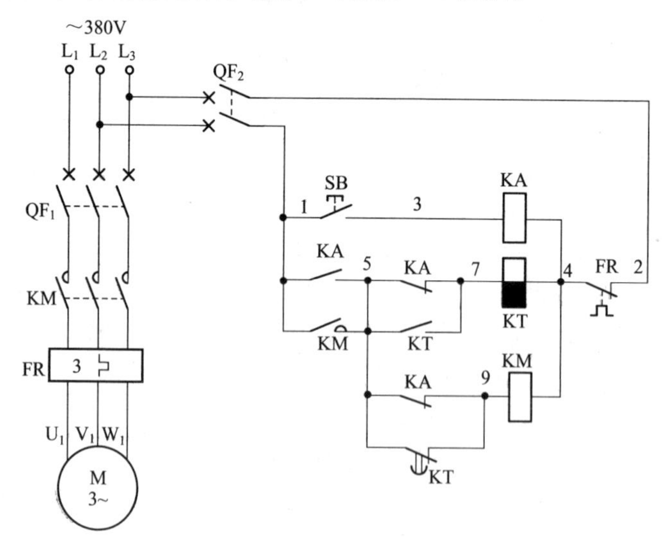

图 2.2 单按钮控制电动机启停电路(二)

奇次按动一下按钮 SB(1-3),中间继电器 KA 线圈得电吸合,KA 的两组常闭触点(5-7、5-9)均断开,KA 的常开触点(1-5)闭合,使交流接触器 KM 线圈得电吸合且 KM 辅助常开触点(1-5)闭合自锁,KM 三相主触点闭合,电动机得电启动运转。松开按钮 SB(1-3),中间继电器 KA 线圈断电释放,KA 所有触点恢复原始状态,此时失电延时时间继电器 KT 线圈在 KA 常闭触点(5-7)的作用下得电吸合且 KT 不延时瞬动常开触点(5-7)闭合自锁,KT 失电延时闭合的常闭触点(5-9)立即断开,为偶次按下按钮 SB(1-3)时,KA 常闭触点(5-9)断开,切断交流接触器 KM 线圈电源提供条件。

偶次按动一下按钮 SB(1-3),中间继电器 KA 线圈得电吸合,KA 的两组常闭触点(5-7、5-9)断开,其中 KA 的一组常闭触点(5-9)切断 KM 线圈回路电源,KM 线圈断电释放,KM 自锁触点(1-5)断开;KA 的另一组常闭触点(5-7)断开,在 KM 自锁辅助常开触点(1-5)的作用下使 KT 线圈也断电释放且 KT 开始延时。与此同时,KM 三相主触点断开,电动机失电停止运转。在 KT 延时时间内松开 SB(1-3),中间继电器 KA 线圈断电释放,其所有触点恢复原始状态。KT 延时时间是保证在偶次按下 SB 时,KT 失电延时闭合的常闭触点(5-9)恢复闭合的时间要大于 KA 常闭触点(5-9)的动作时间,使 KM 线圈能可靠动作。注意,偶次按下按钮 SB(1-3)的时间必须小于 KT 的延时时间,否则会出现 KM 线圈重新得电吸合动作情况。

2.3 单按钮控制电动机启停电路(三)

单按钮控制电动机启停电路(三)如图 2.3 所示。

合上主回路断路器 QF_1、控制回路断路器 QF_2,中间继电器 KA_2 线圈得电吸合,KA_2 常开触点(1-3)闭合自锁。

启动时,奇次按下按钮 SB,首先 SB 的一组常闭触点(1-9)断开,SB 的另一组常开触点(5-7)闭合,接通了中间继电器 KA_1 线圈回路电源,KA_1 线圈得电吸合且 KA_1 的一组常开触点(3-5)闭合自锁,KA_1 的一组常闭触点(7-9)断开,KA_1 的另一组常开触点(9-11)闭合;松开按钮 SB,SB 的一组常开触点(5-7)断开,SB 的另一组常闭触点(1-9)闭合,这样,交流接触器 KM 线圈得电吸合且 KM 辅助常开触点(9-11)闭合自锁,KM

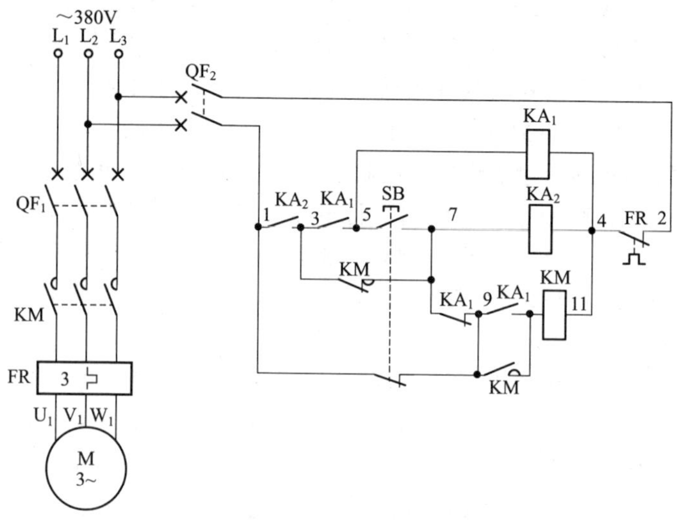

图 2.3　单按钮控制电动机启停电路(三)

辅助常闭触点(3-7)断开,使中间继电器 KA_1、KA_2 线圈断电释放,其各自的触点恢复原始状态,在 KA_1 常闭触点(7-9)恢复常闭状态时,又接通了中间继电器 KA_2 线圈回路电源,KA_2 线圈又重新得电吸合。停止时,偶次按下按钮 SB,SB 的一组常闭触点(1-9)断开,切断交流接触器 KM 和中间继电器 KA_2 线圈回路电源,KM、KA_2 线圈断电释放,KM 三相主触点断开,电动机失电停止运转;松开按钮 SB,中间继电器 KA_2 线圈又重新得电吸合,其常开触点(1-3)闭合,为下次启动电动机控制回路做准备。

2.4　单按钮控制电动机启停电路(四)

单按钮控制电动机启停电路(四)如图 2.4 所示。

本电路采用一只按钮对电动机进行启动、停止控制,即长时间按下按钮 SB 为启动操作,短时间按下按钮 SB 为停止操作。也就是说,在电动机未启动前,按下按钮 SB 的时间超出 KT_1 的设定时间为启动操作;而电动机启动运转后,在 KT_1 的设定时间内按下按钮 SB 为停止操作。

启动时,长时间按下按钮 SB,SB 的一组常闭触点(1-7)断开,SB 的另一组常开触点(1-3)闭合,接通得电延时时间继电器 KT_1 线圈回路电源,

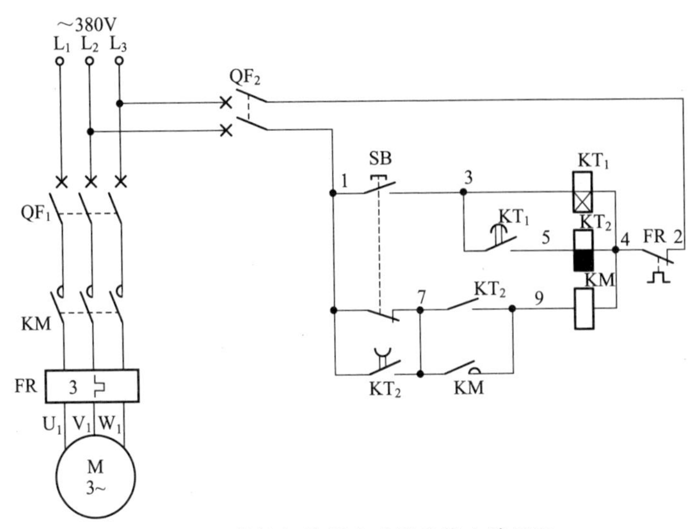

图 2.4 单按钮控制电动机启停电路(四)

KT_1 线圈得电吸合,KT_1 开始延时,经 KT_1 一段延时后,KT_1 得电延时闭合的常开触点(3-5)闭合,接通了失电延时时间继电器 KT_2 线圈回路电源,KT_2 线圈得电吸合,KT_2 失电延时断开的常开触点(1-7)立即闭合,KT_2 失电不延时瞬动常开触点(7-9)闭合,接通了交流接触器 KM 线圈回路电源,KM 线圈得电吸合且 KM 辅助常开触点(7-9)闭合自锁,KM 三相主触点闭合,电动机得电启动运转。松开被按下的按钮 SB,得电延时时间继电器 KT_1 和失电延时时间继电器 KT_2 线圈均断电释放,KT_1 得电延时闭合的常开触点(3-5)断开,KT_2 开始延时,KT_2 失电不延时瞬动常开触点(7-9)断开,为下次停止提供条件,KT_2 失电延时断开的常开触点(1-7)仍处于闭合状态,以保证在按钮 SB 松开后不至于使 KM 线圈回路断路提供可靠通路。经 KT_2 一段延时后(2s),KT_2 失电延时断开的常开触点(1-7)断开,为再次按下按钮 SB 停止电动机控制回路做准备。

停止时,短时间(或瞬时)按下按钮 SB,SB 的一组常开触点(1-3)虽然闭合,使得电延时时间继电器 KT_1 线圈得电吸合并开始延时,但 KT_1 的触点(3-5)得电延时闭合的时间比瞬时按下 SB 的时间长无法将 KT_2 线圈回路接通,所以启动回路无效。与此同时,SB 的另一组常闭触点(1-7)断开,切断了交流接触器 KM 线圈回路电源,KM 线圈断电释放,KM 三相主触点断开,电动机失电停止运转。

2.5 单按钮控制电动机启停电路(五)

单按钮控制电动机启停电路(五)如图2.5所示。

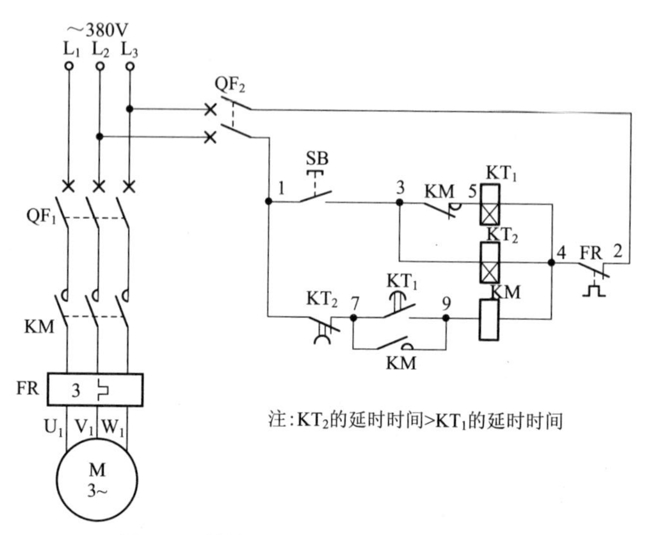

图2.5 单按钮控制电动机启停电路(五)

启动时,长时间按下按钮SB(1-3),其按下的时间要大于KT_1的延时时间,且不能超出KT_2的延时时间,此时,得电延时时间继电器KT_1、KT_2线圈均得电吸合且KT_1、KT_2开始延时。注意:KT_2的延时时间比KT_1长一倍。经KT_1一段延时后(3s),KT_1得电延时闭合的常开触点(7-9)闭合,接通了交流接触器KM线圈回路电源,KM线圈得电吸合且KM辅助常开触点(7-9)闭合自锁,KM三相主触点闭合,电动机得电启动运转。同时,KM串联在KT_1线圈回路中的辅助常闭触点(3-5)断开,使KT_1线圈断电释放,KT_1得电延时闭合的常开触点(7-9)恢复原始状态。松开按钮SB(1-3),得电延时时间继电器KT_2线圈断电释放,启动过程结束。

停止时,长时间按下按钮SB(1-3),其按下的时间要大于KT_2的延时时间,此时,得电延时时间继电器KT_2线圈得电吸合,且KT_2开始延时。经KT_2一段延时后(6s),KT_2得电延时断开的常闭触点(1-7)断开,切断了交流接触器KM线圈回路电源,KM线圈断电释放,KM三相主触点断开,电动机失电停止运转。松开按钮SB(1-3),得电延时时间继电器KT_2

线圈断电释放,KT_2 得电延时断开的常闭触点(1-7)恢复常闭,为下次启动控制做准备。至此,完成停止操作。

2.6 单按钮控制电动机启停电路(六)

单按钮控制电动机启停电路(六)如图 2.6 所示。

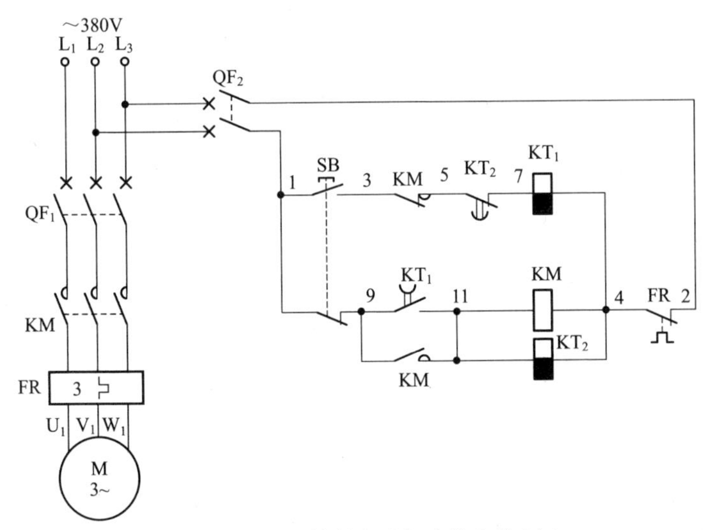

图 2.6 单按钮控制电动机启停电路(六)

奇次按下按钮 SB,首先 SB 的一组常闭触点(1-9)断开,切断交流接触器 KM 和失电延时时间继电器 KT_2 线圈回路电源,使 KM 和 KT_2 先不能得电工作;SB 的另一组常开触点(1-3)闭合,接通了失电延时时间继电器 KT_1 线圈回路电源,KT_1 线圈得电吸合,KT_1 失电延时断开的常开触点(9-11)立即闭合,为接通交流接触器 KM 和失电延时时间继电器 KT_2 线圈回路电源做准备。松开按下的按钮 SB,SB 的一组常开触点(1-3)断开,切断失电延时时间继电器 KT_1 线圈回路电源,KT_1 开始延时;SB 的另一组常闭触点(1-9)闭合,此时 KM 和 KT_2 线圈均得电吸合且 KM 辅助常开触点(9-11)闭合自锁,KM 三相主触点闭合,电动机得电启动运转。与此同时,KM 辅助常闭触点(3-5)、KT_2 失电延时闭合的常闭触点(5-7)立即断开,起互锁作用。经 KT_1 一段延时后,KT_1 失电延时断开的常开触点(9-11)断开,启动结束。KT_1 延时时间为按下再松开 SB 时电路中 KM 线圈能吸合工作提供条件。

偶次按下按钮 SB,SB 的一组常闭触点(1-9)断开,切断交流接触器 KM 和失电延时时间继电器 KT_2 线圈回路电源,KM 和 KT_2 线圈断电释放,KT_2 开始延时。KM 三相主触点断开,电动机失电停止运转。经 KT_2 一段延时后,KT_2 失电延时闭合的常闭触点(5-7)闭合,以保证在 KT_2 延时时间内 SB 恢复原始状态。需注意的是,偶次按下再松开按钮 SB 的时间必须小于 KT_2 的延时时间,否则 KT_2 失电延时闭合的常闭触点(5-7)闭合,将会自动启动工作。

2.7 单按钮控制电动机启停电路(七)

单按钮控制电动机启停电路(七)如图 2.7 所示。

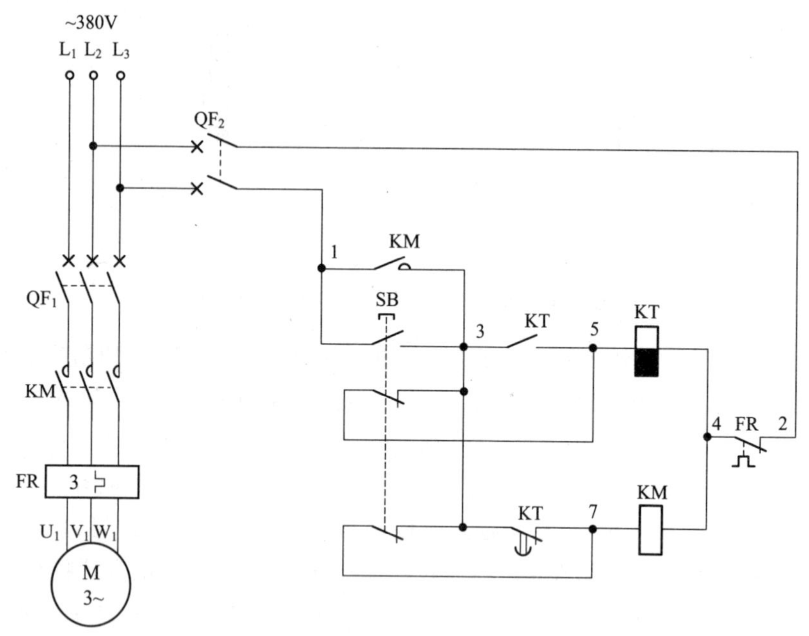

图 2.7 单按钮控制电动机启停电路(七)

奇次按下按钮 SB,其两组常闭触点(3-5、3-7)断开,常开触点(1-3)闭合,使交流接触器 KM 线圈得电吸合且 KM 辅助常开触点(1-3)闭合自锁,KM 三相主触点闭合,电动机得电启动运转;松开按钮 SB,其所有触点恢复原始状态,失电延时时间继电器 KT 线圈得电吸合,KT 不延时瞬动常开触点(3-5)闭合;KT失电延时闭合的常闭触点(3-7)立即断开,为停止时偶次按下按钮SB时允许SB常闭触点(3-7)断开、切断KM线圈回路做准备。

偶次按下按钮SB,其两组常闭触点(3-5、3-7)断开,常开触点(1-3)闭合,SB的一组常闭触点(3-7)断开,切断了交流接触器KM线圈回路电源,KM线圈断电释放,KM自锁辅助常开触点(1-3)断开,也切断了失电延时时间继电器KT线圈回路电源,KT线圈断电释放,并开始延时,KT失电延时闭合的常闭触点(3-7)开始恢复原始常闭状态。在KT此延时触点未恢复常闭期间,松开SB按钮,SB的一组常闭触点(3-7)能可靠断开,可以保证KM线圈可靠地断电释放,也就是说电动机可靠地停止。在KM线圈断电释放时,KM三相主触点断开,电动机失电停止运转。

值得提醒的是,偶次按下SB的时间不要超出KT的延时时间,否则KM重新自动启动工作。也就是说,偶次按下SB的操作为一按下立即松开就行了。

2.8 单按钮控制电动机启停电路(八)

单按钮控制电动机启停电路(八)如图2.8所示。

奇次按一下按钮SB(1-3),中间继电器KA线圈得电吸合,KA的两组常闭触点(5-7、5-9)均断开,KA的常开触点(1-5)闭合,使交流接触器KM线圈得电吸合且KM辅助常开触点(1-5)闭合自锁,KM三相主触点闭合,电动机得电启动运转。松开按钮SB(1-3),中间继电器KA线圈断电释放,KA所有触点恢复原始状态,此时失电延时时间继电器KT线圈在KA常闭触点(5-7)的作用下得电吸合且KT不延时瞬动常开触点(5-7)闭合自锁,KT失电延时闭合的常闭触点(5-9)立即断开,为偶次按下按钮SB(1-3)时KA常闭触点(5-9)断开、切断交流接触器KM线圈回路提供条件。

偶次按一下按钮SB(1-3),中间继电器KA线圈得电吸合,KA的两组常闭触点(5-7、5-9)断开,其中KA的一组常闭触点(5-9)切断KM线圈回路电源,KM线圈断电释放,KM自锁触点(1-5)断开;KA的另一组常闭触点(5-7)断开,在KM自锁辅助常开触点(1-5)的作用下使KT线圈也断电释放且KT开始延时,与此同时,KM三相主触点断开,电动机失

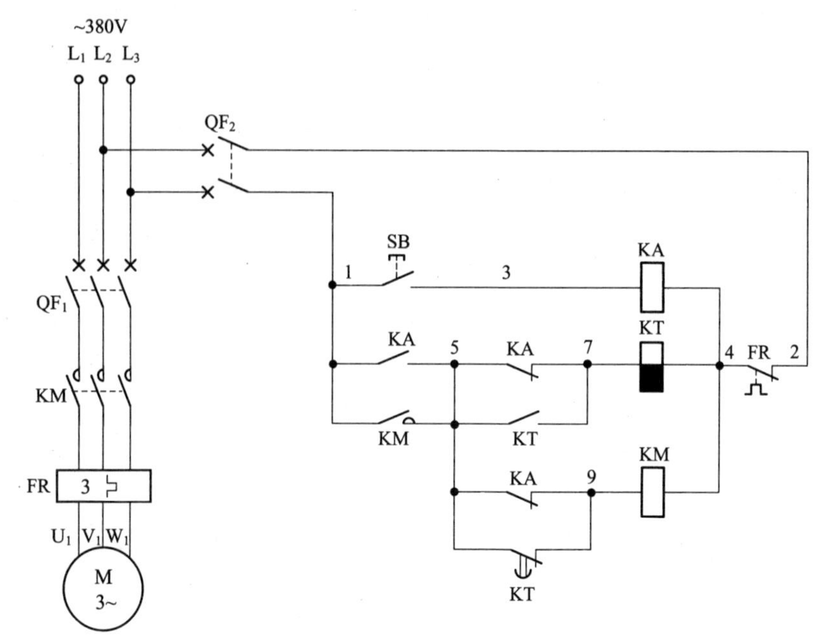

图 2.8 单按钮控制电动机启停电路(八)

电停止运转。在 KT 延时时间内松开 SB(1-3),中间继电器 KA 线圈断电释放,其所有触点恢复原始状态。KT 的延时时间是保证在偶次按下 SB 时,KT 失电延时闭合的常闭触点(5-9)恢复闭合的时间要大于 KA 常闭触点(5-9)的动作时间,使 KM 线圈能可靠动作。注意,偶次按下按钮 SB(1-3)的时间必须小于 KT 的延时时间,否则会出现 KM 线圈重新得电吸合动作的情况。

2.9 单按钮控制电动机启停电路(九)

单按钮控制电动机启停电路(九)如图 2.9 所示。

启动时,按下按钮 SB(1-3),中间继电器 KA_1、KA_2 线圈得电吸合,且 KA_2 常开触点闭合自锁 KA_2 线圈回路,松开按钮 SB(1-3),中间继电器 KA_1 线圈断电释放,KA_1 触点恢复原始状态,KA_1 常闭触点(1-9)闭合,交流接触器 KM 线圈得电吸合且 KM 辅助常开触点(1-9)闭合自锁,KM 辅助常闭触点(5-7)断开,为停止时能通过 KA_1 常闭触点(5-7)的作用使 KA_2 线圈断电释放做准备。此时,交流接触器 KM 三相主触点闭合,电

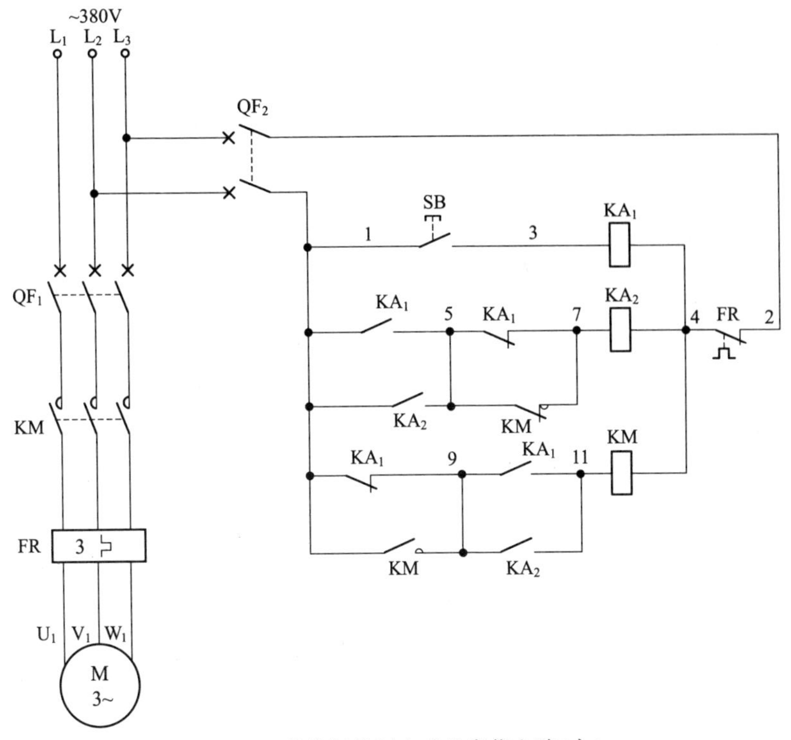

图 2.9 单按钮控制电动机启停电路(九)

动机得电启动运转。

停止时,再次按下按钮 SB(1-3),中间继电器 KA_1 线圈得电吸合,KA_1 常闭触点(5-7)断开,切断中间继电器 KA_2 线圈回路电源,KA_2 线圈断电释放,KA_2 所有触点恢复原始状态,虽然 KA_2 常开触点(9-11)断开,但在 KA_2 常开触点(9-11)未断开前,KA_1 并联在 KA_2 常开触点(9-11)上的常开触点(9-11)先闭合,使交流接触器 KM 线圈继续得电吸合;只有松开被按下的按钮 SB(1-3)后,中间继电器 KA_1 线圈断电释放,KA_1 所有触点恢复原始状态,KA_1 常开触点(9-11)断开,切断交流接触器 KM 线圈回路电源,KM 线圈断电释放,KM 三相主触点断开,电动机才失电停止运转。

本电路的特点是:奇次按下按钮 SB 后再松开,电动机得电启动运转;偶次按下按钮 SB 后再松开,电动机失电停止运转。

2.10 单按钮控制电动机启停电路(十)

单按钮控制电动机启停电路(十)如图 2.10 所示。

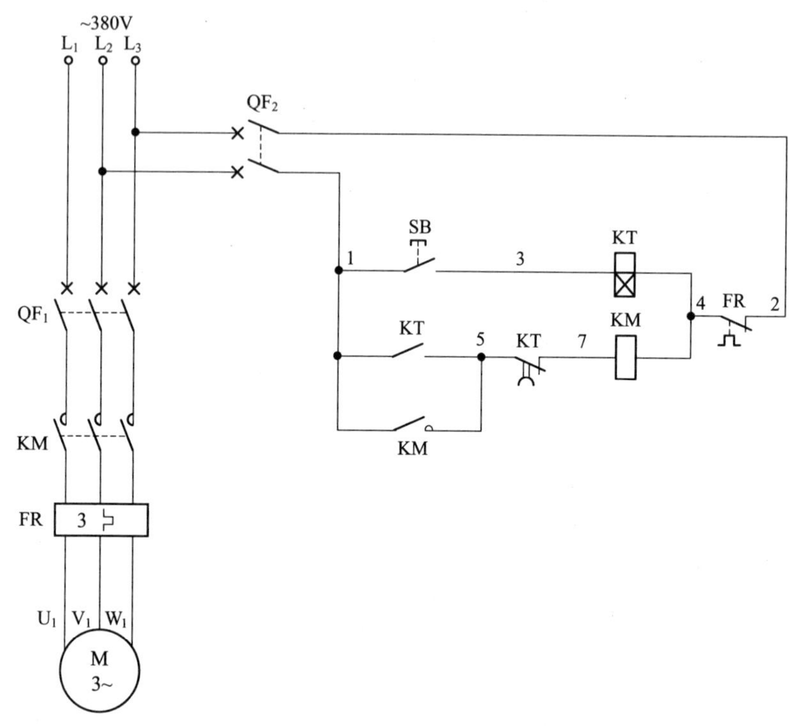

图 2.10 单按钮控制电动机启停电路(十)

短时间内按下按钮 SB(1-3),即按下按钮 SB(1-3)后就松开,得电延时时间继电器 KT 线圈得电吸合后又断电释放,KT 不延时瞬动常开触点(1-5)闭合后又断开,接通了交流接触器 KM 线圈回路电源,KM 线圈得电吸合且 KM 辅助常开触点(1-5)闭合自锁,KM 三相主触点闭合,电动机得电启动运转。

当电动机启动运转后,欲停止时,则再长时间(3s 以上)按住按钮 SB(1-3),得电延时时间继电器 KT 线圈得电吸合且开始延时,KT 不延时瞬动常开触点(1-5)闭合,此触点在停止时即使闭合也无效。经 KT 一段时间延时后(3s 以上),KT 得电延时断开的常闭触点(5-7)断开,切断了交流接触器 KM 线圈回路电源,KM 线圈断电释放,KM 三相主触点断开,电动机失电停止运转;当电动机停止运转后,松开按钮开关 SB(1-3)即可。实际上按下 SB 的时间要大于 KT 的延时时间方可实现停止。

2.11　单按钮控制电动机启停电路(十一)

单按钮控制电动机启停电路(十一)如图 2.11 所示。

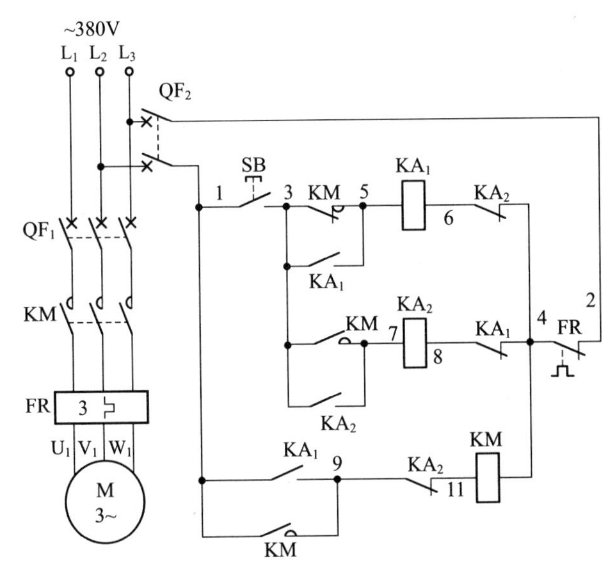

图 2.11　单按钮控制电动机启停电路(十一)

合上主回路断路器 QF_1、控制回路断路器 QF_2，为电路工作做准备。

1. 启　动

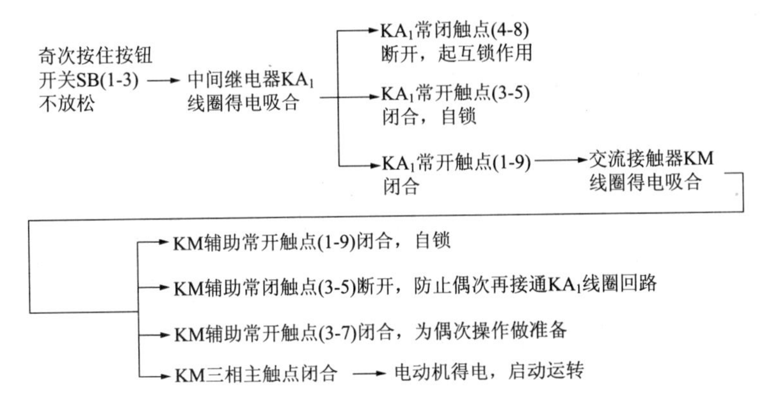

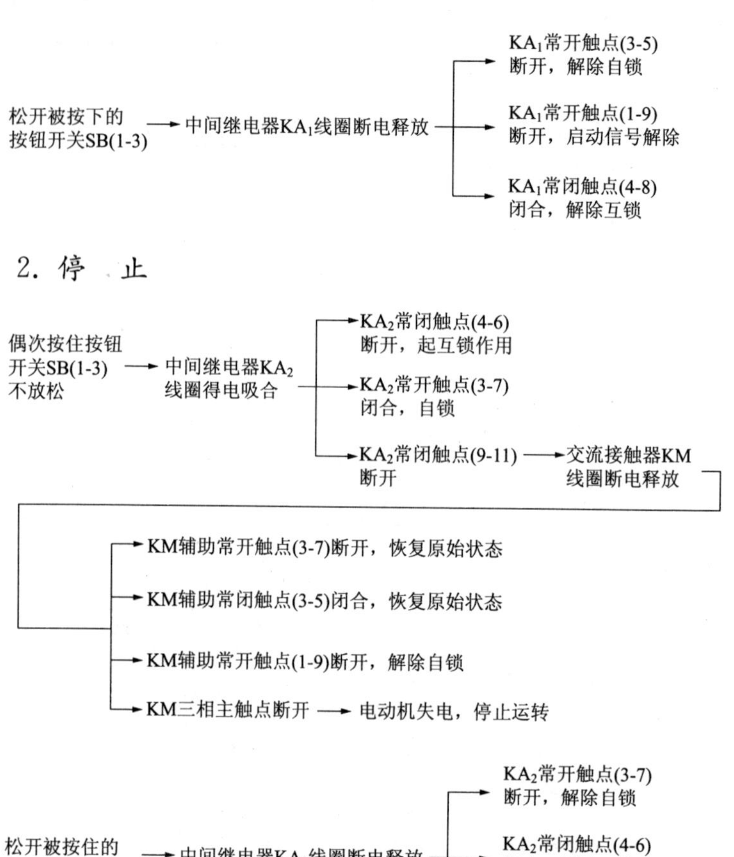

松开被按住的按钮开关SB(1-3) → 中间继电器KA_2线圈断电释放 →

- KA_2常开触点(3-7)断开，解除自锁
- KA_2常闭触点(4-6)闭合，解除互锁
- KA_2常闭触点(9-11)闭合，停止信号解除

2.12 单向启动、停止电路

单向启动、停止电路如图2.12所示。

合上主回路断路器QF_1、控制回路断路器QF_2，为电路工作做准备。

1. 启 动

按下启动按钮SB_2(3-5)后松开 → 交流接触器KM线圈得电吸合 →

- KM辅助常开触点(3-5)闭合，自锁
- KM三相主触点闭合 → 电动机得电，启动运转

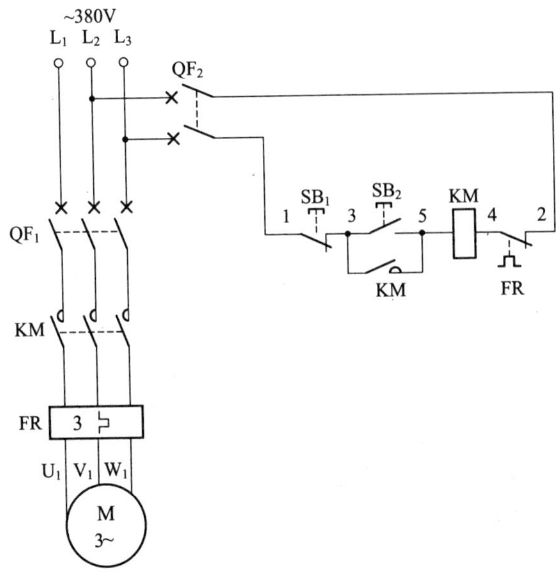

图 2.12 单向启动、停止电路

2. 停 止

按下停止按钮 SB_1(1-3) → 交流接触器KM线圈断电释放 → KM辅助常开触点(3-5)断开，解除自锁
→ KM三相主触点断开 → 电动机失电，停止运转

2.13 单向启动、点动、制动控制电路(一)

单向启动、点动、制动控制电路(一)如图 2.13 所示。

启动时，同时按下按钮开关 SB_1 和 SB_2，交流接触器 KM_1 和失电延时时间继电器 KT_1 线圈得电吸合，KT_1 失电延时断开的常开触点(1-3)、KM_1 的两组辅助常开触点(3-5、5-9)均闭合，其中 KT_1 失电延时断开的常开触点(1-3)与相串联的 KM_1 辅助常开触点(3-5)均闭合，组成过渡自锁回路。待按钮 SB_1 和 SB_2 同时松开后，SB_1 和 SB_2 相串联的常闭触点(1-7、7-9)恢复常闭，与相串联的 KM_1 辅助常开触点(5-9)组成正常运转自锁回路，KT_1 线圈断电释放，KT_1 开始延时。经 KT_1 一段时间延时(1s)后，KT_1 失电延时断开的常开触点(1-3)恢复常开，切除过渡自锁回路，为实现电动机停止操作做准备。这时 KM_1 三相主触点闭合，电动机

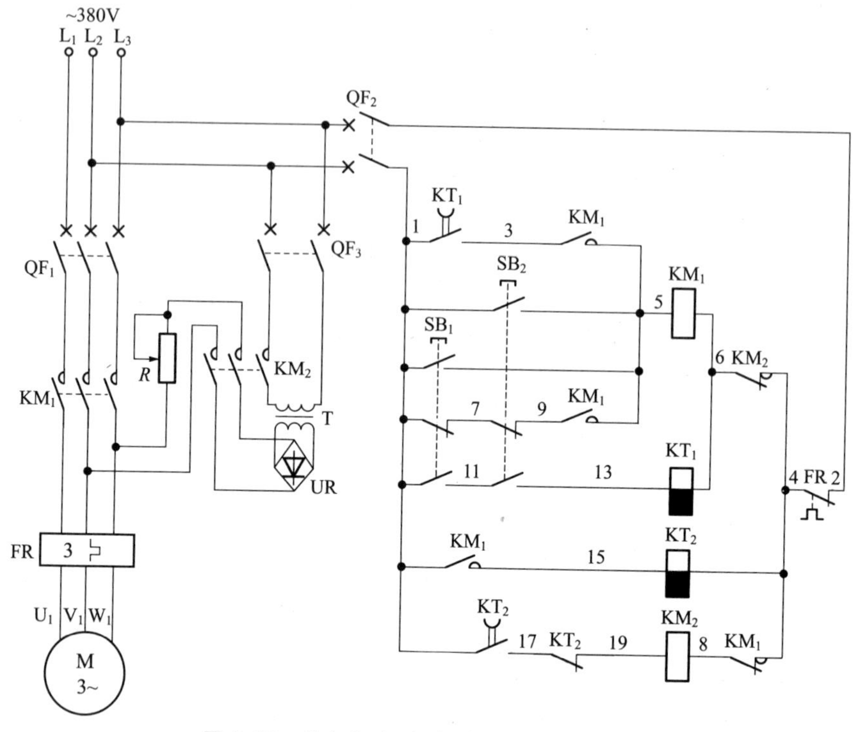

图 2.13　单向启动、点动、制动控制电路(一)

得电启动连续运转工作。与此同时,KM_1 辅助常开触点(1-15)闭合,接通失电延时时间继电器 KT_2 线圈回路电源,KT_2 线圈得电吸合,为电动机停止时能耗制动做准备。

点动时,在电动机未运转前按下任意一只按钮 SB_1 或 SB_2,交流接触器 KM_1 线圈得电吸合,由于 KM_1 的两条自锁回路均断开,形不成自锁回路,这样,按住按钮 SB_1 或 SB_2 多长时间,交流接触器 KM_1 线圈就吸合多长时间,那么 KM_1 三相主触点就闭合多长时间,从而控制电动机点动运转的时间。

制动时,无论电动机处于点动运转还是连续运转状态,交流接触器 KM_1 的辅助常开触点(1-15)均闭合,使失电延时时间继电器 KT_2 线圈得电吸合,KT_2 不延时瞬动常闭触点(17-19)断开,KT_2 失电延时断开的常开触点(1-17)立即闭合,为能耗制动做准备。制动时,按下任意一只按钮 SB_1 或 SB_2 后松开,KM_1 线圈断电释放,KM_1 三相主触点断开,电动机脱离电源而靠惯性继续转动;KM_1 辅助常开触点(1-15)断开,KT_2 线圈断电释放并开始延时。KT_2 不延时瞬动常闭触点(17-19)恢复常闭,使交流接触器 KM_2 线圈得电吸合,KM_2 三相主触点闭合,给电动机绕组内施加一直流电源,使电动机产生一静止制动磁场,这样,电动机被迅速制动停止。经 KT_2 一段延时后,KT_2 失电延时断开的常开触点(1-17)断开,KM_2 线圈断电释放,KM_2 三相主触点断开,切除通入电动机绕组内的能耗制动电源,能耗制动结束。

2.14 单向启动、点动、制动控制电路(二)

单向启动、点动、制动控制电路(二)如图 2.14 所示。

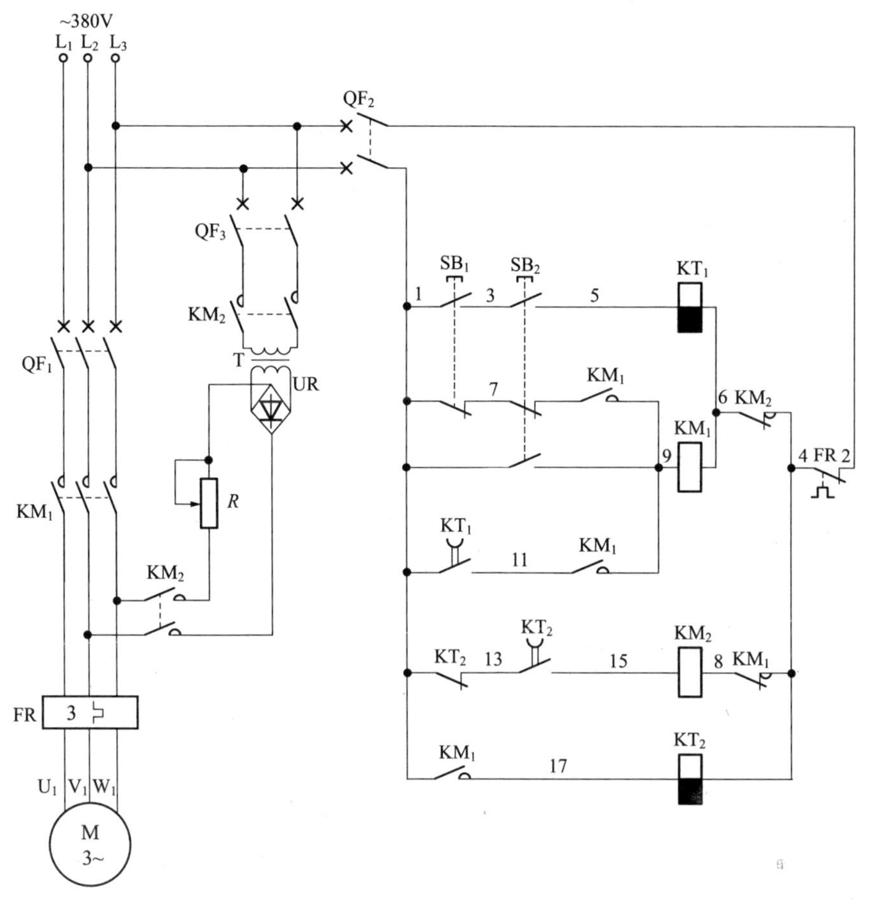

图 2.14 单向启动、点动、制动控制电路(二)

将按钮 SB_1 和 SB_2 同时按下、同时松开时为连续启动运转控制；只按动 SB_2 为点动控制；当电动机启动运转后，再次任意按下按钮 SB_1 或 SB_2 时为制动停止控制。

2.15 单向启动、停止、点动控制电路(一)

单向启动、停止、点动控制电路(一)如图 2.15 所示。

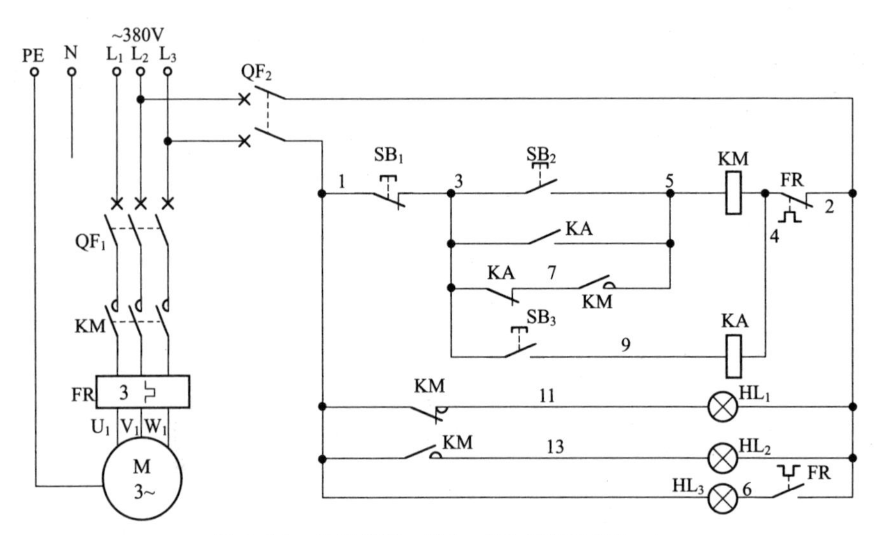

图 2.15 单向启动、停止、点动控制电路(一)

启动时，按下启动按钮 SB_2(3-5)，交流接触器 KM 线圈得电吸合且 KM 辅助常开触点(5-7)闭合自锁[此时由于中间继电器 KA 线圈未吸合，所以 KA 常闭触点(3-7)仍处于闭合状态]，KM 三相主触点闭合，电动机得电连续运转工作；同时 KM 辅助常闭触点(1-11)断开，指示灯 HL_1 灭，KM 辅助常开触点(1-13)闭合，指示灯 HL_2 亮，说明电动机已运转工作。

点动时，按下点动按钮 SB_3(3-9)，中间继电器 KA 线圈得电吸合，KA 串联在交流接触器 KM 辅助常开自锁触点(5-7)回路中的常闭触点(3-7)断开，使 KM 自锁回路断开而不能自锁；同时，KA 常开触点(3-5)闭合，接通了交流接触器 KM 线圈回路电源，KM 三相主触点闭合，电动机得电运转工作，若松开点动按钮 SB_3(3-9)，中间继电器 KA 线圈断电释放,KA 常开触点(3-5)恢复常开状态,KA 常闭触点(3-7)恢复常闭状态,交流接触器 KM 线圈断电释放,KM 三相主触点断开,电动机失电停止运转。此时按住点动按钮 SB_3(3-9)的时间就是点动时间。

需停止时,按下停止按钮 SB_1(1-3),交流接触器 KM 线圈断电释放,KM 三相主触点断开,电动机失电停止运转;同时 KM 辅助常开触点(1-13)断开,指示灯 HL_2 灭,KM 辅助常闭触点(1-11)闭合,指示灯 HL_1 亮,说明电动机已停止运转。

2.16 单向启动、停止、点动控制电路(二)

本电路(图 2.16)仅用两只按钮开关 SB_1、SB_2 完成单向启动、停止、点动控制,即按下按钮 SB_2 为启动控制,轻轻按下停止按钮 SB_1 为停止控制,将停止按钮 SB_1 按到底为点动控制(停止按钮 SB_1 有两种作用)。

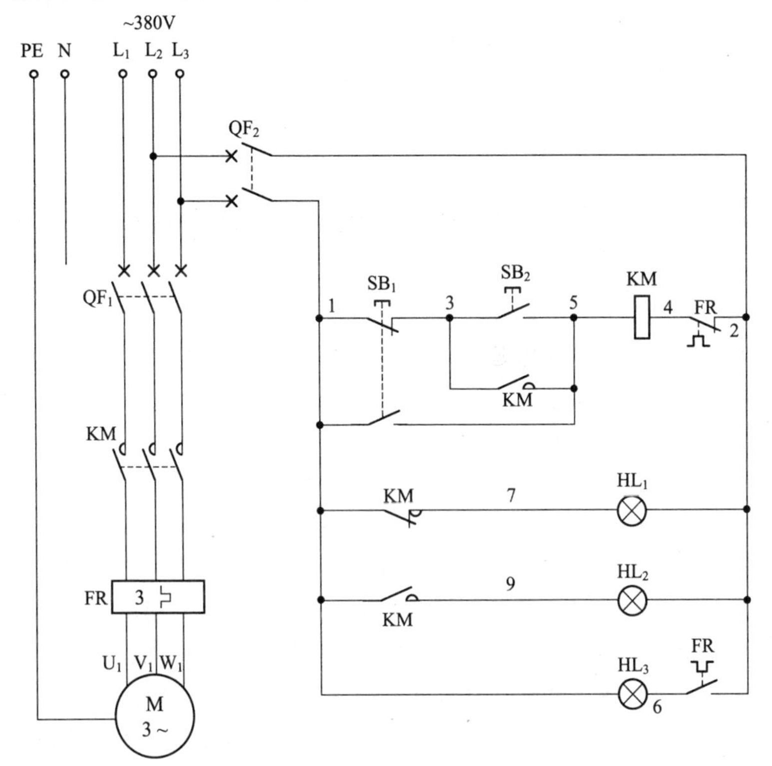

图 2.16 单向启动、停止、点动控制电路(二)

启动时，按下启动按钮 SB_2(3-5)，交流接触器 KM 线圈得电吸合，KM 辅助常开触点(3-5)闭合自锁，KM 三相主触点闭合，接通了电动机三相交流电源，电动机得电连续运转工作；同时 KM 辅助常闭触点(1-7)断开，指示灯 HL_1 灭，KM 辅助常开触点(1-9)闭合，指示灯 HL_2 亮，说明电动机已运转工作。

点动时，将停止按钮 SB_1 按到底，此时由于 SB_1 的一组常闭触点(1-3)断开，切断了 KM 线圈的自锁回路，所以不能给 KM 线圈提供自锁回路，同时 SB_1 的另一组常开触点(1-5)闭合，接通了交流接触器 KM 线圈回路电源，KM 线圈得电吸合，KM 三相主触点闭合，电动机得电运转工作；松开停止按钮 SB_1，其常开触点(1-5)断开，常闭触点(1-3)闭合，交流接触器 KM 线圈断电释放，KM 三相主触点断开，电动机失电停止运转。此操作为点动操作，按住 SB_1 的时间即点动电动机的运转时间。

停止时，轻轻按下停止按钮 SB_1，SB_1 常闭触点(1-3)断开，切断了交流接触器 KM 线圈回路电源，KM 线圈断电释放，KM 三相主触点断开，电动机失电停止运转；同时，KM 辅助常开触点(1-9)恢复常开状态，指示灯 HL_2 灭，KM 辅助常闭触点(1-7)恢复常闭状态，指示灯 HL_1 亮，说明电动机已停止运转了。

2.17　单向启动、停止、点动控制电路(三)

单向启动、停止、点动控制电路(三)如图 2.17 所示。

本电路增加一只得电延时时间继电器来延时完成启动控制，而点动可直接操作。实际上电路中的按钮开关 SB_2(3-5)有两种作用：短时间内按 SB_2 按钮为点动操作；长时间(5s 以上)按住按钮 SB_2 为启动操作。

点动时，按下按钮开关 SB_2(3-5)，交流接触器 KM 线圈得电吸合，同时得电延时时间继电器 KT 线圈也得电吸合并开始延时，KM 三相主触点闭合，电动机通以三相交流电源而运转工作。虽然交流接触器 KM 辅助常开触点(3-7)闭合，由于 KM 辅助常开触点(3-7)与得电延时时间继电器 KT 得电延时闭合的常开触点(5-7)串联共同自锁，而按下按钮开关 SB_2(3-5)的时间在得电延时时间继电器 KT 的设定延时时间(假定为 5s)内，KT 得电延时闭合的常开触点(5-7)仍处于断开状态，使 KM 线圈不能得到自锁，所以松开按钮 SB_2(3-5)后，交流接触器 KM 线圈断电释放，

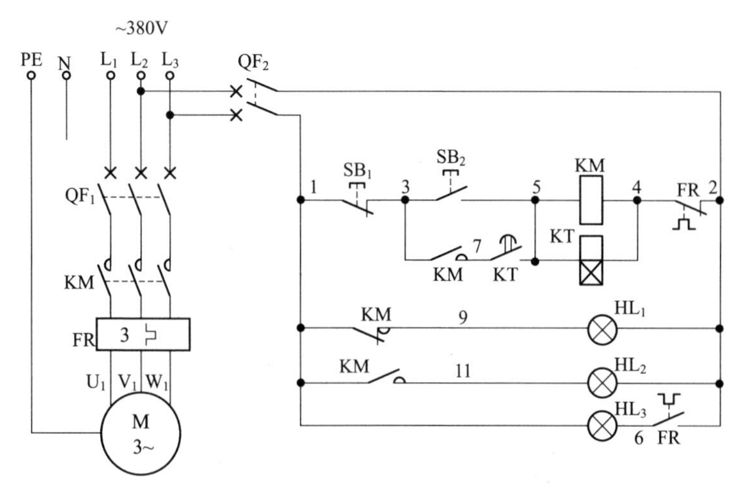

图 2.17 单向启动、停止、点动控制电路(三)

KM 三相主触点断开,电动机失电停止运转。也就是说,在设定的延时时间内(5s 内),操作按钮开关 SB_2(3-5)为点动操作。同时,由于 KM 辅助常闭触点、常开触点的动作而使相应的指示灯工作,指示出电路的工作状态来。

启动时,可按住按钮开关 SB_2(3-5)5s 以上(此时间可根据实际工作需要而定),交流接触器 KM、得电延时时间继电器 KT 线圈得电吸合且 KM 辅助常开触点(3-7)闭合,KT 开始延时。经 KT 一段延时后,KT 得电延时闭合的常开触点(5-7)闭合共同组成自锁回路,KM 三相主触点闭合,电动机得电连续运转工作。同时,KM 辅助常闭触点(1-9)断开,指示灯 HL_1 灭,KM 辅助常开触点(1-11)闭合,指示灯 HL_2 亮,说明电动机已得电运转了。

停止时,只需按下停止按钮 SB_1(1-3),交流接触器 KM、得电延时时间继电器 KT 线圈断电释放,KM 三相主触点断开,切断了电动机电源,电动机失电停止运转;同时 KM 辅助常开触点(1-11)恢复常开状态,指示灯 HL_2 灭,KM 辅助常闭触点(1-9)恢复常闭状态,指示灯 HL_1 亮,说明电动机已停止运转。

2.18 单向启动、停止、点动控制电路(四)

单向启动、停止、点动控制电路(四)如图2.18所示。本电路采用两只交流接触器KM_1、KM_2分别对电动机进行启动、点动控制。也就是说,当交流接触器KM_1工作时,电动机为启动连续运转控制;当交流接触器KM_2工作时,电动机为点动断续运转控制。

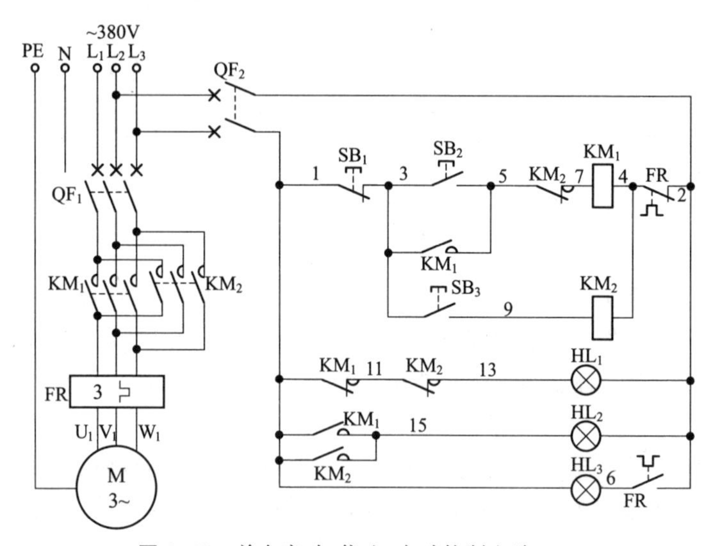

图2.18 单向启动、停止、点动控制电路(四)

启动时,按下启动按钮SB_2(3-5),交流接触器KM_1线圈得电吸合且KM_1辅助常开触点(3-5)闭合自锁,KM_1三相主触点闭合,电动机得电连续运转工作。同时KM_1辅助常闭触点(1-11)断开,指示灯HL_1灭,KM_1辅助常开触点(1-15)闭合,指示灯HL_2亮,说明电动机已启动运转了。

需点动时,按下点动按钮SB_3(3-9),交流接触器KM_2线圈得电吸合,KM_2三相主触点闭合,电动机得电运转。同时KM_2辅助常闭触点(11-13)断开,指示灯HL_1灭,KM_2辅助常开触点(1-15)闭合,指示灯HL_2亮;若松开点动按钮SB_3(3-9),交流接触器KM_2线圈断电释放,KM_2三相主触点断开,电动机失电停止运转,同时KM_2辅助常开触点(1-15)断开,指示灯HL_2灭,KM_2辅助常闭触点(11-13)闭合,指示灯HL_1亮,从而完成点动操作。按动SB_3点动按钮的时间即电动机断续运转的时间。

2.19 单向启动、停止、点动控制电路(五)

单向启动、停止、点动控制电路(五)如图 2.19 所示。

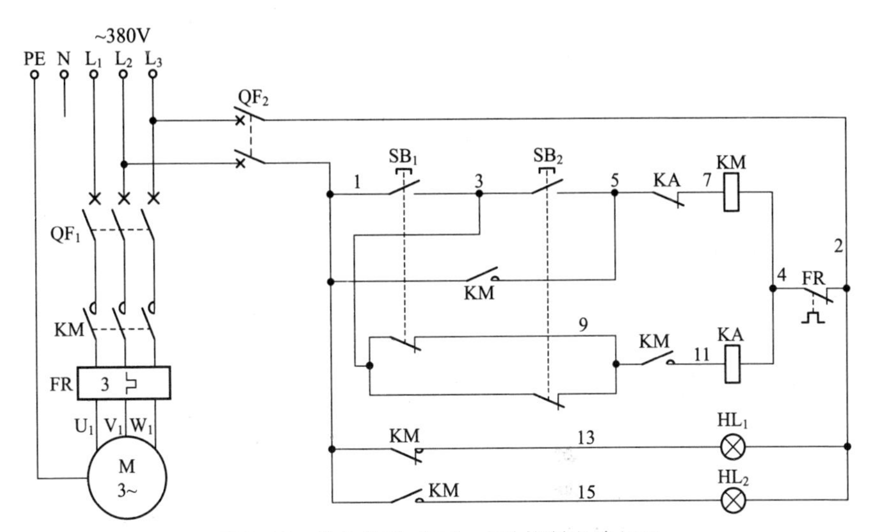

图 2.19 单向启动、停止、点动控制电路(五)

启动时,必须同时按下按钮 SB_1、SB_2,SB_1、SB_2 并联在一起的一组常闭触点(3-9)均断开,避免中间继电器 KA 线圈在交流接触器 KM 线圈得电吸合后,其辅助常开触点(9-11)闭合,接通 KA 线圈回路电源,使 KA 常闭触点(5-7)断开而切断 KM 线圈回路电源。也就是说,SB_1、SB_2 并联在一起的常闭触点(3-9)都断开,使 KA 线圈无法得电工作,其 KA 串联在 KM 线圈回路的常闭触点(5-7)也就为 KM 线圈起不了作用做准备。此时,SB_1、SB_2 的另一组常开触点(1-3、3-5)串联起来共同组成与门电路,使交流接触器 KM 线圈得电吸合且 KM 辅助常开触点(1-5)闭合自锁,KM 三相主触点闭合,电动机得电运转工作。在 KM 线圈得电吸合的同时,KM 串联在 KA 线圈回路中的辅助常开触点(9-11)闭合,为停止做准备。同时 KM 辅助常闭触点(1-13)断开,指示灯 HL_1 灭,KM 辅助常开触点(1-15)闭合,指示灯 HL_2 亮,说明电动机运转工作了。

电动机运转后,任意按下按钮开关 SB_1 或 SB_2(这里假设按下 SB_1),SB_1 的一组常开触点(1-3)闭合,使电源通过 SB_2 并联在 SB_1 常闭触点(3-9)上的另一组常闭触点(3-9)形成回路,使中间继电器 KA 线圈得电吸合,KA 串联在交流接触器 KM 线圈回路中的常闭触点(5-7)断开,切断了交流接触器 KM 线圈回路电源，KM 辅助常开触点(1-5)断开，解除自锁，KM 三相主触点断开，电动机失电停止运转。同时指示灯 HL_2 灭、HL_1 亮，说明电动机已停止运转了。假如按下 SB_2，那么 SB_2 的一组常开触点(3-5)闭合，使电源通过 SB_1 并联在 SB_2 常闭触点(3-9)上的另一组常闭触点(3-9)形成回路，也会使中间继电器 KA 线圈得电吸合，KA 串联在交流接触器 KM 线圈回路中的常闭触点(5-7)断开，切断了交流接触器 KM 线圈回路电源，KM 辅助常开触点(1-5)断开，解除自锁，KM 三相主触点断开，电动机将失电停止运转。同时指示灯 HL_2 灭、HL_1 亮，说明电动机已停止运转了。也就是说，在电动机运转后，若想使其停止运转，按下 SB_1 或 SB_2 中的任何一只按钮，都会使交流接触器 KM 线圈断电释放，其三相主触点断开，电动机失电停止运转。

先按住 SB_1、SB_2 中的任意一只按钮不放手，再点动操作另一只按钮，将会完成点动控制。倘若先按下按钮 SB_1 不放，SB_1 的一组常闭触点(3-9)首先断开，SB_1 的一组常开触点(1-3)闭合，为再按下另一只按钮 SB_2 使 KM 线圈工作做准备。此时再按下另一只按钮 SB_2，SB_2 的一组常闭触点(3-9)也断开，以防止 KA 线圈得电而使其切断 KM 线圈回路电源；SB_2 的另一组常开触点(3-5)也闭合，与早已闭合的 SB_1 常开触点(1-3)而形成回路，接通 KM 线圈回路电源，KM 三相主触点闭合，使电动机得电运转工作。先松开后按下按钮开关 SB_2 时，虽然 SB_2 的一组常开触点(3-5)断开，但切不断 KM 的自锁回路电源，电动机会继续运转，但此时 SB_2 的另一组常闭触点(3-9)恢复常闭，与仍处于按下状态的常开触点(1-3)、已闭合的 KM 辅助常开触点(9-11)共同作用，使 KA 线圈得电吸合，KA 串联在 KM 线圈回路中的常闭触点(5-7)断开，使 KM 线圈断电释放，其三相主触点断开，电动机失电停止运转。也就是说，倘若按下按钮开关 SB_1 不松手，再按下或松开另一只按钮开关 SB_2 时，按下 SB_2 按钮开关的时间就是电动机点动运转时间，从而完成点动控制。由于本电路简单，倘若先按下 SB_2 不松手，再按下另一只按钮开关 SB_1，通过 SB_1 的闭合与断开，也能进行点动控制，这里不再赘述，请读者自行分析。

2.20 单向启动、停止、点动控制电路(六)

单向启动、停止、点动控制电路(六)如图 2.20 所示。

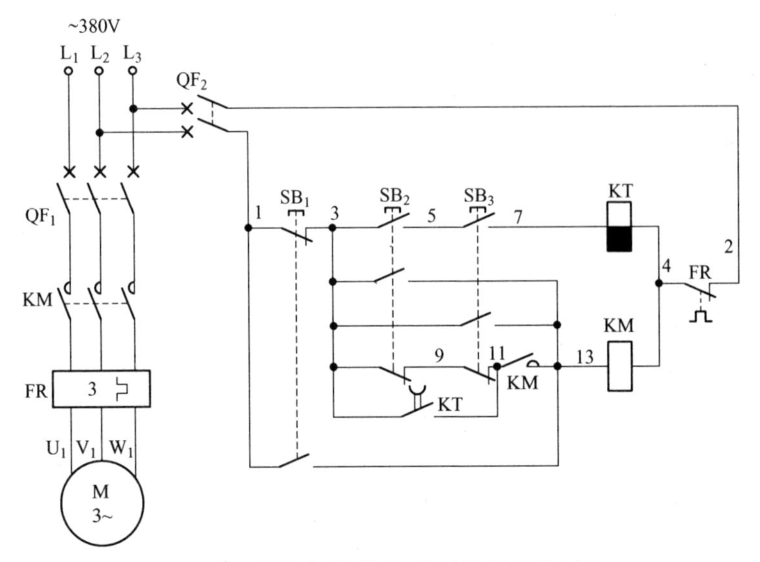

图 2.20　单向启动、停止、点动控制电路(六)

1. 点　动

任意按下按钮开关 SB_1、SB_2 或 SB_3，其常闭触点 SB_1(1-3)、SB_2(3-9)或 SB_3(9-11)断开，将交流接触器 KM 线圈的自锁回路切断，只能实现点动控制。此时，SB_1(1-13)、SB_2(3-13)或 SB_3(3-13)按钮中的任意一组常开触点闭合，交流接触器 KM 线圈得电吸合，KM 三相主触点闭合，电动机得电启动运转；松开此按钮开关，交流接触器 KM 线圈断电释放，KM 三相主触点断开，电动机失电停止运转，从而实现对电动机的点动控制。

2. 启　动

同时按下按钮开关 SB_2 和 SB_3，SB_2(3-9)和 SB_3(9-11)常闭触点均断开，在连续启动操作中此触点先断开是无效的，此触点只有在点动操作时先断开才有效。

SB_2 和 SB_3 相串联的两组常开触点(3-5、5-7)闭合，使失电延时时间继电器 KT 线圈得电吸合，KT 失电延时断开的常开触点(3-11)立即闭合，为保证交流接触器 KM 自锁回路正常工作做准备；在按下按钮开关 SB_2 和 SB_3 的同时，SB_2 和 SB_3 并联在一起的常开触点(3-13、3-13)闭合，接通了交流接触器 KM 线圈回路电源，且 KM 辅助常开触点(11-13)闭合自锁，与早已闭合的 KT 失电延时断开的常开触点(3-11)形成自锁回路，

KM线圈继续得电吸合，KM三相主触点闭合，电动机得电运转；松开按钮开关SB_2和SB_3，失电延时时间继电器KT线圈断电释放，KT开始延时（其延时时间小于2s）。当KT延时结束后，KT失电延时断开的常开触点（3-11）断开，以保证在松开按钮开关SB_2和SB_3后，短时间内能保证SB_2和SB_3的常闭触点（3-9、9-11）可靠连续工作；当KT失电延时断开的常开触点（3-11）恢复常开后，为停止操作提供准备条件。

3. 停　止

轻轻按下三只按钮SB_1、SB_2、SB_3中的任意一只，都将切断交流接触器KM线圈的自锁回路，使交流接触器KM线圈断电释放，KM三相主触点断开，电动机失电停止运转。

注意：本电路在连续启动运转控制时必须同时按下按钮开关SB_2和SB_3方可实现，具有保密操作功能。

2.21 单向启动、停止、点动控制电路（七）

单向启动、停止、点动控制电路（七）如图2.21所示。

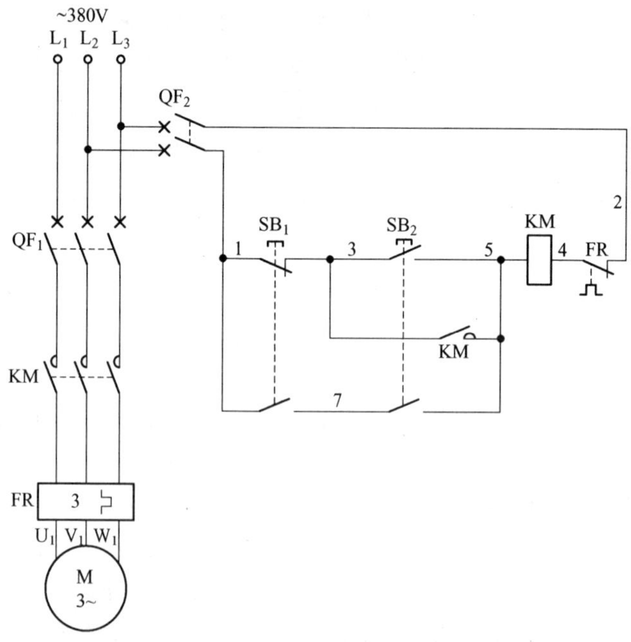

图2.21 单向启动、停止、点动控制电路（七）

1. 启　动

按下启动按钮 SB_2，SB_2 的一组常开触点(3-5)闭合，而 SB_2 的另一组常开触点(5-7)虽闭合但无用，此时交流接触器 KM 线圈得电吸合，KM 辅助常开触点(3-5)闭合自锁，KM 三相主触点闭合，电动机得电启动运转。

2. 停　止

轻轻按下停止按钮 SB_1，其常闭触点(1-3)断开，交流接触器 KM 线圈断电释放，KM 三相主触点断开，电动机失电停止运转。

3. 点　动

必须先将停止按钮 SB_1 按到底，SB_1 的一组常闭触点(1-3)断开，切断交流接触器 KM 线圈的自锁回路，SB_1 的另一组常开触点(1-7)闭合，为点动做好准备；此时再通过按动按钮开关 SB_2 的时间长短来实现点动操作，这样，当按下按钮开关 SB_2 时，其一组常开触点(3-5)闭合不起作用，SB_2 的另一组常开触点(5-7)闭合，交流接触器 KM 线圈得电吸合，KM 三相主触点闭合，电动机得电运转；同时松开按钮开关 SB_2 和 SB_1 或先松开 SB_2 后松开 SB_1(注意，必须先松开 SB_2 后再松开 SB_1，否则会出现再启动运转问题)，交流接触器 KM 线圈断电释放，KM 三相主触点断开，电动机失电停止运转，从而完成点动控制。

电路中停止按钮 SB_1 有两种作用：轻轻按下时为停止控制；将 SB_1 先按到底，再按动启动按钮开关 SB_2 可实现点动控制。启动按钮 SB_2 也有两种作用：只按下按钮开关 SB_2 时为连续运转启动控制；同时按下停止按钮 SB_1 和启动按钮 SB_2 时为点动控制。

2.22　单向启动、停止、点动控制电路(八)

单向启动、停止、点动控制电路(八)如图 2.22 所示。

短时间按住启动按钮 SB_2(3-5)(未超出 KT 的设定延时时间)，得电延时时间继电器 KT 线圈得电吸合，KT 开始延时，KT 不延时瞬动常开触点(3-7)闭合，交流接触器 KM 线圈得电吸合，KM 三相主触点闭合，电动机得电启动运转；在 KT 的延时时间内，松开 SB_2(3-5)，KM 线圈断电释放，KM 三相主触点断开，电动机失电停止运转。按下 SB_2(3-5)的时间

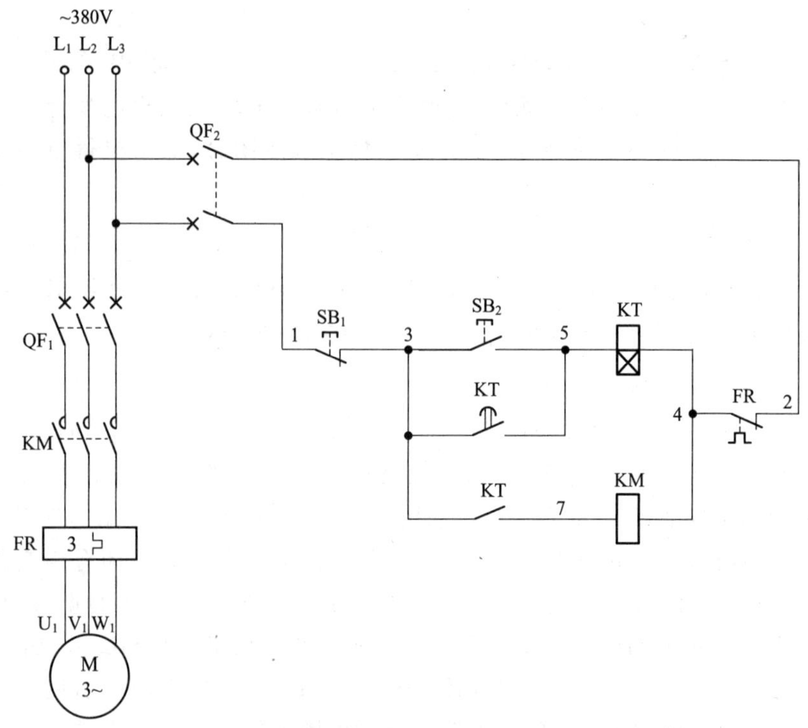

图 2.22　单向启动、停止、点动控制电路(八)

也就是电动机点动运转的时间。

长时间按住启动按钮 SB_2(3-5)不放,KT 线圈得电吸合并开始延时,KT 不延时瞬动常开触点(3-7)闭合,KM 线圈得电吸合,KM 三相主触点闭合,电动机得电启动运转。经 KT 一段延时后,KT 得电延时闭合的常开触点(3-5)闭合,将 KT 线圈回路自锁起来,电动机连续运转,此时松开 SB_2(3-5)即可。

2.23　单向启动、停止、点动控制电路(九)

单向启动、停止、点动控制电路(九)如图 2.23 所示。

合上主回路断路器 QF_1、控制回路断路器 QF_2,为电路工作做准备。

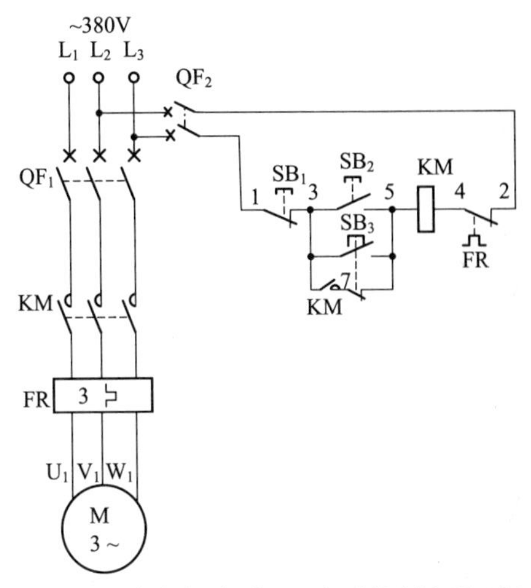

图 2.23　单向启动、停止、点动控制电路(九)

1. 启　动

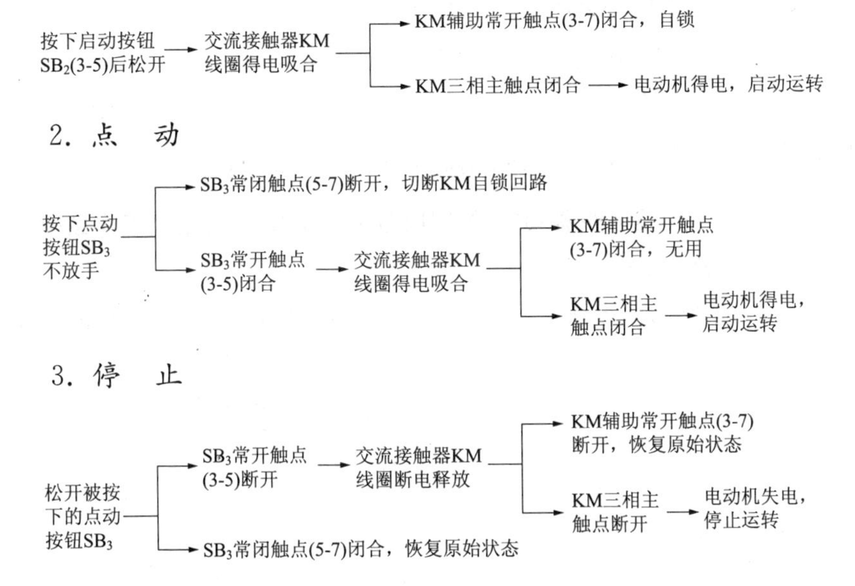

2. 点　动

3. 停　止

2.24　单向启动、停止、点动控制电路(十)

单向启动、停止、点动控制电路(十)如图 2.24 所示。

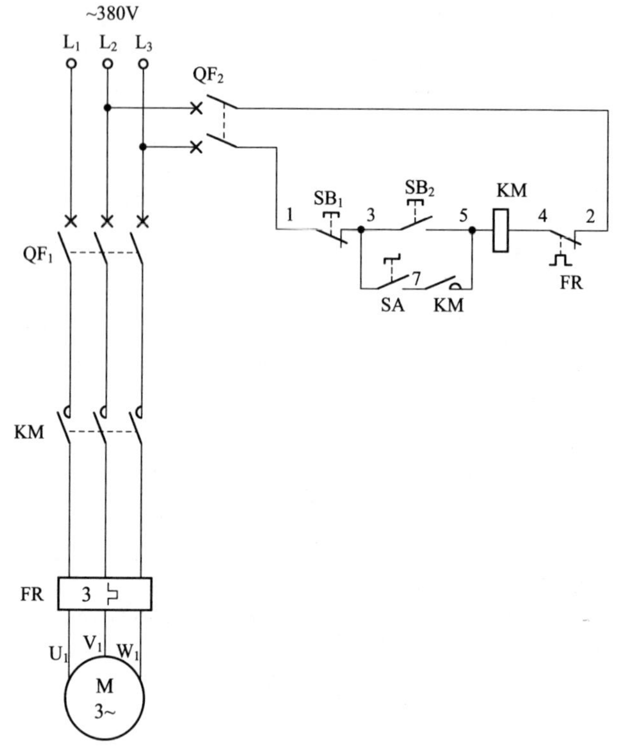

图 2.24　单向启动、停止、点动控制电路(十)

合上主回路断路器 QF_1、控制回路断路器 QF_2，为电路工作做准备。

1. 启　动

首先将启动/点动选择开关 SA(3-7)置于闭合位置，接通 KM 自锁回路。

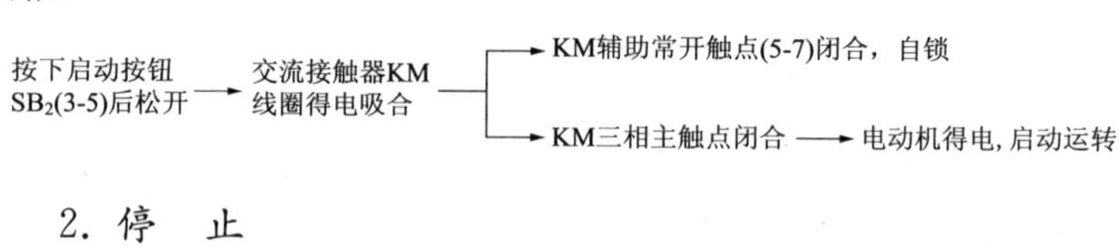

2. 停　止

3. 点　动

首先将启动/点动选择开关 SA(3-7)置于断开位置,接通 KM 自锁回路。

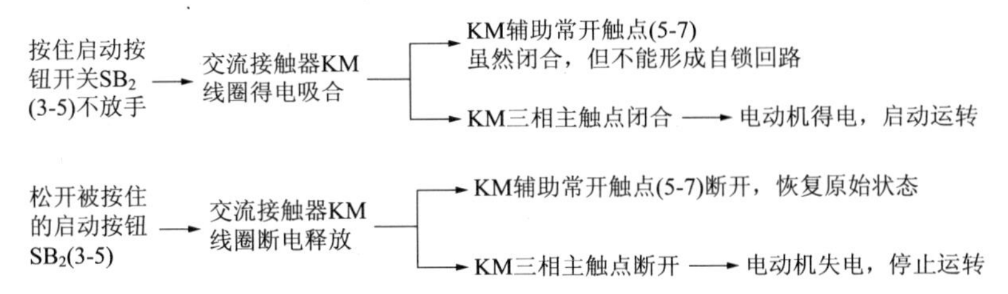

2.25 单向启动、停止、点动控制电路(十一)

单向启动、停止、点动控制电路(十一)如图 2.25 所示。

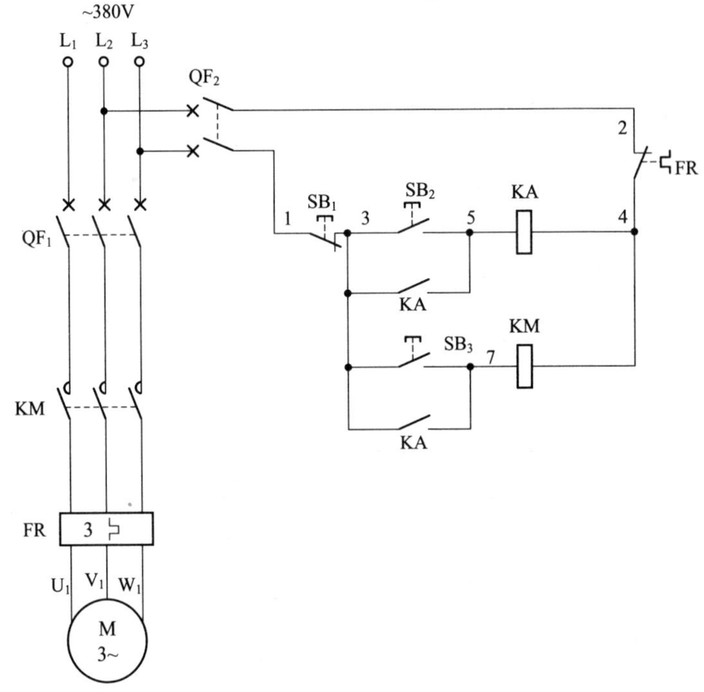

图 2.25　单向启动、停止、点动控制电路(十一)

合上主回路断路器 QF_1、控制回路断路器 QF_2，为电路工作做准备。

1. 启　动

2. 停　止

3. 点　动

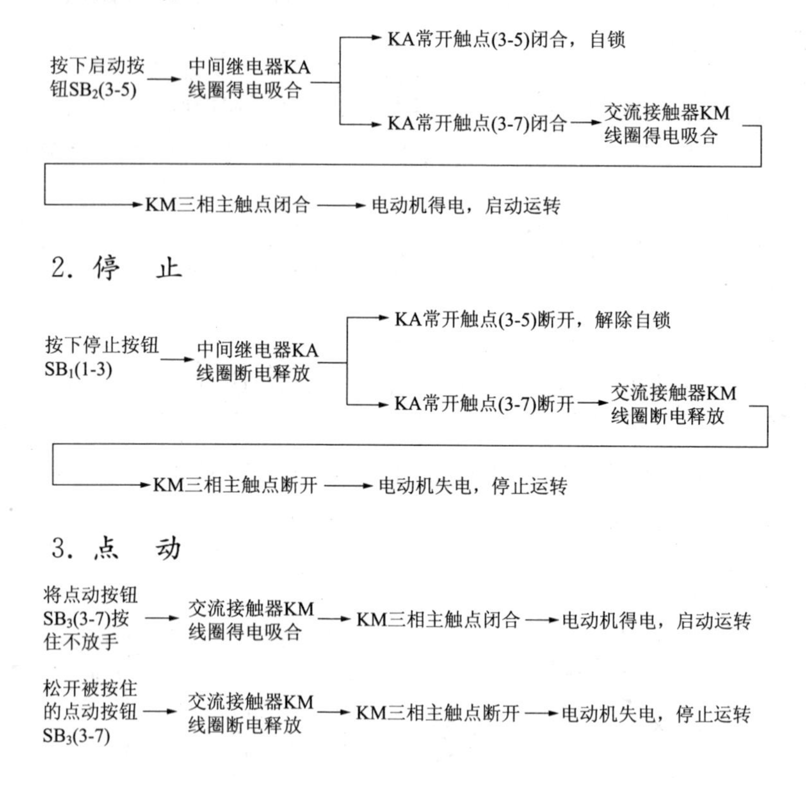

2.26　交流接触器在低电压情况下的启动电路(一)

交流接触器在低电压情况下的启动电路(一)如图 2.26 所示。

当供电电压正常时，将选择开关 SA 置于正常位置。

启动时，按下启动按钮 SB_2，交流接触器 KM 线圈得电吸合且 KM 辅助常开触点闭合自锁，KM 三相主触点闭合，电动机得电正常运转。

当供电电压过低时，将选择开关 SA 置于电压低位置。这时，变压器 T 的初、次级绕组为同名端连接，其电压为初级、次级电压之和，此电压大于供电电压，足以使交流接触器 KM 线圈吸合而正常工作。

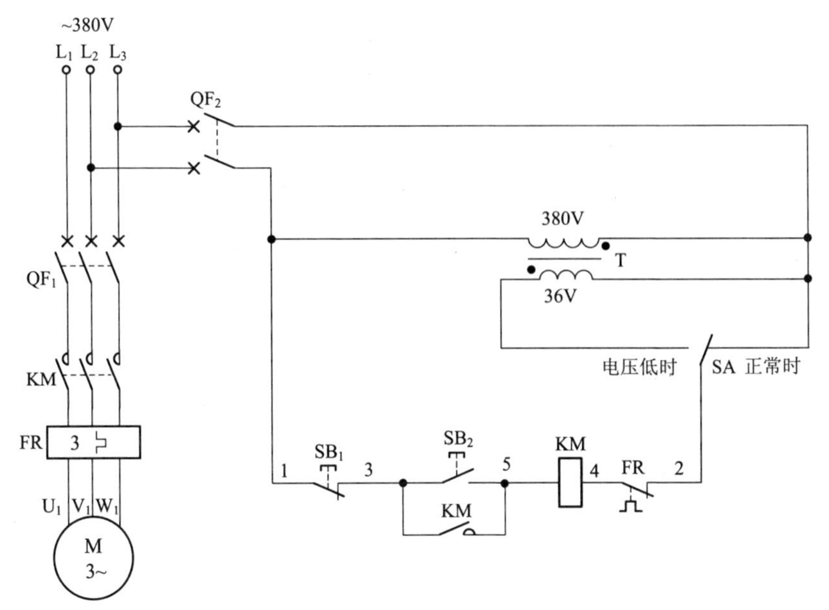

图 2.26 交流接触器在低电压情况下的启动电路(一)

2.27 交流接触器在低电压情况下的启动电路(二)

交流接触器在低电压情况下的启动电路(二)如图 2.27 所示。

合上主回路断路器 QF_1、控制回路断路器 QF_2,为电路工作做准备。

1. 控制电源偏低时启动

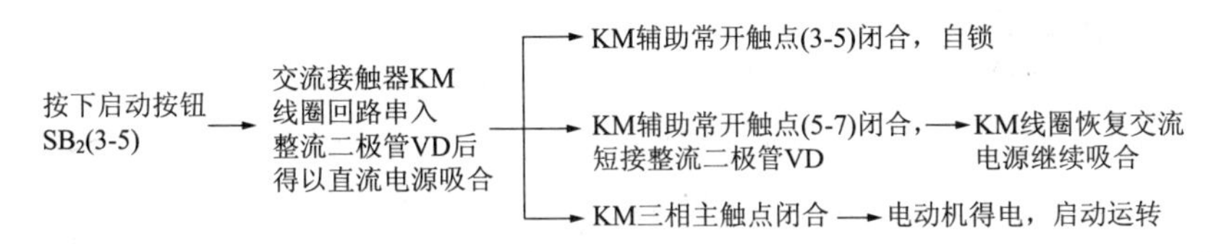

2. 停 止

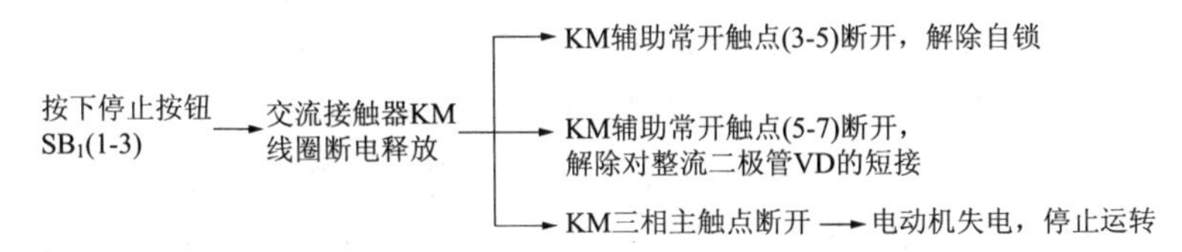

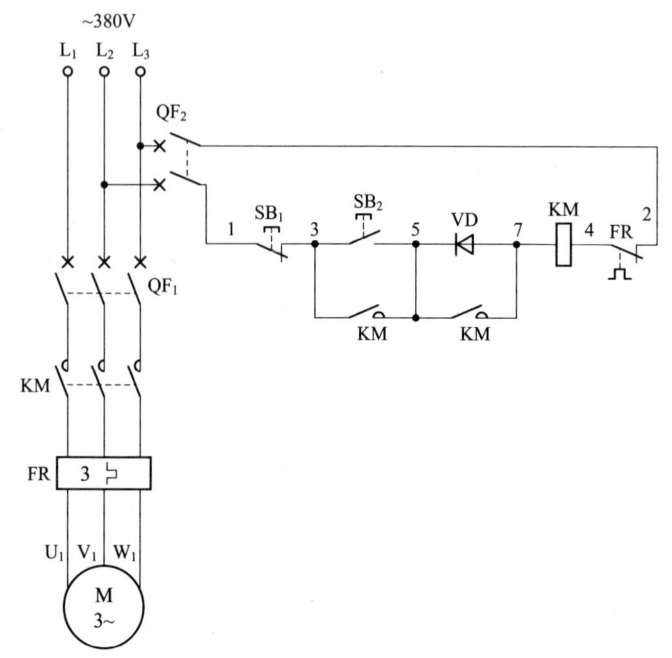

图 2.27　交流接触器在低电压情况下的启动电路(二)

2.28　两台电动机自动轮流控制电路(一)

两台电动机自动轮流控制电路(一)如图 2.28 所示。按下启动按钮 SB_2(3-5),中间继电器 KA 线圈得电吸合且 KA 常开触点(3-5)闭合,为电路工作提供条件。

当 KA 常开触点(3-5)闭合后,得电延时时间继电器 KT_1 线圈得电吸合并开始延时。KT_1 不延时瞬动常开触点(5-11)闭合,使交流接触器 KM_1 线圈得电吸合,KM_1 三相主触点闭合,电动机 M_1 得电启动运转。经 KT_1 一段延时后,KT_1 得电延时闭合的常开触点(5-9)闭合,接通了失电延时时间继电器 KT_2 线圈回路电源,KT_2 线圈得电吸合,KT_2 失电延时闭合的常闭触点(5-7)立即断开,切断得电延时时间继电器 KT_1 线圈回路电源,KT_1 线圈断电释放,KT_1 不延时瞬动常开触点(5-11)恢复常开,交流接触器 KM_1 线圈断电释放,KM_1 三相主触点断开,电动机 M_1 失电停止运转。同时 KT_1 得电延时闭合的常开触点(5-9)恢复常开,切

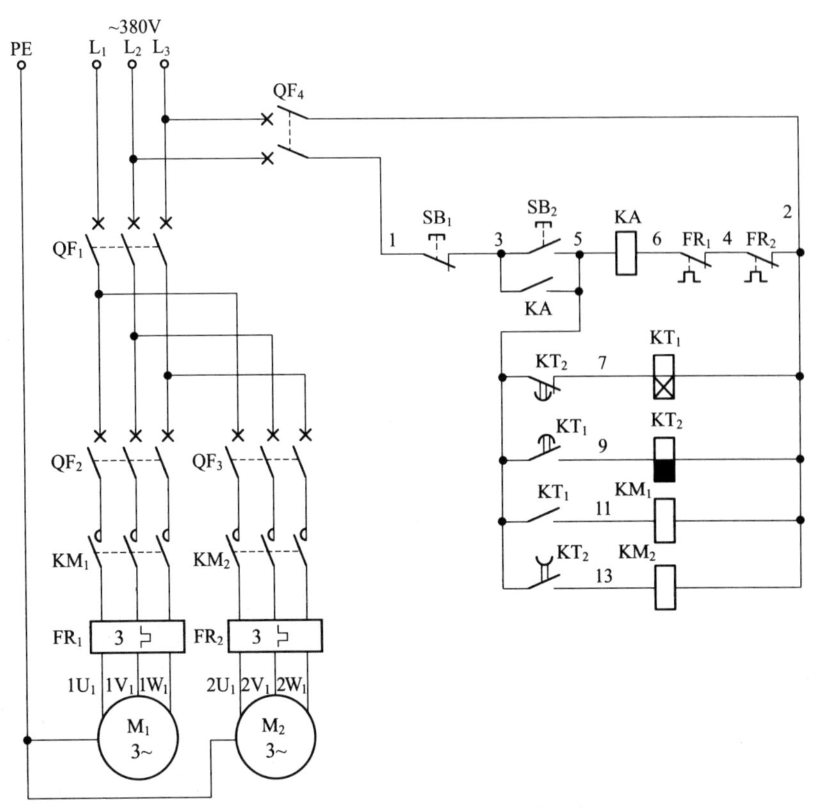

图 2.28 两台电动机自动轮流控制电路(一)

断失电延时时间继电器 KT_2 线圈回路电源，KT_2 线圈断电释放并开始延时。KT_2 失电延时断开的常开触点(5-13)立即闭合，使交流接触器 KM_2 线圈得电吸合，KM_2 三相主触点闭合，电动机 M_2 得电启动运转。经 KT_2 一段延时后，KT_2 失电延时断开的常开触点(5-13)断开，切断交流接触器 KM_2 线圈回路电源，KM_2 线圈断电释放，KM_2 三相主触点断开，电动机 M_2 失电停止运转。KT_2 失电延时闭合的常闭触点(5-7)恢复常闭，又将得电延时时间继电器 KT_1 线圈回路接通，KT_1 线圈得电吸合，KT_1 开始延时，KT_1 不延时瞬动常开触点(5-11)闭合，使交流接触器 KM_1 线圈重新得电吸合，KM_1 三相主触点闭合，电动机 M_1 又重新得电启动运转。如此循环，完成两台电动机自动轮流控制。

2.29 两台电动机自动轮流控制电路(二)

两台电动机自动轮流控制电路(二)如图 2.29 所示,中间继电器 KA 为控制回路提供工作电源准备。

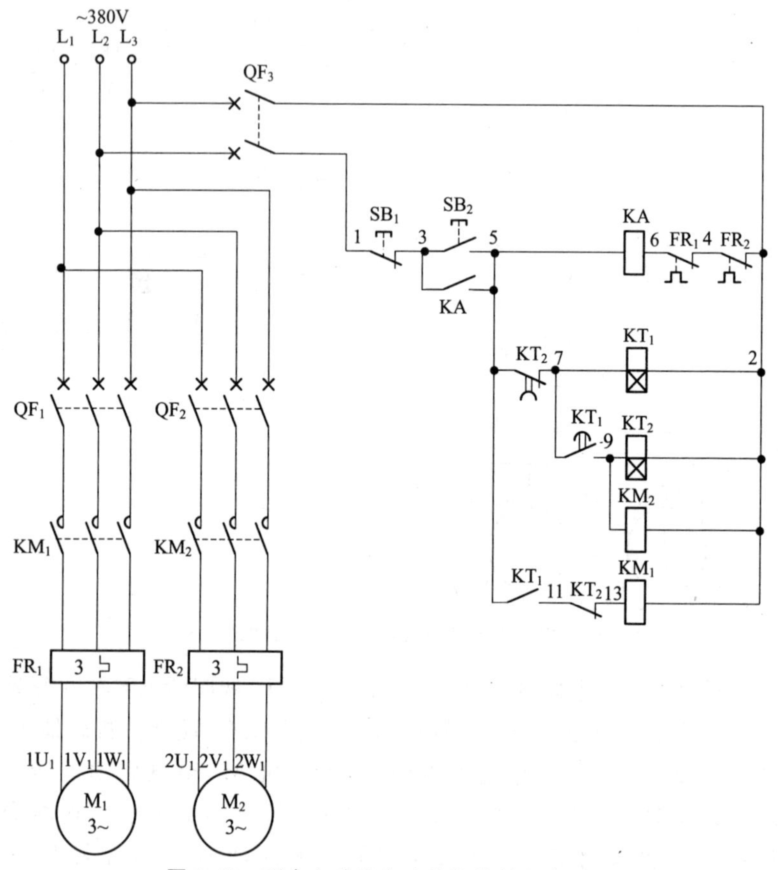

图 2.29 两台电动机自动轮流控制电路(二)

工作时,按下启动按钮 SB_2(3-5),中间继电器 KA 线圈得电吸合且 KA 常开触点(3-5)闭合自锁,为电路工作提供电源。此时,得电延时时间继电器 KT_1 线圈得电吸合并开始延时。KT_1 不延时瞬动常开触点闭合,接通了交流接触器 KM_1 线圈回路电源,KM_1 线圈得电吸合,KM_1 三相主触点闭合,电动机 M_1 先得电启动运转。经 KT_1 一段延时后,KT_1 得电延时闭合的常开触点(7-9)闭合,接通了得电延时时间继电器 KT_2

和交流接触器 KM_2 线圈回路电源，得电延时时间继电器 KT_2 和交流接触器 KM_2 线圈得电吸合，KT_2 开始延时；KT_2 不延时瞬动常闭触点(11-13)断开，切断交流接触器 KM_1 线圈回路电源，KM_1 线圈断电释放，KM_1 三相主触点断开，电动机 M_1 失电停止运转。同时 KM_2 三相主触点闭合，电动机 M_2 得电启动运转。经 KT_2 一段延时后，KT_2 得电延时断开的常闭触点(5-7)断开，切断了得电延时时间继电器 KT_1 线圈回路电源，KT_1 线圈断电释放，KT_1 所有触点恢复原始状态。KT_1 得电延时时间继电器线圈又重新得电吸合且开始延时，KT_1 不延时瞬动常开触点(5-11)闭合，接通了交流接触器 KM_1 线圈回路电源，KM_1 线圈得电吸合，KM_1 三相主触点闭合，电动机 M_1 又重新得电启动运转，如此循环下去，实现两台电动机自动轮流控制。

2.30 甲乙两地同时开机控制电路

甲乙两地同时开机控制电路如图 2.30 所示。

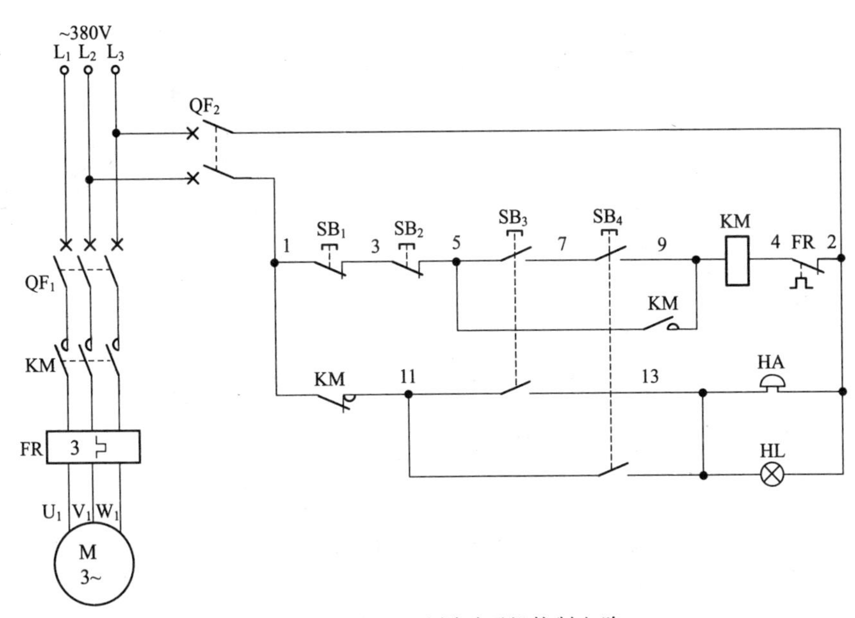

图 2.30 甲乙两地同时开机控制电路

在甲地按下启动按钮 SB_3 不放手，SB_3 的一组常开触点(5-7)闭合，为乙地启动时按下启动按钮 SB_4 同时开机做准备；SB_3 的另一组常开触点(11-13)闭合，预警电铃 HA 响，预警灯 HL 亮，以告知乙地需同时开机。当乙地听到或看到甲地发出的预警信号后，按下乙地启动按钮 SB_4，SB_4 的一组常开触点(7-9)闭合。这样，SB_3、SB_4 的两组常开触点(5-7、7-9)均闭合时，才能使交流接触器 KM 线圈得电吸合且 KM 辅助常开触点(5-9)闭合自锁，KM 三相主触点闭合，电动机得电启动运转。

2.31 带有告警延时功能的短暂停电自动再启动电路

带有告警延时功能的短暂停电自动再启动电路如图 2.31 所示。

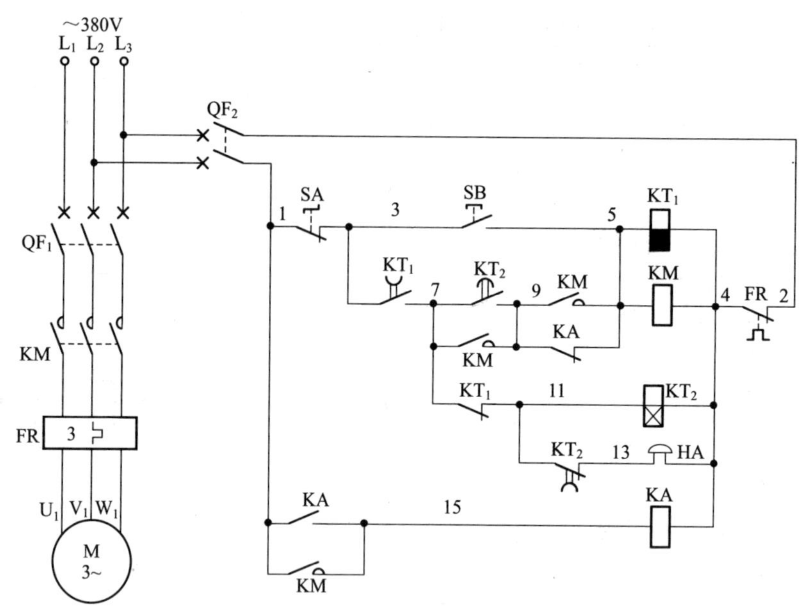

图 2.31 带有告警延时功能的短暂停电自动再启动电路

正常启动时，按下启动按钮 SB(3-5)，交流接触器 KM 和失电延时时间继电器 KT_1 线圈得电吸合且 KM 辅助常开触点(7-9、5-9)闭合，与失电延时断开的常开触点(3-7)闭合自锁，KM 辅助常开触点(1-15)闭合，接通中间继电器 KA 线圈回路电源，KA 线圈得电吸合且 KA 常开触点(1-15)闭合自锁，KA 并联在交流接触器 KM 辅助常开触点(5-9)上的常闭触点(5-9)断开。此时，交流接触器KM三相主触点闭合，电动机得电启动运转。

当电动机启动运转后，倘若电网出现短暂停电(也就是停电时间未超出KT_1延时时间)后又恢复正常供电时，能保证自动再启动控制。工作原理如下：电动机运转后，倘若电网出现短暂停电，交流接触器KM、失电延时时间继电器KT_1、中间继电器KA线圈均断电释放，KM三相主触点断开，电动机失电停止运转；与此同时，失电延时时间继电器KT_1开始延时，在KT_1设定延时时间内，电网又恢复正常供电时，电源L_2→QF_2→SA常闭触点(1-3)→失电延时断开的常开触点(3-7)(仍处于闭合状态)→KT_1不延时瞬动常闭触点(7-11)→得电延时时间继电器KT_2线圈→FR常闭触点(2-4)→QF_2→电源L_3形成回路，得电延时时间继电器KT_2线圈得电吸合并开始延时，此时报警电铃HA响，以告知有关人员电网现已恢复供电，将延时自动再启动。经KT_2一段延时后，KT_2得电延时断开的常闭触点(11-13)断开，切断报警铃HA电源，报警电铃HA停响，KT_2得电延时闭合的常开触点(7-9)闭合，将KM辅助常开触点(7-9)短接了起来，这样，电源L_2→QF_2→SA常闭触点(1-3)→KT_2得电延时闭合的常开触点(7-9)(已闭合了)→KA常闭触点(5-9)→KT_1、KM线圈→FR常闭触点(2-4)→QF_2→电源L_3形成回路，KM和KT_1线圈又重新得电吸合，KT_1失电延时闭合的常开触点(3-7)又立即闭合(仍闭合)，KM辅助常开触点(5-9、7-9、1-15)均闭合，KM辅助常开触点(5-9、7-9)自锁KT_1、KM线圈，KM辅助常开触点(1-15)闭合，接通中间继电器KA线圈回路电源，KA线圈得电吸合且KA常开触点(1-15)闭合自锁，KA常闭触点(5-9)断开，KT_1不延时瞬动常闭触点(7-11)断开，切断KT_2线圈及HA报警电铃回路电源。此时，KM三相主触点闭合，电动机得电重新启动运转。

倘若电动机启动运转后，电网出现长时间停电后又恢复正常供电，其停电时间超出KT_1的延时时间后，KT_1失电延时断开的常开触点(3-7)断开，将切断其整个控制回路电源，无法对电路进行自动再启动控制。

注意：在停止时断开停止转换开关SA的时间必须大于KT_1的延时时间；KT_2的延时时间必须远远小于KT_1的延时时间。

2.32 可识别启动、停止信号的单按钮控制电动机启停电路

图2.32所示电路与常见的单按钮控制电动机启停电路不同之处是：具有识别启动、停止信号功能。也就是说，启动时，需按下按钮开关SB(1-3)的时间超出得电延时时间继电器KT的设定值，方可完成启动操作，而在停止时则再次瞬间按下按钮开关SB(1-3)即可。

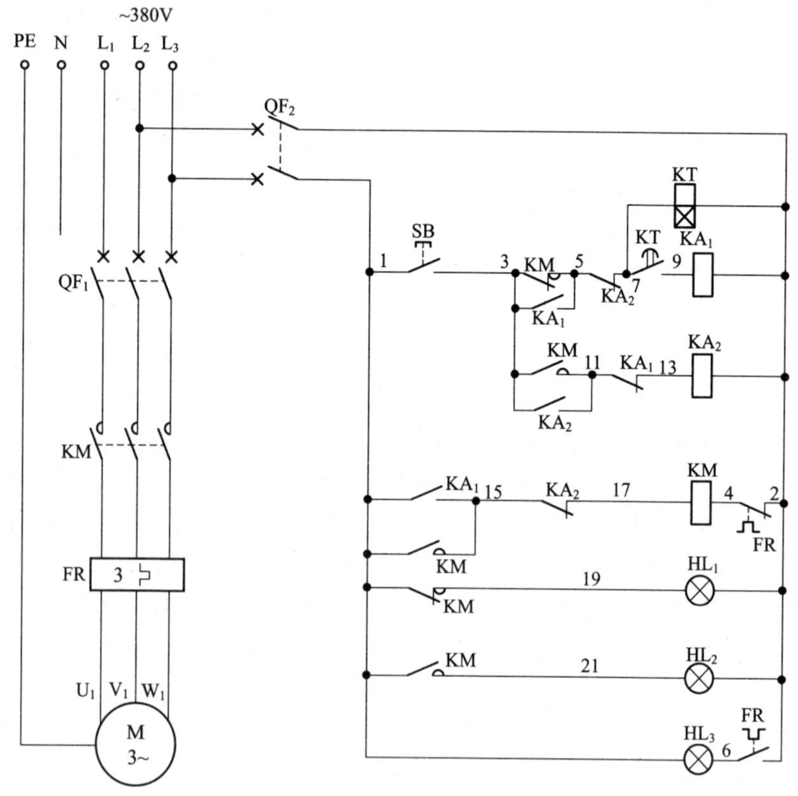

图2.32 可识别启动、停止信号的单按钮控制电动机启停电路

第一次按下按钮开关SB(1-3)约5s以上(此值可根据用户要求设定)，得电延时时间继电器KT线圈得电吸合，其得电延时闭合的常开触点(7-9)闭合，接通中间继电器KA_1线圈回路电源，KA_1线圈得电吸合且KA_1常开触点(3-5)自锁，KA_1串联在交流接触器KM线圈回路中的常

开触点(1-15)闭合,使交流接触器 KM 线圈得电吸合且 KM 辅助常开触点(1-15)闭合自锁,KM 三相主触点闭合,电动机得电运转工作。松开按钮开关 SB(1-3),得电延时时间继电器 KT、中间继电器 KA_1 线圈断电释放,KT、KA_1 所有触点恢复原始状态。

第二次按下按钮开关 SB(1-3),由于交流接触器 KM 线圈仍吸合,KM 辅助常闭触点(3-5)断开,禁止 KT、KA_1 线圈再次得电,KM 辅助常开触点(3-11)闭合,为中间继电器 KA_2 线圈吸合做准备,此时按钮开关 SB(1-3)已按下,中间继电器 KA_2 线圈得电吸合且 KA_2 常开触点(3-11)闭合自锁,KA_2 串联在 KM 线圈回路中的常闭触点(15-17)断开,切断了 KM 线圈电源,KM 线圈断电释放,KM 三相主触点断开,电动机失电停止运转。松开按钮开关 SB(1-3),中间继电器 KA_2 线圈断电释放,KA_2 所有触点恢复原始状态,为再次启动电动机提供准备条件。

2.33 用一根导线完成现场、远程两地启停控制电路

通常的两地启停控制,其两地的控制按钮与控制按钮之间往往需要三根连线才能实现。如果用一根导线能够实现远程控制电动机的启动和停止,将节省大量的导线。这种节省导线的应用场合很多,如工厂与水源地之间较远时,山上、山下供水时等。

图 2.33 是一种非常实用的用一根导线完成的现场、远程两地启停控制电路。现场控制按钮按常规控制电路连接,但是需在现场停止按钮 SB_1 的前面串联两只白炽灯泡 EL_1、EL_2。当需远程启动电动机时,则按下远程控制按钮 SB_3(将远程处电源 L_3 接入),现场配电柜中交流接触器 KM 线圈与现场电源 L_2 相形成回路,使交流接触器 KM 线圈得电吸合且自锁,KM 三相主触点闭合,电动机得电启动运转。此时松开远程启动按钮 SB_3(远程电源 L_3 解除),现场交流接触器 KM 线圈则会通过两只白炽灯泡 EL_1、EL_2 与现场配电柜中电源 L_3 相形成回路而继续给交流接触器 KM 线圈供电。需远程停止时,则按下停止按钮 SB_4(将远程处电源 L_2 接入),交流接触器 KM 线圈两端都为 L_2 相电源(同相),同相时,KM 线圈断电释放,KM 三相主触点断开,电动机失电停止运转。

在正常运转时,交流接触器 KM 线圈与两只电源电压为 220V 的白

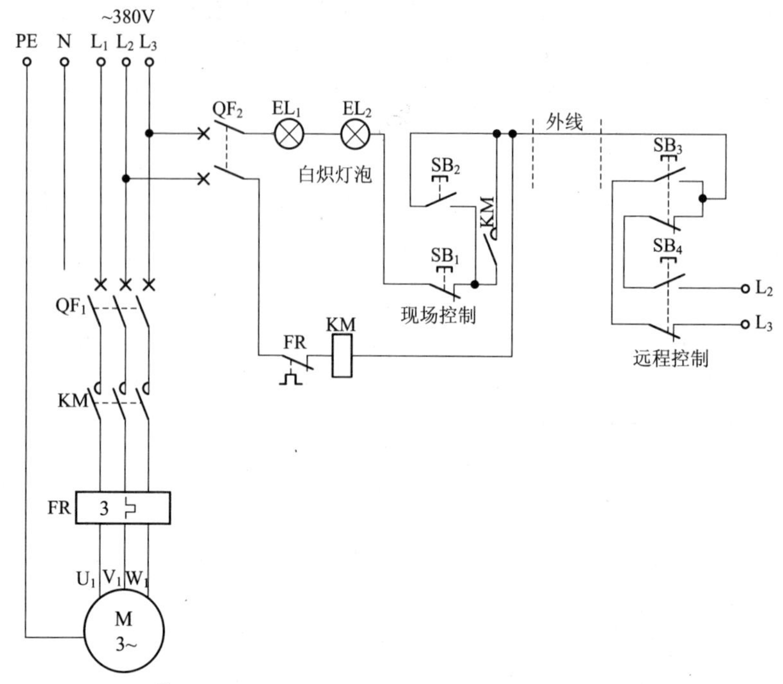

图 2.33　用一根导线完成现场、远程两地启停控制电路

炽灯泡相串联，其白炽灯泡的功率可根据交流接触器规格型号来试验确定。通过试验得知，CDC10-40型的交流接触器可采用60W的白炽灯泡串联，即能使CDC10-40型的交流接触器线圈可靠吸合。如果交流接触器功率大于CDC10-40，则需通过现场实际试验增大白炽灯泡的功率。在正常工作时，两只灯泡都不亮，而在远地按下停止按钮 SB_4 时(将远程处电源 L_3 接入)，交流接触器KM线圈两端为同相而断电释放，同时两只串联的白炽灯泡在交流接触器KM自锁触点未断开前因被施加了380V交流电源而点亮，而随着交流接触器KM自锁触点的断开而熄灭；也就是说，在按下远程停止按钮 SB_4 时，白炽灯泡会瞬间闪亮一下，这也可用作远地停止指示灯。

本电路应接在同一供电系统中。接线时要注意电源相序，并正确连接。另外，远程控制按钮 SB_3、SB_4 上存在两相(L_2、L_3)电源，使用及维修时应特别引起注意，千万不要随意短接 SB_3、SB_4 按钮，以免出现电源短路问题。

2.34 单相电容启动与电容运转电动机单向启停控制电路

单相电容启动与电容运转电动机单向启停控制电路如图 2.34 所示。

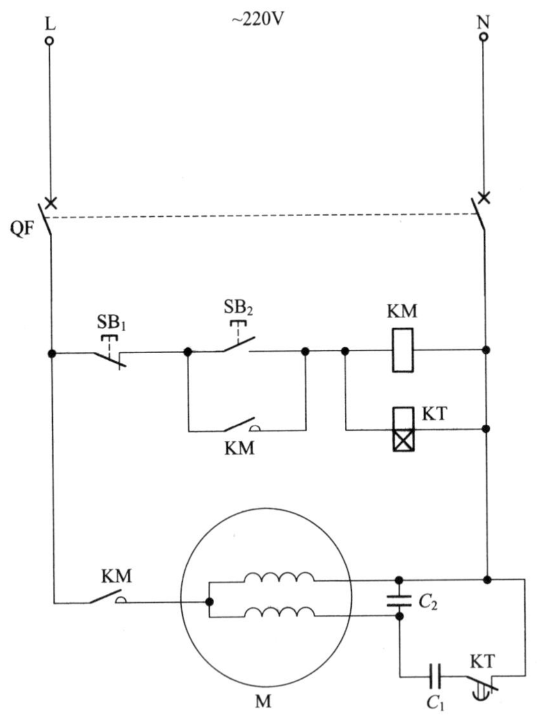

图 2.34 单相电容启动与电容运转电动机单向启停控制电路

启动时，按下启动按钮 SB_2，交流接触器 KM 和得电延时时间继电器 KT 线圈得电吸合且 KM 辅助常开触点闭合自锁，KM 主触点闭合，电动机绕组加入启动电容器 C_1 进行启动；电动机启动完毕后，也就是 KT 的延时结束时间，KT 得电延时断开的常闭触点断开，切断启动电容器 C_1 回路，使启动电容器 C_1 退出运行，电动机通过运转电容器 C_2 正常运转。

停止时，按下停止按钮 SB_1，交流接触器 KM 和得电延时时间继电器 KT 线圈断电释放，KM 主触点断开，电动机失电停止运转。

2.35 低速脉动控制电路

低速脉动控制电路如图 2.35 所示。

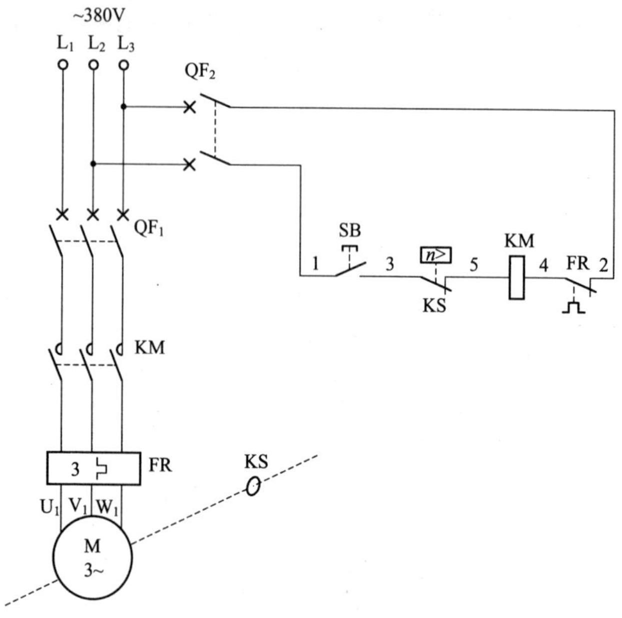

图 2.35 低速脉动控制电路

合上主回路断路器 QF_1、控制回路断路器 QF_2，为电路工作做准备，工作过程如下：

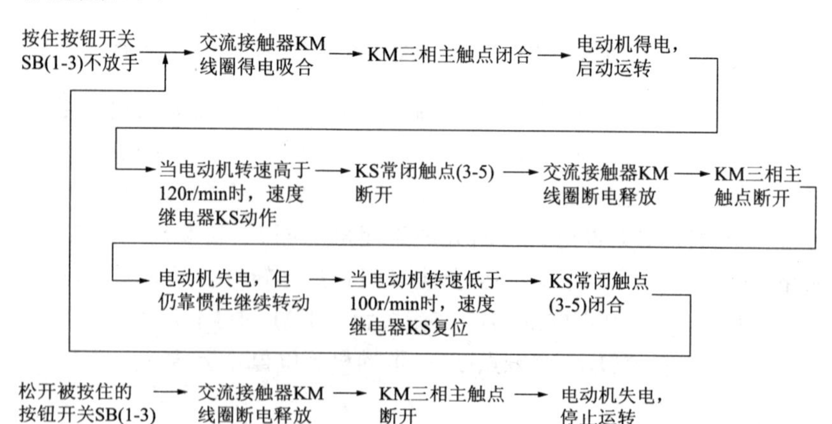

2.36 五地控制的启动停止电路

五地控制的启动停止电路如图 2.36 所示。

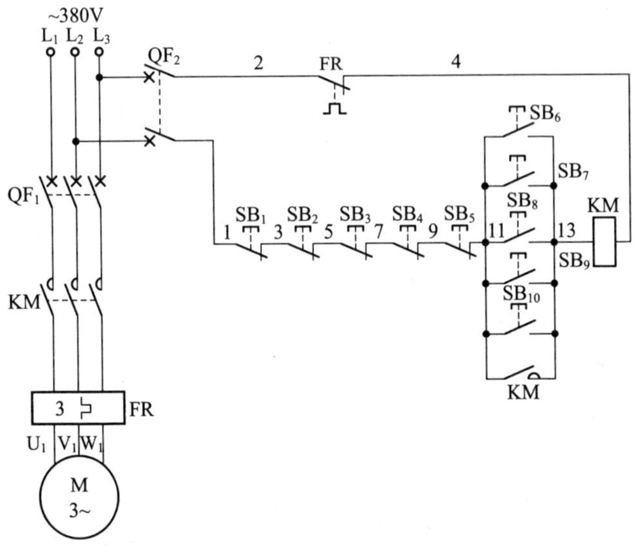

图 2.36 五地控制的启动停止电路

合上主回路断路器 QF_1、控制回路断路器 QF_2，为电路工作做准备。

1. 启　动

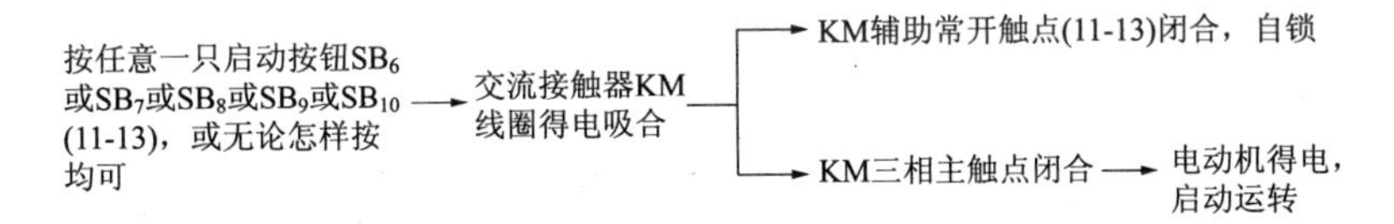

2. 停　止

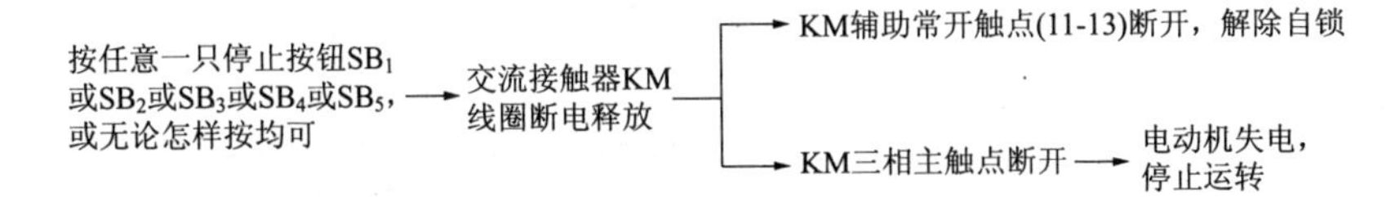

2.37 四地启动、一地停止控制电路

四地启动、一地停止控制电路如图 2.37 所示。

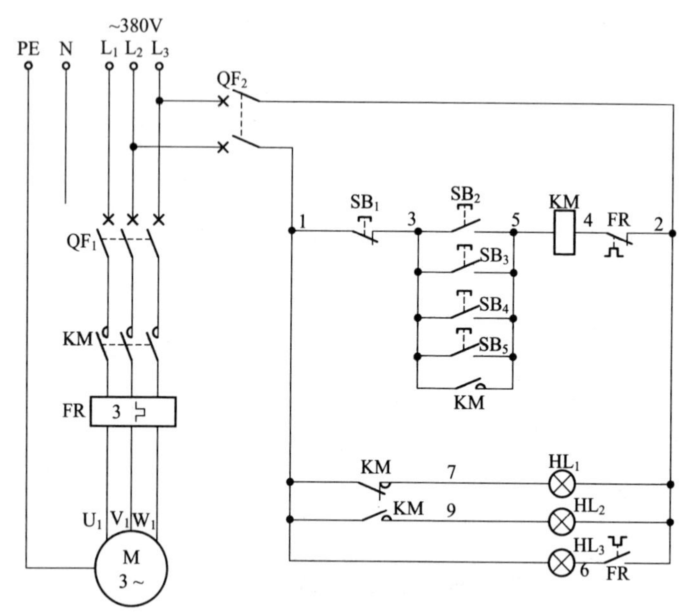

图 2.37 四地启动、一地停止控制电路

合上主回路断路器 QF_1、控制回路断路器 QF_2，为电路工作做准备。同时电源指示灯 HL_1 亮，说明电路有电。

1. 启　动

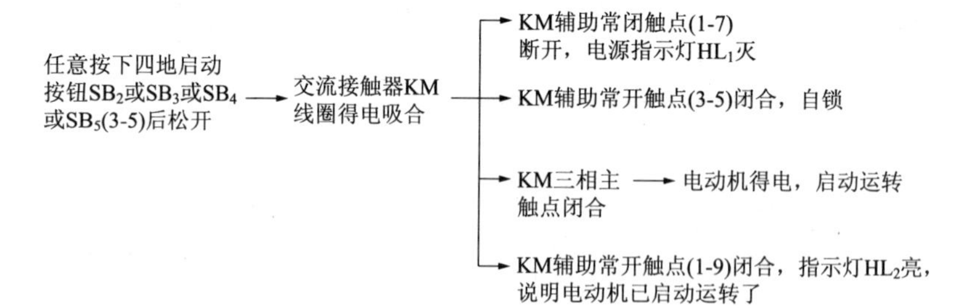

2. 停　止

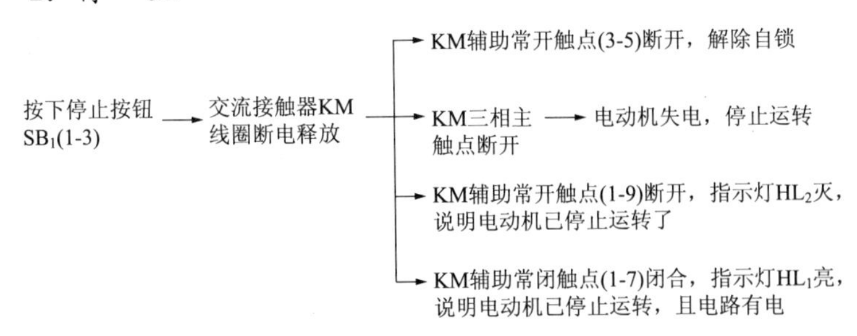

2.38　失电延时头配合接触器完成短暂停电自动再启动电路

失电延时头配合接触器完成短暂停电自动再启动电路如图 2.38 所示，启动时，按下启动按钮 SB(3-5)，带失电延时头的交流接触器 KMT 线圈得电吸合，KMT 失电延时断开的常开触点(3-7)立即闭合，为电网出现短暂停电允许再启动做准备；KMT 辅助常开触点(5-7)闭合自锁，KMT 三相主触点闭合，电动机得电启动运转。与此同时，KMT 的另一组常开触点(1-9)闭合，接通了中间继电器 KA 线圈的回路电源，KA 线圈得电吸合且 KA 常开触点(1-9)闭合自锁，KA 并联在 KMT 自锁常开触点(5-7)上的常闭触点(5-7)断开，也为电网出现短暂停电提供自动启动回路。

当电网出现短暂停电时，KMT、KA 线圈均断电释放，KMT 开始延时。倘若在 KMT 设定延时时间内电网又恢复供电，电源 L_2→QF_2→SA 常闭触点(1-3)→KMT 失电延时断开的常开触点(3-7)(此时仍处于闭合状态)→KA 常开触点(5-7)→KMT 线圈→FR 常闭触点(2-4)→QF_2→电源 L_3 形成自启动回路，KMT 线圈又重新得电吸合，KMT 失电延时断开的常开触点(3-7)立即闭合，KMT 辅助常开触点(5-7)闭合自锁，KMT 的另一组辅助常开触点(1-9)闭合，KA 线圈得电吸合且 KA 常开触点(1-9)闭合自锁，KA 常闭触点(5-7)断开，KMT 三相主触点闭合，电动机重新得电启动运转。

若电网停止再来电的时间超出 KT 的设定延时时间，KT 失电延时断开的常开触点(3-7)断开，切断其自启动回路，即使电网再来电也无法进行自动再启动。

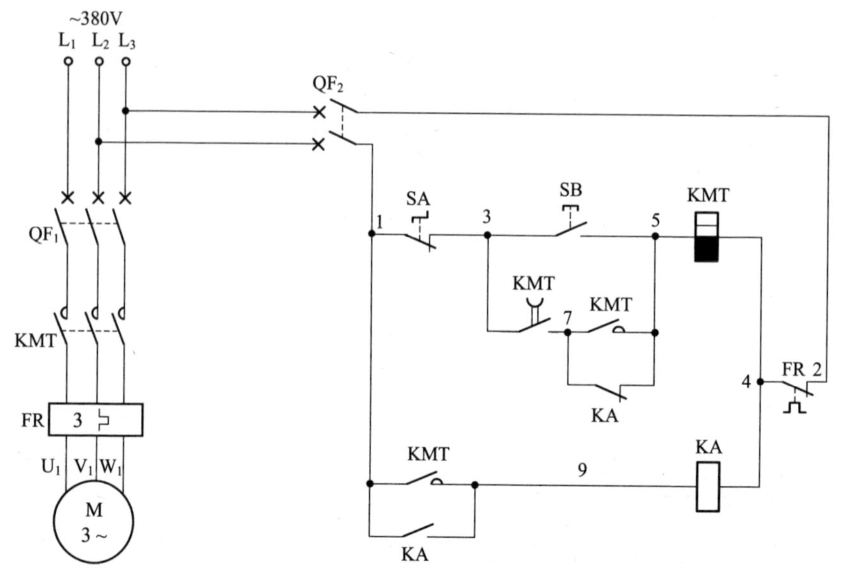

图 2.38 失电延时头配合接触器完成短暂停电自动再启动电路

需提醒的是，停止时断开 SA(1-3)的时间必须大于 KT 的延时时间使其失效，以免出现自动再启动问题。

第3章

降压启动控制电路

3.1 单按钮控制电动机Y-△启动控制电路(一)

图 3.1 所示电路采用一只按钮就可控制电动机Y-△启动停止，即第一次按动按钮 SB 时，电动机Y形启动并自动转换为△形运转；第二次按动按钮 SB 时，电动机停止运转；第三次按动按钮 SB 时，电动机又Y形启动并自动转换为△形运转。

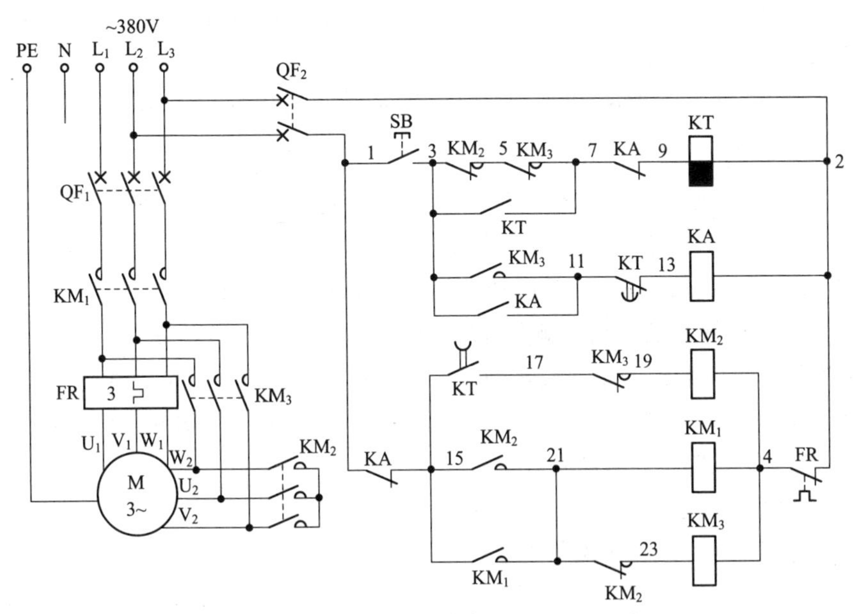

图 3.1 单按钮控制电动机Y-△启动控制电路(一)

1. Y-△启动

第一次按下按钮 SB(1-3)，失电延时时间继电器 KT 线圈得电吸合，其瞬动常开触点(3-7)闭合自锁，同时 KT 失电延时闭合的常闭触点(11-13)立即断开，切断中间继电器 KA 线圈回路，作为互锁保护，KT 失电延时断开的常开触点(15-17)立即闭合，接通了Y点交流接触器 KM_2 线圈回路电源，KM_2 辅助常开触点(15-21)闭合，使电源交流接触器 KM_1 线圈也得电吸合且 KM_1 辅助常开触点(15-21)闭合自锁，这样，KM_1、KM_2 各自的三相主触点均闭合，电动机绕组连接为Y形启动，KM_2 辅助常闭触点(3-5)断开，为第二次按下按钮 SB 做停止准备，KM_2 辅助常闭触点(21-23)断开，作为Y-△控制电路互锁；松开按钮 SB(1-3)，失电延时时间继电器 KT 线圈断电释放并开始延时，经 KT 延时一段时间后，KT 失电延时闭合的常闭触点(11-13)闭合，为中间继电器 KA 线圈工作做准备，KT 失电延时断开的常开触点(15-17)断开，Y点交流接触器 KM_2 线圈断电释放，KM_2 三相主触点断开，Y点解除；KM_2 辅助常闭触点(21-23)闭合，接通了△形交流接触器 KM_3 线圈回路电源，KM_3 三相主触点闭合，电动机绕组连接为△形全压运转。同时 KM_3 辅助常开触点(3-11)闭合，为 KA 线圈工作做准备。

至此，第一次按动按钮 SB(1-3)，电动机Y-△自动启动运转。

2. 停 止

需要停止时，则再次按下按钮 SB(1-3)，中间继电器 KA 线圈得电吸合且 KA 常开触点(3-11)闭合自锁，KA 串联在交流接触器 KM_1、KM_3 线圈回路中的常闭触点(1-15)断开，切断了 KM_1、KM_3 线圈回路电源，KM_1、KM_3 各自的三相主触点断开，电动机失电停止运转。KM_3 辅助常闭触点(5-7)闭合，为第三次按动按钮 SB(1-3)再启动电动机做准备。松开按钮 SB(1-3)，中间继电器 KA 线圈断电释放，KA 常闭触点(7-9)闭合，为 KT 线圈工作做准备。

至此第二次按动按钮 SB(1-3)，电动机失电停止运转。

总之，奇数次按动按钮 SB(1-3)，电动机Y-△自动启动运转；偶数次按动按钮 SB，电动机停止运转。

需提醒注意的是：在电动机由Y形启动变换到△形运转期间，按动 SB(1-3)按钮无法进行停止操作。

3.2 单按钮控制电动机Y-△启动控制电路(二)

图 3.2 所示电路采用单只按钮开关完成电动机手动Y-△启动,即第一次按下按钮 SB(1-3),对电动机进行手动控制Y形启动;第二次按下按钮 SB(1-3),对电动机进行手动控制△形运转;第三次按下按钮 SB(1-3),对电动机进行手动控制停止;第四次按下按钮 SB(1-3),又重复上述Y形启动……

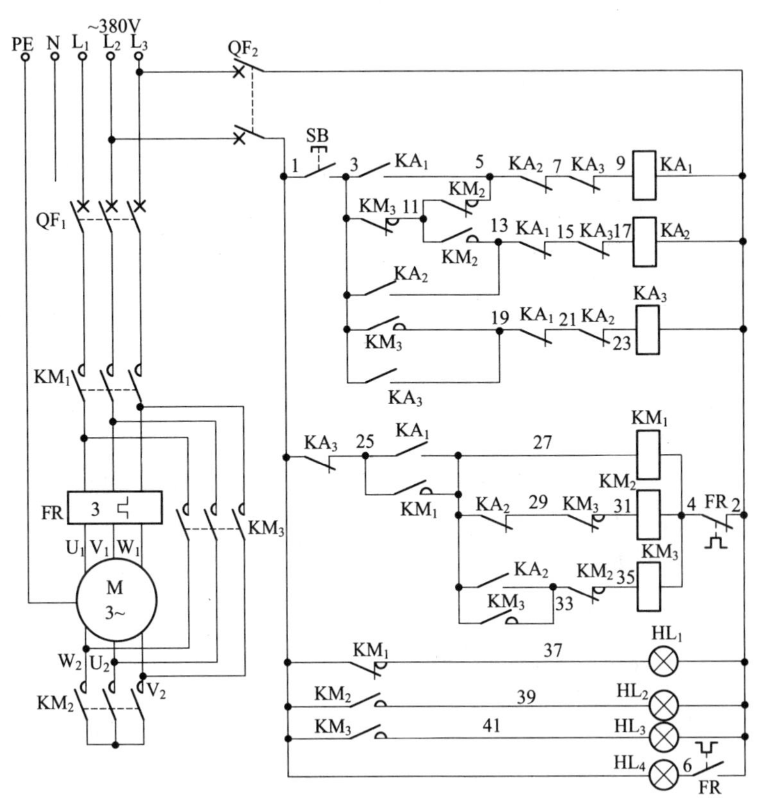

图 3.2 单按钮控制电动机Y-△启动控制电路(二)

1. 手动Y形启动

第一次按下按钮 SB(1-3),控制电源经按钮 SB(1-3)、KM_3 常闭触点(3-11)、KM_2 常闭触点(5-11)、KA_2 常闭触点(5-7)、KA_3 常闭触点(7-9)与中间继电器 KA_1 线圈形成回路,KA_1 线圈得电吸合且 KA_1 常开触点

(3-5)闭合自锁,KA_1 常闭触点(13-15、19-21)分别互锁 KA_2、KA_3 线圈回路,使 KA_2、KA_3 线圈不能得电工作;同时 KA_1 串联在交流接触器 KM_1 线圈回路中的常开触点(25-27)闭合,KM_1 线圈得电吸合且 KM_1 辅助常开触点(25-27)闭合自锁。同时Y形接触器 KM_2 线圈已得电吸合,KM_1、KM_2 各自的三相主触点闭合,电动机得电进行Y形启动;同时 KM_1 串联在电源指示回路中的常闭触点(1-37)断开,电源指示灯 HL_1 灭,KM_2 串联在Y形启动指示回路中的常开触点(1-39)闭合,接通Y形启动指示灯 HL_2,说明电动机在进行Y形启动;KM_2 串联在 KA_1 线圈回路中的常闭触点(5-11)断开,为下一次操作按钮 SB 时禁止 KA_1 线圈工作做准备,KM_2 串联在 KA_2 线圈回路中的常开触点(11-13)闭合,为下一次操作按钮 SB 时 KA_2 线圈工作提供回路。

松开按钮 SB,KA_1 线圈断电释放,其所有触点恢复原始状态。

2. 手动△形运转

第二次按下按钮 SB(1-3),控制电源经按钮 SB(1-3)、KM_3 常闭触点(3-11)、KM_2 常开触点(11-13)、KA_1 常闭触点(13-15)、KA_3 常闭触点(15-17)与中间继电器 KA_2 线圈形成回路,KA_2 线圈得电吸合且自锁(3-13),KA_2 常闭触点(5-7、21-23)分别互锁 KA_1、KA_3 线圈回路,使 KA_1、KA_3 线圈不能得电工作;同时 KA_2 串联在交流接触器 KM_2 线圈回路中的常闭触点(27-29)断开,切断Y形启动接触器 KM_2 线圈回路电源,KM_2 三相主触点断开,Y形启动结束;同时,KA_2 串联在交流接触器 KM_3 线圈回路中的常开触点(27-33)闭合,接通△形交流接触器 KM_3 线圈回路电源,KM_3 辅助常开触点(27-33)闭合自锁,电动机得电△形运转;同时 KM_2 串联在Y形启动指示回路中的常开触点(1-39)断开,Y形指示灯 HL_2 灭,说明Y形启动结束。KM_3 串联在△形运转指示回路中的常开触点(1-41)闭合,△形运转指示灯 HL_3 亮,说明电动机已启动完毕,进入△形运转。同时 KM_3 分别串联在 KA_1、KA_2 线圈回路中的常闭触点(3-11)断开,限制下一次按下 SB 时,禁止 KA_1、KA_2 线圈工作,KM_3 串联在 KA_3 线圈回路中的常开触点(3-19)闭合,为下一次按下 SB 做准备。

松开按钮 SB,KA_2 线圈断电释放,其所有触点恢复原始状态。

3. 手动停止

第三次按下按钮 SB(1-3),控制电源经按钮 SB(1-3)、KA_1 常闭触点(19-21)、KA_2 常闭触点(21-23)与中间继电器 KA_3 线圈形成回路,KA_3

线圈得电吸合工作，KA_3 常闭触点(7-9、15-17)分别互锁 KA_1、KA_2 线圈回路，使 KA_1、KA_2 线圈不能得电工作；同时 KA_3 串联在交流接触器 KM_1、KM_2、KM_3 线圈回路中的常闭触点(1-25)断开，交流接触器 KM_1、KM_3 线圈断电释放，其各自的主触点断开，电动机失电停止运转；此时 KM_3 串联在△形运转指示回路中的常开触点(1-41)断开，△形运转指示灯灭，同时 KM_1 串联在停止兼电源指示回路中的常闭触点(1-37)恢复常闭，电源兼停止指示灯 HL_1 亮，说明电动机已停止工作了。

第四次按下按钮 SB，重复上述第一次操作。

3.3 单按钮控制电动机手动Y-△启停电路

图 3.3 所示电路采用单按钮开关完成电动机手动Y-△启动，即第一次按下按钮 SB(1-3)，对电动机进行手动控制Y形启动；第二次按下按钮 SB(1-3)，对电动机进行手动控制△形运转；第三次按下按钮 SB(1-3)，对电动机进行手动控制停止；第四次按下按钮 SB(1-3)，又重复上述Y形启动……

1. 手动Y形启动

第一次按下按钮 SB(1-3)，控制电源经按钮 SB(1-3)、KM_3 常闭触点(3-11)、KM_2 常闭触点(5-11)、KA_2 常闭触点(5-7)、KA_3 常闭触点(7-9)与中间继电器 KA_1 线圈形成回路，KA_1 线圈得电吸合且自锁(3-5)，KA_1 常闭触点(13-15、19-21)分别互锁 KA_2、KA_3 线圈回路，使 KA_2、KA_3 线圈不能得电工作；同时 KA_1 串联在交流接触器 KM_1 线圈回路中的常开触点(25-27)闭合，KM_1 线圈得电吸合且 KM_1 辅助常开触点(25-27)闭合自锁。同时Y形交流接触器 KM_2 线圈已得电吸合，KM_1、KM_2 各自的三相主触点闭合，电动机进行Y形启动；同时 KM_1 串联在电源指示回路中的常闭触点(1-37)断开，电源指示灯 HL_1 灭，KM_2 串联在Y形启动指示回路中的常开触点(1-39)闭合，接通Y形启动指示灯 HL_2，说明电动机在进行Y形启动；KM_2 串联在 KA_1 线圈回路中的常闭触点(5-11)断开，为下一次操作按钮 SB 时禁止 KA_1 线圈工作做准备，KM_2 串联在 KA_2 线圈回路中的常开触点(11-13)闭合，为下一次操作按钮 SB 时 KA_2 线圈工作提供回路。

松开按钮 SB，KA_1 线圈断电释放，其所有触点恢复原来状态。

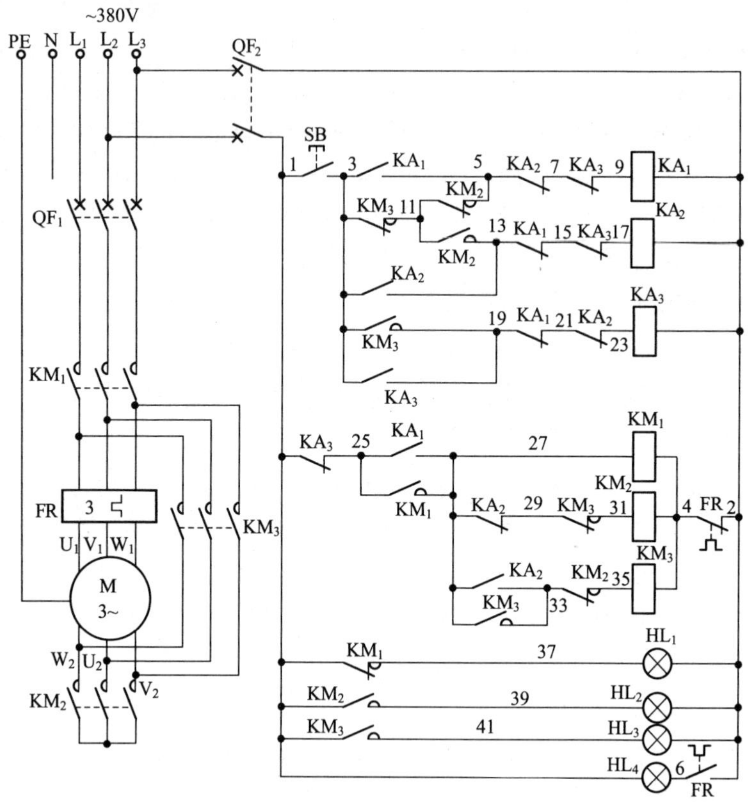

图 3.3　单按钮控制电动机手动Y-△启停电路

2. 手动△形运转

第二次按下按钮 SB(1-3)，控制电源经按钮 SB(1-3)、KM_3 常闭触点(3-11)、KM_2 常开触点(11-13)、KA_1 常闭触点(13-15)、KA_3 常闭触点(15-17)与中间继电器 KA_2 线圈形成回路，KA_2 线圈得电吸合且自锁(3-13)，KA_2 常闭触点(5-7、21-23)分别互锁 KA_1、KA_3 线圈回路，使 KA_1、KA_3 线圈不能得电工作；同时 KA_2 串联在交流接触器 KM_2 线圈回路中的常闭触点(27-29)断开，切断Y形启动交流接触器线圈回路电源，使Y形启动停止，KA_2 串联在交流接触器 KM_3 线圈回路中的常开触点(27-33)闭合，接通△形交流接触器线圈回路电源，KM_3 辅助常开触点(27-33)闭合自锁，电动机△形运转；同时 KM_2 串联在Y形启动指示回路中的常开触点(1-39)断开，Y形指示灯 HL_2 灭，说明Y形启动结束，KM_3 串联在△形运转指示回路中的常开触点(1-41)闭合，△形运转指示

灯 HL_3 亮，说明电动机已启动完毕，进入△形运转；同时 KM_3 分别串联在 KA_1、KA_2 线圈回路中的常闭触点(3-11)断开，下一次按下 SB 时禁止 KA_1、KA_2 线圈工作，KM_3 串联在 KA_3 线圈回路中的常开触点(3-19)闭合，为下一次按下 SB 做准备。

松开按钮 SB，KA_2 线圈断电释放，其所有触点恢复原来状态。

3. 手动停止

第三次按下按钮 SB(1-3)，控制电源经按钮 SB(1-3)、KA_1 常闭触点(19-21)、KA_2 常闭触点(21-23)与中间继电器 KA_3 线圈形成回路，KA_3 线圈得电吸合工作，KA_3 常闭触点(7-9、15-17)分别互锁 KA_1、KA_2 线圈回路，使 KA_1、KA_2 线圈不能得电工作；同时 KA_3 串联在交流接触器 KM_1、KM_2、KM_3 线圈回路中的常闭触点(1-25)断开，交流接触器 KM_1、KM_3 线圈断电释放，其各自的主触点断开，电动机失电停止运转；此时 KM_3 串联在△形运转指示回路中的常开触点(1-41)断开，△形运转指示灯灭，同时 KM_1 串联在停止兼电源指示回路中的常闭触点(1-37)恢复常闭，电源兼停止指示灯 HL_1 亮，说明电动机已停止工作了。

第四次按下按钮 SB，重复上述第一次操作。

3.4 单按钮控制电动机自动Y-△启停电路

图 3.4 所示电路采用一只按钮就可控制电动机Y-△启动、停止。即第一次按下按钮 SB 时，电动机Y形启动并自动转为△形运转；第二次按下按钮 SB 时，电动机停止运转。第三次按下按钮 SB 时，电动机又Y形启动并自动转为△形运转，如此循环。

1. Y-△启动

第一次按下按钮 SB(1-3)，失电延时时间继电器 KT 线圈得电吸合，其不延时瞬动常开触点(3-7)闭合自锁，同时 KT 失电延时闭合的常闭触点(11-13)立即断开，切断中间继电器 KA 线圈回路作为互锁保护，KT 失电延时断开的常开触点(15-17)立即闭合，接通了Y点交流接触器 KM_2 线圈回路电源，KM_2 辅助常开触点(15-21)闭合，使电源交流接触器 KM_1 线圈也得电吸合且 KM_1 辅助常开触点(15-21)闭合自锁，这样，KM_1、KM_2 各自的三相主触点均闭合，电动机绕组连接为Y形启动，KM_2 辅助

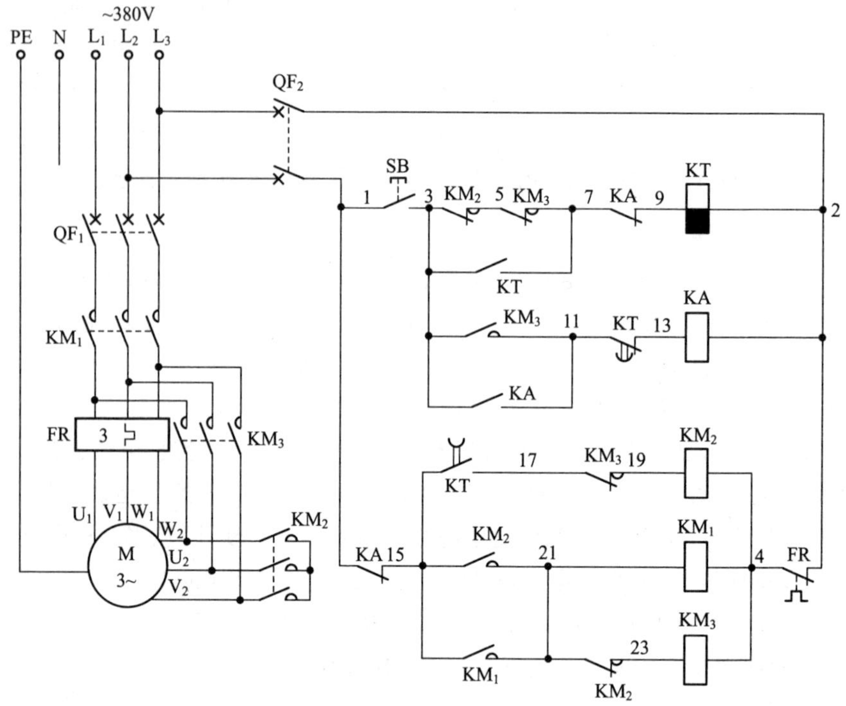

图 3.4　单按钮控制电动机自动Y-△启停电路

常闭触点(3-5)断开，为第二次按下按钮 SB 做禁止准备，KM_2 辅助常闭触点(21-23)断开，作为Y-△控制回路互锁；松开按钮 SB(1-3)，失电延时时间继电器 KT 线圈断电释放并开始延时，经一段时间延时后，KT 失电延时闭合的常闭触点(11-13)闭合，为中间继电器 KA 线圈工作做准备，KT 失电延时断开的常开触点(15-17)断开，Y形交流接触器 KM_2 线圈断电释放，KM_2 三相主触点断开，Y点解除；KM_2 辅助常闭触点(21-23)闭合，接通了△形交流接触器 KM_3 线圈回路电源，KM_3 三相主触点闭合，电动机绕组连接为△形全压运转。同时 KM_3 辅助常开触点(3-11)闭合，为 KA 线圈工作做准备。

至此，第一次按下按钮 SB，电动机Y-△自动启动运转。

2. 停　止

需要停止时，再次按下按钮 SB(1-3)，中间继电器 KA 线圈得电吸合且 KA 常开触点(3-11)闭合自锁，KA 串联在交流接触器 KM_1、KM_2、KM_3 线圈回路中的常闭触点(1-15)断开，切断了 KM_1、KM_3 线圈回路电源，KM_1、KM_3 各自的三相主触点断开，电动机失电停止运转。KM_3 辅助常闭触点(5-7)闭合，为第三次按下按钮 SB 再启动电动机做准备。松开按钮 SB(1-3)，中间继电器 KA 线圈断电释放，KA 常闭触点(7-9)闭合，为 KT 线圈工作做准备。

至此，第二次按下按钮 SB，电动机停止运转。

总之，奇数按下按钮 SB，电动机Y-△自动启动运转；偶数按下按钮 SB，电动机失电停止运转。

需注意的是：在电动机由Y形启动变换到△形运转期间，按下 SB 按钮无法进行停止操作。

3.5 Y-△不间断连续换接启动电路

在我们常常使用的Y-△启动电路中，在Y形与△形转换过程中，为了防止相间短路事故发生，通常会出现转换瞬间断电问题，这样会出现电动机再次启动问题(Y形启动一次，△形又启动一次，又称为二次冲击电流)。为了解决转换时出现断电现象，如图 3.5 所示，我们在Y-△转换之间加入了一个过渡阶段，也就是中间环节串入了电阻器 R，这样电动机绕组电压就不是由Y形启动时的相电压直接转换到△形全压运转时的线电压，真正达到了电动机的平稳启动，大大减少了启动时电流对电网的冲击。

启动时，按下启动按钮 SB_2(3-5)，交流接触器 KM_2、KM_1 和得电延时时间继电器 KT 线圈均得电吸合，KM_1 辅助常开触点(3-5)闭合自锁，KM_2 三相主触点闭合为Y点，KM_1 三相主触点闭合，使电动机绕组 U_1、V_1、W_1 通入三相电源，电动机得电Y形启动；同时得电延时时间继电器 KT 开始延时。经 KT 延时后，KT 得电延时闭合的常开触点(5-17)闭合，接通了交流接触器 KM_4 线圈回路电源，KM_4 线圈得电吸合，KM_4 串联在Y点交流接触器 KM_2 线圈回路中的辅助常闭触点(7-9)断开，切断了Y点交流接触器 KM_2 线圈回路电源，KM_2 线圈断电释放，其三相主触点断开，Y点解除，KM_4 三相主触点串入电阻投入运行，使电动机在△形运转之前加入中间电压进行过渡，此时电动机为无失电启动状态；同时△形交流接触器 KM_3 线圈得电吸合，KM_3 三相主触点闭合，电动机转换成△形全压运转；KM_3 串联在得电延时时间继电器 KT 线圈回路中的辅助

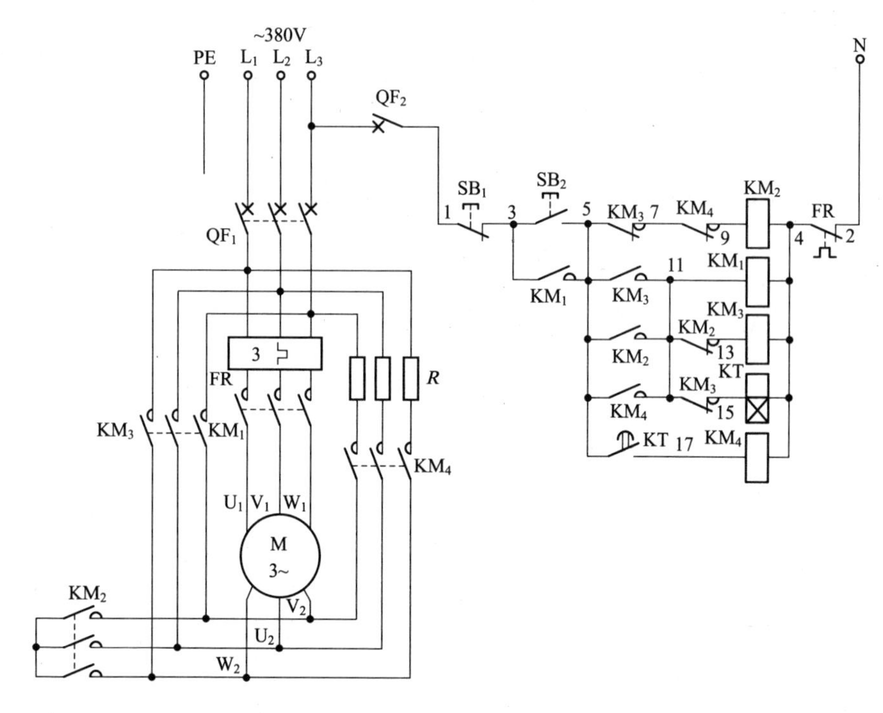

图 3.5 Y-△不间断连续换接启动电路

常闭触点(11-15)断开,切除了得电延时时间继电器 KT 线圈回路电源,KT 线圈断电释放,KT 得电延时闭合的常开触点(5-17)断开,切断了中间电压交流接触器 KM_4 线圈回路电源,KM_4 线圈断电释放,KM_4 三相主触点断开,解除了带电阻的中间电压过渡,使其退出,从而使各转换之间无断电现象出现。

3.6 Y-A-△两级手动启动控制电路

Y-A-△两级手动启动控制电路如图 3.6 所示。

1. 第一级Y形启动

按下Y形启动按钮 SB_2,交流接触器 KM_1、KM_2 线圈均得电吸合且 KM_1、KM_2 各自的辅助常开触点(3-5、5-7)均闭合分别自锁,KM_1、KM_2 各自的三相主触点闭合,将电动机绕组连接成Y形,电动机进行第一级Y形启动。

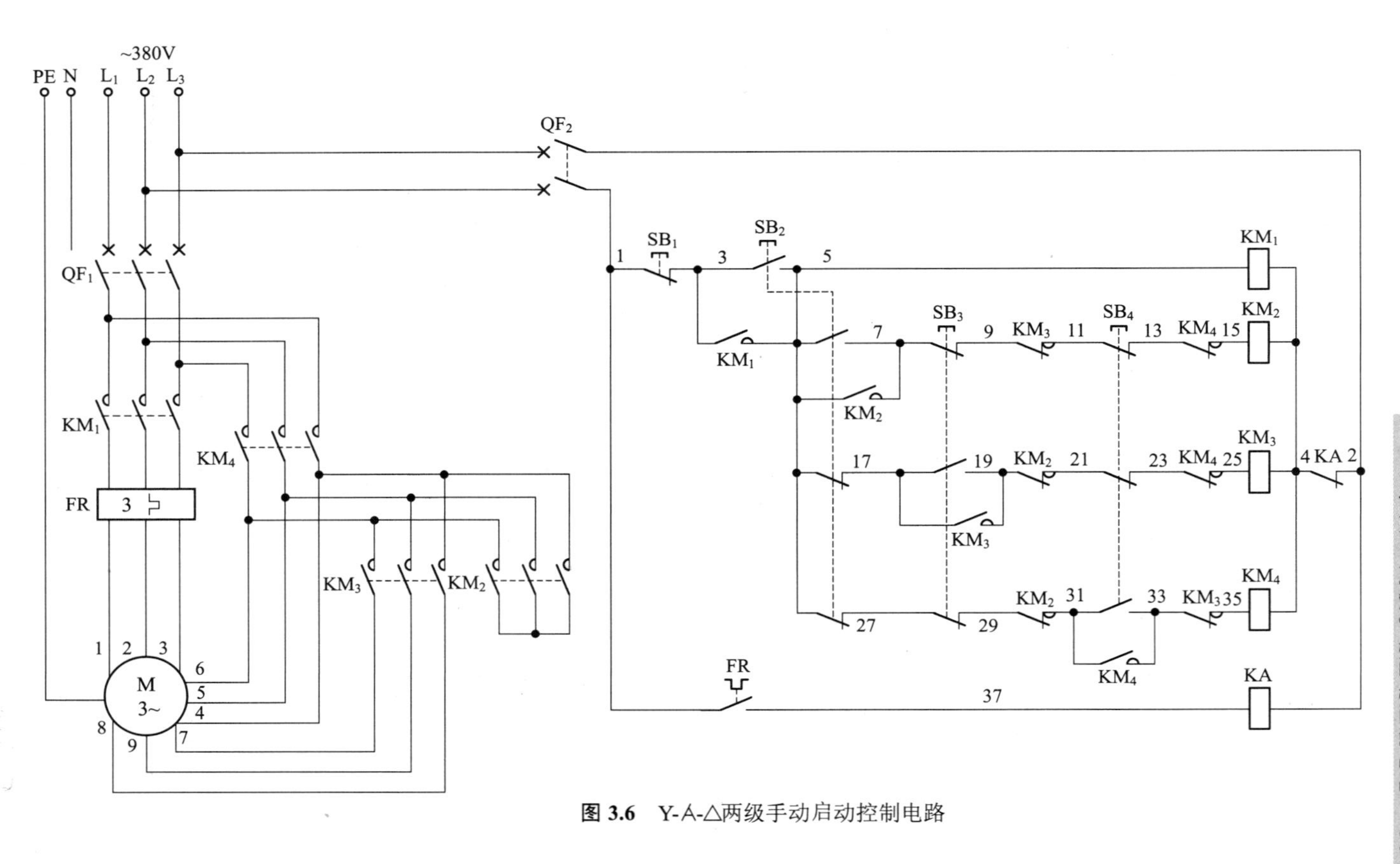

图 3.6 Y-A-△两级手动启动控制电路

2. 第二级$\mathrm{\lambda}$形启动

随着电动机转速的逐渐提高，再按下$\mathrm{\lambda}$形启动按钮 SB_3，交流接触器 KM_2 线圈断电释放，KM_2 三相主触点断开，电动机绕组Y形接法解除；交流接触器 KM_3 线圈得电吸合且 KM_3 辅助常开触点(17-19)闭合自锁，KM_3 三相主触点闭合，将电动机绕组连接成$\mathrm{\lambda}$形接法，电动机进行第二级$\mathrm{\lambda}$形启动。

3. △形全压运转

当电动机的转速升至额定转速时，最后按下△形运转按钮 SB_4，交流接触器 KM_3 线圈断电释放，KM_3 三相主触点断开，电动机绕组$\mathrm{\lambda}$形接法解除；交流接触器 KM_4 线圈得电吸合且 KM_4 辅助常开触点(31-33)闭合自锁，KM_4 三相主触点闭合，电动机绕组连接成△形接法，电动机转为全压正常运转。

该电路中当电动机出现过载时，热继电器 FR 控制常开触点(1-37)闭合，中间继电器 KA 线圈得电吸合，KA 常闭触点(2-4)断开，切断其控制回路电源，起到过载保护作用。

3.7 采用电流继电器完成Y-△自动减压启动电路

目前，大部分Y-△减压启动电路，基本上都是通过时间继电器来完成Y-△转换的。它不能随负载变化而自动调整启动转换时间。

本电路采用电流继电器替代时间继电器进行Y-△转换，它会随负载变化在一定范围内自动调整Y-△转换时间，如图 3.7 所示。

合上主回路断路器 QF_1、控制回路断路器 QF_2，电动机停止兼电源指示灯 HL_1 亮，说明电源正常且电动机已停止运转。

启动时，按下启动按钮 SB_2(3-5)，Y点交流接触器 KM_1 线圈得电吸合，与此同时，电源交流接触器 KM_2 线圈也得电吸合且 KM_2 辅助常开触点(3-11)闭合自锁，KM_1、KM_2 各自的三相主触点闭合，电动机得电Y形启动。由于电动机启动电流较大，使电流继电器 KI 线圈动作，其一组常开触点(3-5)闭合，将Y点交流接触器 KM_1 线圈自锁起来。同时，KM_2 辅助常闭触点(1-19)断开，指示灯 HL_1 灭，KM_1 辅助常开触点(1-21)闭合，

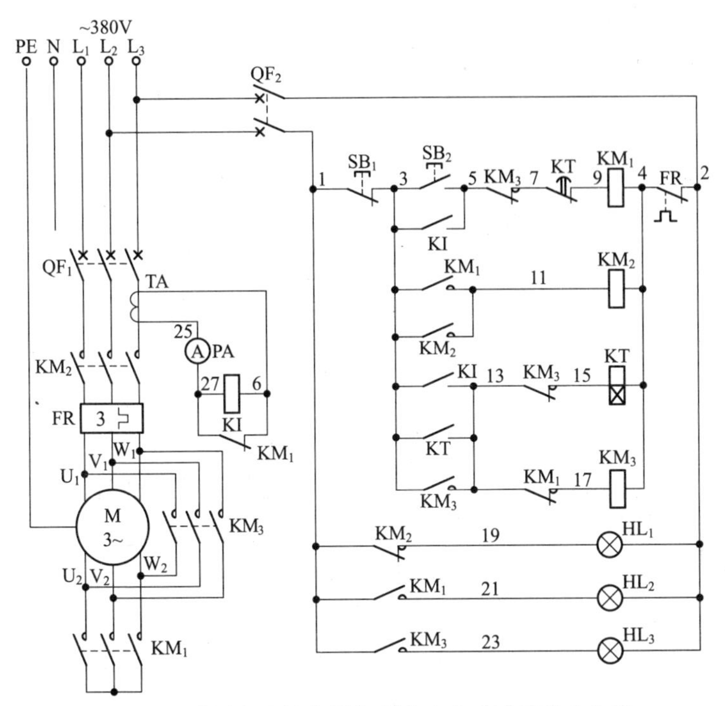

图 3.7 采用电流继电器完成Y-△自动减压启动电路

指示灯 HL_2 亮，说明电动机正在进行Y形启动。在电动机得电运转的同时，主回路将有电流通过，使电流互感器 TA 的二次侧感应出电流来，通过电流表 PA 准确地指示出来。

同时，电流继电器 KI 的另一组常开触点(3-13)闭合，得电延时时间继电器 KT 线圈得电吸合，其不延时瞬动常开触点(3-13)闭合自锁，并开始延时。注意，这里的得电延时时间继电器 KT 在平时启动时不通过它来进行Y-△转换，而是用它来进行跟踪转换保护。也就是说，在启动时，倘若电流继电器 KI 触点损坏不能进行Y-△转换，超出 KT 的延时时间，则 KT 得电延时断开的常闭触点(7-9)断开，切断Y点交流接触器 KM_1 线圈回路电源，从而完成跟踪转换保护。

此得电延时时间继电器 KT 线圈得电吸合且 KT 不延时瞬动常开触点(3-13)闭合自锁后，为△形运转交流接触器 KM_3 转换做准备。随着电动机启动电流的逐渐减小，当电流降至额定电流值后，电流继电器 KI 线圈释放，KI 串联在Y点交流接触器 KM_1 线圈回路中的常开触点(3-5)断开，KM_1 线圈断电释放。KM_1 串联在△接交流接触器 KM_3 线圈回路中的常闭触点(13-17)恢复常闭，使 KM_3 线圈得电吸合且 KM_3 辅助常开触点(3-13)闭合自锁。这样Y点交流接触器 KM_1 三相主触点断开，切除Y形启动；△接交流接触器 KM_3 三相主触点闭合，电动机转换为△形全压运转。同时，KM_1 辅助常开触点(1-21)断开，指示灯 HL_2 灭，KM_3 辅助常开触点(1-23)闭合，指示灯 HL_3 亮，说明电动机已转换为全压运转了。至此，整个Y-△降压启动过程结束。

为了达到节电之目的，控制电路中的得电延时时间继电器 KT 线圈在电动机Y-△降压启动后由 KM_3 辅助常闭触点(13-15)将其切断，使其退出运行。

3.8 定子绕组串联电阻启动自动控制电路(一)

定子绕组串联电阻启动自动控制电路(一)如图 3.8 所示。

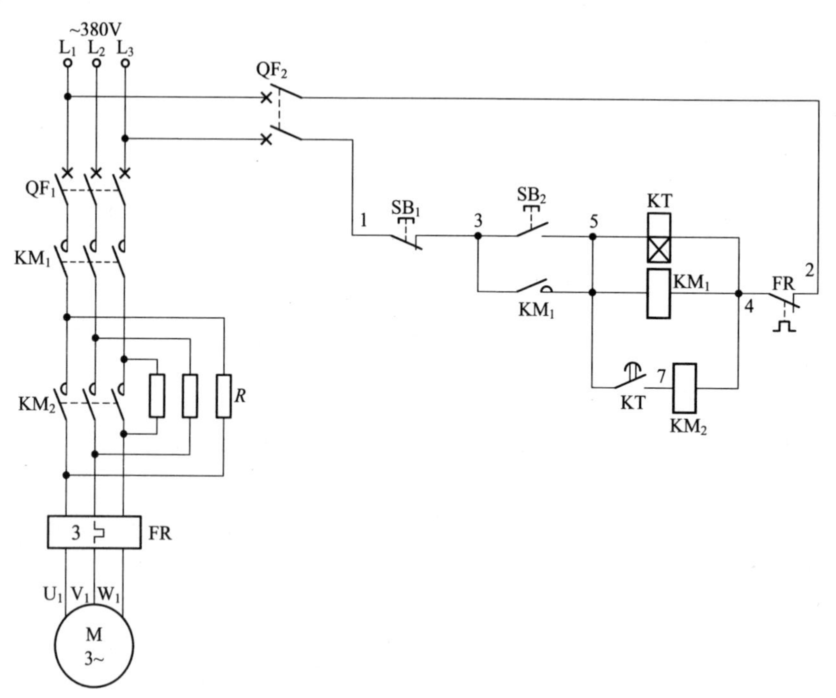

图 3.8 定子绕组串联电阻启动自动控制电路(一)

合上主回路断路器 QF_1、控制回路断路器 QF_2，为电路工作做准备。

1. 启　动

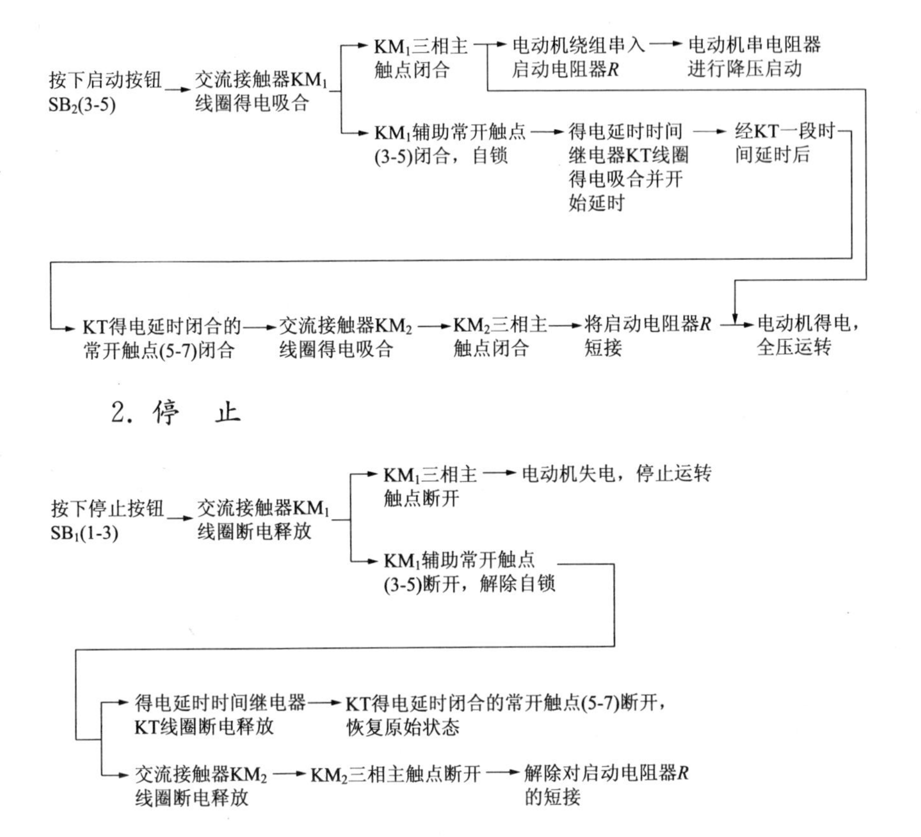

3.9 定子绕组串联电阻启动自动控制电路(二)

定子绕组串联电阻启动自动控制电路(二)如图3.9所示。

合上主回路断路器 QF_1、控制回路断路器 QF_2，为电路工作做准备。

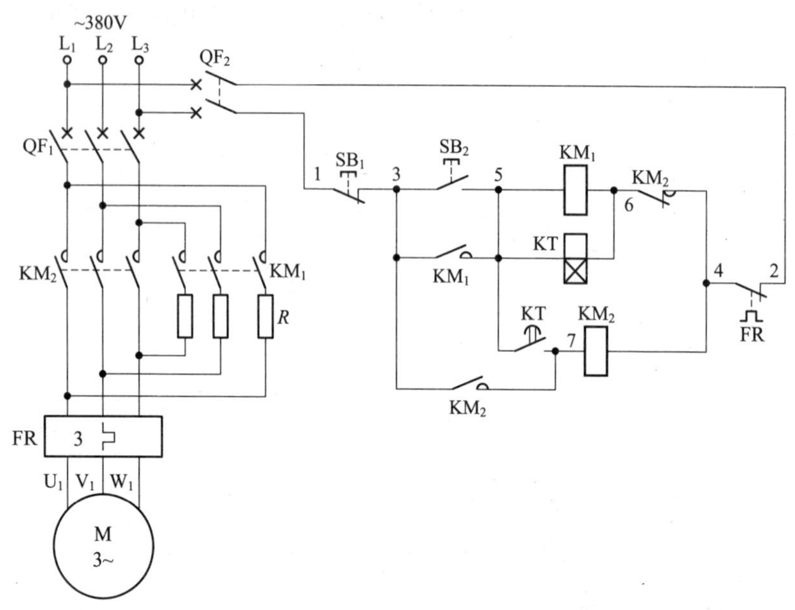

图3.9 定子绕组串联电阻启动自动控制电路(二)

1. 启　动

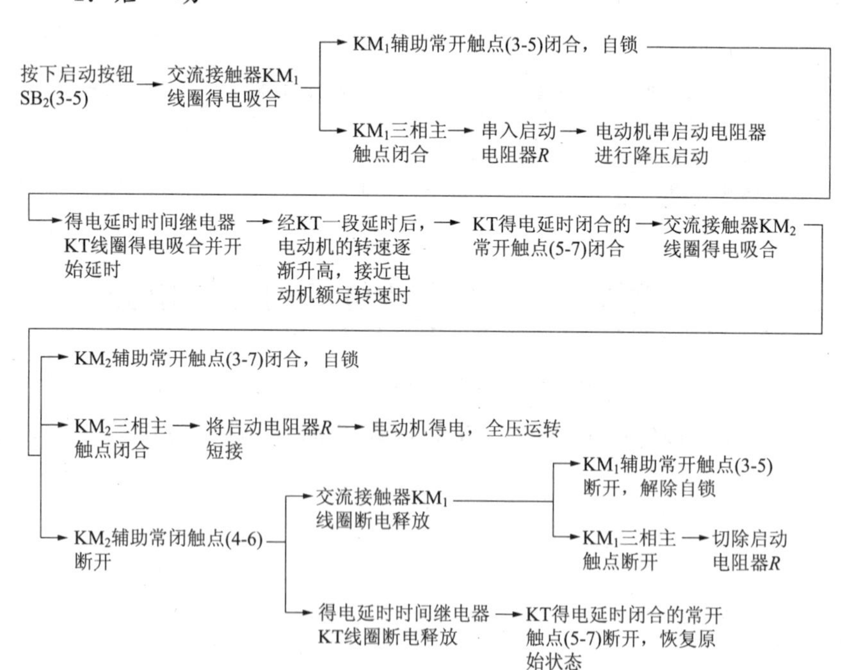

2. 停 止

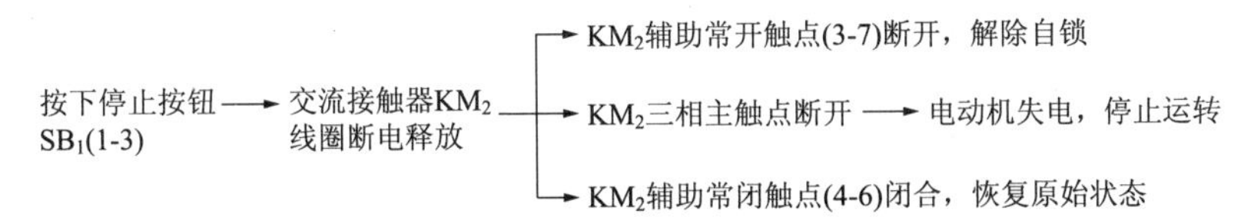

3.10 用两只接触器完成Y-△降压启动自动控制电路

用两只接触器完成Y-△降压启动自动控制电路如图 3.10 所示。

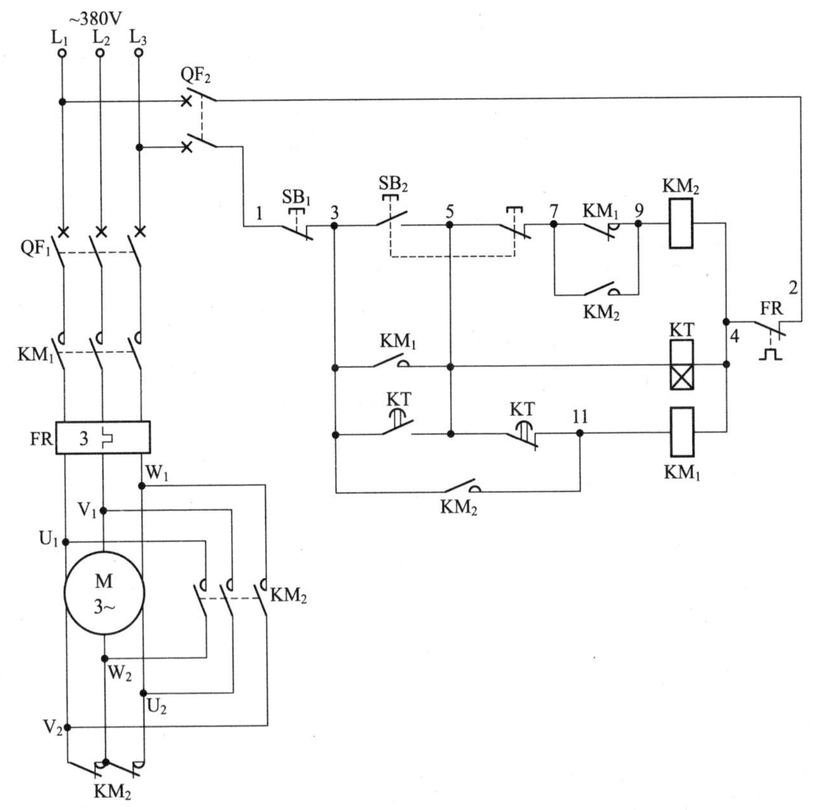

图 3.10 用两只接触器完成Y-△降压启动自动控制电路

合上主回路断路器 QF_1、控制回路断路器 QF_2，为电路工作做准备。

1. 启 动

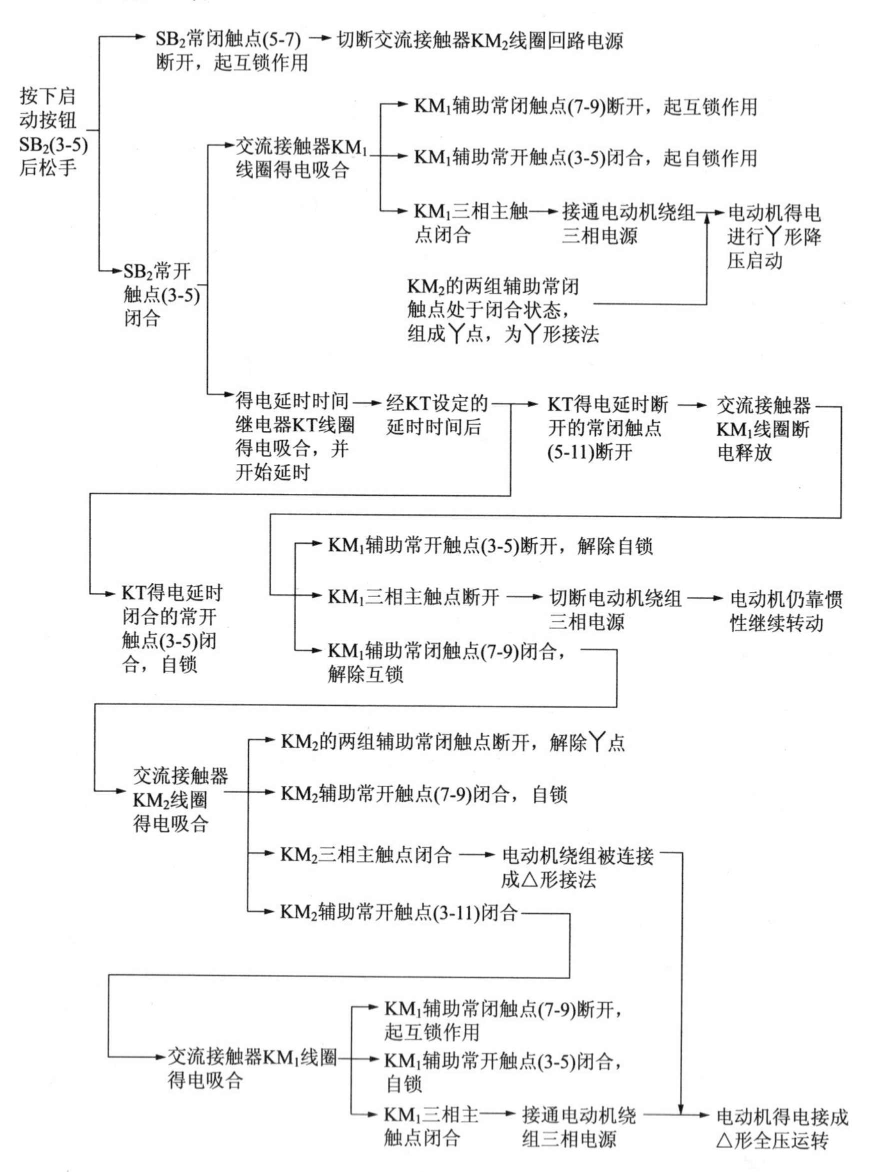

2. 停　止

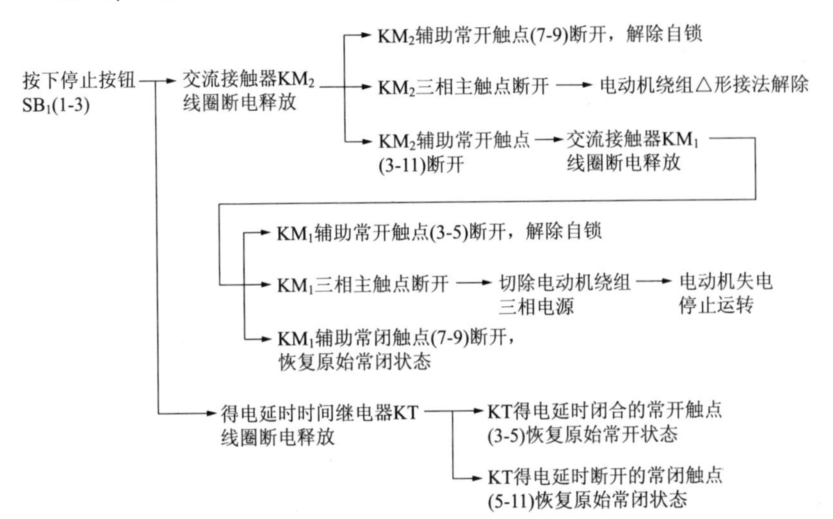

3.11 用三只接触器完成Y-△降压启动自动控制电路

用三只接触器完成Y-△降压启动自动控制电路如图 3.11 所示。

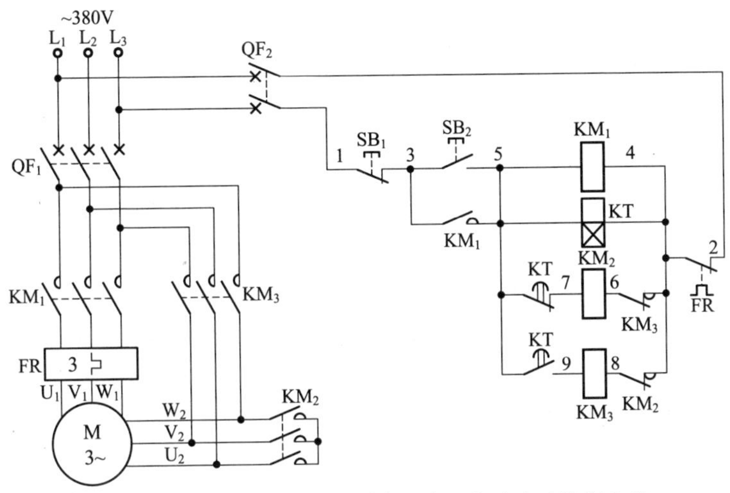

图 3.11　用三只接触器完成Y-△降压启动自动控制电路

合上主回路断路器 QF_1、控制回路断路器 QF_2，为电路工作做准备。

1. 启　动

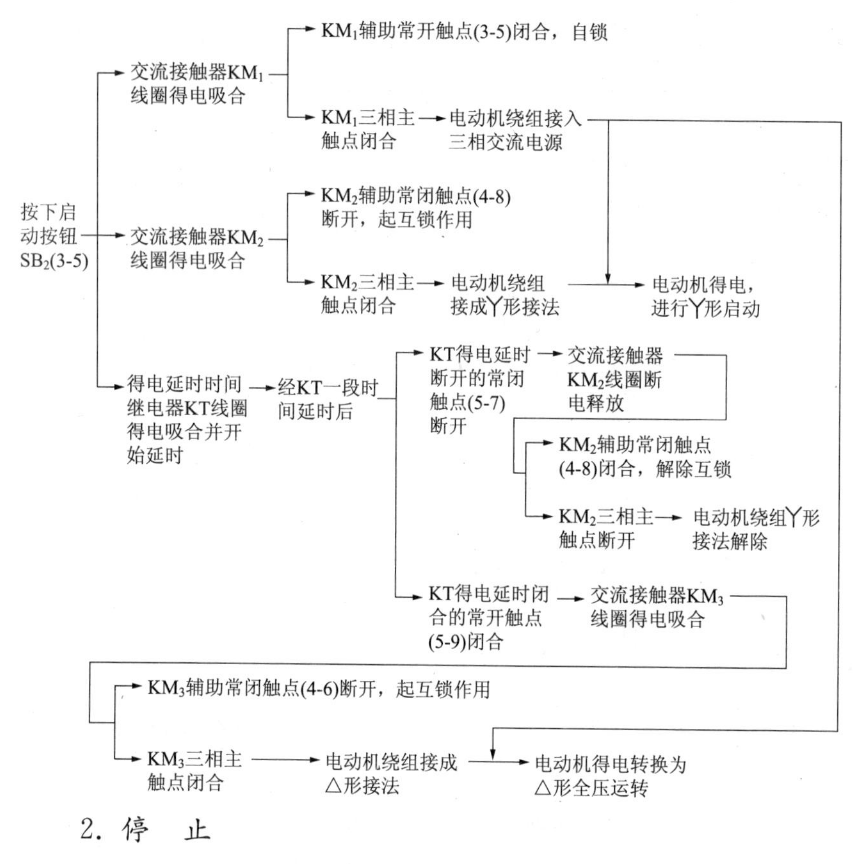

2. 停　止

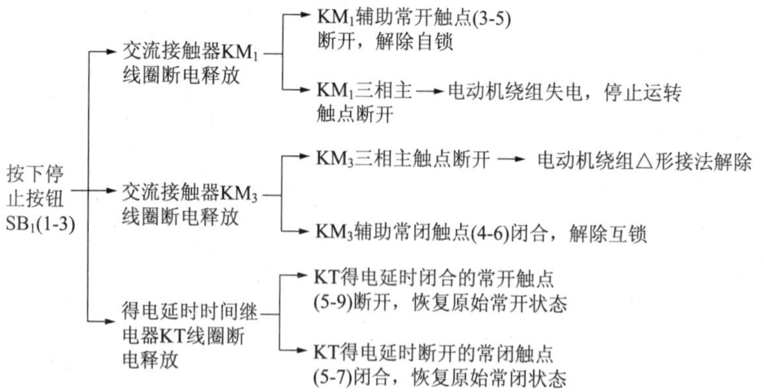

3.12 手动串联电阻启动控制电路(一)

手动串联电阻启动控制电路(一)如图 3.12 所示。

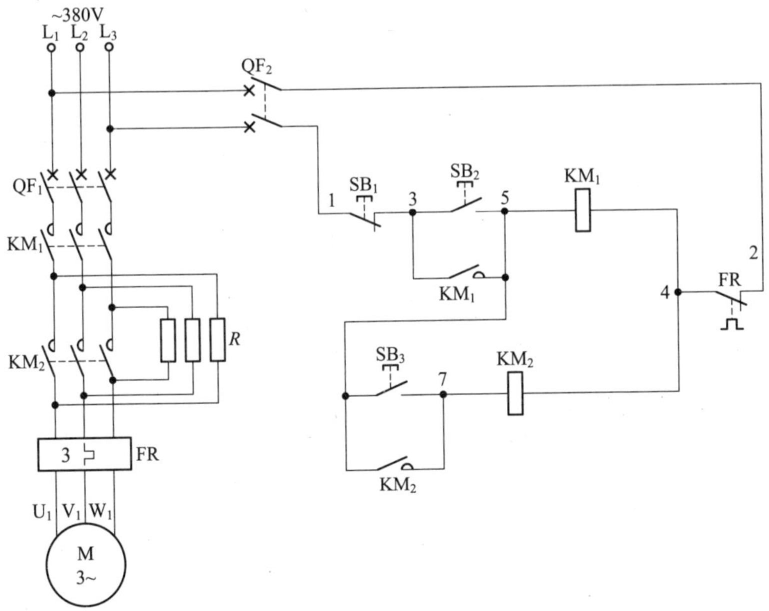

图 3.12 手动串联电阻启动控制电路(一)

合上主回路断路器 QF_1、控制回路断路器 QF_2，为电路工作做准备。

1. 启　动

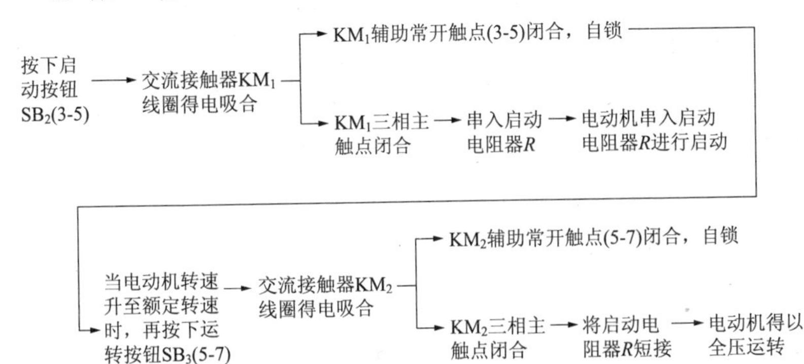

2. 停　止

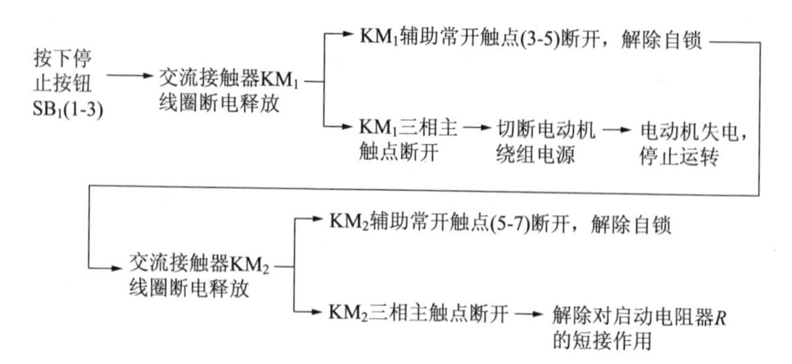

3.13 手动串联电阻启动控制电路(二)

手动串联电阻启动控制电路(二)如图3.13所示。

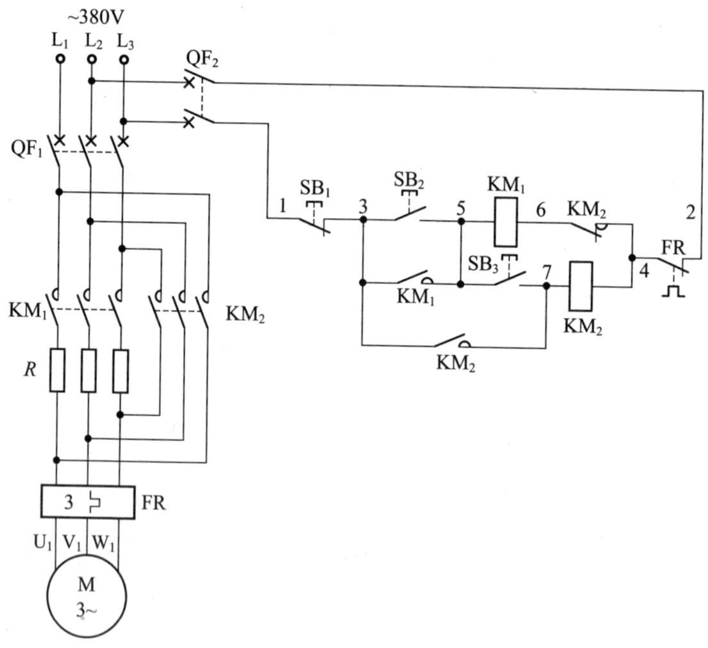

图3.13 手动串联电阻启动控制电路(二)

合上主回路断路器 QF_1、控制回路断路器 QF_2，为电路工作做准备。

1. 启　动

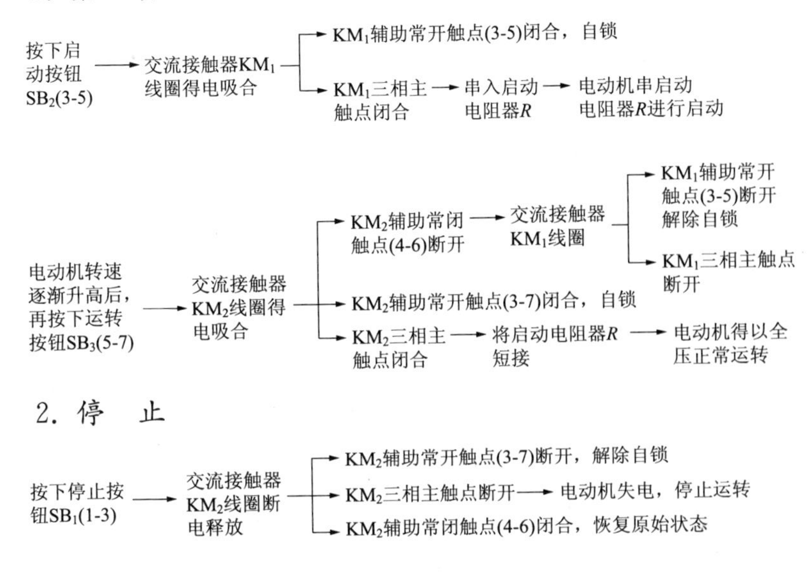

3.14 电动机△-Y启动自动控制电路

电动机△-Y启动自动控制电路如图 3.14 所示。

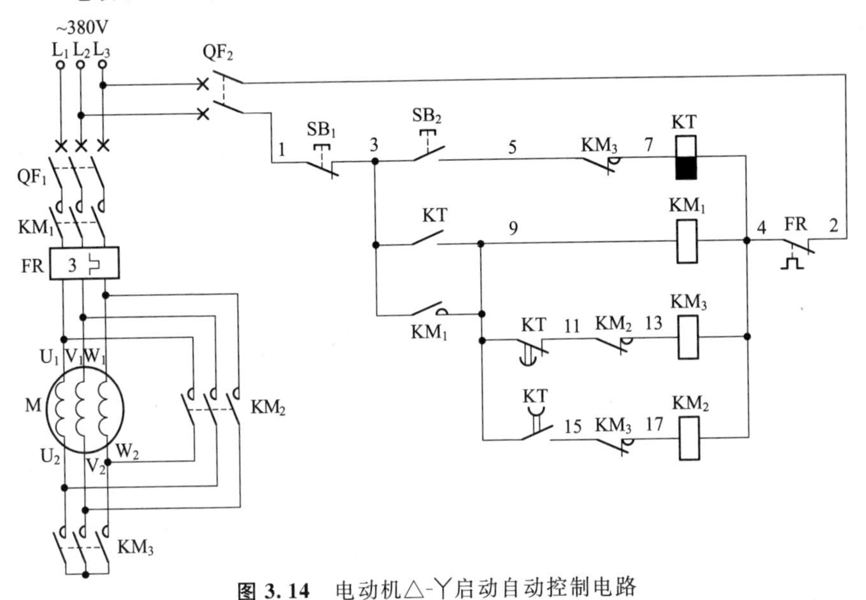

图 3.14　电动机△-Y启动自动控制电路

合上主回路断路器 QF_1、控制回路断路器 QF_2，为电路工作做准备。

1. *启　动*

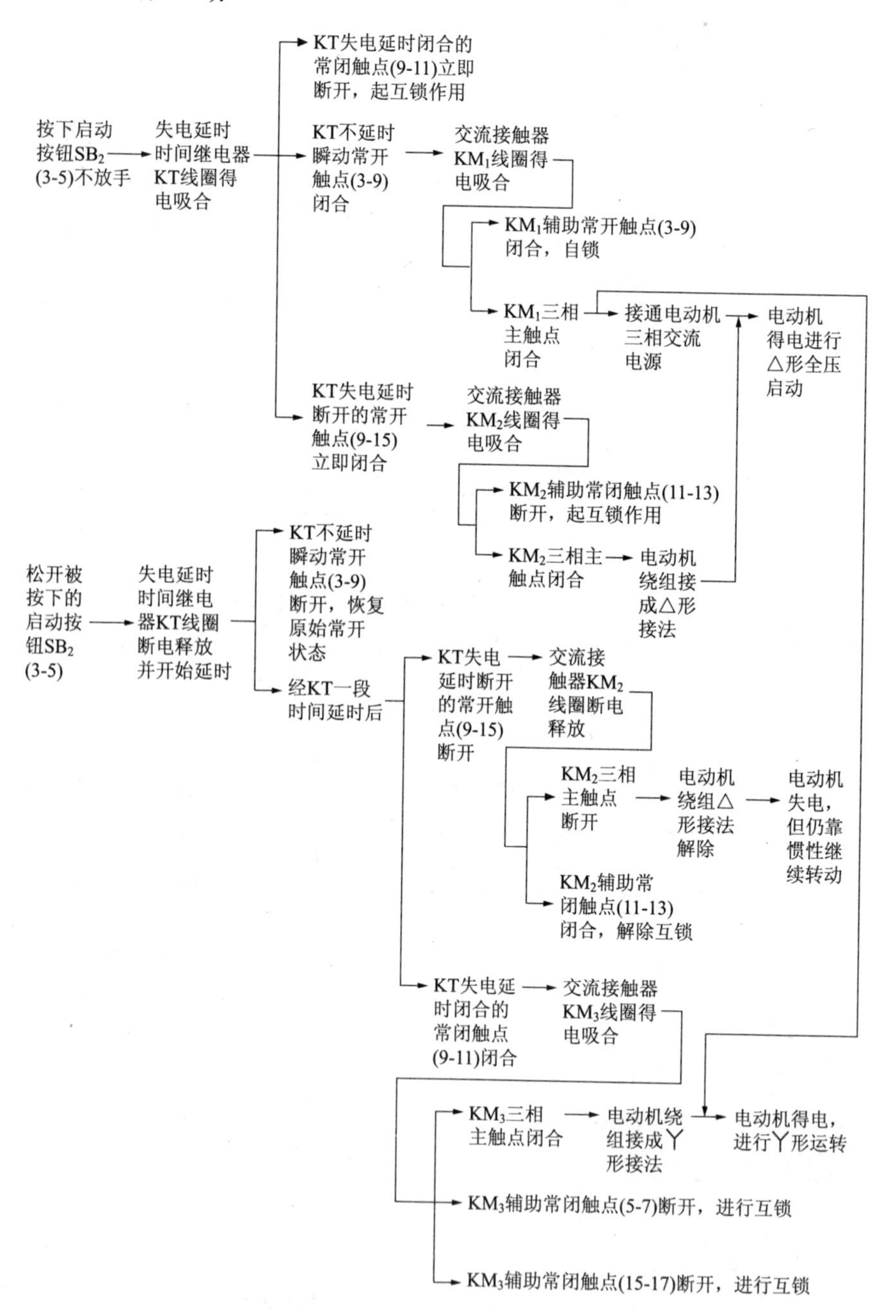

2. 停　止

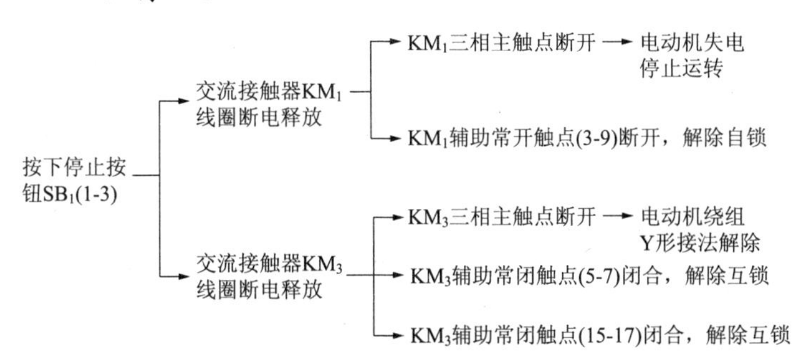

3.15　电动机手动Y-△降压启动控制电路

电动机手动Y-△降压启动控制电路如图 3.15 所示。

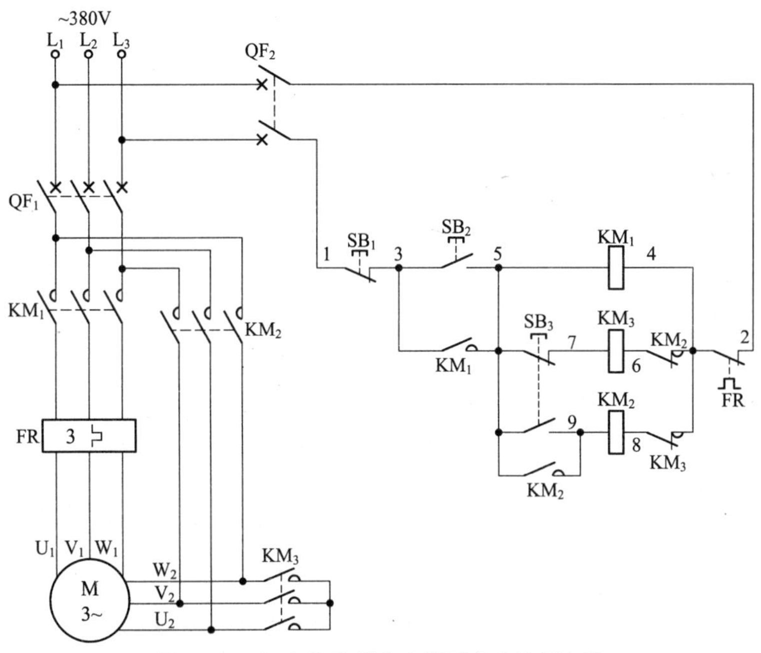

图 3.15　电动机手动Y-△降压启动控制电路

合上主回路断路器 QF_1、控制回路断路器 QF_2，为电路工作做准备。

1. 启 动

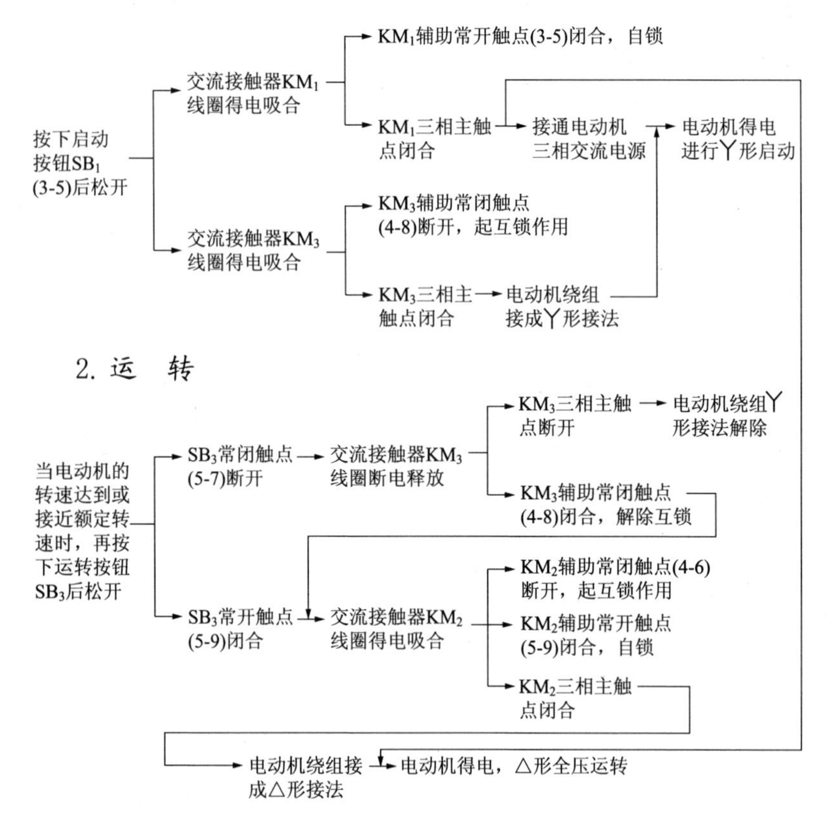

按下启动按钮SB_1(3-5)后松开
交流接触器KM_1线圈得电吸合
KM_1辅助常开触点(3-5)闭合，自锁
KM_1三相主触点闭合
接通电动机三相交流电源
电动机得电进行Y形启动
交流接触器KM_3线圈得电吸合
KM_3辅助常闭触点(4-8)断开，起互锁作用
KM_3三相主触点闭合
电动机绕组接成Y形接法

2. 运 转

当电动机的转速达到或接近额定转速时，再按下运转按钮SB_3后松开
SB_3常闭触点(5-7)断开
交流接触器KM_3线圈断电释放
KM_3三相主触点断开
电动机绕组Y形接法解除
KM_3辅助常闭触点(4-8)闭合，解除互锁
SB_3常开触点(5-9)闭合
交流接触器KM_2线圈得电吸合
KM_2辅助常闭触点(4-6)断开，起互锁作用
KM_2辅助常开触点(5-9)闭合，自锁
KM_2三相主触点闭合
电动机绕组接成△形接法
电动机得电，△形全压运转

3. 停 止

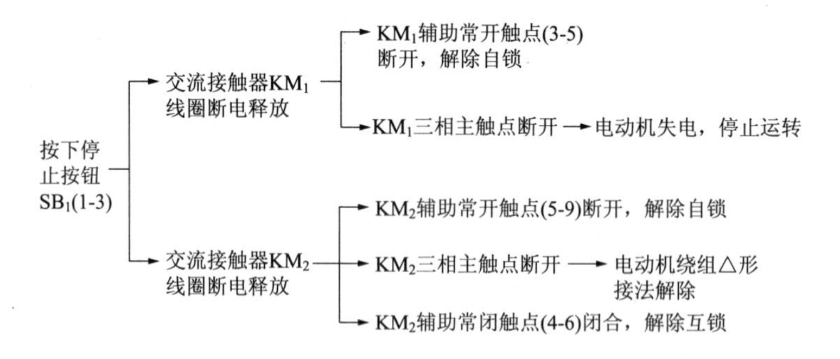

按下停止按钮SB_1(1-3)
交流接触器KM_1线圈断电释放
KM_1辅助常开触点(3-5)断开，解除自锁
KM_1三相主触点断开
电动机失电，停止运转
交流接触器KM_2线圈断电释放
KM_2辅助常开触点(5-9)断开，解除自锁
KM_2三相主触点断开
电动机绕组△形接法解除
KM_2辅助常闭触点(4-6)闭合，解除互锁

3.16 QJ3系列手动自耦降压启动器接线

QJ3系列手动自耦降压启动器适用于交流电压为380V，功率在75kW以下的三相Y/△系列三相感应电动机中做不频繁的降压启动，是目前最常用的启动装置。

自耦启动器采用抽头式自耦变压器作为降压启动元件，并附有热继电器FR和失压脱扣器KV，在电动机过载时或线路电压低于额定电压值时，能起到保护作用，如图3.16所示。

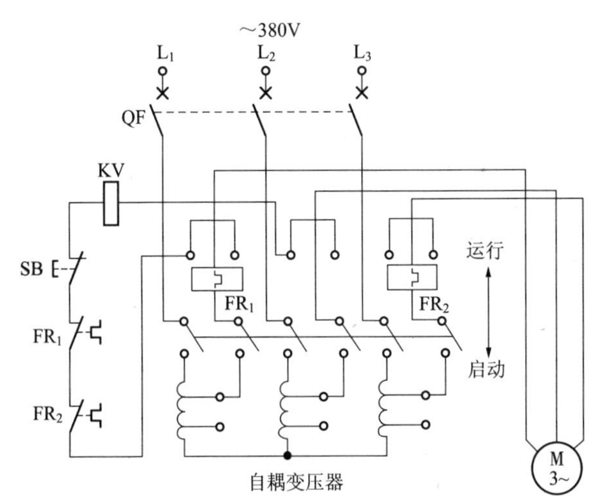

图3.16 QJ3系列手动自耦降压启动器接线

1. 自耦降压启动器的组成

(1) 金属外壳。

(2) 接触系统：接触系统包括一组动触点，两组静触点。当油箱中盛有变压器绝缘油时，所有动、静触点浸没于油中，可防止触点在断开及闭合时产生的电弧烧坏触点。

(3) 操作机构：操作机构包括主轴、操作手柄及机械联锁装置，能防止误操作后引起电动机直接启动。

(4) 三相自耦变压器：三相自耦变压器位于接触系统的上方，备有额定电压65%和80%的两组抽头。

(5) 保护装置：保护装置包括两只热继电器FR_1、FR_2作为过载保护及一个失压脱扣器KV作为失压或欠电压保护。

2. 使用注意事项

(1) 使用前,启动器油箱内必须灌注变压器绝缘油,加至规定的油面线高度,以保证触点浸没于油中。要经常注意变压器油的清洁,以保持绝缘和灭弧性能良好。

(2) 启动器的金属外壳必须可靠接地,并经常检查地线,以保证电气操作人员的安全。

(3) 使用启动器前,应先把失压脱扣器铁心主极面上涂有的凡士林或其他油用棉布擦去,以免造成因油的黏度太大而使脱扣失灵的事故。

(4) 使用时,应在操作机构的滑动部分抹上润滑油,使操作灵活方便和保护零件不生锈。

(5) 启动器内的热继电器不能当做短路保护装置用,因此在启动器进线前端应在主回路上串装断路器进行短路保护。

(6) 启动器内的自耦变压器可输出不同的电压,若因在启动时负荷太重造成启动困难时,可将自耦变压器抽头换到输出电压较高的抽头上使用。

(7) 电动机若要停止运行,可按下"停止"按钮;若需远距离控制电动机停止,可在电路控制回路中串接一个常闭按钮。

(8) 启动器的功率必须与所控制电动机的功率相吻合。遇到过载使热继电器脱扣后,应先排除故障,再将热继电器手动复位,以备下次启动电动机时使用。有的热继电器调到了自动复位,就不必用手动复位,只需等数分钟后再启动电动机。

(9) 在安装自耦降压补偿启动器时,如果配用的电动机的电流与补偿器上的热继电器调节得不一致,可旋动热继电器上的调节旋钮做适当调节。

(10) 要定期检查触点表面,发现触点烧毛,则应用细锉刀修整平滑。如果触点严重烧损,则应更换同型号的触点。

3.17 XJ01 系列自耦降压启动器应用电路

目前市场成套的自耦降压启动器品种很多,其优点是简单、实用、价格低,深受用户欢迎。

本节介绍 XJ01 系列自耦降压启动器,它适用于电源电压为 380V、容量在300kW及其以下的电动机的降压启动，其控制电路如图3.17所示。

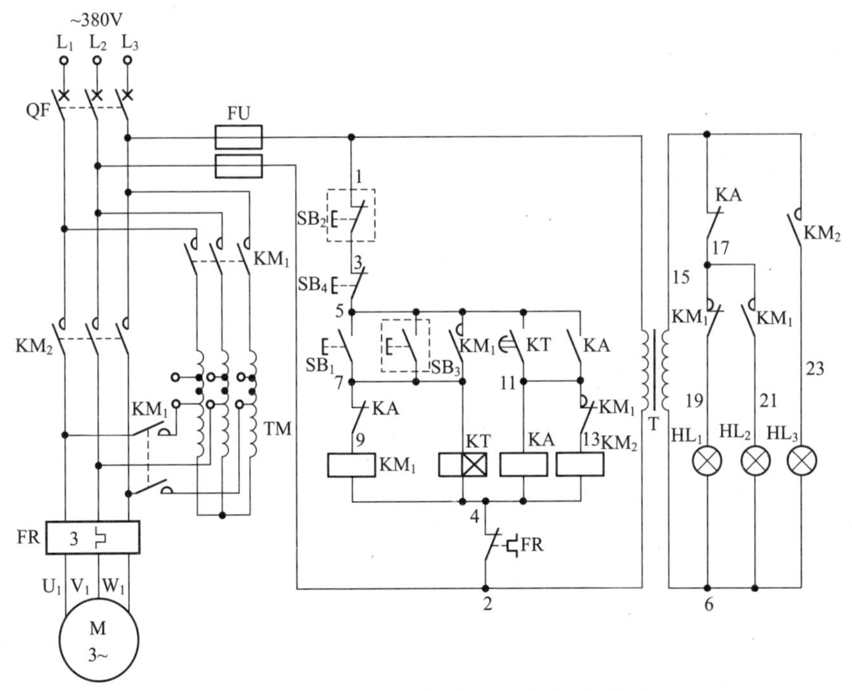

图3.17 XJ01系列自耦降压启动器应用电路

按下启动按钮SB_1(5-7)或SB_3(5-7)，交流接触器KM_1线圈得电吸合，KM_1辅助常开触点(5-7)闭合自锁，其主触点闭合，电动机接入自耦变压器(绕组有多种抽头)进行降压启动，同时得电延时时间继电器KT线圈也得电吸合并延时，KM_1辅助常闭触点(15-19)断开，电源指示灯HL_1灭，启动指示灯HL_2亮，说明电动机正在进行降压启动；待KT一段延时后(其延时时间为启动时间，通常启动时间可用电动机功率开方后乘以2倍再加4s估算)，KT得电延时闭合的常开触点(5-11)闭合，接通了中间继电器KA线圈回路电源，KA线圈得电吸合，KA常闭触点(15-17)断开，降压启动指示灯HL_2灭，说明降压启动结束。KA常开触点(5-11)闭合自锁，同时KA串联在交流接触器KM_1线圈回路中的常闭触点(7-9)断开，使降压启动交流接触器KM_1线圈断电释放，其主触点断开，电动机失电降压启动停止，电动机仍靠惯性继续转动；当KM_1辅助常闭触点(11-13)恢复常闭后，△形运转(或称全压运转)交流接触器KM_2线圈得电吸合，KM_2三相主触点闭合，电动机△形全压运转，同时KM_2辅助常开触点(15-23)闭合,全压运转指示灯 HL_3 亮,说明整个降压启动过程结束进入全压运转了。

电路中带虚线框的两只按钮 SB_2(1-3)、SB_3(5-7)为两地控制中的外接按钮,就近安装在现场操作较方便的地方即可。本电路实际自耦降压启动器抽头为65%挡,读者可根据具体情况而定,若需启动转矩大的控制场合,则可将抽头调换至80%挡上。

3.18 用DJ1-C、P电流时间转换装置控制电动机Y-△转换启动电路

用DJ1-C、P电流时间转换装置控制电动机Y-△转换启动电路如图3.18所示。

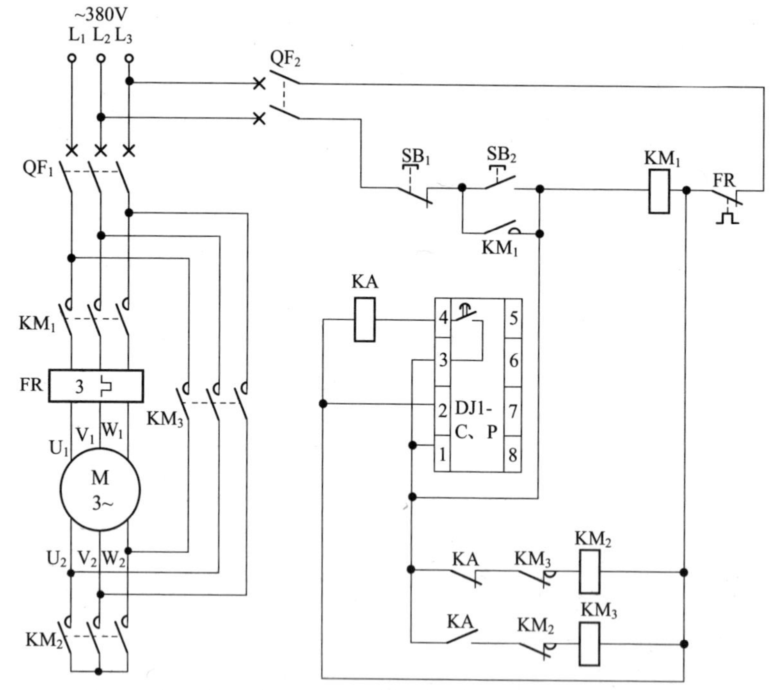

图3.18 用DJ1-C、P电流时间转换装置控制电动机Y-△转换启动

3.19 用DJ1-A、B、E电流时间转换装置控制电动机Y-△转换启动电路

用DJ1-A、B、E电流时间转换装置控制电动机Y-△转换启动电路如图3.19所示。

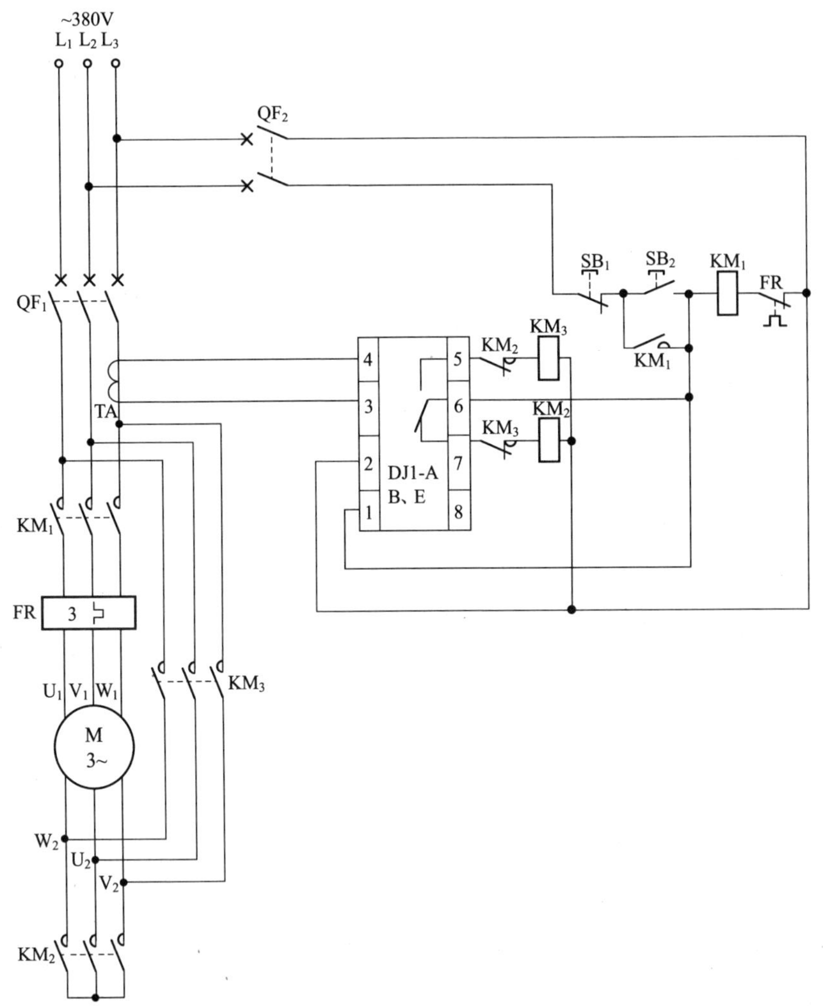

图 3.19 用DJ1-A、B、E电流时间转换装置控制电动机Y-△转换启动

3.20 自耦变压器降压启动自动控制电路

自耦变压器降压启动自动控制电路如图 3.20 所示。

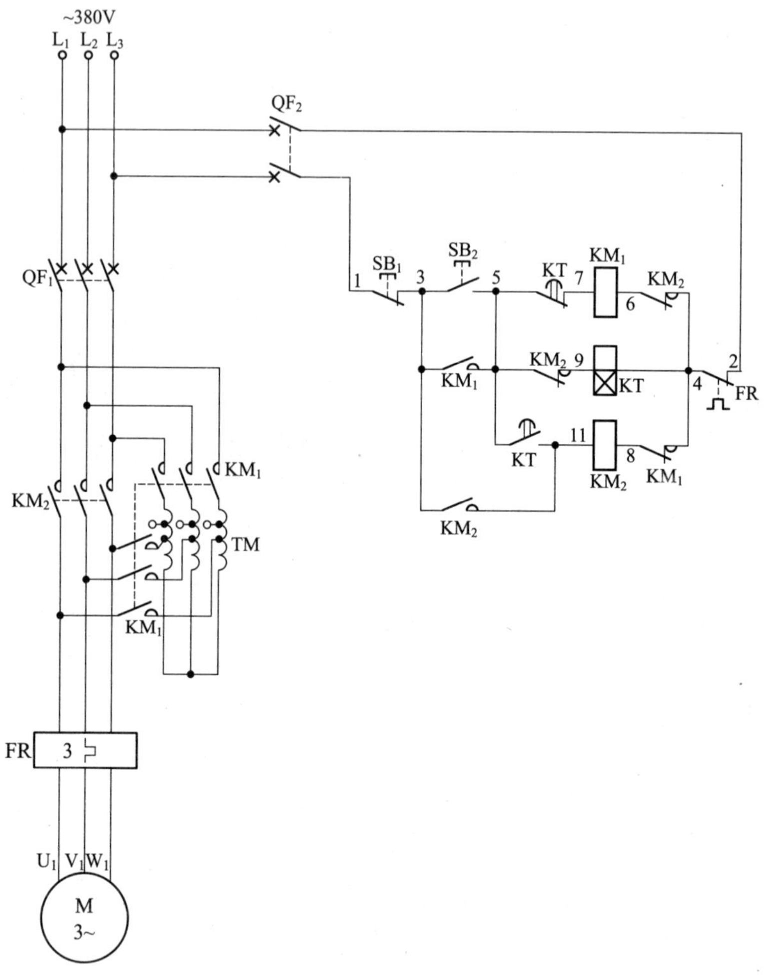

图 3.20 自耦变压器降压启动自动控制电路

合上主回路断路器 QF_1、控制回路断路器 QF_2，为电路工作做准备。

1. 启 动

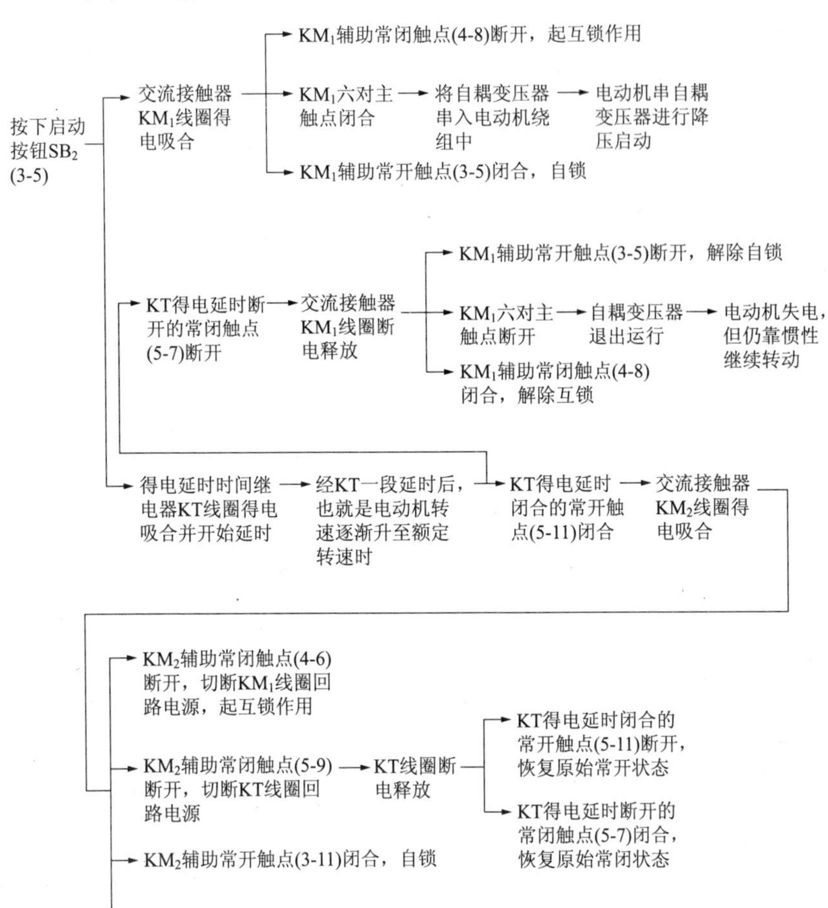
按下启动按钮SB_2(3-5)
交流接触器KM_1线圈得电吸合
KM_1辅助常闭触点(4-8)断开，起互锁作用
KM_1六对主触点闭合
将自耦变压器串入电动机绕组中
电动机串自耦变压器进行降压启动
KM_1辅助常开触点(3-5)闭合，自锁
KT得电延时断开的常闭触点(5-7)断开
交流接触器KM_1线圈断电释放
KM_1辅助常开触点(3-5)断开，解除自锁
KM_1六对主触点断开
自耦变压器退出运行
电动机失电，但仍靠惯性继续转动
KM_1辅助常闭触点(4-8)闭合，解除互锁
得电延时时间继电器KT线圈得电吸合并开始延时
经KT一段延时后，也就是电动机转速逐渐升至额定转速时
KT得电延时闭合的常开触点(5-11)闭合
交流接触器KM_2线圈得电吸合
KM_2辅助常闭触点(4-6)断开，切断KM_1线圈回路电源，起互锁作用
KM_2辅助常闭触点(5-9)断开，切断KT线圈回路电源
KT线圈断电释放
KT得电延时闭合的常开触点(5-11)断开，恢复原始常开状态
KT得电延时断开的常闭触点(5-7)闭合，恢复原始常闭状态
KM_2辅助常开触点(3-11)闭合，自锁
KM_2三相主触点闭合
电动机得以全压正常运转

2. 停 止

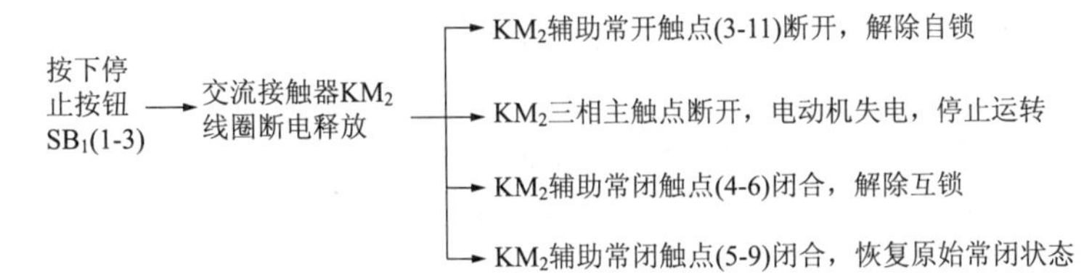
按下停止按钮SB_1(1-3)
交流接触器KM_2线圈断电释放
KM_2辅助常开触点(3-11)断开，解除自锁
KM_2三相主触点断开，电动机失电，停止运转
KM_2辅助常闭触点(4-6)闭合，解除互锁
KM_2辅助常闭触点(5-9)闭合，恢复原始常闭状态

3.21　频敏变阻器自动启动控制电路(一)

频敏变阻器自动启动控制电路(一)如图3.21所示。

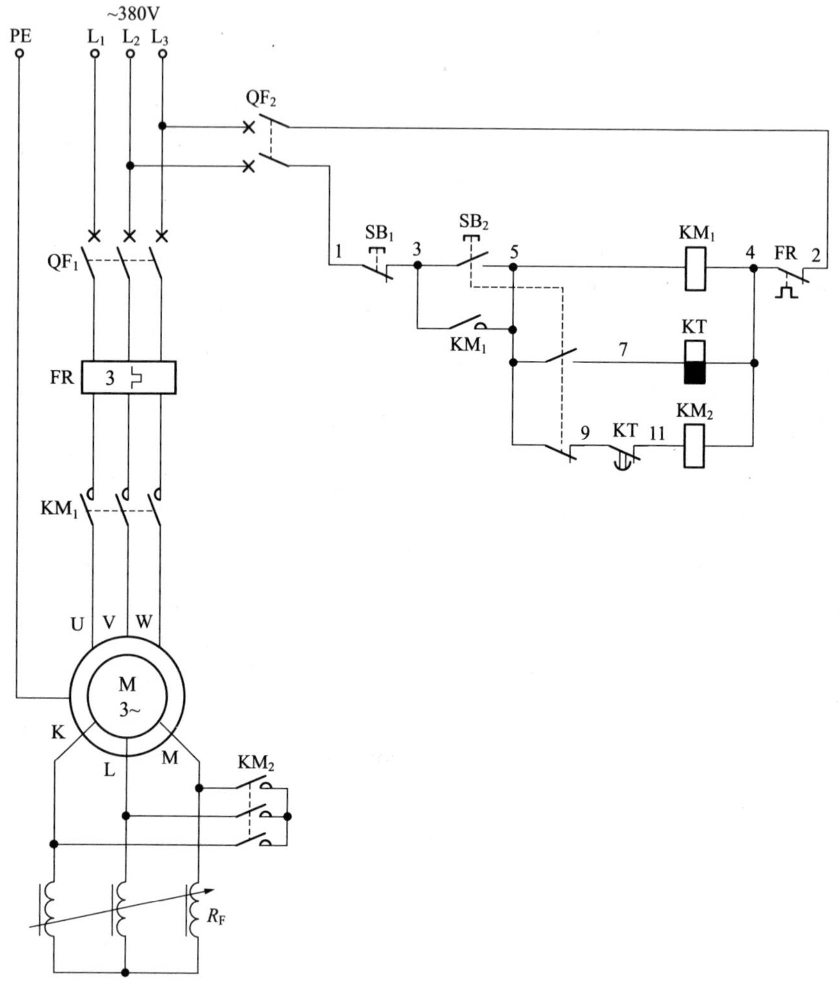

图3.21　频敏变阻器自动启动控制电路(一)

合上主回路断路器QF_1、控制回路断路器QF_2,为电路工作做准备。

1. 启 动

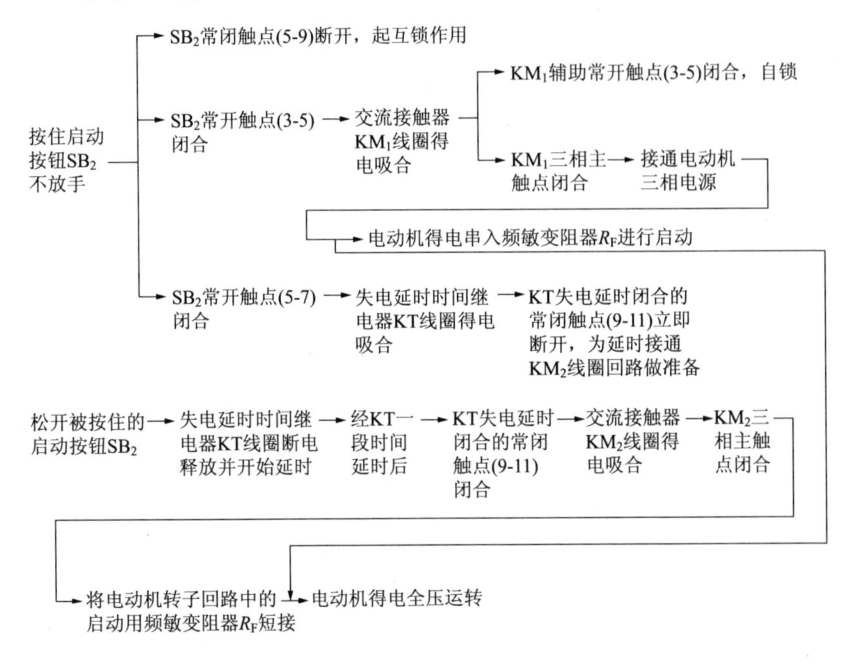

2. 停 止

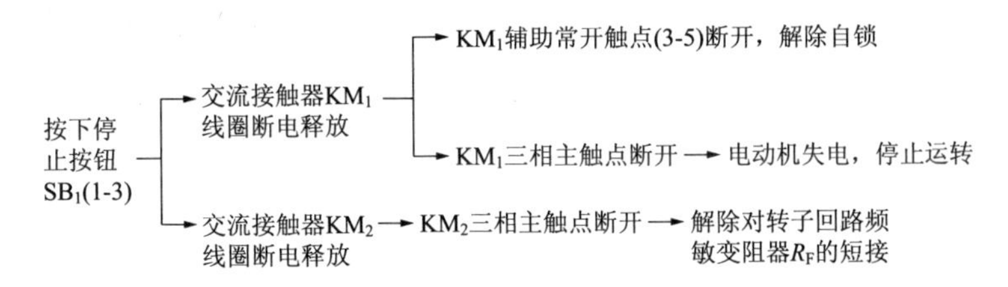

3.22 频敏变阻器自动启动控制电路(二)

频敏变阻器自动启动控制电路(二)如图 3.22 所示。

合上主回路断路器 QF_1、控制回路断路器 QF_2，为电路工作做准备。

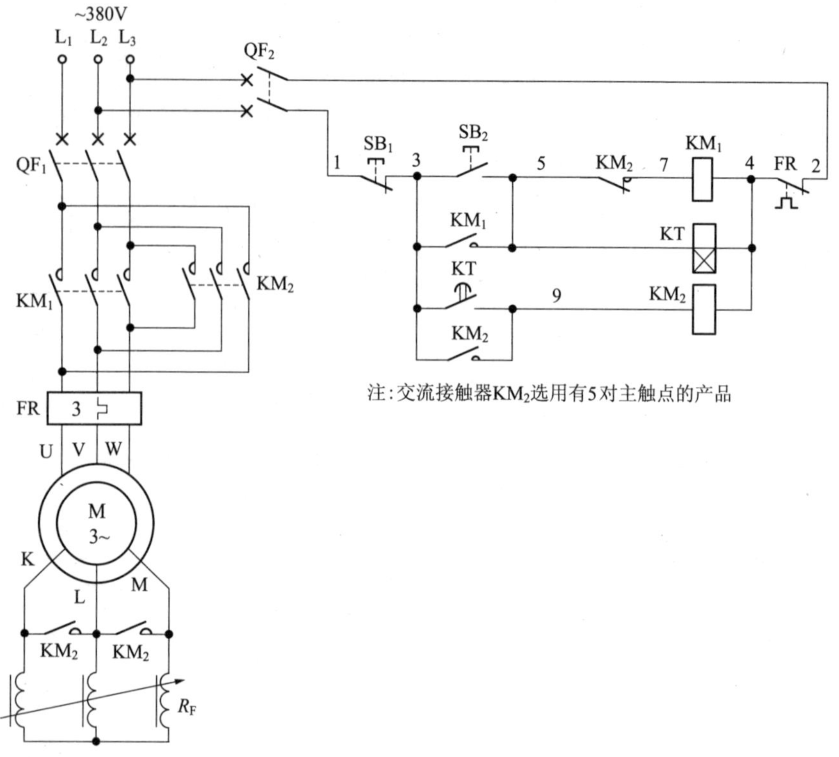

图 3.22　频敏变阻器自动启动控制电路(二)

1. 启　动

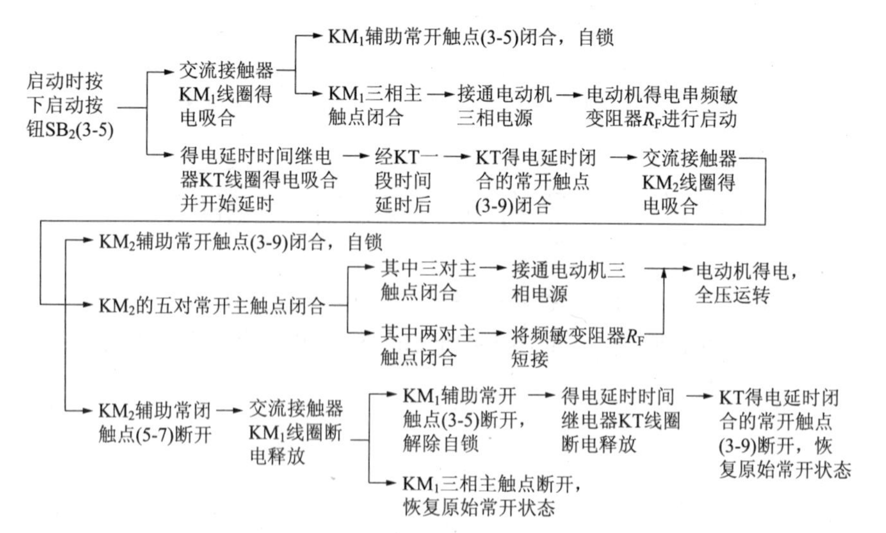

2. 停 止

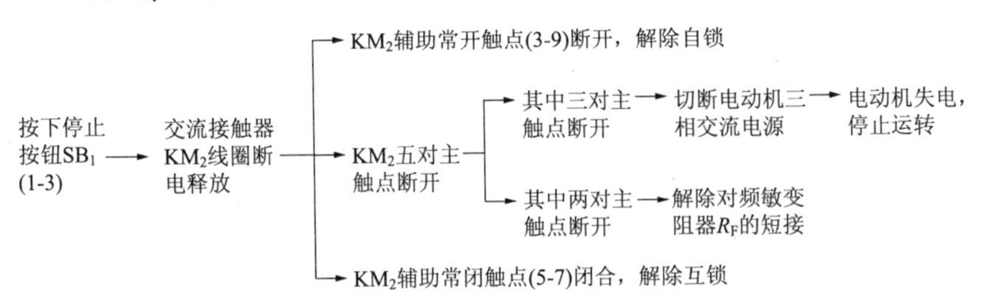

3.23 频敏变阻器手动启动控制电路

频敏变阻器手动启动控制电路如图 3.23 所示。

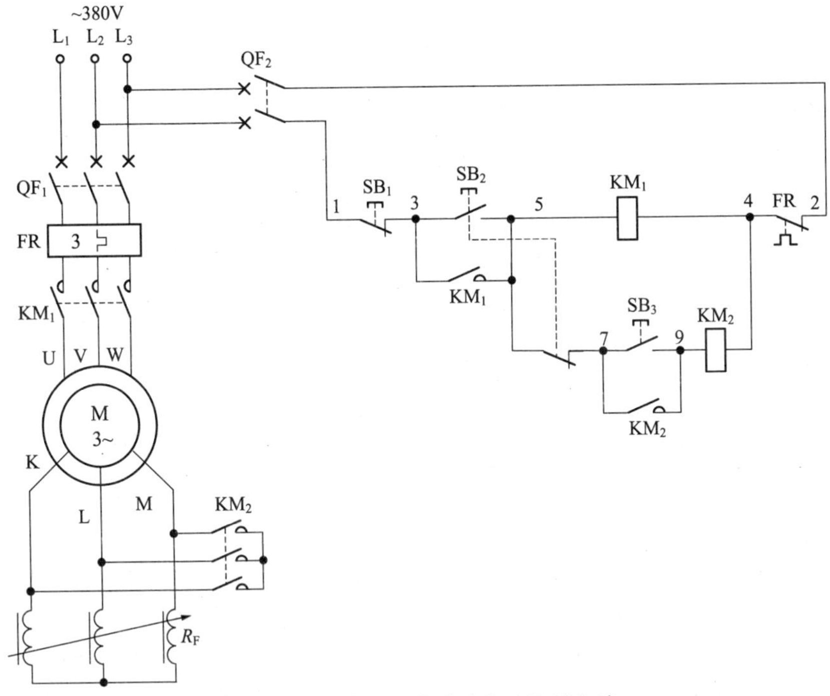

图 3.23 频敏变阻器手动启动控制电路

合上主回路断路器 QF_1、控制回路断路器 QF_2，为电路工作做准备。

1. 启 动

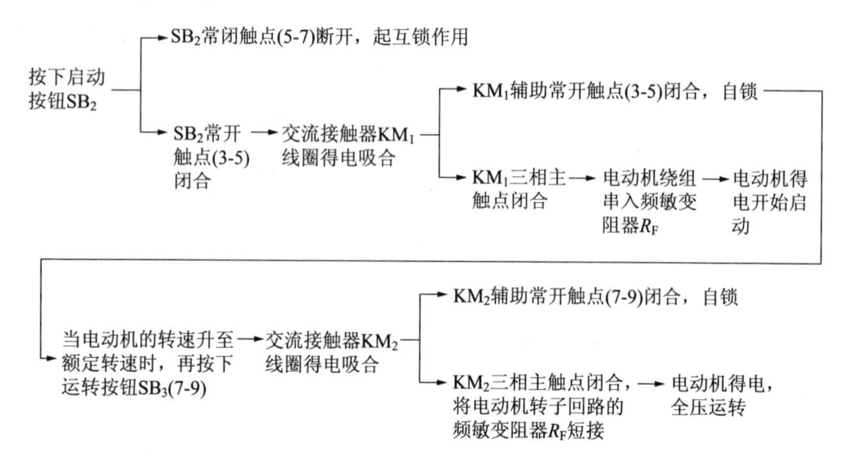

2. 停 止

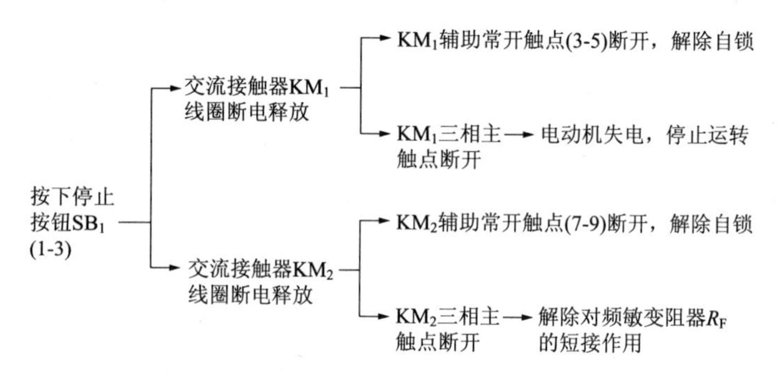

3.24 频敏变阻器可逆自动启动控制电路

频敏变阻器可逆自动启动控制电路如图3.24所示。

正转启动时，按下正转启动按钮 SB_2，SB_2 的一组常开触点(3-9)闭合，使交流接触器 KM_1 线圈得电吸合且 KM_1 辅助常开触点(3-9)闭合自锁，KM_1 辅助常闭触点(13-15)断开，起互锁作用；KM_1 三相主触点闭合，电动机串频敏变阻器 R_F 进行正转启动；在按下 SB_2 的同时，SB_2 的另一组常开触点(3-5)闭合，接通了得电延时时间继电器 KT 线圈回路电源，KT 线圈得电吸合且 KT 不延时瞬动常开触点(3-5)闭合自锁，同时 KT 开始延时。随着电动机转速的逐渐提高，接近其额定转速时，也就是 KT

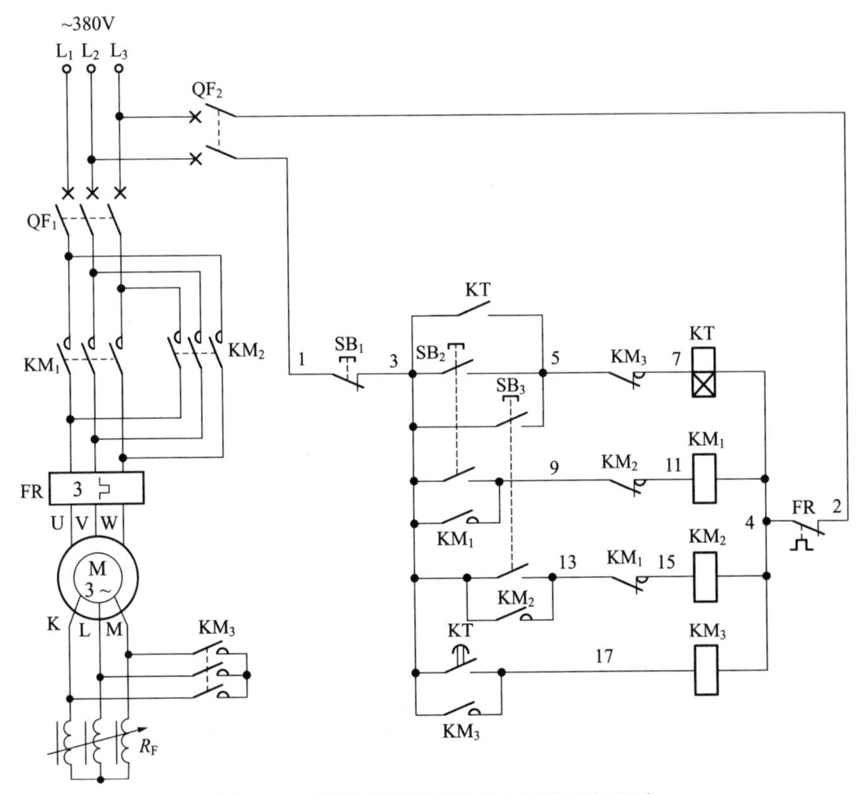

图 3.24 频敏变阻器可逆自动启动控制电路

延时结束时间，KT 得电延时闭合的常开触点(3-17)闭合，使交流接触器 KM_3 线圈得电吸合且 KM_3 辅助常开触点(3-17)闭合自锁，KM_3 辅助常闭触点(5-7)断开，切断 KT 线圈回路电源，KT 线圈断电释放，KT 所有触点恢复原始状态；与此同时，KM_3 三相主触点闭合，将转子回路短接起来，电动机以额定转速正常运转。至此，完成正转启动自动控制过程。

正转停止时，按下停止按钮 SB_1(1-3)，交流接触器 KM_1、KM_3 线圈断电释放，KM_1、KM_3 各自的三相主触点均断开，电动机失电正转停止运转。

反转启动时，按下反转启动按钮 SB_3，SB_3 的一组常开触点(3-13)闭合，使交流接触器 KM_2 线圈得电吸合且 KM_2 辅助常开触点(3-13)闭合自锁，KM_2 辅助常闭触点(9-11)断开，起互锁作用。KM_2 三相主触点闭合，电动机串频敏变阻器 R_F 进行反转启动。在按下 SB_3 的同时，SB_3 的另一组常开触点(3-5)闭合,接通了得电延时时间继电器 KT 线圈回路电源,KT 线圈得电吸合且 KT 不延时瞬动常开触点(3-5)闭合自锁,同时 KT 开始延时。随着电动机转速的逐渐提高,接近其额定转速时,也就是 KT 延时结束时间,KT 得电延时闭合的常开触点(3-17)闭合,使交流接触器 KM_3 线圈得电吸合且 KM_3 辅助常开触点(3-17)闭合自锁,KM_3 辅助常闭触点(5-7)断开,切断 KT 线圈回路电源,KT 线圈断电释放,KT 所有触点恢复原始状态。与此同时,KM_3 三相主触点闭合,将转子回路短接起来,电动机以额定转速正常运转。至此,完成反转启动自动控制过程。

反转停止时,按下停止按钮 SB_1(1-3),交流接触器 KM_2、KM_3 线圈断电释放,KM_2、KM_3 各自的三相主触点均断开,电动机失电反转停止运转。

3.25 频敏变阻器可逆手动启动控制电路

频敏变阻器可逆手动启动控制电路如图 3.25 所示。

正转启动时,按下正转启动按钮 SB_2(3-5),交流接触器 KM_1 线圈得电吸合且 KM_1 辅助常开触点(3-5)闭合自锁;KM_1 辅助常闭触点(9-11)断开,起互锁作用;KM_1 辅助常开触点(3-13)闭合,为运转控制做准备;KM_1 三相主触点闭合,电动机得电转子串入频敏变阻器 R_F 进行正转启动。随着电动机转速的不断提高,升至额定转速时,再按下运转按钮 SB_4(13-15),交流接触器 KM_3 线圈得电吸合且 KM_3 辅助常开触点(13-15)闭合自锁,KM_3 三相主触点闭合,将转子回路频敏变阻器 R_F 短接起来,电动机以额定转速正转运转。

反转启动时,按下反转启动按钮 SB_3(3-9),交流接触器 KM_2 线圈得电吸合且 KM_2 辅助常开触点(3-9)闭合自锁;KM_2 辅助常闭触点(5-7)断开,起互锁作用;KM_2 辅助常开触点(3-13)闭合,为运转控制做准备;KM_2 三相主触点闭合,电动机得电转子串入频敏变阻器 R_F 进行反转启动。随着电动机转速的不断提高,升至额定转速时,再按下运转按钮 SB_4(13-15),交流接触器 KM_3 线圈得电吸合且 KM_3 辅助常开触点(13-15)闭合自锁,KM_3 三相主触点闭合,将转子回路频敏变阻器 R_F 短接起来,电动机以额定转速反转运转。

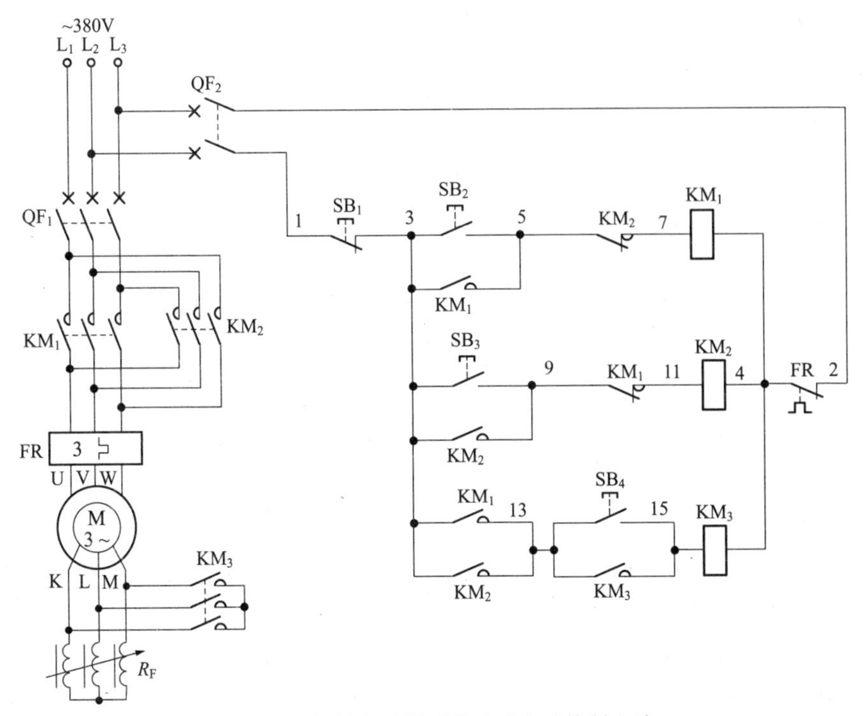

图 3.25　频敏变阻器可逆手动启动控制电路

停止时，无论是正转还是反转，均按下停止按钮 SB_1(1-3)，切断正转(KM_1+KM_3)或反转(KM_2+KM_3)交流接触器线圈回路电源，各自的线圈断电释放，各自的三相主触点断开，电动机失电停止运转。

3.26　频敏变阻器正反转手动控制电路(一)

频敏变阻器正反转手动控制电路(一)如图 3.26 所示。

1．正转启动

按下正转启动按钮 SB_2，SB_2 的一组常闭触点(13-15)断开，以防止在启动时同时按下运转按钮 SB_4(17-19)而出现直接全压启动问题；SB_2 的另一组常开触点(3-5)闭合，接通了交流接触器 KM_1 线圈回路电源，KM_1 线圈得电吸合且 KM_1 辅助常开触点(3-5)闭合自锁，KM_1 三相主触点闭合，电动机转子串频敏变阻器 R_F 正转启动。在 KM_1 线圈得电吸合时，KM_1 串联在 KM_2 线圈回路中的辅助常闭触点(9-11)断开，起到互锁作

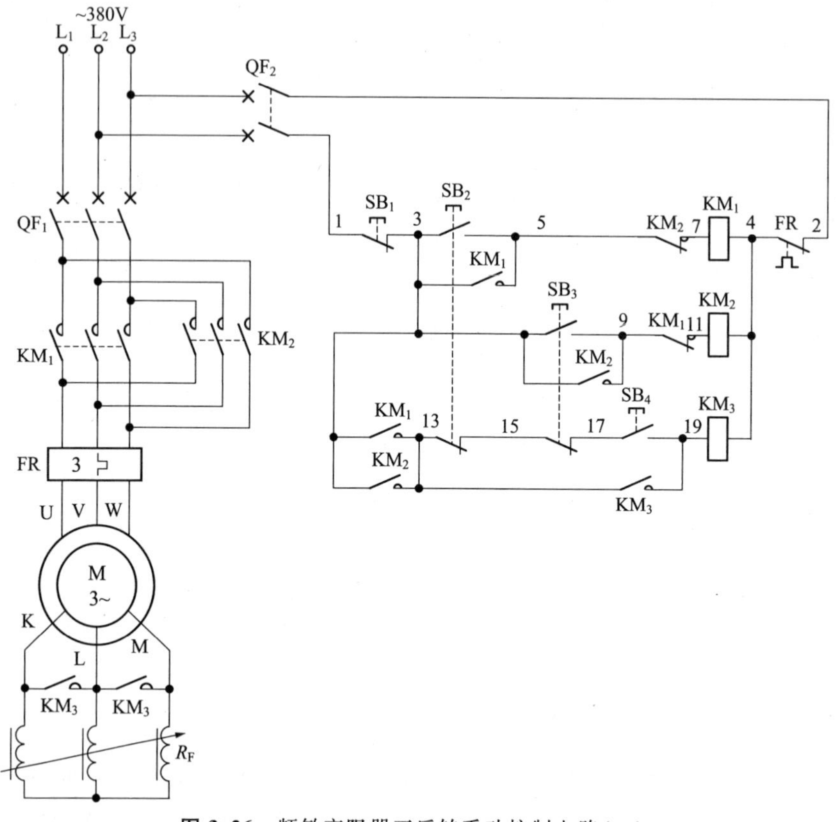

图 3.26 频敏变阻器正反转手动控制电路(一)

用;KM_1 串联在 KM_3 线圈回路中的辅助常开触点(3-13)闭合,为运转操作做准备。当电动机的转速升至接近额定转速时,再按下运转按钮 SB_4(17-19),交流接触器 KM_3 线圈得电吸合且 KM_3 辅助常开触点(13-19)闭合自锁,KM_3 三相主触点闭合,将转子回路频敏变阻器 R_F 短接起来,电动机以额定转速正转运转。

2. 正转停止

按下停止按钮 SB_1(1-3),切断了交流接触器 KM_1、KM_3 线圈回路电源,KM_1、KM_3 线圈断电释放,KM_1、KM_3 各自的三相主触点断开,电动机失电正转停止运转。

3. 反转启动

按下反转启动按钮 SB_3,SB_3 的一组常闭触点(15-17)断开,以防止在启动时同时按下运转按钮 SB_4(17-19)而出现直接全压启动问题;SB_3 的另一组常开触点(3-9)闭合,接通了交流接触器 KM_2 线圈回路电源,KM_2 线圈得电吸合且 KM_2 辅助常开触点(3-9)闭合自锁,KM_2 三相主触点闭合,电动机转子串频敏变阻器 R_F 反转启动。在 KM_2 线圈得电吸合时,KM_2 串联在 KM_1 线圈回路中的辅助常闭触点(5-7)断开,起到互锁作用;KM_2 串联在 KM_3 线圈回路中的辅助常开触点(3-13)闭合,为运转操作做准备。当电动机的转速升至接近额定转速时,按下运转按钮 SB_4(17-19),交流接触器 KM_3 线圈得电吸合且 KM_3 辅助常开触点(13-19)闭合自锁,KM_3 三相主触点闭合,将转子回路频敏变阻器 R_F 短接起来,电动机以额定转速反转运转。

4. 反转停止

按下停止按钮 SB_1(1-3),切断了交流接触器 KM_2、KM_3 线圈回路电源,KM_2、KM_3 线圈断电释放,KM_2、KM_3 各自的三相主触点断开,电动机失电反转停止运转。

3.27 频敏变阻器正反转手动控制电路(二)

频敏变阻器正反转手动控制电路(二)如图 3.27 所示。

1. 正转启动

将正反转选择开关 SA 置于正转位置,SA(5-7)接通,为正转启动做准备。按下启动按钮 SB_2,SB_2 的一组常闭触点(5-15)断开,以防止误按运转按钮 SB_3(15-17)而出现全压运转问题;SB_2 的另一组常开触点(3-5)闭合,使交流接触器 KM_1 线圈得电吸合且 KM_1 辅助常开触点(3-5)闭合自锁,KM_1 三相主触点闭合,电动机绕线转子回路串入频敏变阻器 R_F 启动。在 KM_1 线圈得电吸合的同时,KM_1 串联在 KM_2 线圈回路中的辅助常闭触点(11-13)断开,起到互锁作用。随着电动机转速的逐渐升高,当接近额定转速时,按下运转按钮 SB_3(15-17),交流接触器 KM_3 线圈得电吸合且 KM_3 辅助常开触点(15-17)闭合自锁,KM_3 三相主触点闭合,将绕线转子回路短接起来,电动机以额定转速正转运转,从而完成手动正转启动过程。

2. 反转启动

将正反转选择开关 SA 置于反转位置,SA(5-11)接通,为反转启动做

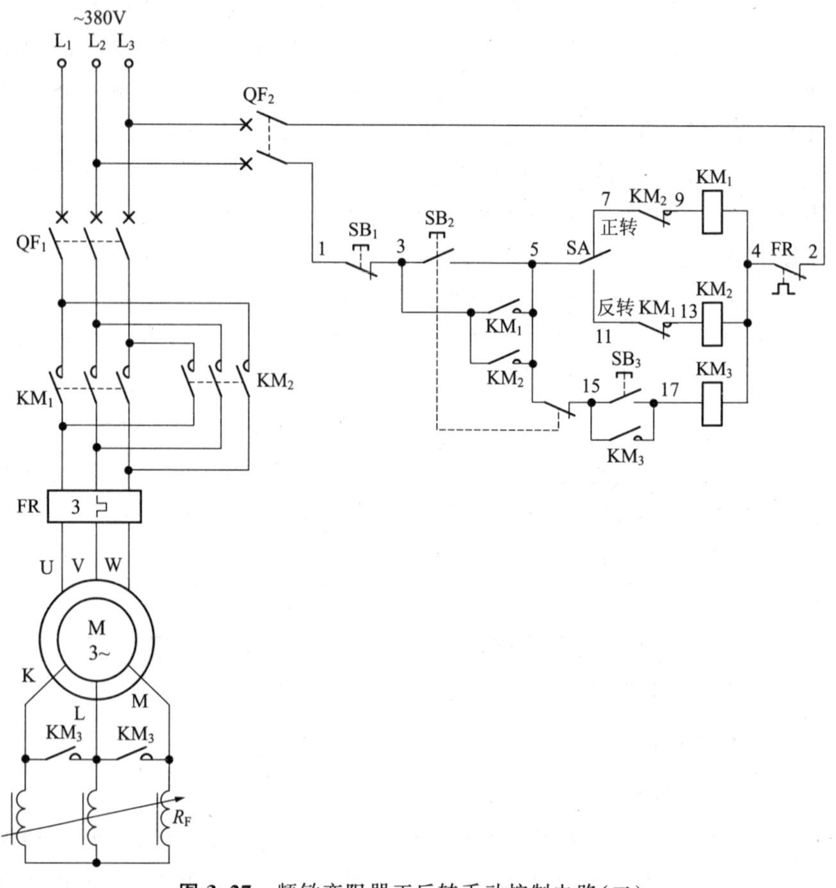

图 3.27　频敏变阻器正反转手动控制电路(二)

准备。按下启动按钮 SB_2,SB_2 的一组常闭触点(5-15)断开,以防止误按运转按钮 SB_3(15-17)而出现全压运转问题;SB_2 的另一组常开触点(3-5)闭合,使交流接触器 KM_2 线圈得电吸合且 KM_2 辅助常开触点(3-5)闭合自锁,KM_2 三相主触点闭合,电动机绕线转子回路串入频敏变阻器 R_F 启动。在 KM_2 线圈得电吸合的同时,KM_2 串联在 KM_1 线圈回路中的辅助常闭触点(7-9)断开,起到互锁作用。随着电动机转速的逐渐升高,当接近额定转速时,再按下运转按钮 SB_3(15-17),交流接触器 KM_3 线圈得电吸合且 KM_3 辅助常开触点(15-17)闭合自锁,KM_3 三相主触点闭合,将绕线转子回路短接起来,电动机以额定转速反转运转,从而完成手动反转启动过程。

3.28 频敏变阻器正反转自动控制电路(一)

本电路采用一只得电延时时间继电器来控制绕线转子电动机实现频敏变阻器正反转启动自动控制(图 3.28)。

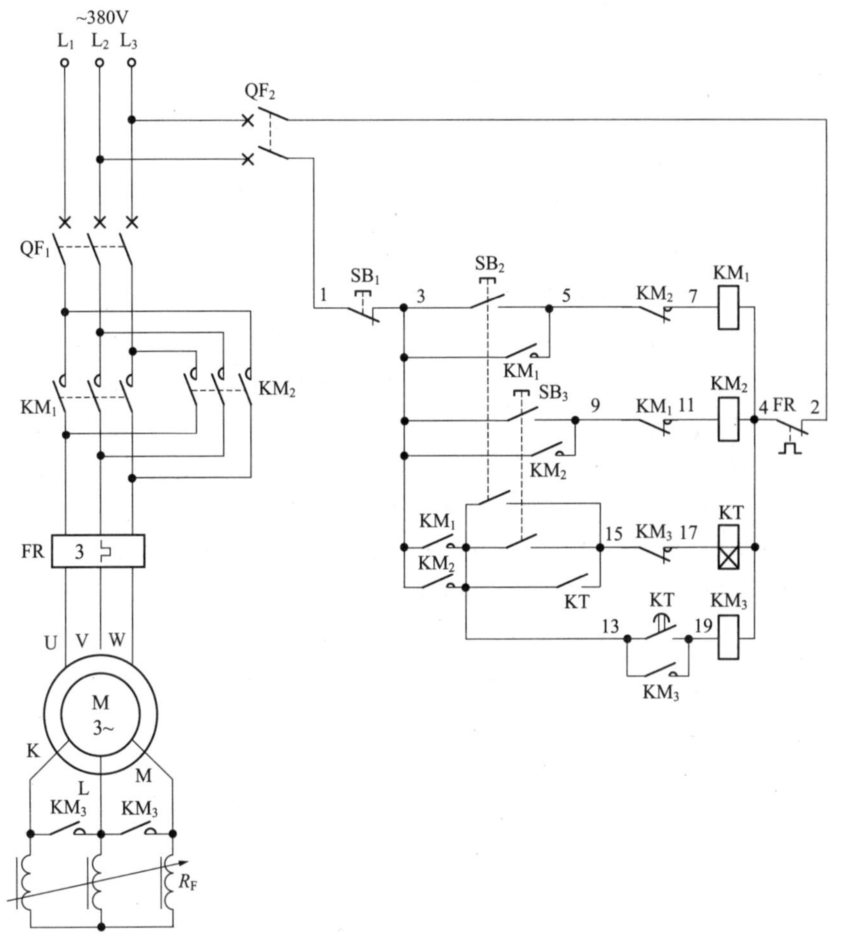

图 3.28 频敏变阻器正反转自动控制电路(一)

1. 正转自动启动控制

按下正转启动按钮 SB_2，SB_2 的一组常开触点(3-5)闭合，使交流接触器 KM_1 线圈得电吸合且 KM_1 辅助常开触点(3-5)闭合自锁，KM_1 三相主触点闭合，电动机绕线转子串频敏变阻器 R_F 启动。在 KM_1 线圈得电吸合的同时，KM_1 串联在 KM_2 线圈回路中的辅助常闭触点(9-11)断开，起互锁作用；KM_1 辅助常开触点(3-13)闭合，为接通延时转换用得电延时时间继电器 KT 线圈做准备。在按下正转启动按钮 SB_2 的同时，SB_2 的另一组常开触点(13-15)闭合，使得电延时时间继电器 KT 线圈得电吸合且 KT 不延时瞬动常开触点(13-15)闭合自锁，KT 开始延时。经 KT 一段延时后，KT 得电延时闭合的常开触点(13-19)闭合，接通了交流接触器 KM_3 线圈回路电源，KM_3 线圈得电吸合且 KM_3 辅助常开触点(13-19)闭合自锁，KM_3 三相主触点闭合，将频敏变阻器 R_F 短接起来，电动机启动完毕转入正常全压运转。在 KM_3 线圈得电吸合的同时，KM_3 串联在 KT 线圈回路中的辅助常闭触点(15-17)断开，切断得电延时时间继电器 KT 线圈回路电源，KT 线圈断电释放，其所有触点恢复原始状态。

2. 反转自动启动控制

若电动机处于正转运转时需反转，必须先将正转停下来后方可进行。此时，先按下停止按钮 SB_1(1-3)，交流接触器 KM_1、KM_3 线圈断电释放，KM_1、KM_3 各自的三相主触点断开，电动机失电正转停止运转。再按下反转启动按钮 SB_3，SB_3 的一组常开触点(3-9)闭合，使交流接触器 KM_2 线圈得电吸合且 KM_2 辅助常开触点(3-9)闭合自锁，KM_2 三相主触点闭合，电动机绕线转子串频敏变阻器 R_F 启动。在 KM_2 线圈得电吸合的同时，KM_2 串联在 KM_1 线圈回路中的辅助常闭触点(5-7)断开，起互锁作用；KM_2 辅助常开触点(3-13)闭合，使得电延时时间继电器 KT 线圈得电吸合且 KT 不延时瞬动常开触点(13-15)闭合自锁，KT 开始延时。经 KT 一段延时后，KT 得电延时闭合的常开触点(13-19)闭合，接通了交流接触器 KM_3 线圈回路电源，KM_3 线圈得电吸合且 KM_3 辅助常开触点(13-19)闭合自锁，KM_3 三相主触点闭合，将频敏变阻器 R_F 短接起来，电动机启动完毕转为正常全压运转。在 KM_3 线圈得电吸合的同时，KM_3 串联在 KT 线圈回路中的辅助常闭触点(15-17)断开，使 KT 线圈断电释放退出运行。

3.29 频敏变阻器正反转自动控制电路(二)

频敏变阻器正反转自动控制电路(二)如图 3.29 所示。

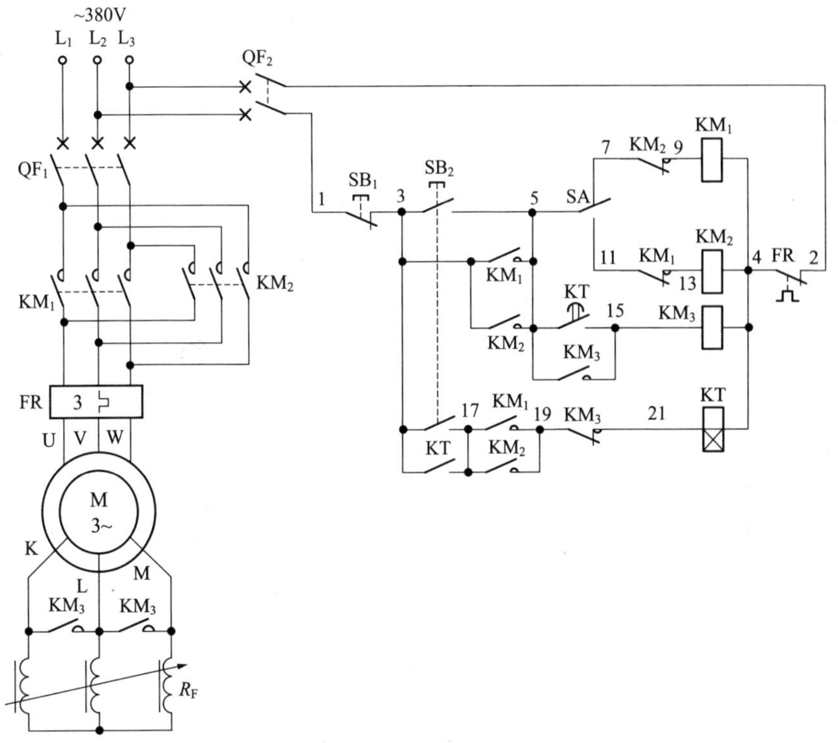

图 3.29 频敏变阻器正反转自动控制电路(二)

3.30 采用三只时间继电器控制绕线转子电动机串电阻降压启动电路

采用三只时间继电器控制绕线转子电动机串电阻降压启动电路如图3.30所示。本电路是采用三只时间继电器 KT_1、KT_2、KT_3 来延时依次将转子电路中的三级电阻逐级自动切除。即先接通交流接触器 KM_1,切除第一级电阻 R_3;再接通交流接触器 KM_2,切除第二级电阻 R_2;再接通交流接触器 KM_3,切除第三级电阻 R_1。

启动时,按下启动按钮 SB_2(3-5),定子电源交流接触器KM线圈得电吸合且KM辅助常开触点(3-5)闭合自锁,其三相主触点闭合,电动机的转子回路中串入三级电阻 R_1、R_2、R_3 进行启动,同时KM辅助常闭触点(1-15)断开,说明电动机已在启动之中。这时,得电延时时间继电器

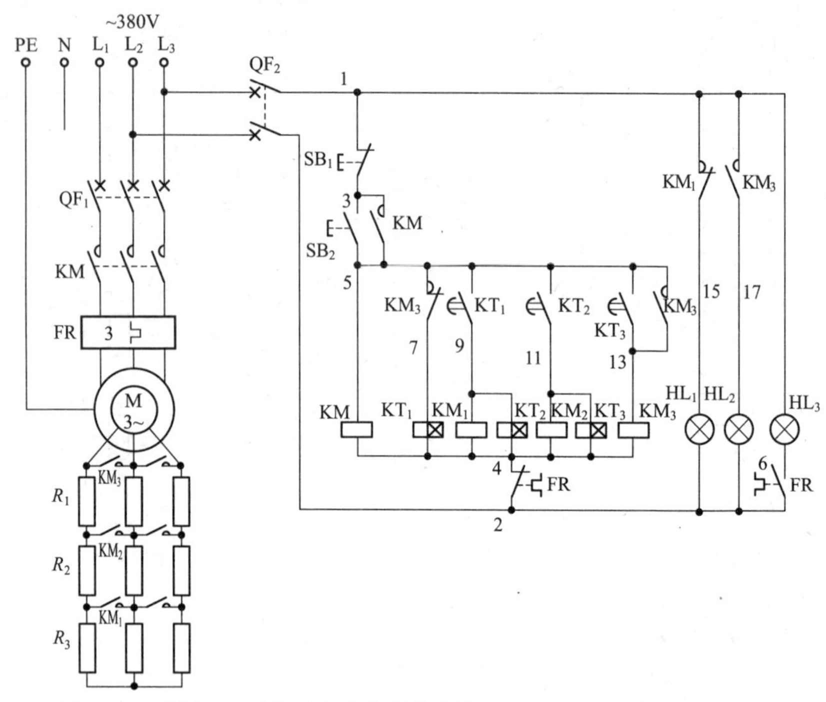

图 3.30　采用三只时间继电器控制绕线转子电动机串电阻降压启动电路

KT_1 线圈也得电吸合且开始延时，经 KT_1 一段延时后，KT_1 得电延时闭合的常开触点(5-9)闭合，接通了交流接触器 KM_1 和得电延时时间继电器 KT_2 线圈回路电源，KM_1、KT_2 线圈同时得电吸合，KM_1 主触点闭合，切除第一级启动电阻 R_3，电动机开始加速启动；同时 KT_2 开始延时，经 KT_2 一段延时后，KT_2 得电延时闭合的常开触点(5-11)闭合，接通了交流接触器 KM_2 和得电延时时间继电器 KT_3 线圈回路电源，KM_2、KT_3 线圈同时得电吸合，KM_2 主触点闭合，切除第二级启动电阻 R_2，电动机加速升级启动；同时 KT_3 开始延时，经 KT_3 一段延时后，KT_3 得电延时闭合的常开触点(5-13)闭合，接通了交流接触器 KM_3 线圈回路电源，KM_3 线圈得电吸合且 KM_3 辅助常开触点(5-13)闭合自锁，KM_3 主触点闭合，切除最后一级启动电阻 R_1，电动机速度提升至额定转速，同时 KM_3 辅助常闭触点(5-7)断开，切断了 KT_1、KM_1、KT_2、KM_2、KT_3 线圈回路电源，使 KT_1、KM_1、KM_2、KT_2、KT_3 线圈断电释放，KM_3 辅助常开触点(1-17)闭合，接通了指示灯 HL_2 电源，HL_2 点亮，说明电动机已完成启动。至此，整个启动过程结束，电动机进入额定转速工作。

3.31 绕线转子电动机三级串电阻手动启动控制电路

本电路采用手动按钮控制转子绕组三级串对称电阻启动控制电路。启动分三级逐级手动切换，随着转子绕组电阻的逐级切除，电动机的转速也会随电阻的切除而逐级加速，最后将全部电阻切除，电动机进入额定转速状态，整个启动过程结束，如图 3.31 所示。

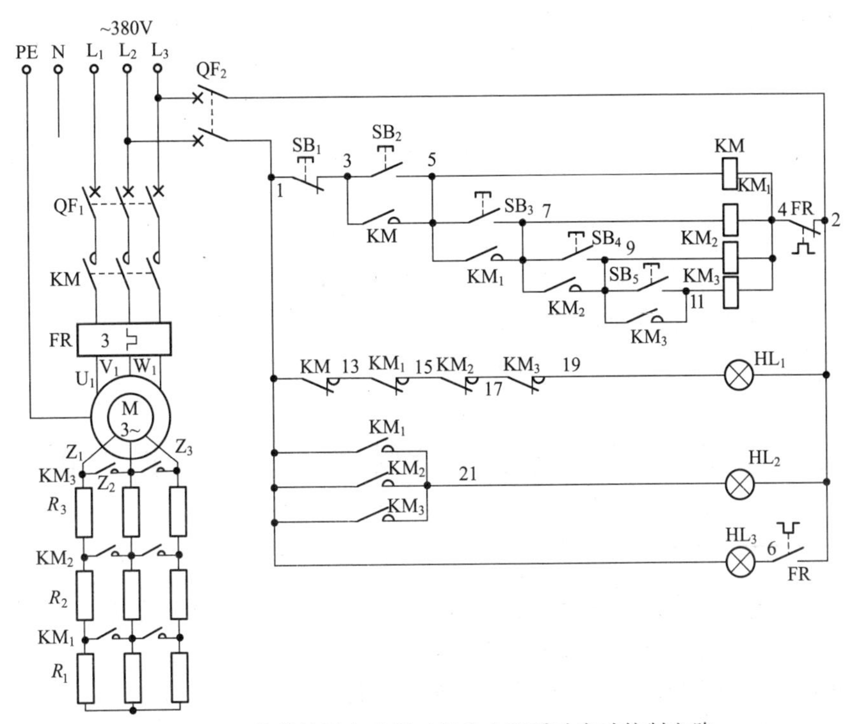

图 3.31 绕线转子电动机三级串电阻手动启动控制电路

第一次按下启动按钮 SB_2(3-5)，定子电源交流接触器 KM 线圈得电吸合，KM 辅助常开触点(3-5)闭合自锁，KM 三相主触点闭合，电动机的转子回路中串入三级电阻 R_1、R_2、R_3 进行第一级启动；KM 辅助常闭触点(1-13)断开，KM 辅助常开触点(1-21)闭合，指示灯 HL_1 灭，HL_2 亮，说明电动机已进行启动。

随着电动机运转速度的提高，第二次按下加速启动按钮 SB_3(5-7)，

交流接触器 KM_1 线圈得电吸合，KM_1 辅助常开触点（5-7）闭合自锁，KM_1 主触点闭合，短接电阻器 R_1，使电动机转子电阻减小，电动机加速启动。此时，第一组电阻器 R_1 被 KM_1 切除。

随着电动机的运转速度进一步提高，第三次按下加速启动按钮 SB_4（7-9），交流接触器 KM_2 线圈得电吸合，KM_2 辅助常开触点（7-9）闭合自锁，KM_2 主触点闭合，短接电阻器 R_2，使电动机转子电阻进一步减小，电动机再进一步加速启动。此时，第二组电阻器 R_2 被 KM_2 切除掉。

经过切除两级电阻器 R_1、R_2 后，电动机的转速逐渐提高，此时第四次按下启动按钮 SB_5（9-11），交流接触器 KM_3 线圈得电吸合，KM_3 辅助常开触点（9-11）闭合自锁，KM_3 主触点闭合，将最后一级电阻器 R_3 短接起来，电动机转速到额定值，电动机按额定转速运转。此时，电阻器 R_1、R_2、R_3 被全部切除，整个启动过程结束。

停止时，按下停止按钮 SB_1（1-3）即可。

图 3.31 中，指示灯 HL_3 为电动机过载指示，当电动机出现过载时，指示灯 HL_3 亮，说明电动机已过载退出运行了。

本电路存在一个最大缺陷，就是当同时按下四只启动按钮 SB_2、SB_3、SB_4、SB_5 时，会造成电动机直接全压启动问题。

3.32 Y-△降压启动不能转为△形运转的保护电路

Y-△降压启动应用很广泛，有时会因种种原因出现在启动过程中，电动机一直处于Y形启动状态或Y形启动后电动机不能进入全压运转而停止（KM_1 仍然吸合），不能转为△形全压运转。

针对上述问题，可采用图 3.32 所示电路加以解决。即当得电延时时间继电器 KT_2 的延时时间超出设定延时时间后，KT_2 将接通中间继电器 KA 线圈回路，KA 线圈得电吸合且自锁，切断整个控制电路加以保护。注意：得电延时时间继电器 KT_2 的设定延时时间比 KT_1 长几秒钟。

按下启动按钮 SB_2（3-5），交流接触器 KM_1、KM_2 和得电延时时间继电器 KT_1、KT_2 线圈得电吸合且 KM_1 辅助常开触点（3-5）闭合自锁，KM_1、KM_2 各自的三相主触点闭合，电动机进行Y形启动；同时 KT_1、KT_2 开始延时；KM_1、KM_2 辅助常闭触点（1-19、19-21）断开，电源及停止

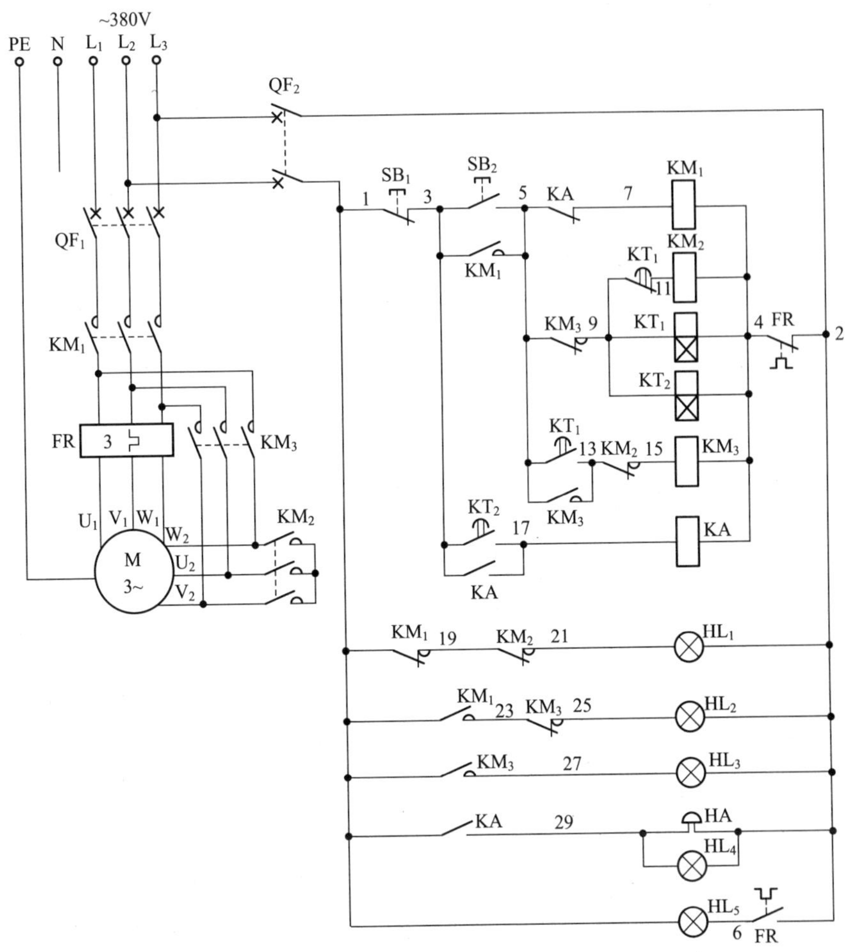

图 3.32 Y-△降压启动不能转为△形运转的保护电路

指示灯 HL_1 灭，KM_1 辅助常开触点(1-23)闭合，Y形启动指示灯 HL_2 亮，说明电动机正在进行Y形启动。当经 KT_1 延时后，KT_1 得电延时断开的常闭触点(9-11)断开，切断了Y点交流接触器 KM_2 线圈回路电源，KM_2 线圈断电释放，KM_2 三相主触点断开，电动机绕组Y点解除；同时 KT_1 得电延时闭合的常开触点(5-13)闭合，接通了△形交流接触器 KM_3 线圈回路电源，KM_3 线圈得电吸合且 KM_3 辅助常开触点(5-13)闭合自锁，KM_3 三相主触点闭合，电动机进入△形全压运转。与此同时，KM_3 辅助常闭触点(5-9)断开，切断了得电延时时间继电器 KT_1、KT_2 线圈回路电源，KT_1、KT_2 线圈断电释放。否则若 KT_1 延时时间到了而 KM_3 又不能切断 KT_2 线圈回路电源，那么 KT_2 延时闭合的常开触点(3-17)闭合，使中间继电器 KA 线圈得电吸合且 KA 辅助常开触点(3-17)闭合自锁，KA 串联在 KM_1 线圈回路中的常闭触点(5-7)断开，将切断 KM_1 线圈回路电源，使控制电路退出运行，此时，指示灯 HL_4 亮，电铃 HA 响，告知操作者电路出现故障，若 KA 动作后需解除，按下停止按钮 SB_1(1-3)即可。当 KM_3 线圈吸合后，KM_3 辅助常闭触点(23-25)断开，Y形启动指示灯 HL_2 灭，KM_3 辅助常开触点(1-27)闭合，△形全压运转指示灯亮，说明电动机已全压运转。

图 3.32 中，指示灯 HL_5 为过载指示灯，电动机过载时此灯亮。

3.33 电动机Y-△节电转换控制电路

本节介绍电动机Y-△节电转换控制电路，当操作者将操纵杆设置在空挡位置时，它能延时自动由△形转为Y形接法，起到节电目的。

电动机Y-△节电转换控制电路如图 3.33 所示，启动时，无论操纵杆设置在空载或运行位置，电动机均能启动，只不过是，当操纵杆设置在空载时，电动机为Y形启动运转；当操纵杆设置在运行位置时，电动机为△形启动运转。

倘若操纵杆设置在空载启动时，则按下启动按钮 SB_2(3-5)，电源交流接触器 KM_1 线圈得电吸合且 KM_1 辅助常开触点(3-5)闭合自锁，同时Y形交流接触器 KM_2 线圈也得电吸合，KM_1、KM_2 各自的三相主触点均闭合，电动机绕组接成Y形运转。若电动机Y形启动运转后，操作者将操纵杆设置在运行位置上，此时，操纵杆将限位开关 SQ 常开触点(5-11)闭合，接通了失电延时时间继电器 KT 线圈回路电源，KT 线圈得电吸合工作，KT 串联在 KM_2 线圈回路中的失电延时闭合的常闭触点(5-7)立即断开，切断了 KM_2 线圈回路电源，KM_2 线圈断电释放，KM_2 三相主触点断开，解除Y点；同时 KT 串联在 KM_3 线圈回路中的失电延时断开的常开触点(5-13)立即闭合，接通了△形交流接触器 KM_3 线圈回路电源，KM_3 线圈得电吸合，KM_3 三相主触点闭合，使电动机绕组连接为△形，电动机△形运转。

在工作中，操作者因其他原因临时停止工作时，一般将操纵杆拉到空

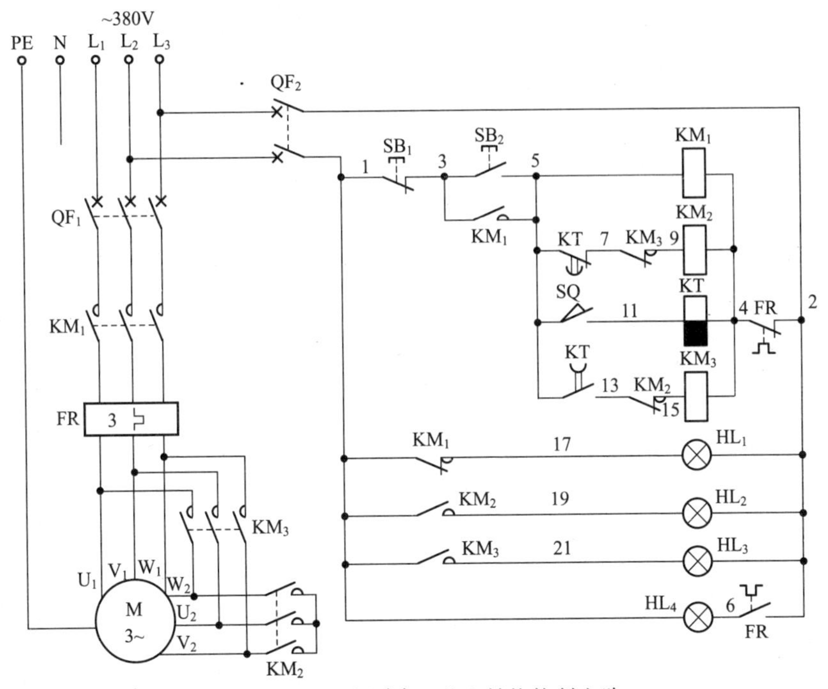

图 3.33 电动机Y-△节电转换控制电路

挡位置而不停机(因电动机功率较大,一般不停止电动机),这样一来电动机仍以△形方式运转,造成大量电能的浪费。

图 3.33 所示电路可以很好地解决这一问题,当操纵杆拉到空挡位置时,限位开关 SQ 常开触点(5-11)断开,切断了失电延时时间继电器 KT 线圈回路电源,KT 线圈断电释放并开始延时,经 KT 一段延时后(其延时时间可根据实际情况自行设定),KT 串联在△形交流接触器 KM_3 线圈回路中的失电延时断开的常开触点(5-13)断开,切断了 KM_3 线圈回路电源,KM_3 线圈断电释放,KM_3 三相主触点断开,解除△形连接;同时,KT 串联在Y形交流接触器 KM_2 线圈回路中的失电延时闭合的常闭触点(5-7)闭合,接通了 KM_2 线圈回路电源,KM_2 线圈得电吸合,KM_2 三相主触点闭合,电动机绕组接成Y形运转。从而使电动机在空挡时自动由△形运转变为Y形运转,节约大量电能。

3.34 采用热继电器控制电动机负载增加Y-△转换电路

有很多设备的拖动电动机在实际使用中往往不能满负载工作，裕量较大，平时轻载较多，有时负载会有所增大（在实际设计负载内），浪费大量电能。若将此电动机改为轻载时为Y接，而在重载时自动转换为△接，对节约电能将大大有益。

采用热继电器控制电动机负载增加Y-△转换电路如图3.34所示，启动时按下启动按钮 $\mathrm{SB_2}$（3-5），交流接触器 $\mathrm{KM_1}$、$\mathrm{KM_2}$ 线圈得电吸合，$\mathrm{KM_1}$ 辅助常开触点（3-5）闭合自锁，$\mathrm{KM_1}$、$\mathrm{KM_2}$ 各自的三相主触点闭合，电动机为Y形接法运转。指示灯 $\mathrm{HL_1}$ 灭，$\mathrm{HL_2}$ 亮，说明电动机Y形运转，若电动机不转换为△形运转，说明此时负载较轻。

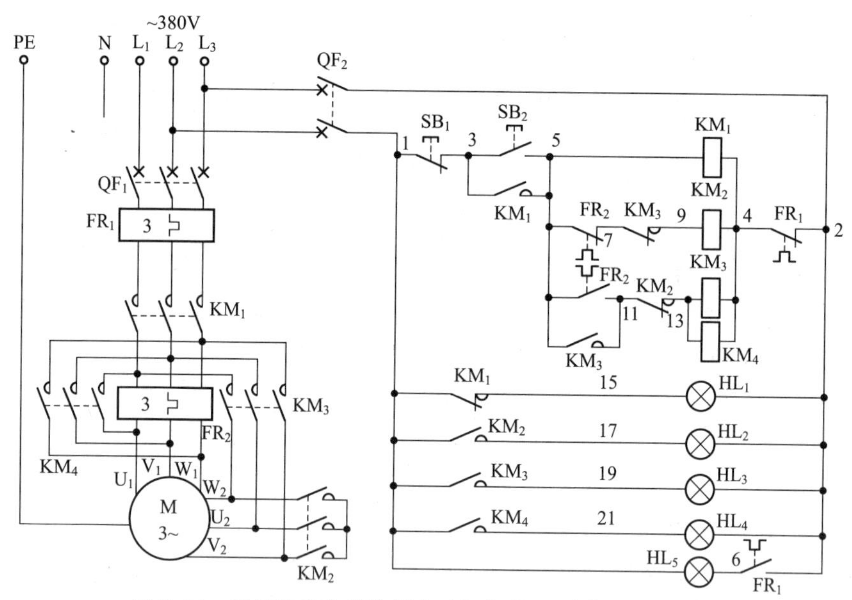

图3.34 采用热继电器控制电动机负载增加Y-△转换电路

当运行中电动机的负载变化增大时（不是过载），Y-△转换用热继电器 $\mathrm{FR_2}$ 的常闭触点（5-7）断开，Y点交流接触器 $\mathrm{KM_2}$ 线圈断电释放，其三相主触点断开，解除Y点，同时 $\mathrm{FR_2}$ 的常开触点（5-11）闭合，接通△形交流接触器 $\mathrm{KM_3}$ 和短接负载转换用热继电器 $\mathrm{FR_2}$ 热元件的交流接触器

KM_4 线圈均得电吸合，KM_3 辅助常开触点(5-11)闭合自锁；KM_3 三相主触点闭合，电动机转换为△形运转；KM_4 三相主触点闭合，将热继电器 FR_2 热元件短接起来，以防止热继电器热元件长期发热弯曲造成损坏。此时指示灯 HL_2 灭，HL_3 亮，说明电动机已△形运转，同时 HL_4 亮，说明热继电器 FR_2 热元件已被短接了。

电路中热继电器 FR_1 作为过载保护用，当电动机出现过载时，它出现动作，其常闭触点(2-4)断开，切断其控制回路电源，使电动机失电停止运转，同时其常开触点(2-6)闭合，使过载指示灯 HL_5 亮，说明电动机已过载了。热继电器 FR_1 复位方式调至手动方式。电路中热继电器 FR_2 作为负载转换用，其整定电流按实际测量的正常负载电流而定；复位方式调至自动方式。

值得注意的是，当电动机负载增大转换为△形运转后，如果过一段时间负载又降了下来，虽然热继电器已自动复位，但控制电路因 KM_3 辅助常开触点(5-11)自锁而不会改变，仍以△形工作，电动机仍继续△形运转。只有在按下停止按钮 SB_1(1-3)后，重新按下启动按钮 SB_2(3-5)，如果此时负载很轻，电动机才会Y形运转。

3.35 得电延时头配合接触器控制电抗器降压启动电路

得电延时头配合接触器控制电抗器降压启动电路如图 10.35 所示，启动时，按下启动按钮 SB_2(3-5)，带得电延时头的交流接触器 KMT 线圈得电吸合且 KMT 辅助常开触点(3-5)闭合自锁，同时，KMT 开始延时，KMT 三相主触点闭合，电动机串电抗器 L 进行降压启动。经过 KMT 一段延时后，电动机的转速升至接近额定转速，KMT 得电延时闭合的常开触点(3-9)闭合，接通了交流接触器 KM 线圈的回路电源，KM 线圈得电吸合且 KM 辅助常开触点(3-9)闭合自锁，KM 辅助常闭触点(5-7)断开，切断了 KMT 线圈的回路电源，KMT 线圈断电释放，KMT 三相主触点断开，切断降压启动电抗器 L 的电源；与此同时，KM 三相主触点闭合，电动机得电全压运转。

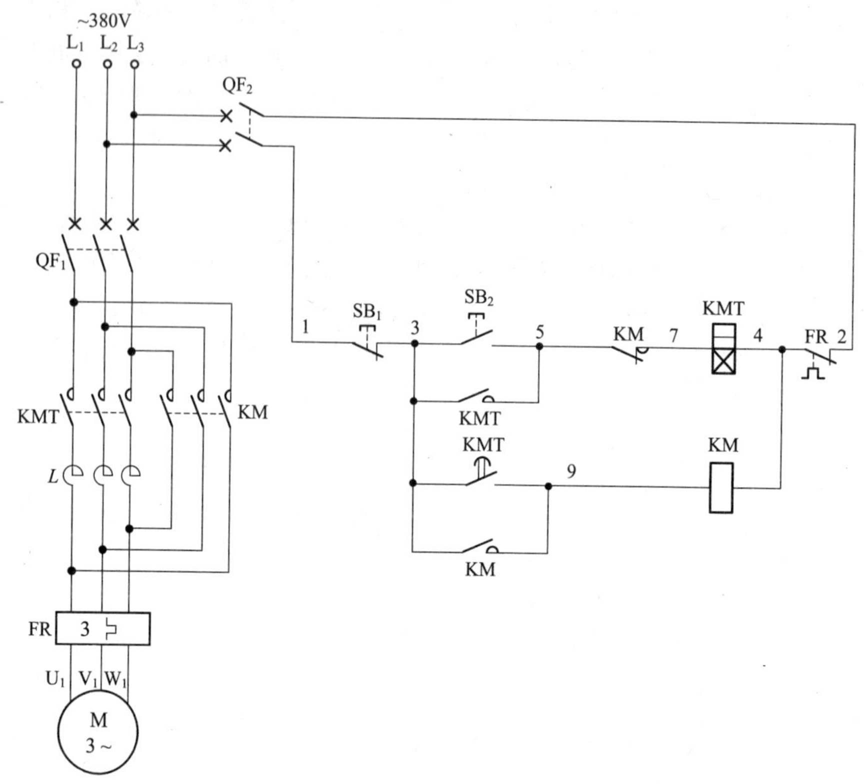

图 3.35　得电延时头配合接触器控制电抗器降压启动电路

3.36　得电延时头配合接触器完成延边三角形降压启动控制电路

得电延时头配合接触器完成延边三角形降压启动控制电路如图3.36所示，启动时，按下启动按钮 SB_2(3-5)，带得电延时头的交流接触器KMT和交流接触器 KM_1 线圈均得电吸合，且KMT辅助常开触点(3-5)闭合自锁，KMT开始延时。KM_1 辅助常闭触点(11-13)断开，起互锁保护作用。此时，KMT和 KM_1 各自的三相主触点闭合，电动机绕组连接成延边三角形进行降压启动。当电动机的转速逐渐升高后，也就是KMT的延时时间结束，KMT得电延时断开的常闭触点(5-7)断开，切断 KM_1 线圈的回路电源，KM_1 线圈断电释放，KM_1 三相主触点断开，解除电动机绕组延边三角形连接；同时 KMT 得电延时闭合的常开触点(5-11)闭合，接通了交流接触器 KM_2 线圈的回路电源，KM_2 线圈得电吸合，KM_2 三相主触点闭合，电动机绕组接成三角形正常运转。

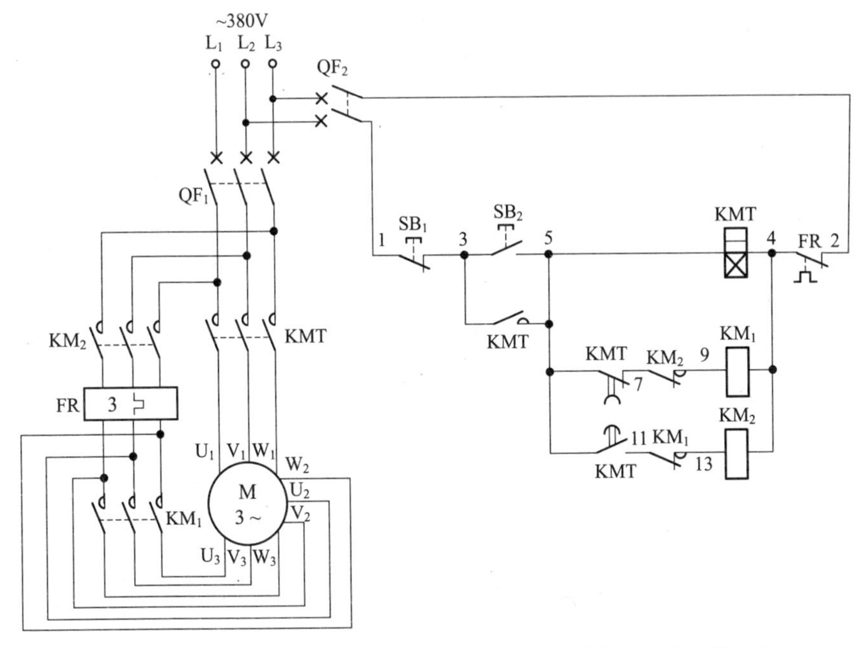

图 3.36 得电延时头配合接触器完成延边三角形降压启动控制电路

停止时，按下停止按钮 SB_1(1-3)，带得电延时头的交流接触器 KMT 和交流接触器 KM_2 线圈均断电释放，KMT 和 KM_2 各自的三相主触点均断开，电动机失电停止运转。

3.37 得电延时头配合接触器完成自耦减压启动控制电路

得电延时头配合接触器完成自耦减压启动控制电路如图 3.37 所示，启动时，按下启动按钮 SB_2(3-5)，带得电延时头的交流接触器 KMT 和交流接触器 KM_1 线圈均得电吸合，且 KMT 辅助常开触点(3-5)闭合自锁，KMT 开始延时。同时 KMT 串联在 KM_2 线圈回路中的辅助常闭触点(13-15)和 KM_1 串联在 KM_2 线圈回路中的辅助常闭触点(15-17)均断开，起到互锁保护作用。与此同时，KMT、KM_1 各自的三相主触点均闭合，电动机绕组串入自耦变压器 TM 进行降压启动。随着电动机转速的逐渐升高，也就是 KMT 的延时结束时间，KMT 得电延时闭合的常开触点(3-11)闭合，接通了中间继电器 KA 线圈的回路电源，KA 线圈得电吸合且 KA 常开触点(3-11)闭合自锁。首先，KA 串联在 KMT 和 KM_1 的线圈回路中的常闭触点(5-7)断开，切断了 KMT 和 KM_1 线圈的回路电源，KMT 和 KM_1 线圈断电释放，KMT 和 KM_1 各自的三相主触点断开，切除启动用自耦变压器 TM；同时 KA 串联在交流接触器 KM_2 线圈回路中的常开触点(3-13)闭合，接通了 KM_2 的线圈的回路电源，KM_2 线圈得电吸合，KM_2 三相主触点闭合，电动机得电全压正常运转。

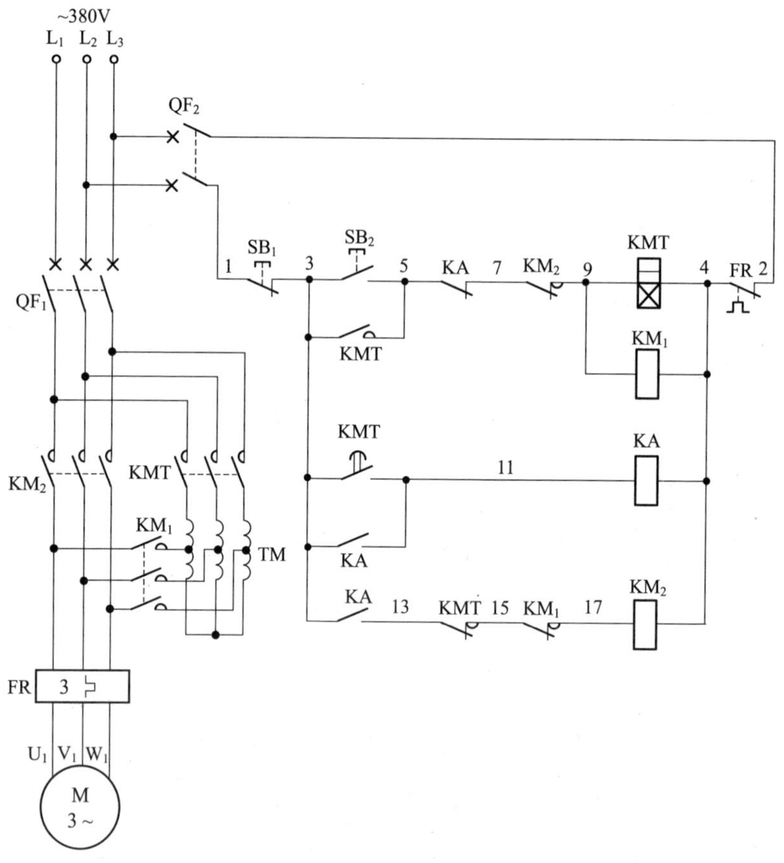

图 3.37　得电延时头配合接触器完成自耦减压启动控制电路

停止时，按下停止按钮 SB_1(1-3)，中间继电器 KA 和交流接触器 KM_2 线圈断电释放，KM_2 三相主触点断开，电动机失电停止运转。

3.38 三只得电延时头实现绕线转子电动机串电阻三级启动控制电路

三只得电延时头实现绕线转子电动机串电阻三级启动控制电路如图 3.38 所示，启动时，按下启动按钮 SB_2(3-5)，带得电延时头的交流接触器 KMT_1 线圈得电吸合且 KMT_1 辅助常开触点(3-5)闭合自锁，KMT_1 三相主触点闭合，电动机得电，其转子串接三级电阻器 R_1、R_2、R_3 进行启动。同时 KMT_1 开始延时。

随着电动机转速的逐渐提高，可进行第一级电阻器 R_1 切除升速。经 KMT_1 一段延时后，KMT_1 得电延时闭合的常开触点(5-7)闭合，接通了带得电延时头的交流接触器 KMT_2 线圈的回路电源，KMT_2 线圈得电吸合，KMT_2 三相主触点闭合，将电阻器 R_1 短接起来，第一级电阻器 R_1 被切除，电动机继续升速，同时 KMT_2 开始延时。

随着电动机转速的进一步升高，可进行第二级电阻器 R_2 切除升速。经 KMT_2 一段延时后，KMT_2 得电延时闭合的常开触点(5-9)闭合，接通了带得电延时头的交流接触器 KMT_3 线圈的回路电源，KMT_3 线圈得电吸合，KMT_3 三相主触点闭合，将电阻器 R_2 短接起来，第二级电阻器 R_2 被切除，电动机继续升速。同时 KMT_3 开始延时。

当电动机的转速升至额定转速时，可进行第三级电阻器 R_3 的切除。经 KMT_3 一段延时后，KMT_3 得电延时闭合的常开触点(5-11)闭合，接通了中间继电器 KA 和交流接触器 KM 线圈的回路电源，且 KA 常开触点(3-11)闭合自锁，KM 三相主触点闭合，将电阻器 R_1 短接起来，第三级电阻器 R_3 被切除，电动机以额定转速运转。与此同时，KM 辅助常闭触点(4-6)断开，切断了 KMT_2 和 KMT_3 线圈的回路电源，KMT_2 和 KMT_3 线圈断电释放，KMT_2 和 KMT_3 各自的三相主触点断开。这样做的主要目的一是使两只线圈在电动机启动完毕后，不必继续工作，从而节约其所消耗的电能，二是延长其器件寿命。

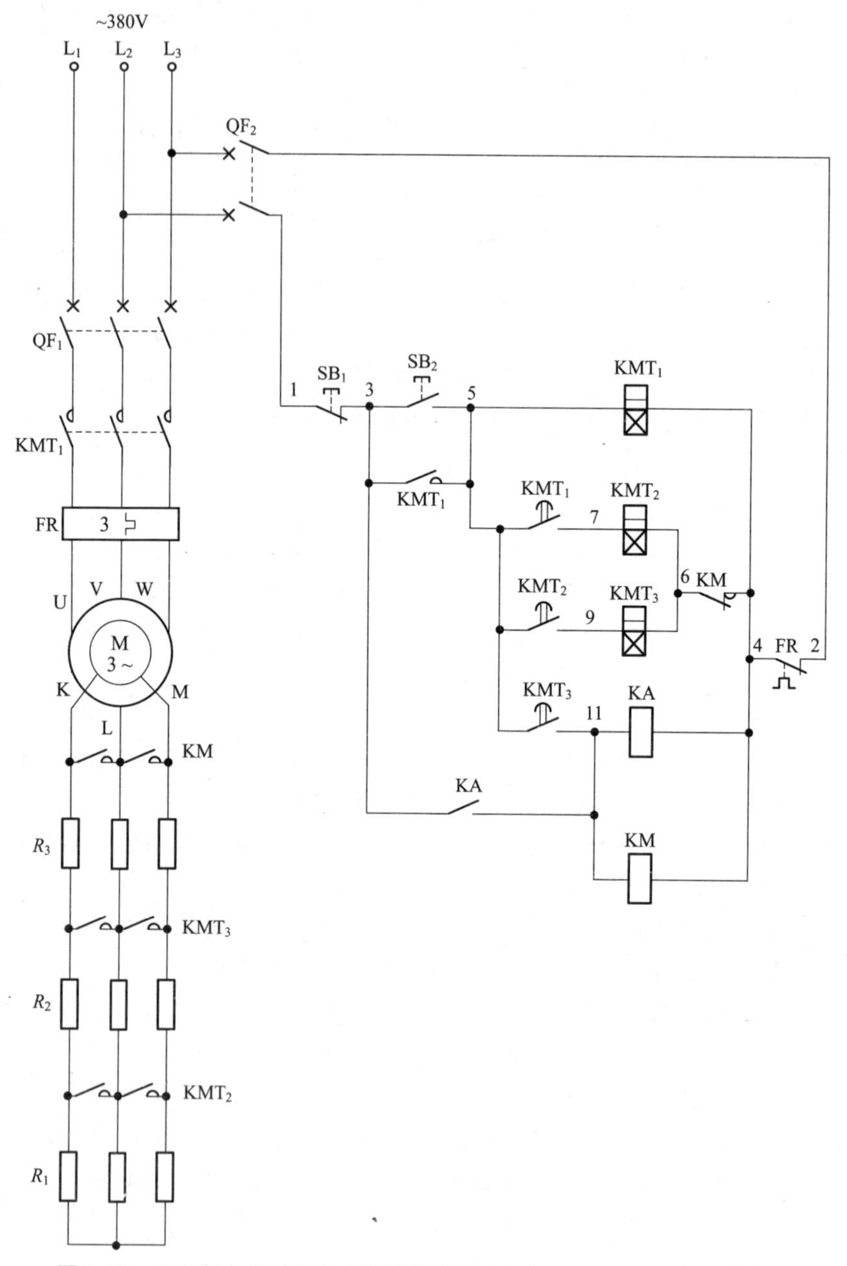

图 3.38　三只得电延时头实现绕线转子电动机串电阻三级启动控制电路

第4章

电动机可逆直接启动控制电路

4.1 单按钮控制电动机正反转启停电路

单按钮控制电动机正反转启停电路如图 4.1 所示。

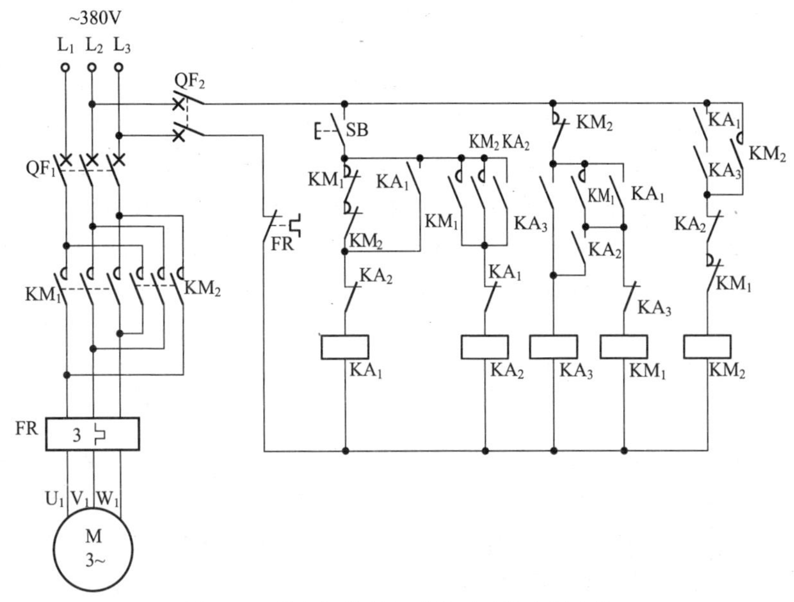

图 4.1 单按钮控制电动机正反转启停电路

第一次按下按钮 SB 不松手，中间继电器 KA_1 线圈得电吸合且自锁，其常开触点闭合，正转交流接触器 KM_1 线圈得电吸合且自锁，KM_1 三相主触点闭合，电动机得电正转启动运转。同时正转交流接触器 KM_1 的辅助常开触点闭合，在正转交流接触器 KM_1 线圈吸合后，松开按钮 SB，此时，中间继电器 KA_1 线圈断电释放，由于正转交流接触器 KM_1 串联在中间继电器 KA_1 线圈回路中的辅助常闭触点断开，以保证在第二次按下按钮 SB 前切断 KA_1 线圈回路，使 KA_1 线圈不能得电；同时正转交流接触器 KM_1 串联在中间继电器 KA_2 线圈回路中的辅助常开触点闭合，为第二次按下按钮 SB 做准备。

当需要正转停止时，则第二次按下按钮 SB 不松手，中间继电器 KA_2 线圈在正转交流接触器 KM_1 辅助常开触点（已闭合）的作用下得电吸合且自锁，KA_2 常开触点闭合，接通了中间继电器 KA_3 线圈回路，KA_3 线圈得电吸合且自锁，KA_3 串联在正转交流接触器 KM_1 线圈回路中的辅助常闭触点断开，切断了 KM_1 线圈回路电源，KM_1 线圈断电释放，KM_1 三相主触点断开，电动机失电正转停止运转。同时 KM_1 辅助常开触点和辅助常闭触点恢复原来状态，为中间继电器 KA_1 线圈再次工作做准备。松开按钮 SB，中间继电器 KA_2 线圈断电释放。

当需要反转时，则第三次按下按钮 SB 不松手，中间继电器 KA_1 线圈得电吸合且自锁，KA_1 常开触点闭合，并与早已闭合的中间继电器 KA_3 常开触点组合为串联电路一起接通反转交流接触器 KM_2 线圈回路电源，KM_2 线圈得电吸合且自锁，KM_2 三相主触点闭合，电动机得电反转启动运转。同时反转交流接触器 KM_2 串联在中间继电器 KA_1 线圈回路中的辅助常闭触点断开，以保证在第四次按下按钮 SB 前切断 KA_1 线圈回路电源，使 KA_1 线圈不能得电；同时反转交流接触器 KM_2 串联在中间继电器 KA_2 线圈回路中的辅助常开触点闭合，为第四次按下按钮 SB 做准备。KM_2 串联在 KA_3 线圈回路中的辅助常闭触点断开，切断了 KA_3 线圈回路电源，为下次操作提供先决条件。松开按钮 SB，中间继电器 KA_1 线圈断电释放。

当需要反转停止时，则第四次按下按钮 SB 不松手，中间继电器 KA_2 线圈在反转交流接触器 KM_2 辅助常开触点（已闭合）的作用下得电吸合且自锁，KA_2 串联在反转交流接触器 KM_2 线圈回路中的常闭触点断开，切断了反转交流接触器 KM_2 线圈回路电源，KM_2 三相主触点断开，电动机失电反转停止运转。由于 KM_2 线圈断电释放，KM_2 串联在 KA_1 线圈回路中的辅助常闭触点闭合，为再次按下按钮 SB 做准备工作。松开 SB，中间继电器 KA_2 线圈断电释放。

再次按下按钮 SB，重复上述过程。

本电路适用于纺织、冶金等要求完成正转→停→反转→停→再正转……循环的场合，读者也可举一反三地应用在其他控制场合。该电路新颖、巧妙、实用。

4.2 单按钮控制电动机正反转定时停机电路

本电路用一只按钮来控制电动机正反转定时停机，即第一次按下按钮 SB 时，电动机正转，经运转一段时间后自动停止；第二次按下按钮 SB 时，电动机反转，运转一段时间后自动停止；第三次按下按钮 SB 时，电动机又正转，如此循环，电路如图 4.2 所示。

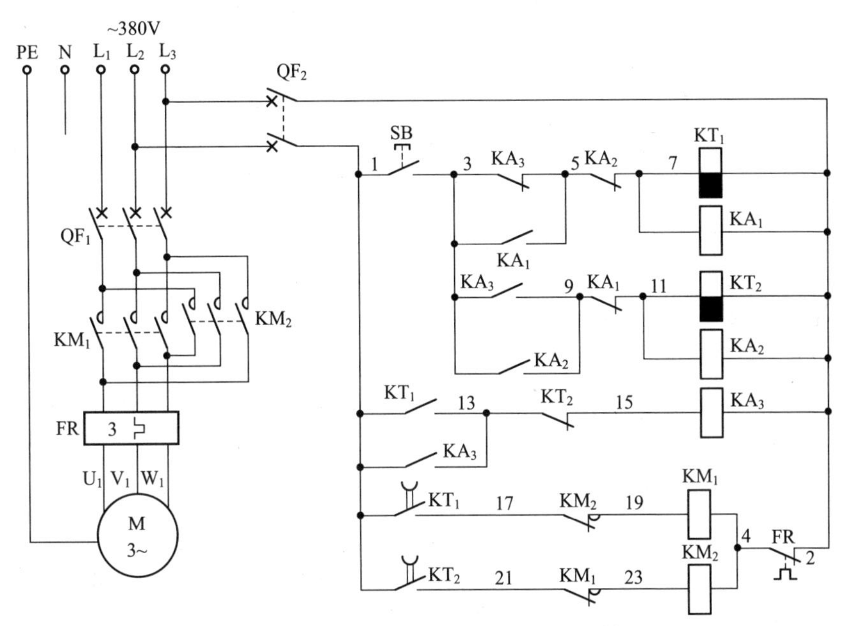

图 4.2 单按钮控制电动机正反转定时停机电路

1. 正转运转定时停机

第一次按下按钮 SB(1-3)，中间继电器 KA_1、失电延时时间继电器 KT_1 线圈得电吸合，KA_1 常开触点(3-5)闭合自锁，KA_1 常闭触点(9-11)断开，切断 KT_2、KA_2 线圈回路，起到互锁作用；同时 KT_1 不延时瞬动常开触点(1-13)闭合，接通中间继电器 KA_3 线圈回路电源，KA_3 常开触点(1-13)闭合自锁，KA_3 常闭触点(3-5)断开，KA_3 常开触点(3-9)闭合，为第二次按下按钮 SB(1-3)时，禁止 KT_1、KA_1 线圈吸合，允许 KT_2、KA_2

线圈吸合做准备。同时失电延时时间继电器 KT_1 的失电延时断开的常开触点(1-17)立即闭合，使正转交流接触器 KM_1 线圈得电吸合，KM_1 三相主触点闭合，电动机得电正转启动运转。松开按钮 SB(1-3)，中间继电器 KA_1、失电延时时间继电器 KT_1 线圈均断电释放，KA_1 所有触点恢复原始状态，KT_1 不延时瞬动常开触点也恢复原始状态，此时 KT_1 开始延时，经 KT_1 延时后(其延时时间可根据实际生产要求自行设定)，KT_1 失电延时断开的常开触点(1-17)断开，切断了正转交流接触器 KM_1 线圈回路电源，KM_1 线圈断电释放，KM_1 三相主触点断开，电动机失电正转运转定时停机结束。

2. 反转运转定时停机

第二次按下按钮 SB(1-3)，由于中间继电器 KA_3 常开触点(3-9)的作用(此时已闭合)，中间继电器 KA_2、失电延时时间继电器 KT_2 线圈得电吸合，KA_2 常开触点(3-9)闭合自锁，KA_2 常闭触点(5-7)断开，切断 KT_1、KA_1 线圈回路，起到互锁作用；同时 KT_2 不延时瞬动常闭触点(13-15)断开，切断了中间继电器 KA_3 线圈回路电源，KA_3 线圈断电释放，其所有触点恢复原始状态，为第三次按下按钮 SB(1-3)时，禁止 KT_2、KA_2 线圈吸合，允许 KT_1、KA_1 吸合做准备。同时失电延时时间继电器 KT_2 的失电延时断开的常开触点(1-21)立即闭合，使反转交流接触器 KM_2 线圈得电吸合，KM_2 三相主触点闭合，电动机得电反转启动运转。松开按钮 SB(1-3)，中间继电器 KA_2、失电延时时间继电器 KT_2 线圈均断电释放，KA_2 所有触点恢复原始状态，KT_2 不延时瞬动常闭触点也恢复原始状态，此时 KT_2 开始延时，经 KT_2 延时后(其延时时间可根据实际生产要求自行设定)，KT_2 失电延时断开的常开触点(1-21)断开，切断了反转交流接触器 KM_2 线圈回路电源，KM_2 线圈断电释放，KM_2 三相主触点断开，电动机失电反转运转定时停机结束。

总之，奇次按动按钮 SB(1-3)时，电动机正转运转并定时自动停机；偶次按动按钮 SB(1-3)时，电动机反转运转并定时自动停机。

4.3 防止相间短路的正反转控制电路(一)

防止相间短路的正反转控制电路(一)如图 4.3 所示。

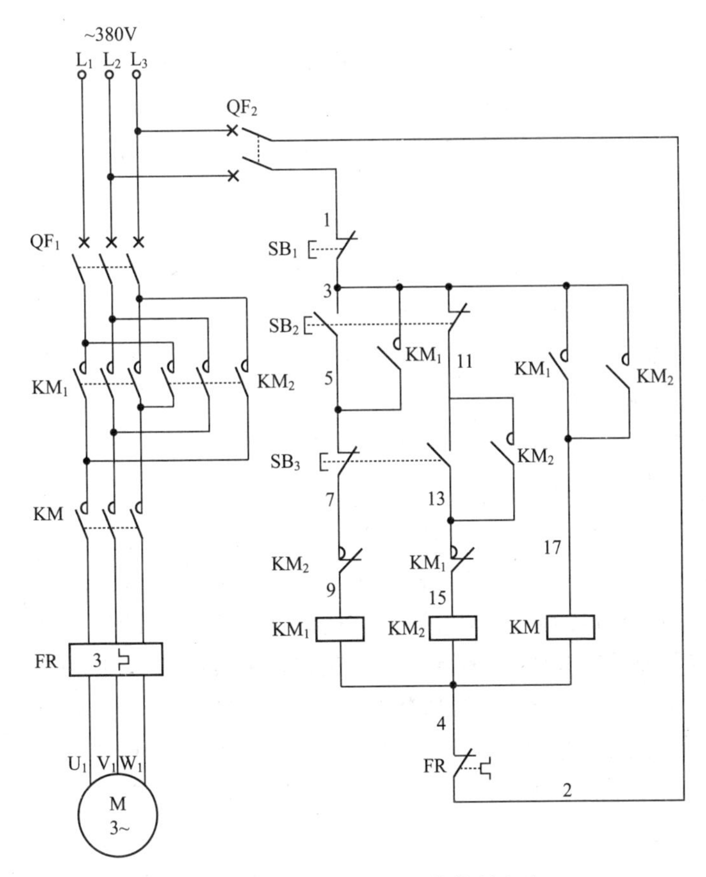

图 4.3　防止相间短路的正反转控制电路(一)

1. 正转启动

合上主回路断路器 QF_1,主回路通入三相交流 380V 电源,为电动机得电运转做准备。合上控制回路断路器 QF_2,控制回路通入从 L_2、L_3 相引出的单相交流 380V 电源,为控制回路工作做准备。按下正转启动按钮 SB_2,其常闭触点(3-11)断开,其常开触点(3-5)闭合。正转启动按钮 SB_2 常闭触点(3-11)断开,切断了反转交流接触器 KM_2 线圈回路电源,起到按钮常闭触点互锁作用。正转启动按钮 SB_2 常开触点(3-5)闭合,接通了正转交流接触器 KM_1 线圈回路电源,KM_1 线圈得电吸合。正转交流接触器 KM_1 线圈得电吸合时,KM_1 辅助常闭触点(13-15)断开,切断反转交流接触器 KM_2 线圈回路电源,起到接触器常闭触点互锁保护作用。正转交流接触器 KM_1 线圈得电吸合时，KM_1 辅助常开触点(3-5)闭合，起到自锁作用。正转交流接触器 KM_1 线圈得电吸合时，KM_1 三相主触点闭合，为电动机得电运转做准备。注意：KM_1 三相主触点必须与 KM 三相主触点都闭合时，才能接通电动机三相交流 380V 电源而正转运转。正转交流接触器 KM_1 线圈得电吸合时，KM_1 辅助常开触点(3-17)闭合，接通了延长转换时间用交流接触器 KM 线圈回路电源，使 KM 线圈得电吸合。延长转换时间用交流接触器 KM 线圈得电吸合时，KM 三相主触点闭合，这样，KM 三相主触点与早已闭合的 KM_1 三相主触点共同接通电动机正转三相交流 380V 电源，电动机得电正转启动运转，拖动设备正转运转工作。

至此，完成对电动机进行的正转启动控制。

2. 直接按停止按钮 SB_1 实现正转停止时

按下停止按钮 SB_1，其常闭触点(1-3)断开。停止按钮 SB_1 常闭触点(1-3)断开，切断了正转交流接触器 KM_1 线圈回路电源，KM_1 线圈断电释放。正转交流接触器 KM_1 线圈断电释放时，KM_1 辅助常开触点(3-5)断开，恢复原始常开状态，解除自锁。正转交流接触器 KM_1 线圈断电释放时，KM_1 三相主触点断开，切断电动机三相交流 380V 电源，电动机失电正转停止运转，拖动设备停止工作。正转交流接触器 KM_1 线圈断电释放时，KM_1 辅助常闭触点(13-15)闭合，恢复原始常闭状态，解除对反转交流接触器 KM_2 线圈回路的互锁作用。正转交流接触器 KM_1 线圈断电释放时，KM_1 辅助常开触点(3-17)断开，恢复原始常开状态，切断了延长转换时间用交流接触器 KM 线圈回路电源，使 KM 线圈断电释放。延长转换时间用交流接触器 KM 线圈断电释放时，KM 三相主触点断开，使电动机回路再出现一个断开点，从而延长了在正反转控制过程中直接启动时的转换时间，起到延长熄弧的作用。

至此，完成正转停止时直接操作停止按钮 SB_1 实现的正转停止控制。

3. 正转运转过程中直接操作反转启动按钮 SB_3 改变运转方向

按下反转启动按钮 SB_3，其常闭触点(5-7)断开，其常开触点(11-13)闭合。反转启动按钮 SB_3 常闭触点(5-7)断开，切断了正转交流接触器 KM_1 线圈回路电源，KM_1 线圈断电释放。正转交流接触器 KM_1 线圈断电释放，KM_1 辅助常开触点(3-5)断开，恢复原始常开状态，解除自锁。

正转交流接触器 KM_1 线圈断电释放，KM_1 三相主触点断开，电动机失电正转运转停止。正转交流接触器 KM_1 线圈断电释放，KM_1 辅助常开触点(3-17)断开，恢复原始常开状态，切断延长转换时间用交流接触器 KM 线圈电源，使 KM 线圈断电释放。延长转换时间用交流接触器 KM 线圈断电释放，KM 三相主触点断开，KM 与 KM_1 三相主触点相串联共同断开电动机三相交流 380V 电源，使 KM 与 KM_1 各自的三相主触点分别断开，延长其转换时间，以防弧光短路。正转交流接触器 KM_1 线圈断电释放，KM_1 辅助常闭触点(13-15)闭合，恢复原始常闭状态，解除对反转交流接触器 KM_2 线圈的互锁作用。反转启动按钮 SB_3 常开触点(11-13)闭合，接通了反转交流接触器 KM_2 线圈回路电源，KM_2 线圈得电吸合。反转交流接触器 KM_2 线圈得电吸合时，KM_2 辅助常闭触点(11-13)断开，切断正转交流接触器 KM_1 线圈回路电源，起到接触器常闭触点互锁作用。反转交流接触器 KM_2 线圈得电吸合时，KM_2 辅助常开触点(3-5)闭合，起到自锁作用。反转交流接触器 KM_2 线圈得电吸合时，KM_2 三相主触点闭合，为电动机得电运转做准备。注意：KM_2 三相主触点必须与 KM 三相主触点都闭合时，才能接通电动机三相交流 380V 电源而反转运转。反转交流接触器 KM_2 线圈得电吸合时，KM_2 辅助常开触点(3-17)闭合，接通了延长转换时间用交流接触器 KM 线圈回路电源，使 KM 线圈得电吸合。延长转换时间用交流接触器 KM 线圈得电吸合时，KM 三相主触点闭合，这样，KM 三相主触点与早已闭合的 KM_2 三相主触点共同接通电动机反转三相交流 380V 电源，电动机得电反转启动运转，拖动设备反转运转工作。

至此，完成正转过程中直接操作反转启动按钮 SB_3 来改变其运转方向时的控制。

4. 反转启动

按下反转启动按钮 SB_3，其常闭触点(5-7)断开，其常开触点(11-13)闭合。反转启动按钮 SB_3 常闭触点(5-7)断开，切断了正转交流接触器 KM_1 线圈回路电源，起到按钮常闭触点互锁作用。反转启动按钮 SB_3 常开触点(11-13)闭合，接通了反转交流接触器 KM_2 线圈回路电源，KM_2 线圈得电吸合。反转交流接触器 KM_2 线圈得电吸合时，KM_2 辅助常闭触点(7-9)断开，切断了正转交流接触器 KM_1 线圈回路电源，起到接触器常闭触点互锁保护作用。反转交流接触器 KM_2 线圈得电吸合时，KM_2

辅助常开触点(11-13)闭合,起到自锁作用。反转交流接触器 KM_2 线圈得电吸合时,KM_2 三相主触点闭合,为电动机得电运转做准备。注意:KM_2 三相主触点必须与 KM 三相主触点都闭合时,才能接通电动机三相交流 380V 电源而反转运转。反转交流接触器 KM_2 线圈得电吸合时,KM_2 辅助常开触点(3-17)闭合,接通了延长转换时间用交流接触器 KM 线圈回路电源,使 KM 线圈得电吸合。延长转换时间用交流接触器 KM 线圈得电吸合时,KM 三相主触点闭合,这样,KM 三相主触点与早已闭合的 KM_2 三相主触点共同接通电动机反转三相交流 380V 电源,电动机得电反转启动运转,拖动设备反转运转工作。

至此,完成对电动机进行的反转启动控制。

5. 直接按停止按钮 SB_1 实现反转停止

按下停止按钮 SB_1,其常闭触点(1-3)断开。停止按钮 SB_1 常闭触点(1-3)断开,切断了反转交流接触器 KM_2 线圈回路电源,KM_2 线圈断电释放。反转交流接触器 KM_2 线圈断电释放时,KM_2 辅助常开触点(11-13)断开,恢复原始常开状态,解除自锁。反转交流接触器 KM_2 线圈断电释放时,KM_2 三相主触点断开,切断了电动机三相交流 380V 电源,电动机失电反转停止运转,拖动设备停止工作。反转交流接触器 KM_2 线圈断电释放时,KM_2 辅助常闭触点(7-9)闭合,恢复原始常闭状态,解除对正转交流接触器 KM_1 线圈回路的互锁作用。反转交流接触器 KM_2 线圈断电释放时,KM_2 辅助常开触点(3-17)断开,恢复原始常开状态,切断了延长转换时间用交流接触器 KM 线圈回路电源,使 KM 线圈断电释放。延长转换时间用交流接触器 KM 线圈断电释放时,KM 三相主触点断开,使电动机回路再出现一个断开点,从而延长了在正反转控制过程中直接启动时的转换时间,起到延长熄弧的作用。

至此,完成停止时直接操作停止按钮 SB_1 实现的反转停止控制。

4.4 防止相间短路的正反转控制电路(二)

防止相间短路的正反转控制电路(二)如图 4.4 所示。

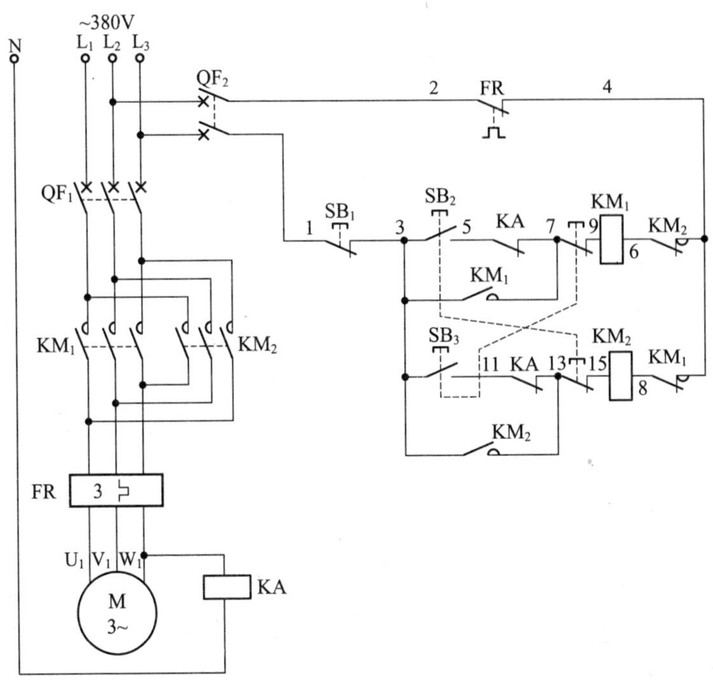

图 4.4 防止相间短路的正反转控制电路(二)

合上主回路断路器 QF_1、控制回路断路器 QF_2，为电路工作做准备。

1. 正转启动

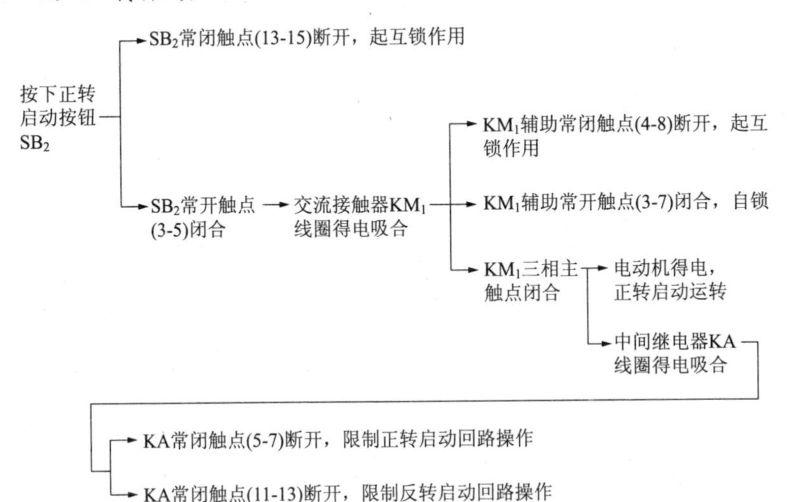

2. 正转停止

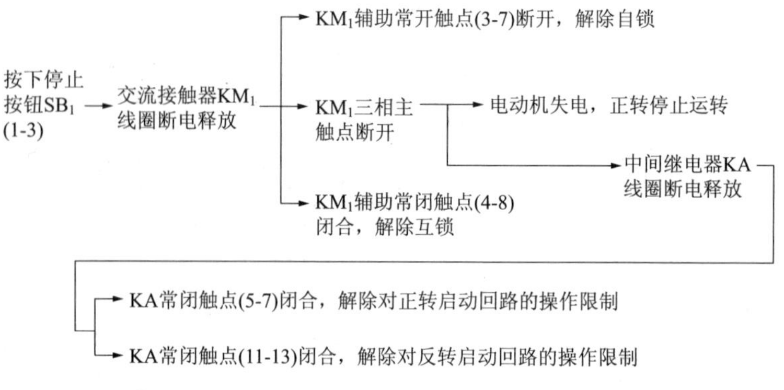

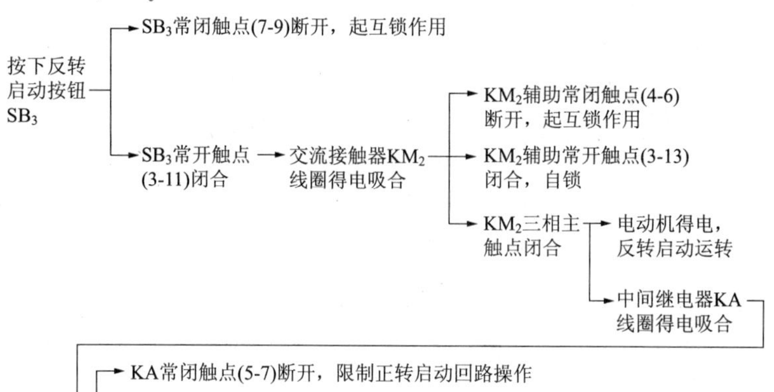

3. 反转启动

4. 反转停止

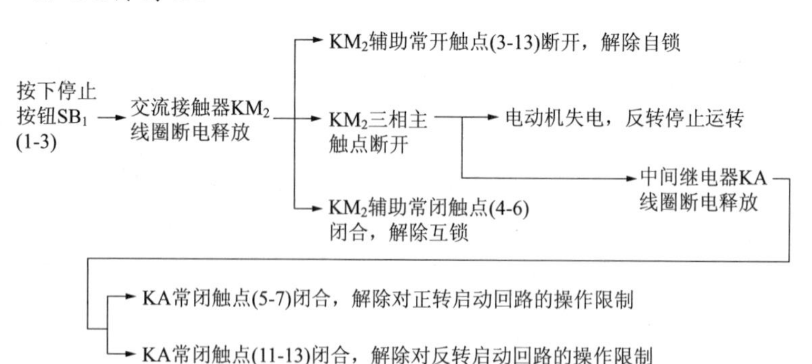

4.5 具有三重互锁保护的正反转控制电路

具有三重互锁保护的正反转控制电路如图 4.5 所示。

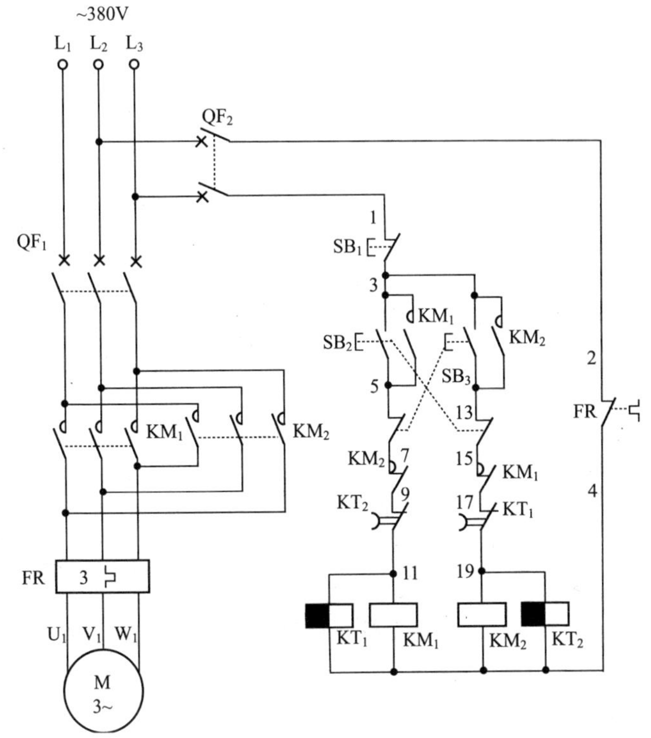

图 4.5 具有三重互锁保护的正反转控制电路

1. 正转启动

合上主回路断路器 QF_1，主回路通入三相交流 380V 电源，为电动机启动运转做准备。合上控制回路断路器 QF_2，控制回路通入从 L_2、L_3 相上引出的单相交流 380V 电源，为控制回路工作做准备。按下正转启动按钮 SB_2，其一组常闭触点(13-15)断开。正转启动按钮 SB_2 常闭触点(13-15)断开，切断了反转交流接触器 KM_2 线圈回路电源，使 KM_2 线圈不能得电吸合，起到按钮常闭触点互锁作用。此互锁为第一级(第一种)互锁保护。按下正转启动按钮 SB_2 的同时，其一组常开触点(3-5)闭合。正转启动按钮 SB_2 常开触点(3-5)闭合，接通了正转交流接触器 KM_1 线圈回路电源，KM_1 线圈得电吸合。正转交流接触器 KM_1 线圈得电吸合时，KM_1 辅助常闭触点(15-17)断开，切断了反转交流接触器 KM_2 线圈回路电源，使 KM_2 线圈不能得电吸合，起到接触器常闭触点互锁作用。此互锁为第二级(第二种)互锁保护。正转交流接触器 KM_1 线圈得电吸合时，KM_1 辅助常开触点(3-5)闭合，将 KM_1 线圈回路自锁了起来。正转交流接触器 KM_1 线圈得电吸合时，KM_1 三相主触点闭合，电动机得电启动运转。在正转启动按钮 SB_2 常开触点(3-5)闭合的同时，也接通了失电延时时间继电器 KT_1 线圈回路电源，KT_1 线圈得电吸合。失电延时时间继电器 KT_1 线圈得电吸合时，KT_1 失电延时闭合的常闭触点(17-19)立即断开，切断了反转交流接触器 KM_2 线圈回路电源，使 KM_2 线圈不能得电吸合，起到时间继电器延时触点互锁作用。此互锁为第三级(第三种)互锁保护。

至此，完成对电动机正转启动运转控制。

2. 正转停止

按下停止按钮 SB_1，其常闭触点(1-3)断开。停止按钮 SB_1 常闭触点(1-3)断开，切断了正转交流接触器 KM_1 线圈回路电源，KM_1 线圈断电释放。正转交流接触器 KM_1 线圈断电释放时，KM_1 三相主触点断开，电动机失电正转运转停止。正转交流接触器 KM_1 线圈断电释放时，KM_1 辅助常开触点(3-5)断开，恢复原始常开状态，解除对 KM_1 线圈的自锁作用。正转交流接触器 KM_1 线圈断电释放时，KM_1 辅助常闭触点(15-17)闭合，恢复原始常闭状态，解除对反转交流接触器 KM_2 线圈的互锁作用。在停止按钮 SB_1 常闭触点(1-3)断开的同时，也切断了失电延时时间继电器 KT_1 线圈回路电源，KT_1 线圈断电释放并开始延时。经失电延时时间继电器 KT_1 一段延时后，KT_1 失电延时闭合的常闭触点(17-19)闭合，恢复原始常闭状态。解除对反转交流接触器 KM_2 线圈的互锁作用。也就是说，即使按下停止按钮后或直接操作反转启动按钮 SB_3 进行反转操作，也必须等待此延时触点恢复原始状态后，方可进行反转操作。

至此，完成对电动机正转停止控制。

3. 反转启动

按下反转启动按钮 SB_3，其一组常闭触点(5-7)断开。反转启动按钮 SB_3 常闭触点(5-7)断开，切断了正转交流接触器 KM_1 线圈回路电源，使 KM_1 线圈不能得电吸合，起到按钮常闭触点互锁作用。此互锁为第一级(第一种)互锁保护。按下反转启动按钮 SB_3 的同时，其一组常开触点(3-

13)闭合。反转启动按钮 SB_3 常开触点(3-13)闭合,接通了反转交流接触器 KM_2 线圈回路电源,KM_2 线圈得电吸合。反转交流接触器 KM_2 线圈得电吸合时,KM_2 辅助常闭触点(7-9)断开,切断了正转交流接触器 KM_1 线圈回路电源,使 KM_2 线圈不能得电吸合,起到接触器常闭触点互锁作用。此互锁为第二级(第二种)互锁保护。反转交流接触器 KM_2 线圈得电吸合时,KM_2 辅助常开触点(3-13)闭合,将 KM_2 线圈回路自锁了起来。反转交流接触器 KM_2 线圈得电吸合时,KM_2 三相主触点闭合,电动机得电反转启动运转。在反转启动按钮 SB_3 常开触点(3-13)闭合的同时,也接通了失电延时时间继电器 KT_2 线圈回路电源,KT_2 线圈得电吸合。失电延时时间继电器 KT_2 线圈得电吸合时,KT_2 失电延时闭合的常闭触点(9-11)立即断开,切断了正转交流接触器 KM_1 线圈回路电源,使 KM_1 线圈不能得电吸合,起到时间继电器延时触点互锁作用。此互锁为第三级(第三种)互锁保护。

至此,完成对电动机反转启动运转控制。

4. 反转停止

按下停止按钮 SB_1,其常闭触点(1-3)断开。停止按钮 SB_1 常闭触点(1-3)断开,切断了反转交流接触器 KM_2 线圈回路电源,KM_2 线圈断电释放。反转交流接触器 KM_2 线圈断电释放时,KM_2 三相主触点断开,电动机失电反转运转停止。反转交流接触器 KM_2 线圈断电释放时,KM_2 辅助常开触点(3-13)断开,恢复原始常开状态,解除对 KM_2 线圈的自锁作用。反转交流接触器 KM_2 线圈断电释放时,KM_2 辅助常闭触点(7-9)闭合,恢复原始常闭状态,解除对正转交流接触器 KM_1 线圈的互锁作用。在停止按钮 SB_1 常闭触点(1-3)断开的同时,也切断了失电延时时间继电器 KT_2 线圈回路电源,KT_2 线圈断电释放并开始延时。经失电延时时间继电器 KT_2 一段延时后,KT_2 失电延时闭合的常闭触点(9-11)闭合,恢复原始常闭状态,解除对正转交流接触器 KM_1 线圈的互锁作用。也就是说,即使按下停止按钮后或直接操作正转启动按钮 SB_2 进行正转操作,也必须等待此延时触点恢复原始状态后,方可进行正转操作。

至此,完成对电动机反转停止控制。

4.6　JZF-01 正反转自动控制器应用电路

JZF-01 正反转自动控制器应用电路如图 4.6 所示。

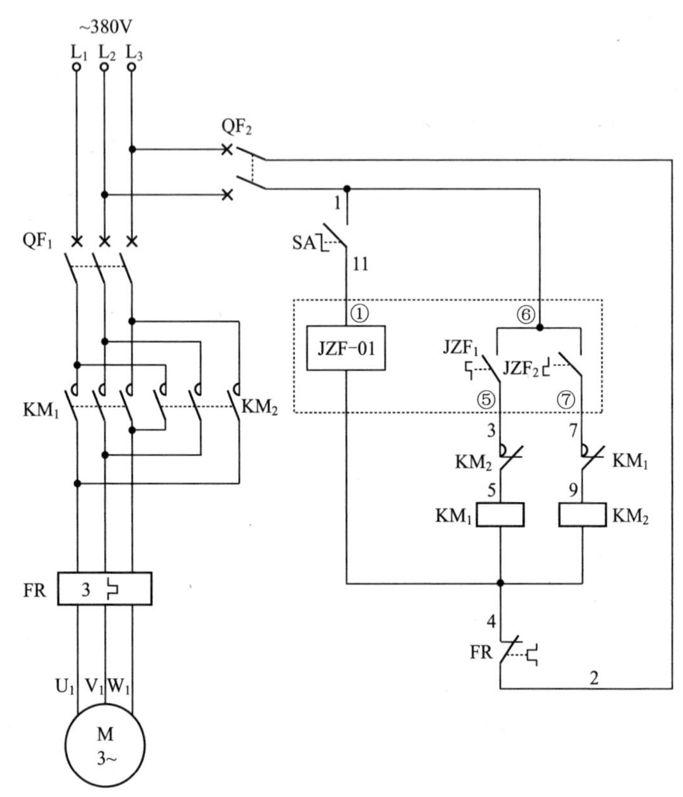

图 4.6　JZF-01 正反转自动控制器应用电路

合上主回路断路器 QF_1，主回路通入三相交流 380V 电源，为电动机启动运转做准备。合上控制回路断路器 QF_2，控制回路通入从 L_2、L_3 相上引出的单相交流 380V 电源，为控制回路工作做准备。合上控制开关 SA，其常开触点(1-11)闭合。控制开关 SA 常开触点(1-11)闭合，使 JZF 正反转自动控制器得电工作。JZF 正反转自动控制器得电工作后，JZF 的一组正转控制常开触点 JZF_1 闭合并延时，接通了正转交流接触器 KM_1 线圈电源，KM_1 线圈得电吸合。正转交流接触器 KM_1 线圈得电吸合时，KM_1 辅助常闭触点(7-9)断开，切断了反转交流接触器 KM_2 线圈回路电源，使其 KM_2 线圈不能得电吸合，起到互锁作用。正转交流接触

器 KM_1 线圈得电吸合时，KM_1 三相主触点闭合，电动机得电正转启动运转，拖动设备正转运转工作。在 JZF 正反转自动控制器开始按程序进行工作，经 JZF 一段设定延时后，JZF 的一组正转控制常开触点 JZF_1 断开，恢复原始常开状态，切断正转交流接触器 KM_1 线圈回路电源，KM_1 线圈断电释放。正转交流接触器 KM_1 线圈断电释放时，KM_1 三相主触点断开，电动机失电正转运转停止，拖动设备停止工作。正转交流接触器 KM_1 线圈断电释放时，KM_1 辅助常闭触点(7-9)闭合，恢复原始常闭状态，解除对反转交流接触器 KM_2 线圈的互锁作用。JZF 正反转自动控制器开始按程序进行工作后，下一步为停留程序(即正转运转一段时间后，再停留几秒钟后自动改为反转运转)，此动作这里不做介绍。JZF 正反转自动控制器开始按程序进行工作后，停留几秒钟，其一组反转控制常开触点 JZF_2 闭合并延时，接通了反转交流接触器 KM_2 线圈电源，KM_2 线圈得电吸合。反转交流接触器 KM_2 线圈得电吸合时，KM_2 辅助常闭触点(3-5)断开，切断了正转交流接触器 KM_1 线圈回路电源，使其 KM_1 线圈不能得电吸合，起到互锁作用。反转交流接触器 KM_2 线圈得电吸合时，KM_2 三相主触点闭合，电动机得电反转启动运转，拖动设备反转运转工作。JZF 正反转自动控制器开始按程序进行工作后，经 JZF 一段设定延时后，JZF 的一组控制常开触点 JZF_2 断开，恢复原始常开状态，切断反转交流接触器 KM_2 线圈回路电源，KM_2 线圈断电释放。反转交流接触器 KM_2 线圈断电释放时，KM_2 三相主触点断开，电动机失电反转运转停止，拖动设备停止工作。反转交流接触器 KM_2 线圈断电释放时，KM_2 辅助常闭触点(3-5)闭合，恢复原始常闭状态，解除对正转交流接触器 KM_1 线圈的互锁作用。JZF 正反转自动控制器开始按程序进行工作后，下一步为停留程序(即反转运转一段时间后，再停留几秒钟后自动改为正转运转)，此动作这里不做介绍。

此动作后又从动作 5 至动作 18 一直循环下去。从而完成对电动机的正转→停止→反转→停止→正转……的自动循环控制。

4.7 单线远程正反转控制电路

在有些控制场所，如水塔与水源地之间距离很远，有的达几千米，像这样的情况，节省一根导线很有必要。现介绍一种仅用一根导线就可以完成对电动机启停和正反转的控制过程。

图4.7所示为单线远程正反转控制电路。

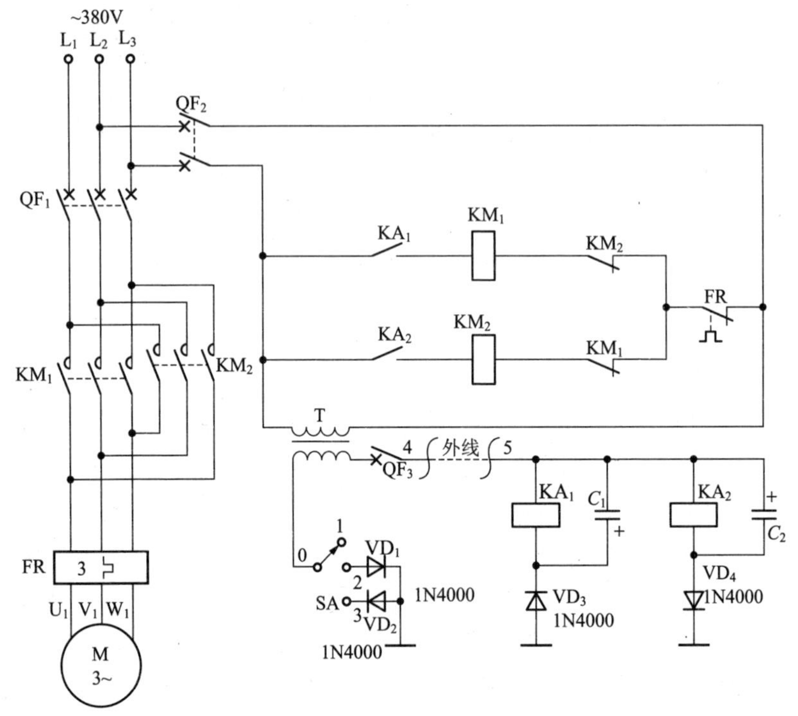

图4.7 单线远程正反转控制电路

某人在甲地拨动多挡开关SA,若拨到位置"1"时,乙地的电动机就会因控制回路断电而停止工作;若SA开关拨到位置"2"时,乙地的电动机控制电路因二极管VD_1、VD_3通过大地为顺向而导通,使小型灵敏继电器KA_1线圈得电吸合,KA_1常开触点闭合,接通了正转交流接触器KM_1线圈回路电源,KM_1得电吸合,KM_1三相主触点闭合,电动机得电正转运转;若SA开关拨到位置"3"时,乙地的电动机控制电路因二极管VD_2、VD_4通过大地为顺向而导通,使小型灵敏继电器KA_2线圈得电吸合,KA_2常开触点闭合,接通了反转交流接触器KM_2线圈回路电源,KM_2得电吸合,KM_2三相主触点闭合,电动机得电反转运转。从而完成很巧妙的结合选择,同时也节省了一根导线。

本电路构思巧妙,且简单实用,特别适合于需要远距离控制的场合,可节省大量导线。电路中小型灵敏继电器KA_1、KA_2可以选用JRX-13F

等型号，至于控制电源电压可根据甲乙两地线路的长短试验确定，根据经验通常可选用小型灵敏继电器，其线圈电压为直流 12V 或 24V，此电压很低，比较安全。

4.8 单相电容启动与电容运转电动机可逆启停控制电路

单相电容启动与电容运转电动机可逆启停控制电路如图 4.8 所示。

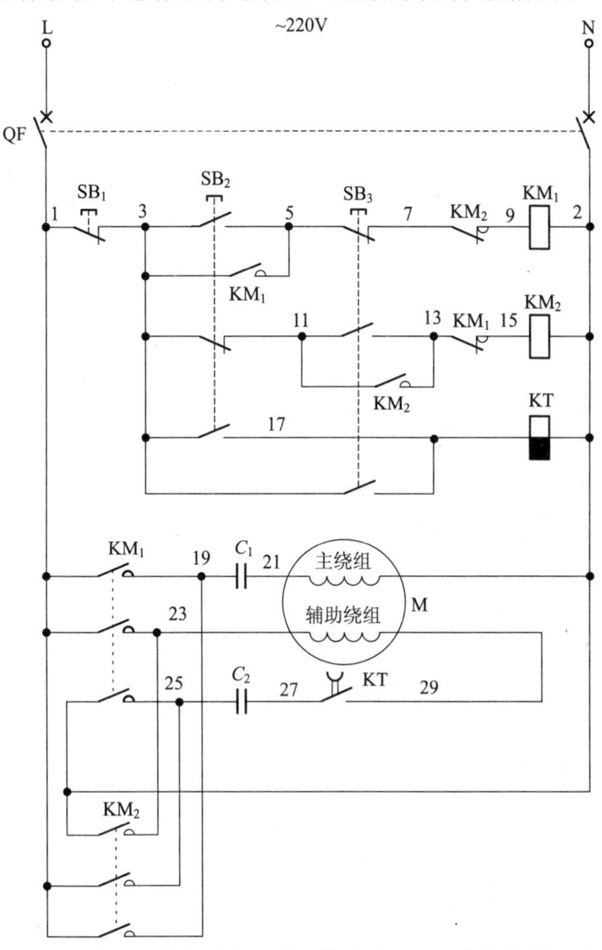

图 4.8 单相电容启动与电容运转电动机可逆启停控制电路

1. 正转启动运转

按下正转启动按钮 SB_2，SB_2 的一组常闭触点(3-11)断开，起互锁作用；SB_2 的一组常开触点(3-17)闭合，失电延时时间继电器 KT 线圈得电吸合后又断电释放，KT 开始延时，KT 失电延时断开的常开触点(27-29)立即闭合，接通启动电容器 C_2，使其投入工作；SB_2 的另一组常开触点(3-5)闭合，使交流接触器 KM_1 线圈得电吸合且 KM_1 辅助常开触点(3-5)闭合自锁，KM_1 辅助常闭触点(13-15)断开，起互锁作用，KM_1 三相主触点(1-19、1-23、2-25)闭合，电动机得电进行正转启动。经 KT 一段延时后，电动机转速升至额定转速时，KT 失电延时断开的常开触点(27-29)恢复常开状态，使启动电容器 C_2 退出运行，电动机正转启动完毕而转为正常运转。

2. 反转启动运转

按下反转启动按钮 SB_3，SB_3 的一组常闭触点(5-7)断开，起互锁作用；SB_3 的一组常开触点(3-17)闭合，失电延时时间继电器 KT 线圈得电吸合后又断电释放，KT 开始延时，KT 失电延时断开的常开触点(27-29)立即闭合，接通启动电容器 C_2，使其投入工作；SB_3 的另一组常开触点(11-13)闭合，使交流接触器 KM_2 线圈得电吸合且 KM_2 辅助常开触点(11-13)闭合自锁，KM_2 辅助常闭触点(7-9)断开，起互锁作用，KM_2 三相主触点(2-23、1-19、1-25)闭合，电动机得电进行反转启动。经 KT 一段延时后，电动机转速升至额定转速时，KT 失电延时断开的常开触点(27-29)恢复常开状态，使启动电容器 C_2 退出运行，电动机反转启动完毕而转为正常运转。

4.9 单相电容运转电动机可逆启停控制电路(一)

单相电容运转电动机可逆启停控制电路(一)如图 4.9 所示。

正转启动时，按下正转启动按钮 SB_2，SB_2 的一组常闭触点(3-11)断开，起互锁作用；SB_2 的另一组常开触点(3-5)闭合，接通了正转交流接触器 KM_1 线圈回路电源，KM_1 线圈得电吸合且 KM_1 辅助常开触点(3-5)闭合自锁，KM_1 主触点(1-17、2-4)闭合，电动机得电正转启动运转。

反转启动时，按下反转启动按钮 SB_3，SB_3 的一组常闭触点(5-7)断

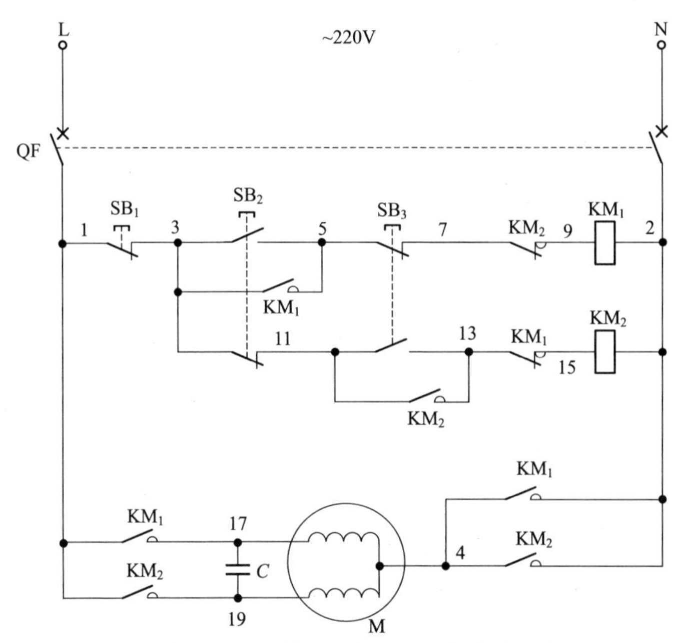

图 4.9 单相电容运转电动机可逆启停控制电路(一)

开,起互锁作用;SB_3 的另一组常开触点(11-13)闭合,接通了反转交流接触器 KM_2 线圈回路电源,KM_2 线圈得电吸合且 KM_2 辅助常开触点(11-13)闭合自锁,KM_2 主触点(1-19、2-4)闭合,电动机得电反转启动运转。

停止时,按下停止按钮 SB_1(1-3),交流接触器 KM_1 或 KM_2 线圈断电释放,KM_1(1-17、2-4)或 KM_2(1-19、2-4)主触点断开,电动机失电停止运转。

4.10 单相电容运转电动机可逆启停控制电路(二)

单相电容运转电动机可逆启停控制电路(二)如图 4.10 所示。

正转启动时,按下正转启动按钮 SB_2,SB_2 的一组常闭触点(3-11)断开,起互锁作用;SB_2 的另一组常开触点(3-5)闭合,使交流接触器 KM_1 线圈得电吸合,KM_1 辅助常开触点(3-5)闭合自锁,KM_1 三相主触点(1-17、1-19、2-21)闭合,电动机得电正转启动运转。

反转启动时,按下反转启动按钮 SB_3,SB_2 的一组常闭触点(5-7)断

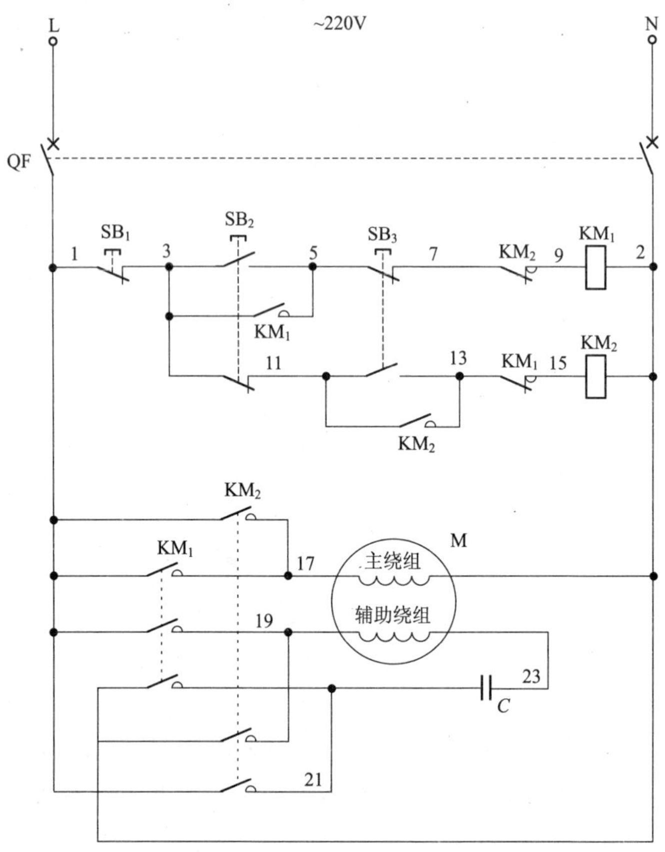

图 4.10 单相电容运转电动机可逆启停控制电路(二)

开,起互锁作用;SB_3 的另一组常开触点(11-13)闭合且 KM_2 辅助常开触点(11-13)闭合自锁,使交流接触器 KM_2 线圈得电吸合,KM_2 三相主触点(1-17、2-19、2-21)闭合,电动机得电反转启动运转。

停止时,按下停止按钮 SB_1(1-3),交流接触器 KM_1 或 KM_2 线圈断电释放,KM_1(1-17、1-19、2-21)或 KM_2(1-17、2-19、2-21)三相主触点断开,电动机失电停止运转。

至此,完成电动机可逆启动、停止控制。

4.11 单相220V罩极式电动机可逆启停控制电路

本电路(图4.11)是针对罩极式电动机而实现的可逆控制电路。通过分别控制嵌于电动机定子铁心内的两套分布式罩极绕组来改变其旋转方向,从而实现可逆运转。

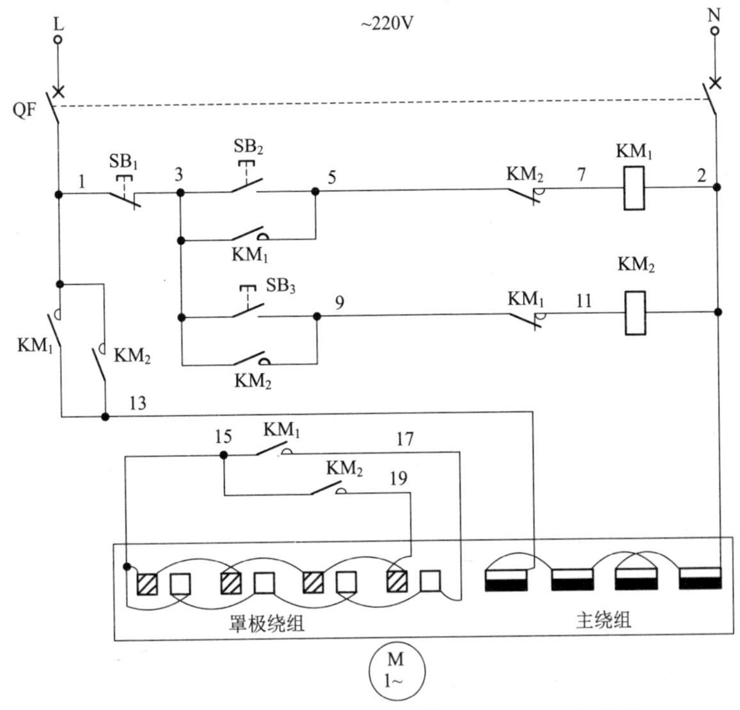

图4.11 单相220V罩极式电动机可逆启停控制电路

正转启动时,按下正转启动按钮SB_2(3-5),交流接触器KM_1线圈得电吸合且KM_1辅助常开触点(3-5)闭合自锁,KM_1的两对常开主触点分别闭合,一组(1-13)闭合,接通主绕组电源,另一组(15-17)闭合,接通一套罩极绕组,电动机得电正转启动运转。

反转启动时,按下反转启动按钮SB_3(3-9),交流接触器KM_2线圈得电吸合且KM_2辅助常开触点(3-9)闭合自锁,KM_2的两对常开主触点分别闭合,一组(1-13)闭合,接通主绕组电源,另一组(15-19)闭合,接通另一套罩极绕组,电动机得电反转启动运转。

4.12 用接近开关、行程开关完成的可逆到位停止控制电路

本例正反转到位停止控制因需要很频繁地动作，极易损坏，所以到位停止装置 SQ_3、SQ_4 采用无触点接近开关来完成。而作为两端极限保护装置的 SQ_1、SQ_2 可以说基本上处于备用状态，可采用普通行程开关 SQ_1、SQ_2 来实现(图 4.12)。

合上主回路断路器 QF_1、控制回路断路器 QF_2，电动机停止兼电源指示灯 HL_1 亮，说明电源正常。

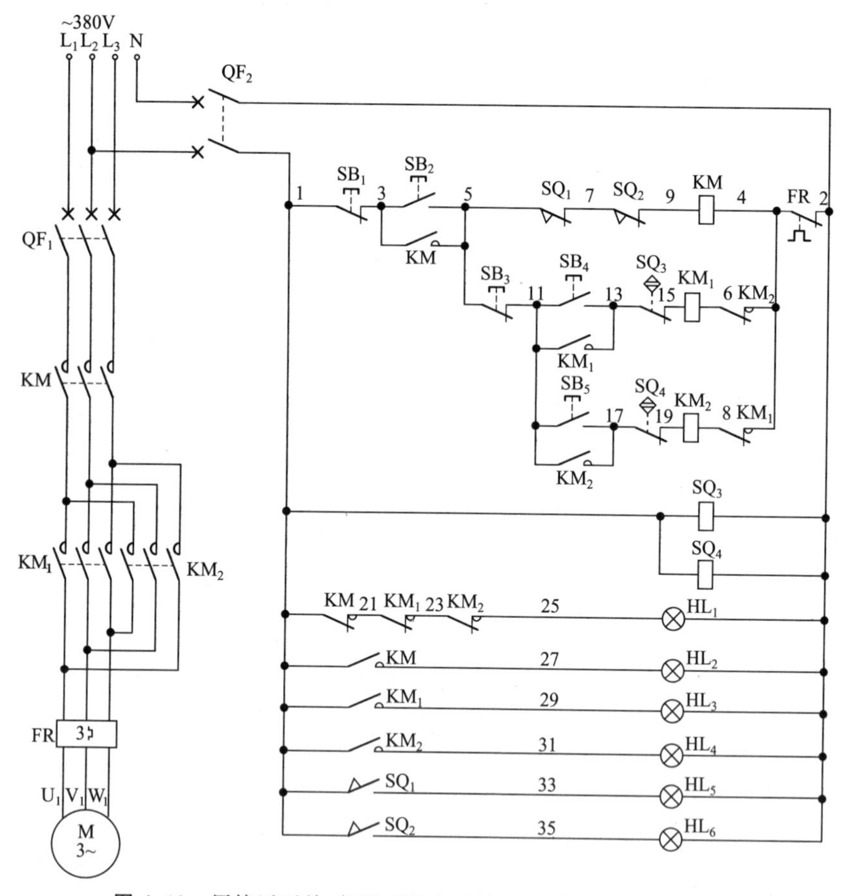

图 4.12 用接近开关、行程开关完成的可逆到位停止控制电路

1. 电源准备

按下启动按钮 SB_2(3-5),交流接触器 KM 线圈得电吸合且 KM 辅助常开触点(3-5)闭合自锁,KM 三相主触点闭合,为电动机运转提供电源及控制条件。同时,KM 辅助常闭触点(1-21)断开,指示灯 HL_1 灭,KM 辅助常开触点(1-27)闭合,指示灯 HL_2 亮,说明电源准备完毕。

2. 正转启动及到位自动停止控制

正转工作时,按下正转启动按钮 SB_4(11-13),交流接触器 KM_1 线圈得电吸合且 KM_1 辅助常开触点(11-13)闭合自锁,KM_1 三相主触点闭合,电动机得电正转运转,拖动拖板向左移动。当拖板向左移动到位碰块靠近接近开关 SQ_3 时,SQ_3 动作,SQ_3 串联在交流接触器 KM_1 线圈回路中的常闭触点(13-15)断开,切断了交流接触器 KM_1 线圈回路电源,KM_1 线圈断电释放,KM_1 三相主触点断开,电动机失电正转运转停止,拖板到位停止移动。当电动机正转运转时,KM_1 辅助常开触点(1-29)闭合,指示灯 HL_3 亮,说明电动机正转运转了。当电动机正转运转停止时,KM_1 辅助常开触点(1-29)断开,指示灯 HL_3 灭,说明电动机正转运转停止了,即正转到位停止。

3. 反转启动及到位自动停止控制

反转工作时,按下反转启动按钮 SB_5(11-17),交流接触器 KM_2 线圈得电吸合且 KM_2 辅助常开触点(11-17)闭合自锁,KM_2 三相主触点闭合,电动机得电反转运转,拖动拖板向右移动。当拖板向右移动到位碰块靠近接近开关 SQ_4 时,SQ_4 动作,SQ_4 串联在交流接触器 KM_2 线圈回路中的常闭触点(17-19)断开,切断了交流接触器 KM_2 线圈回路电源,KM_2 线圈断电释放,KM_2 三相主触点断开,电动机失电反转运转停止,拖板到位停止移动。当电动机反转运转时,KM_2 辅助常开触点(1-31)闭合,指示灯 HL_4 亮,说明电动机反转运转了;当电动机反转运转停止时,KM_2 辅助常开触点(1-31)断开,指示灯 HL_4 灭,说明电动机反转运转停止了,即反转到位停止。

4. 极限限位保护

无论电动机正转还是反转运转时出现限位失灵现象,安装在左端或右端的极限限位保护行程开关 SQ_1 或 SQ_2 都会动作,切断电源准备交流接触器 KM 线圈回路电源,KM 线圈断电释放,KM 三相主触点断开,电动机失电停止运转；同时相应的指示灯 HL_5 或 HL_6 亮，以告知是哪只行程开关动作了，从而起到极限保护作用。

4.13　电动门控制电路

电动门控制电路如图 4.13 所示。

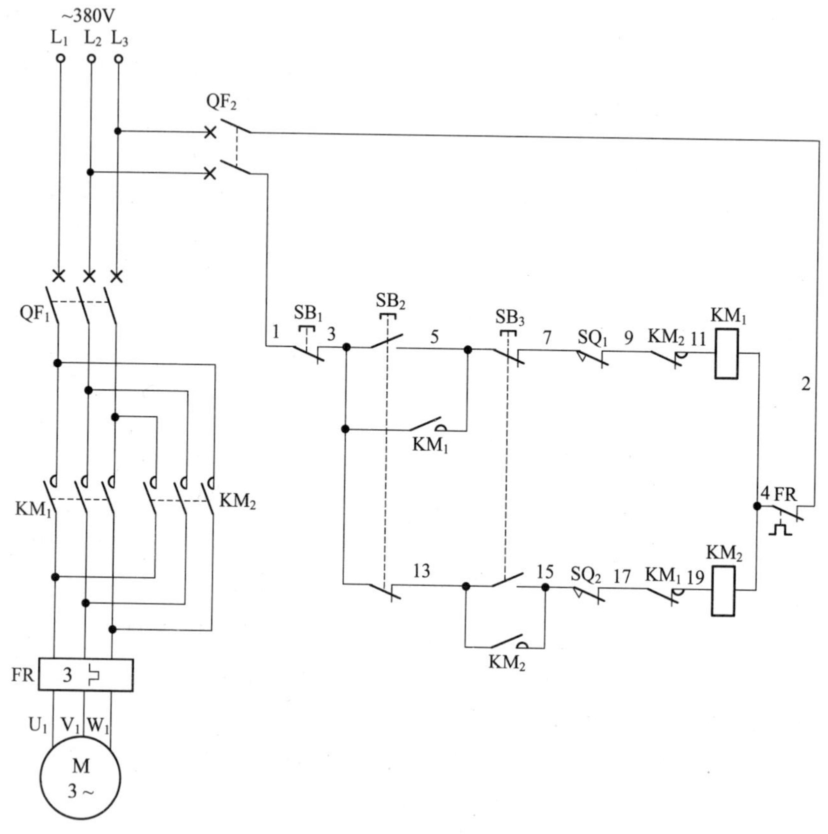

图 4.13　电动门控制电路

开门时，按下开门启动按钮 SB_2，SB_2 的一组常闭触点(3-13)断开，起互锁作用；SB_2 的另一组常开触点(3-5)闭合，使交流接触器 KM_1 线圈得电吸合且 KM_1 辅助常开触点(3-5)闭合自锁，KM_1 辅助常闭触点(17-19)断开，起互锁作用；KM_1 三相主触点闭合，电动机得电正转运转，电动门开始缓慢打开。当电动门全部打开到位碰触到限位开关 SQ_1 时，SQ_1 常闭触点(7-9)断开，切断交流接触器 KM_1 线圈回路电源，KM_1 线圈断电释放，KM_1 三相主触点断开，电动机失电停止运转，电动门打开到位停止。按下开门启动按钮 SB_2 后，若需中途停止，按下停止按钮 SB_1 即可。

关门时，按下关门启动按钮 SB_3，SB_3 的一组常闭触点(5-7)断开，起互锁作用；SB_3 的另一组常开触点(13-15)闭合，使交流接触器 KM_2 线圈得电吸合且 KM_2 辅助常开触点(13-15)闭合自锁，KM_2 辅助常闭触点(9-11)断开，起互锁作用；KM_2 三相主触点闭合，电动机得电反转运转，电动门开始缓慢关闭。当电动门全部关闭到位碰触到限位开关 SQ_2 时，SQ_2 常闭触点(15-17)断开，切断交流接触器 KM_2 线圈回路电源，KM_2 线圈断电释放，KM_2 三相主触点断开，电动机失电停止运转，电动门关闭到位停止。按下关门启动按钮 SB_3 后，若需中途停止，按下停止按钮 SB_1 即可。

4.14 三地控制电动机可逆点动、启动、停止电路

本例为三地控制电动机可逆点动、启动、停止电路，其具有按钮常闭触点互锁和交流接触器常闭触点互锁功能，可靠性很高(图 4.14)。

1. 正转启动

按下正转启动按钮 SB_4 或 SB_5 或 SB_6，交流接触器 KM_1 线圈得电吸合且 KM_1 辅助常开触点闭合自锁，KM_1 三相主触点闭合，电动机得电正转启动运转。

2. 正转点动

按下正转点动按钮 SB_7 或 SB_8 或 SB_9 不松手，其 SB_7 或 SB_8 或 SB_9 的一组常闭触点断开，切断了交流接触器 KM_1 的自锁回路，使其不能自锁；同时 SB_7 或 SB_8 或 SB_9 的另一组常开触点闭合，接通交流接触器 KM_1 线圈回路电源，KM_1 线圈得电吸合，KM_1 三相主触点闭合，电动机得电正转运转；松开点动按钮 SB_7 或 SB_8 或 SB_9，交流接触器 KM_1 线圈断电释放，KM_1 三相主触点断开，电动机失电正转停止运转，从而完成正转点动操作。

3. 反转启动

按下反转启动按钮 SB_{10} 或 SB_{11} 或 SB_{12}，交流接触器 KM_2 线圈得电

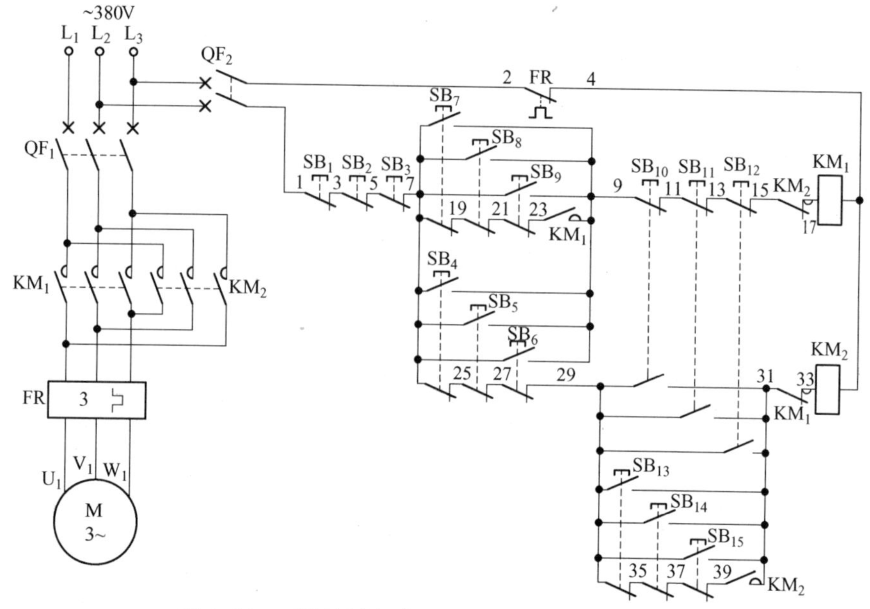

图 4.14 三地控制电动机可逆点动、启动、停止电路

吸合且 KM_2 辅助常开触点闭合自锁，KM_2 三相主触点闭合，电动机得电反转启动运转。

4. 反转点动

按下反转点动按钮 SB_{13} 或 SB_{14} 或 SB_{15} 不松手，其 SB_{13} 或 SB_{14} 或 SB_{15} 的一组常闭触点断开，切断了交流接触器 KM_2 的自锁回路，使其不能自锁；同时 SB_{13} 或 SB_{14} 或 SB_{15} 的另一组常开触点闭合，接通交流接触器 KM_2 线圈回路电源，KM_2 线圈得电吸合，KM_2 三相主触点闭合，电动机得电反转运转；松开点动按钮 SB_{13} 或 SB_{14} 或 SB_{15}，交流接触器 KM_2 线圈断电释放，KM_2 三相主触点断开，电动机失电反转停止运转，从而完成反转点动操作。

4.15 多地控制电动机正反转电路

多地控制电动机正反转电路如图 4.15 所示。

正转启动时，按 SB_4 或 SB_5 或 SB_6(7-9)，交流接触器 KM_1 线圈得电吸合且 KM_1 辅助常开触点(7-9)闭合自锁；KM_1 辅助常闭触点(25-27)断

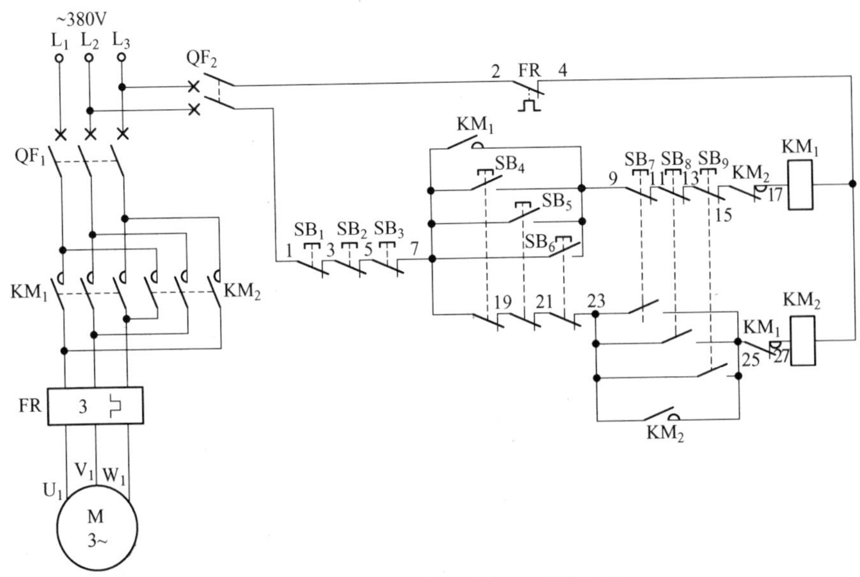

图 4.15 多地控制电动机正反转电路

开,起互锁作用;KM_1 三相主触点闭合,电动机得电正转启动运转。

反转启动时,按 SB_7 或 SB_8 或 SB_9(23-25),交流接触器 KM_2 线圈得电吸合且 KM_2 辅助常开触点(23-25)闭合自锁;KM_2 辅助常闭触点(15-17)断开,起互锁作用;KM_2 三相主触点闭合,电动机得电反转启动运转。

需停止时,按下停止按钮 SB_1(1-3)、SB_2(3-5)或 SB_3(5-7)即可。

4.16 只有按钮互锁的可逆启停控制电路

只有按钮互锁的可逆启停控制电路如图 4.16 所示。

合上主回路断路器 QF_1、控制回路断路器 QF_2,为电路工作做准备。

1. 正转启动

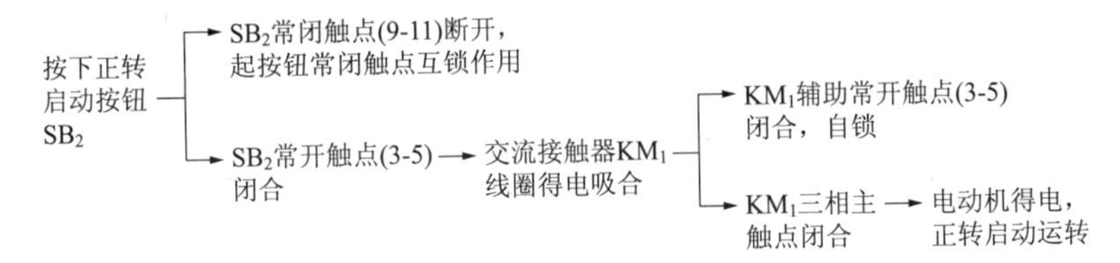

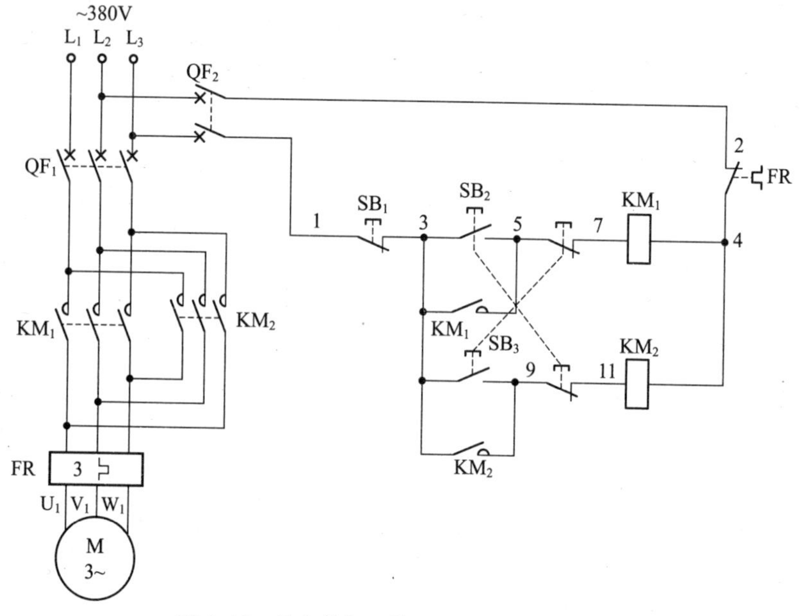

图 4.16 只有按钮互锁的可逆启停控制电路

2. 正转停止

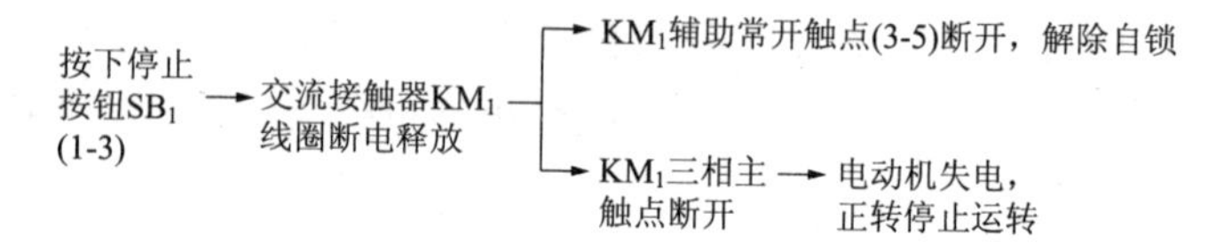

3. 反转启动

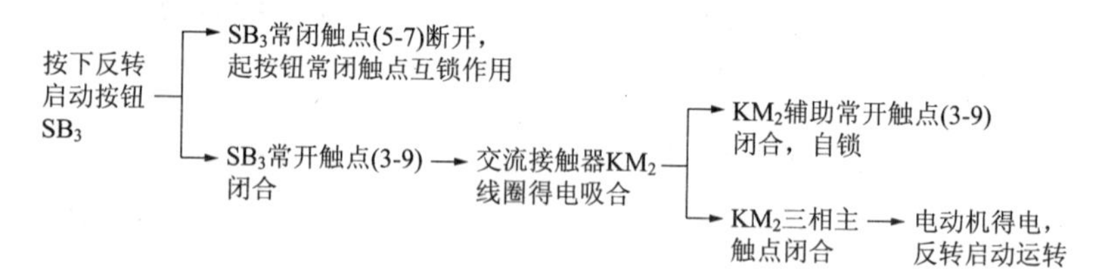

4. 反转停止

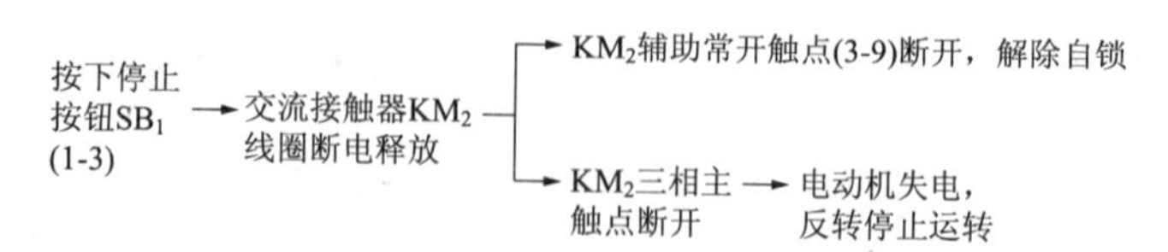

4.17 只有接触器辅助常闭触点互锁的可逆启停控制电路

只有接触器辅助常闭触点互锁的可逆启停控制电路如图 4.17 所示。

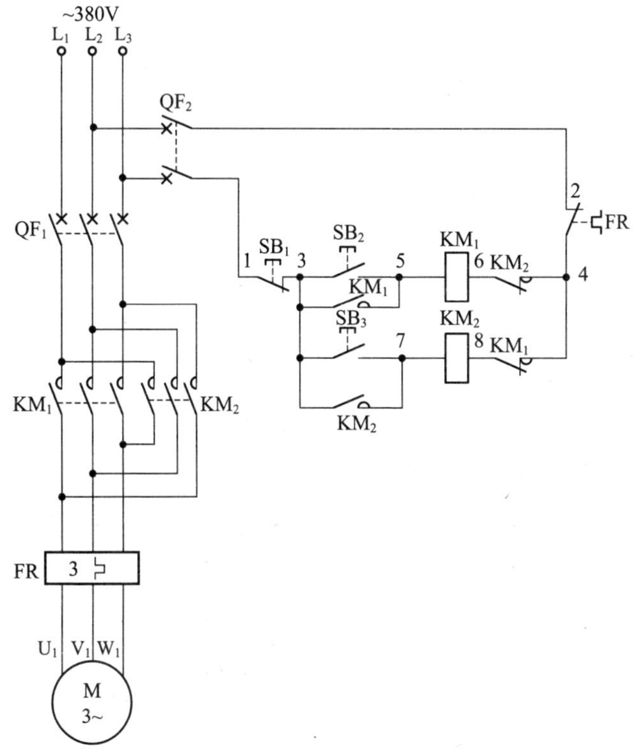

图 4.17 只有接触器辅助常闭触点互锁的可逆启停控制电路

合上主回路断路器 QF_1、控制回路断路器 QF_2，为电路工作做准备。

1. 正转启动

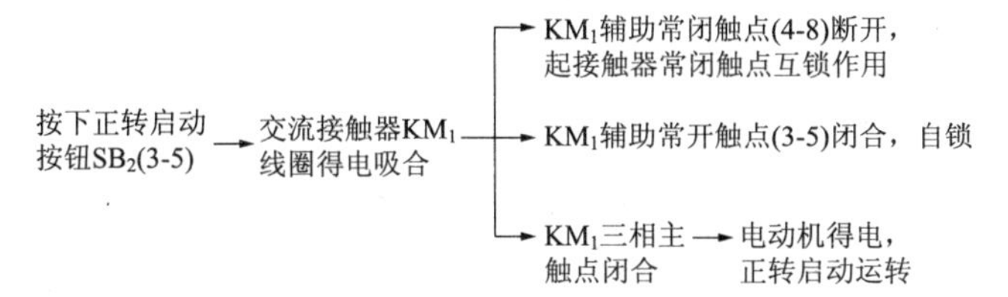

2. 正转停止

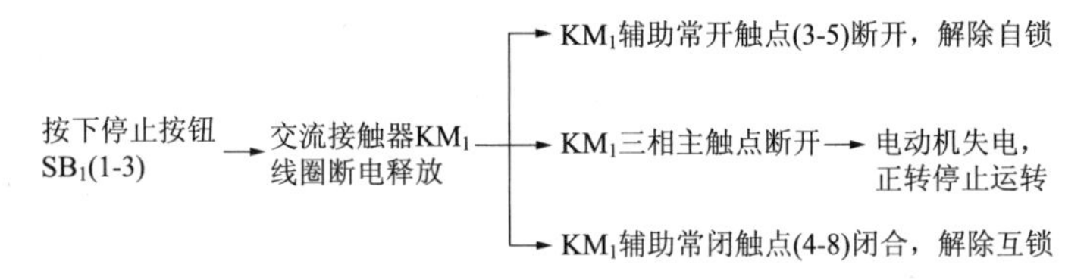

3. 反转启动

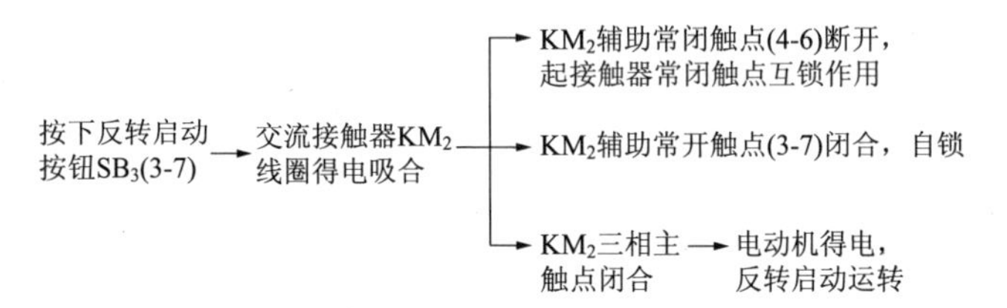

4. 反转停止

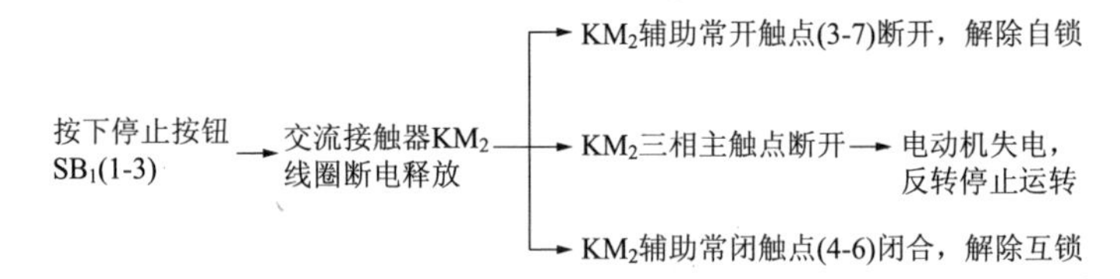

4.18 接触器、按钮双互锁的可逆启停控制电路

接触器、按钮双互锁的可逆启停控制电路如图 4.18 所示。

合上主回路断路器 QF_1、控制回路断路器 QF_2，为电路工作做准备。

1. 正转启动

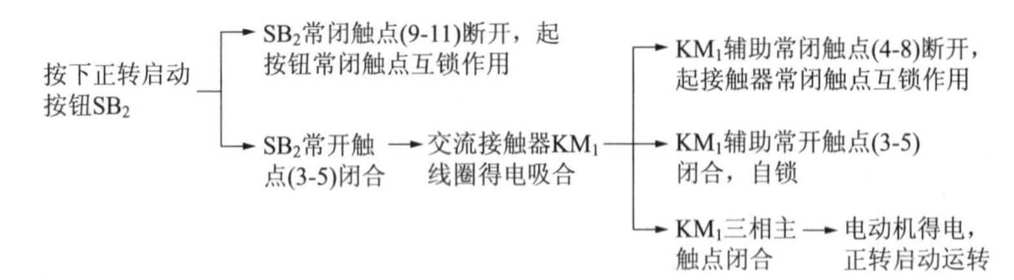

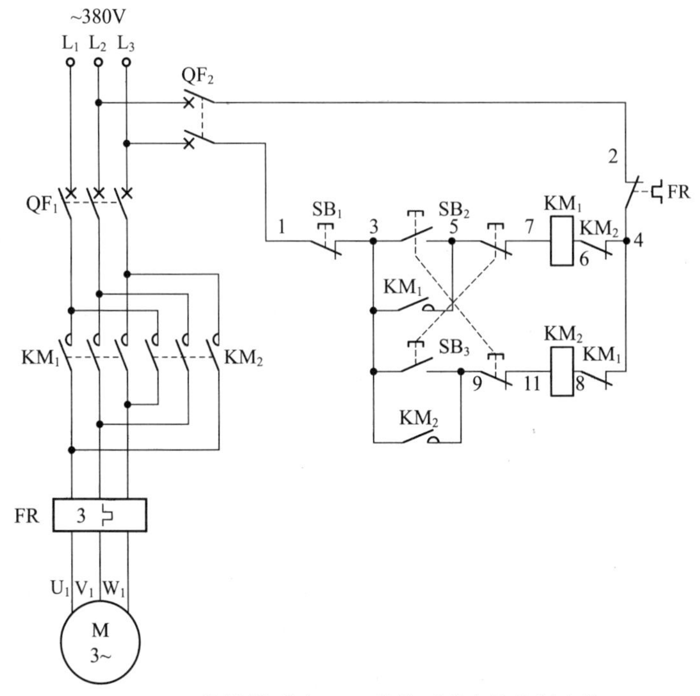

图 4.18 接触器、按钮双互锁的可逆启停控制电路

2. 正转停止

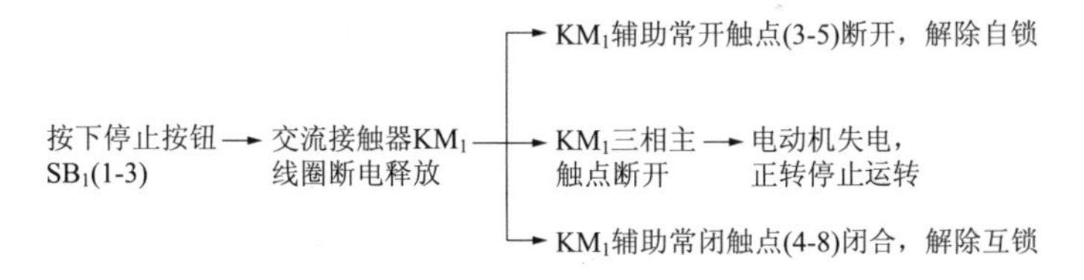

3. 反转启动

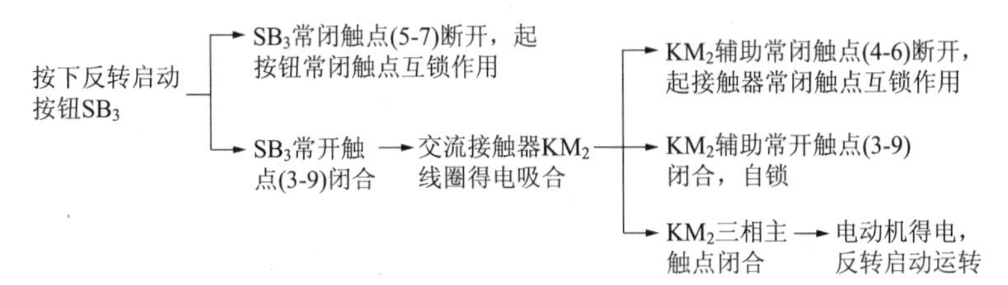

4. 反转停止

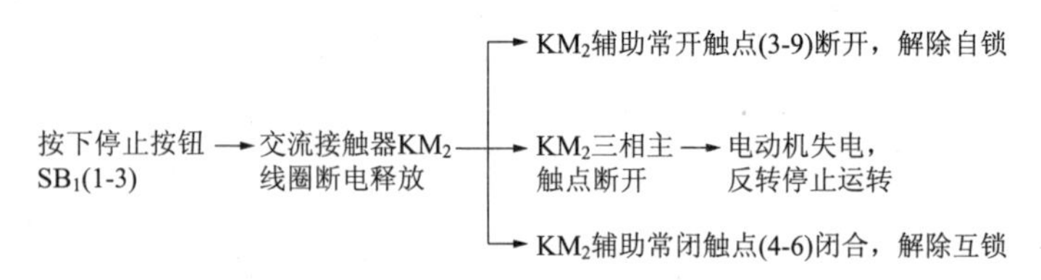

4.19 只有按钮互锁的可逆点动控制电路

只有按钮互锁的可逆点动控制电路如图4.19所示。

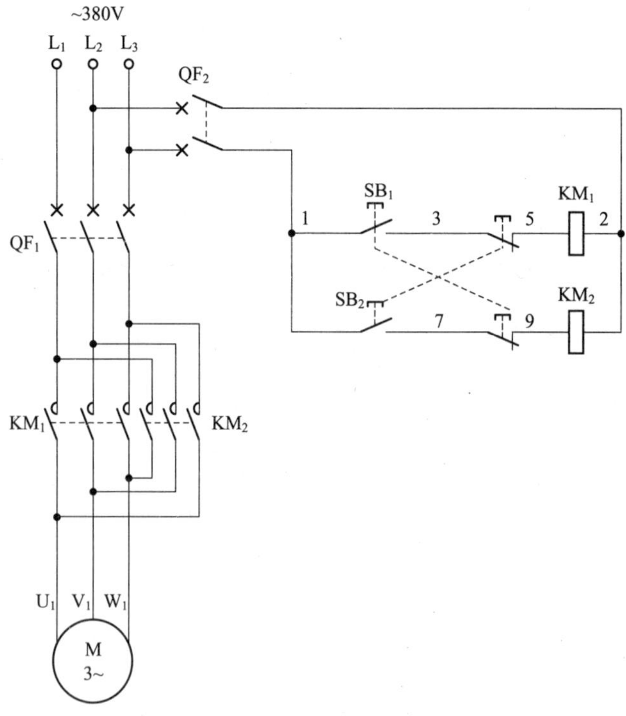

图4.19 只有按钮互锁的可逆点动控制电路

合上主回路断路器 QF_1、控制回路断路器 QF_2，为电路工作做准备。

1. 正转点动运转

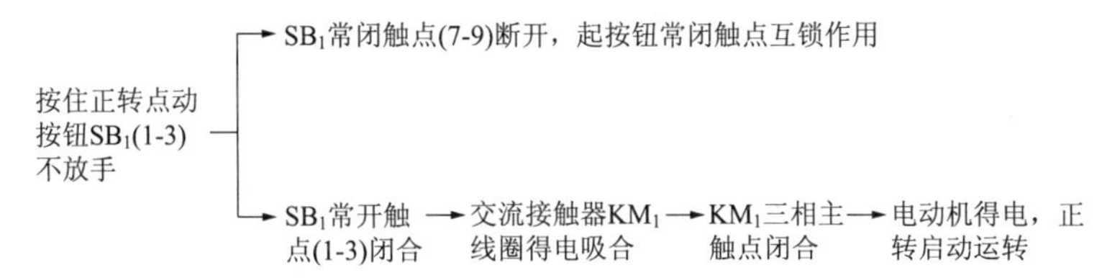

2. 正转点动停止

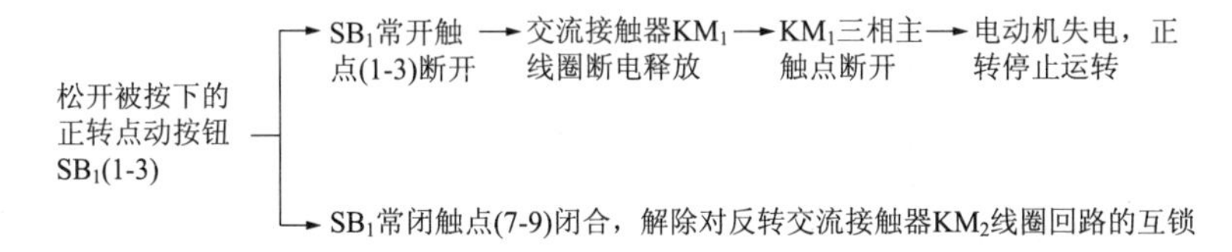

3. 反转点动运转

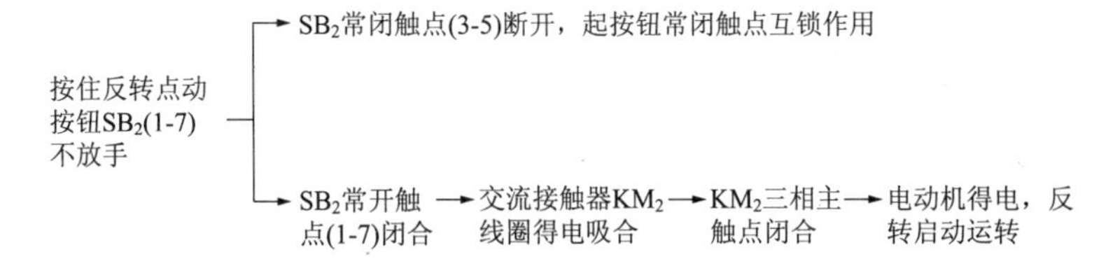

4. 反转点动停止

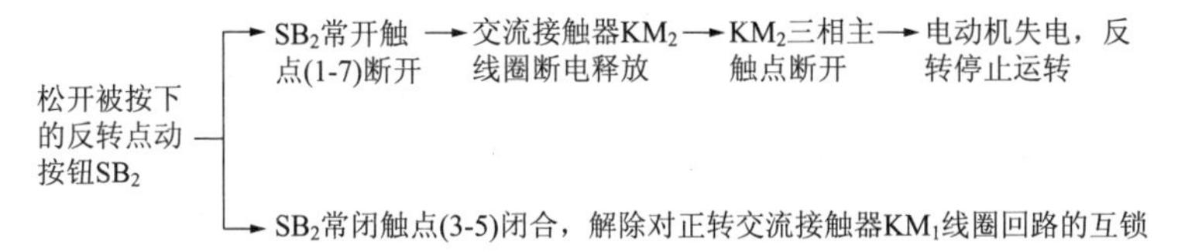

4.20 只有接触器辅助常闭触点互锁的可逆点动控制电路

只有接触器辅助常闭触点互锁的可逆点动控制电路如图 4.20 所示。合上主回路断路器 QF_1、控制回路断路器 QF_2，为电路工作做准备。

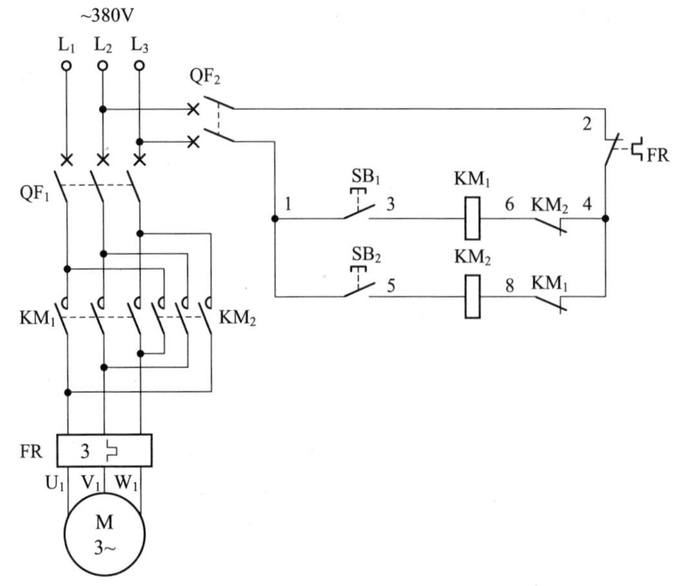

图 4.20　只有接触器辅助常闭触点互锁的可逆点动控制电路

1．正转点动运转

2．正转点动停止

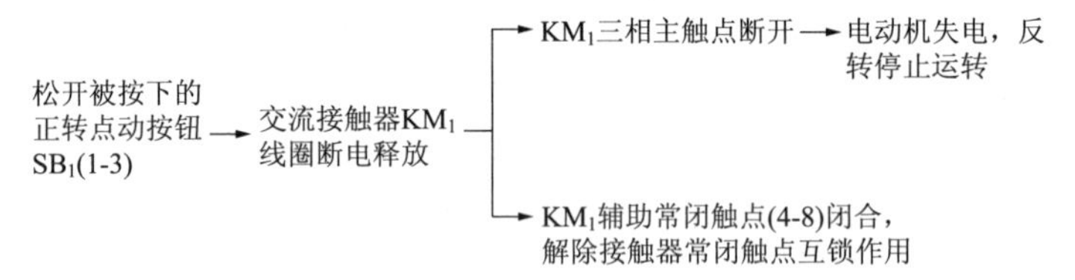

3．反转点动运转

4. 反转点动停止

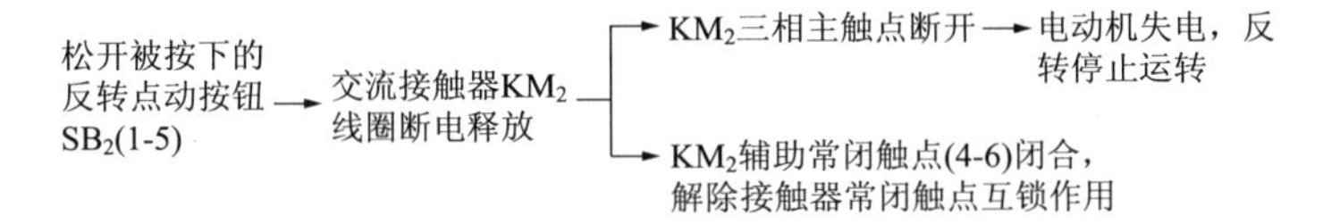

4.21 可逆点动与启动混合控制电路

可逆点动与启动混合控制电路如图 4.21 所示。

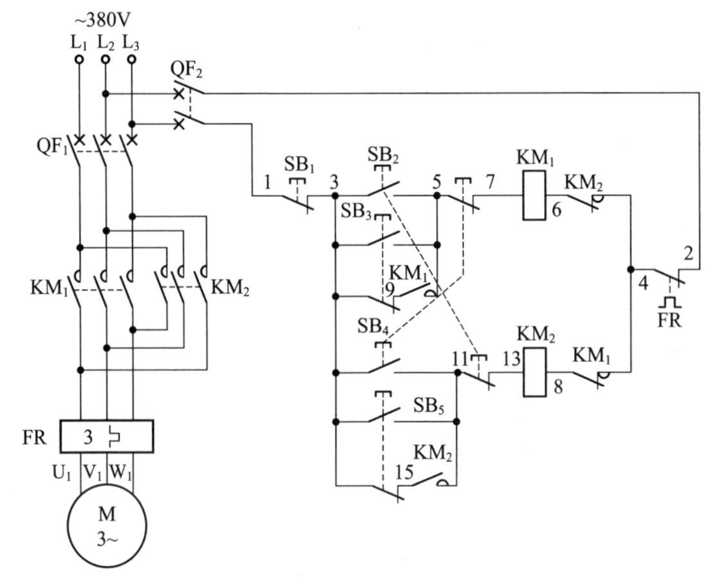

图 4.21 可逆点动与启动混合控制电路

合上主回路断路器 QF_1、控制回路断路器 QF_2，为电路工作做准备。

1. 正转启动

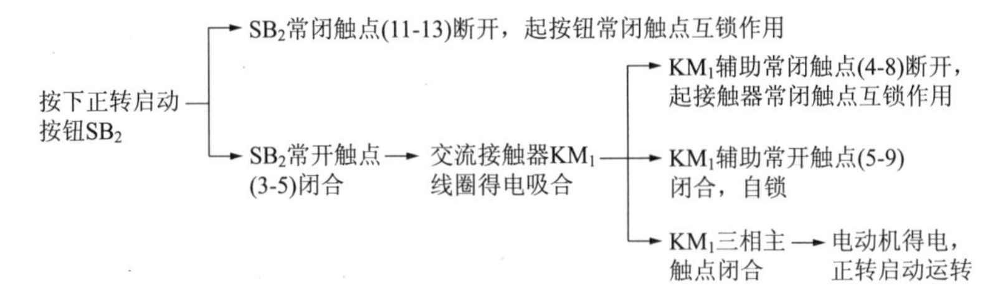

2. 正转停止

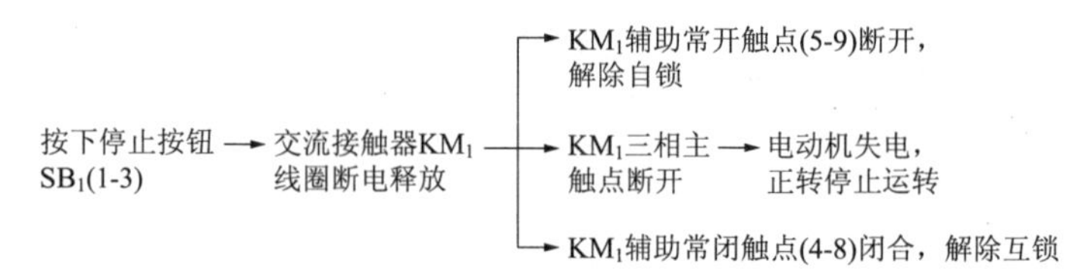

3. 正转点动

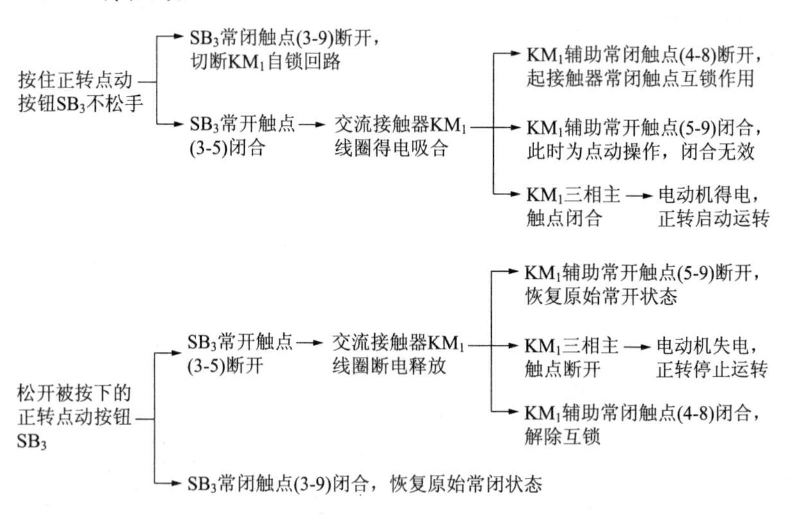

4. 反转启动

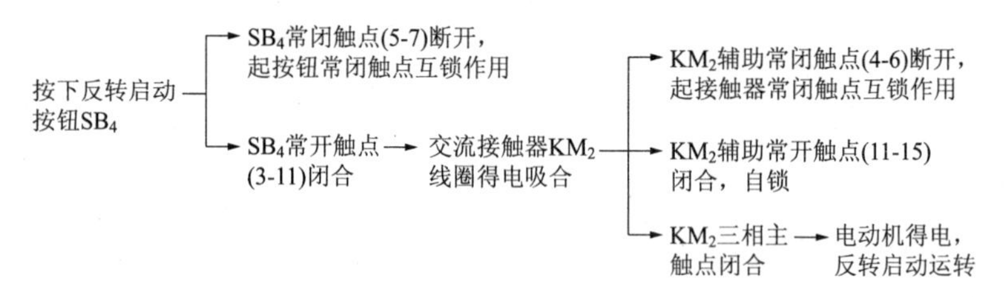

5. 反转停止

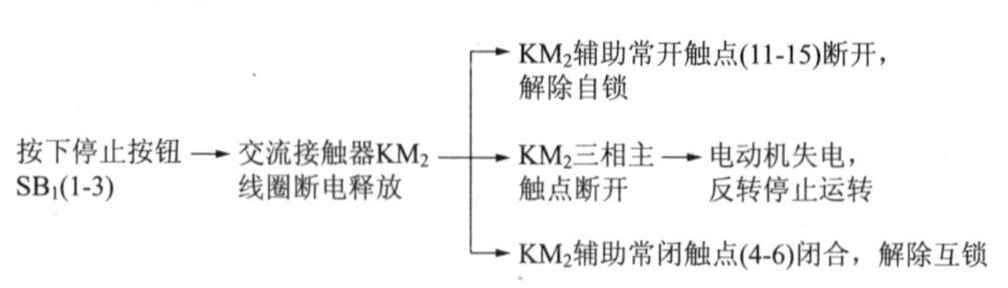

6. 反转点动

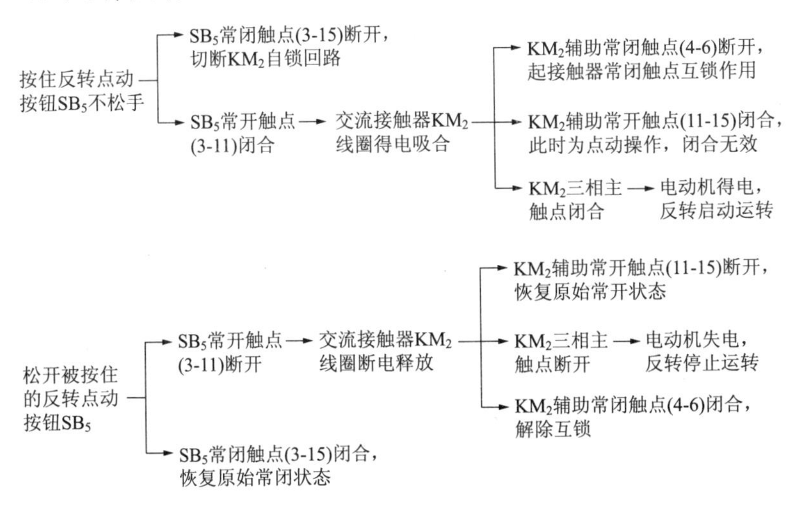

4.22 利用转换开关预选的正反转启停控制电路

利用转换开关预选的正反转启停控制电路如图 4.22 所示。

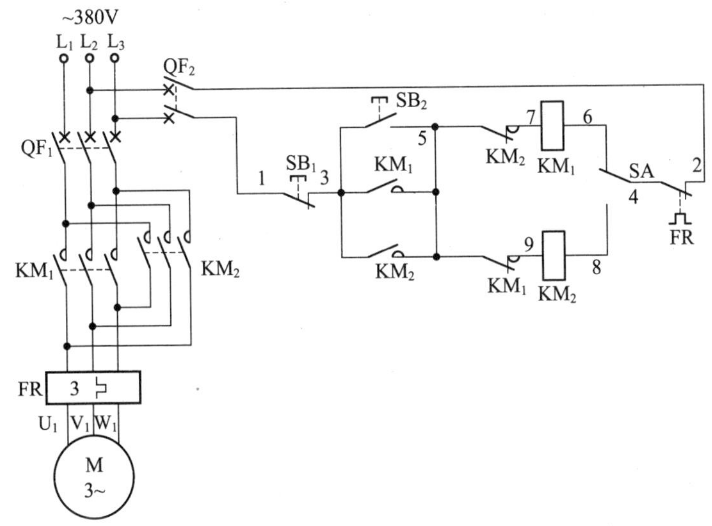

图 4.22 利用转换开关预选的正反转启停控制电路

合上主回路断路器 QF_1、控制回路断路器 QF_2，为电路工作做准备。

1. 正转启动

首先将正转/反转选择开关 SA 置于上端，SA 触点(4-6)闭合，为正转控制回路工作做准备。

2. 正转停止

3. 反转启动

首先将正转/反转选择开关 SA 置于下端，SA 触点(4-8)闭合，为反转控制回路工作做准备。

4. 反转停止

4.23 用 SAY7-20x/33 型复位式转换开关实现电动机正反转连续运转控制电路

用 SAY7-20x/33 型复位式转换开关实现电动机正反转连续运转控制电路如图 4.23 所示。

合上主回路断路器 QF_1、控制回路断路器 QF_2，为电路工作做准备。

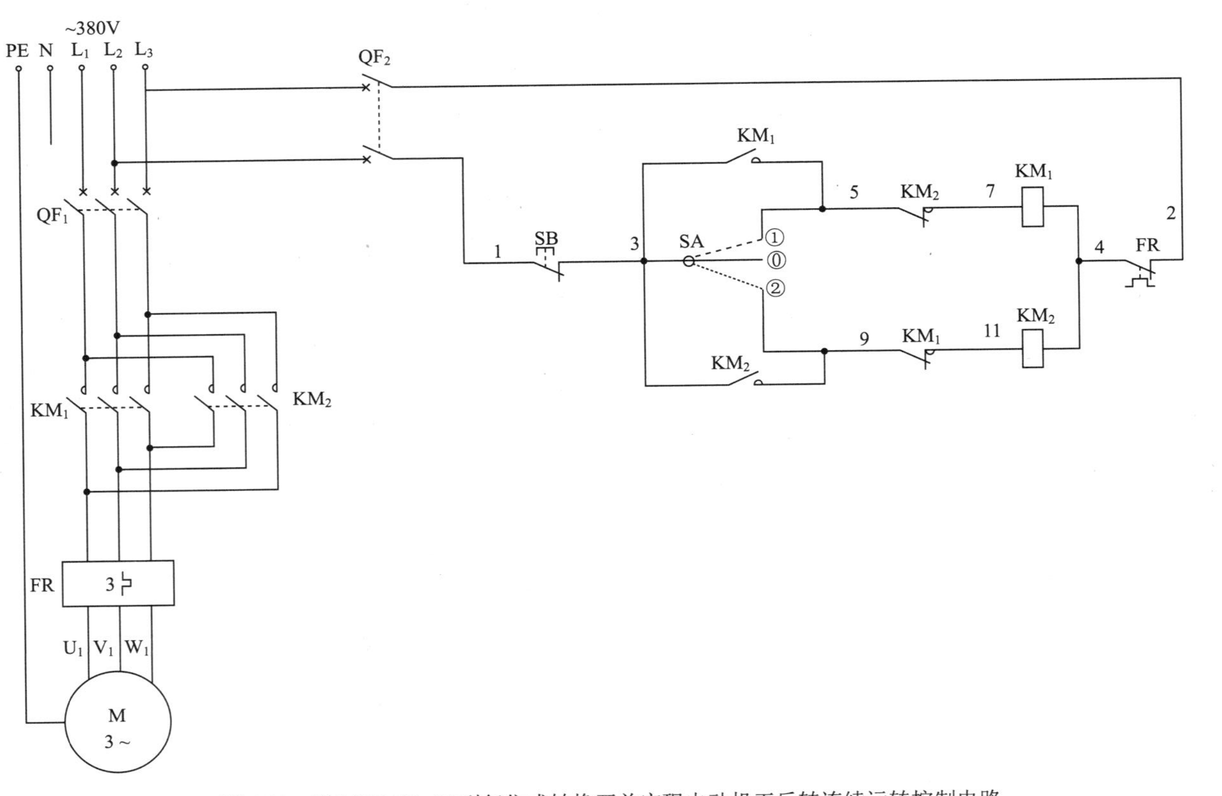

图 4.23 用SAY7-20x/33型复位式转换开关实现电动机正反转连续运转控制电路

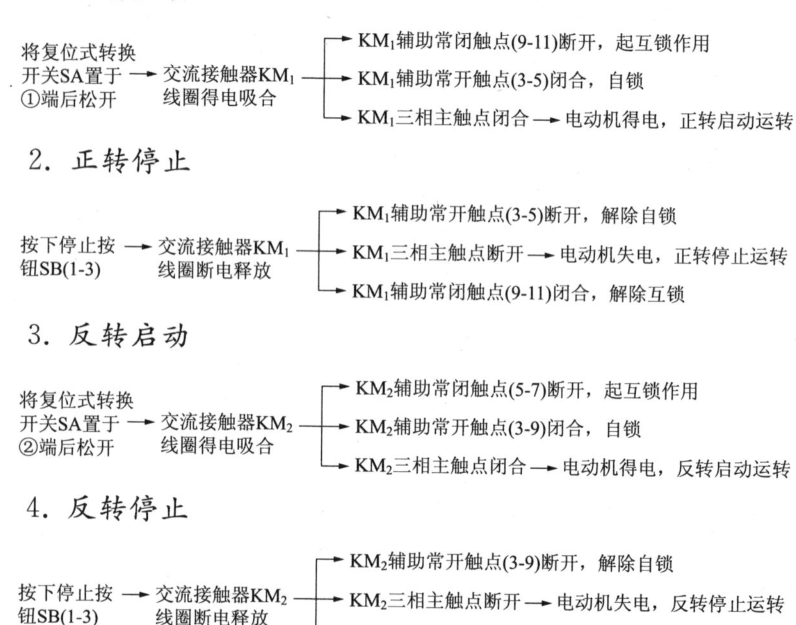

4.24 用电弧联锁继电器延长转换时间的正反转控制电路

用电弧联锁继电器延长转换时间的正反转控制电路如图4.24所示。合上主回路断路器QF_1、控制回路断路器QF_2，为电路工作做准备。

1. 正转启动

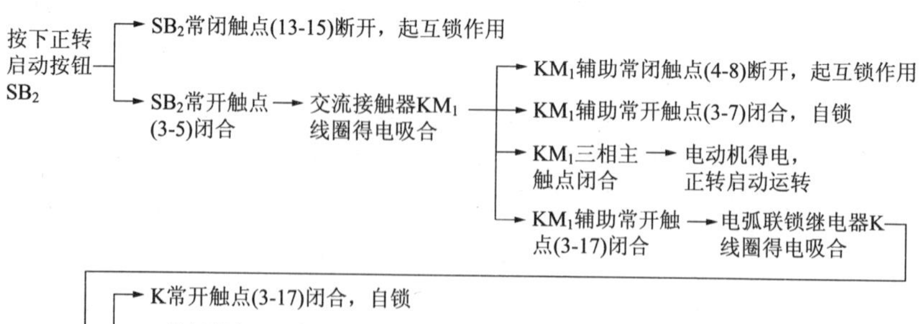

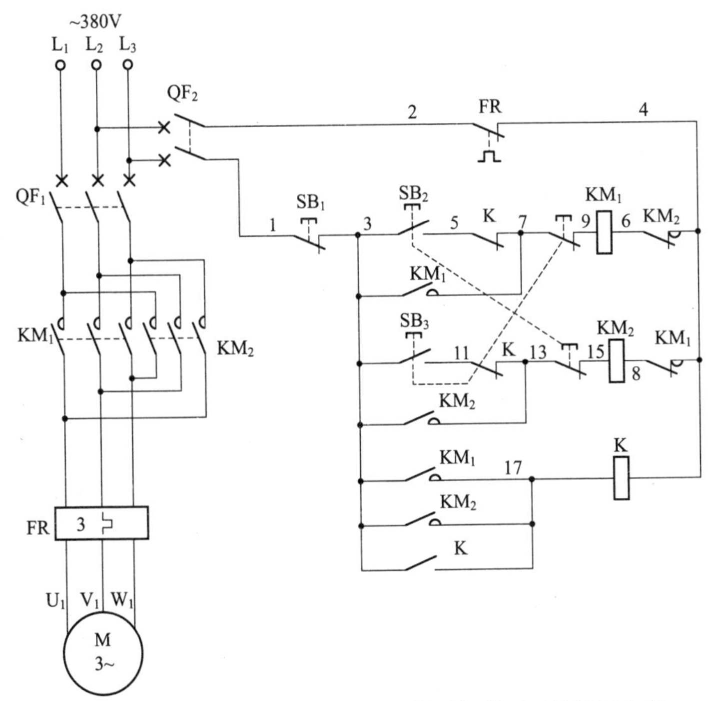

图 4.24　用电弧联锁继电器延长转换时间的正反转控制电路

2. 正转停止

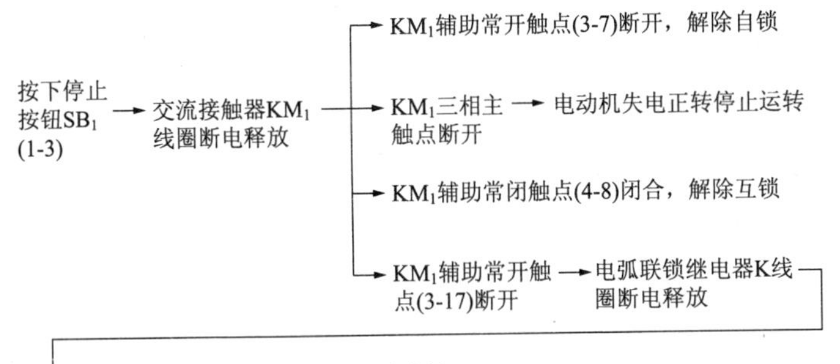

3. 反转启动

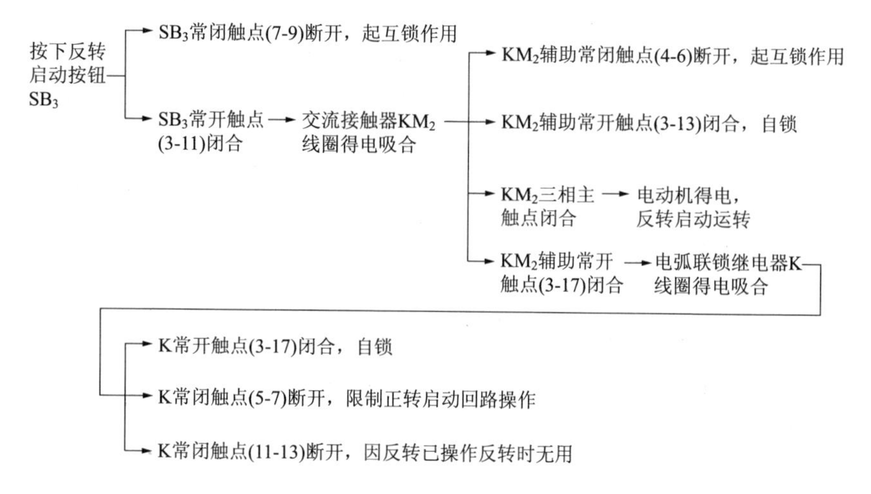

4. 反转停止

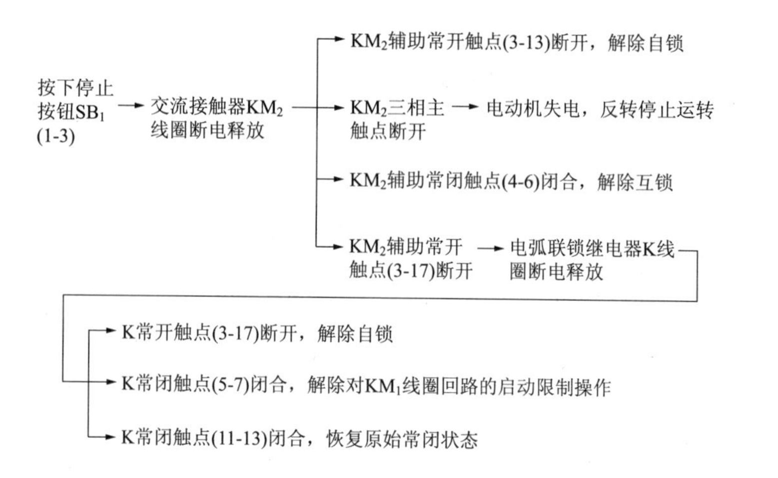

4.25　失电延时头配合接触器实现可逆四重互锁保护控制电路

本电路中正反转用交流接触器采用带机械互锁的产品，为一重互锁保护(图4.25)。

正转启动时，按下正转启动按钮 SB_2，首先 SB_2 串联在反转带失电延

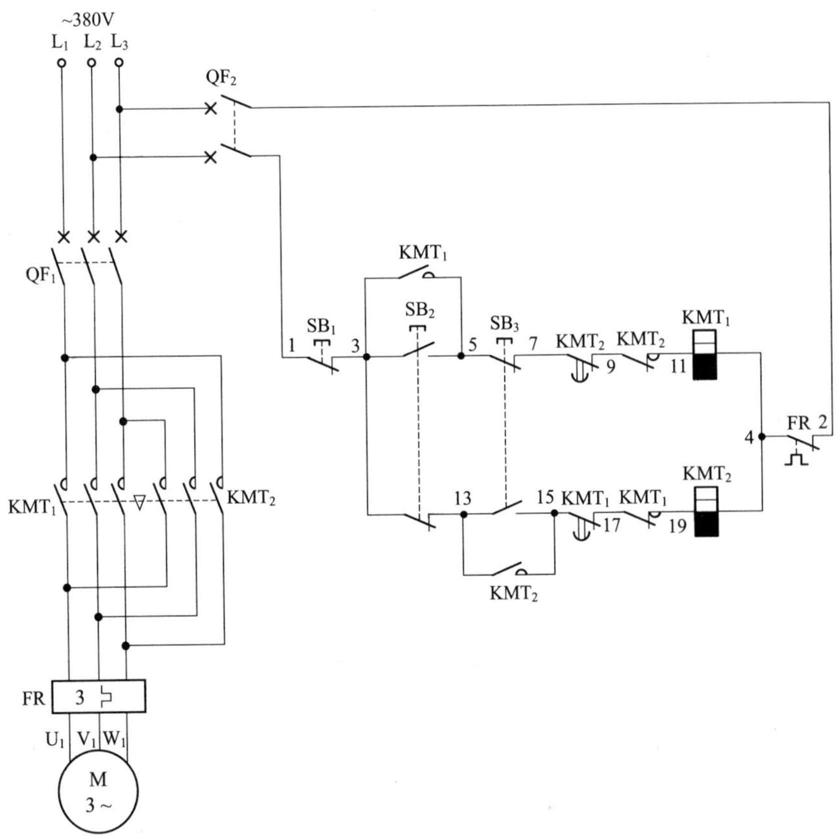

图 4.25 失电延时头配合接触器实现可逆四重互锁保护控制电路

时头的交流接触器 KMT_2 线圈回路中的常闭触点(3-13)断开,为二重互锁保护;然后 SB_2 的另一组常开触点(3-5)闭合,接通了正转用带失电延时头的交流接触器 KMT_1 线圈的回路电源,KMT_1 线圈得电吸合;KMT_1 不延时瞬动常开触点(17-19)断开,为三重互锁保护;KMT_1 失电延时闭合的常闭触点(15-17)立即断开,为四重互锁保护;此时,KMT_1 辅助常开触点(3-5)闭合自锁,KMT_1 三相主触点闭合,电动机得电正转启动运转。

电动机正转启动运转后,不需按停止按钮 SB_1(1-3)而直接操作反转启动按钮 SB_3 进行反转启动。首先 SB_3 的常闭触点(5-7)断开,切断了正转带失电延时头的交流接触器 KMT_1 线圈的回路电源,KMT_1 线圈断电释放,KMT_1 开始延时;KMT_1 三相主触点断开,电动机失电正转停止运转；KMT_1 辅助常闭触点(17-19)恢复原始常闭状态；经 KMT_1 一段延时后，KMT_1 失电延时闭合的常闭触点(15-17)闭合。经过上述三重互锁恢复后，再加上接触器的机械互锁，才能满足反转线圈回路的操作。然后，SB_3 的常开触点(13-15)闭合，使反转用带失电延时头的交流接触器 KMT_2 线圈得电吸合，KMT_2 辅助常闭触点(9-11)断开，KMT_2 失电延时闭合的常闭触点(7-9)立即断开，起到互锁保护作用；KMT_2 辅助常开触点(13-15)闭合，KMT_2 三相主触点闭合，电动机得电反转启动运转。可以说，本电路是目前互锁程度最高的、最安全可靠的正反转控制电路。

第5章

制动控制电路

5.1 正反转启动、点动制动控制电路

本电路(图 5.1)无论处于正反转启动运转状态还是正反转点动运转状态,均可进行能耗制动控制。所不同的是,当电动机处于正反转启动运转状态时,若需停止,将停止按钮 SB_1 按到底即可实现制动控制;当电动机处于正反转点动状态时,松开被按下的正转点动按钮 SB_3 或反转点动按钮 SB_5 后,即可实现制动控制。

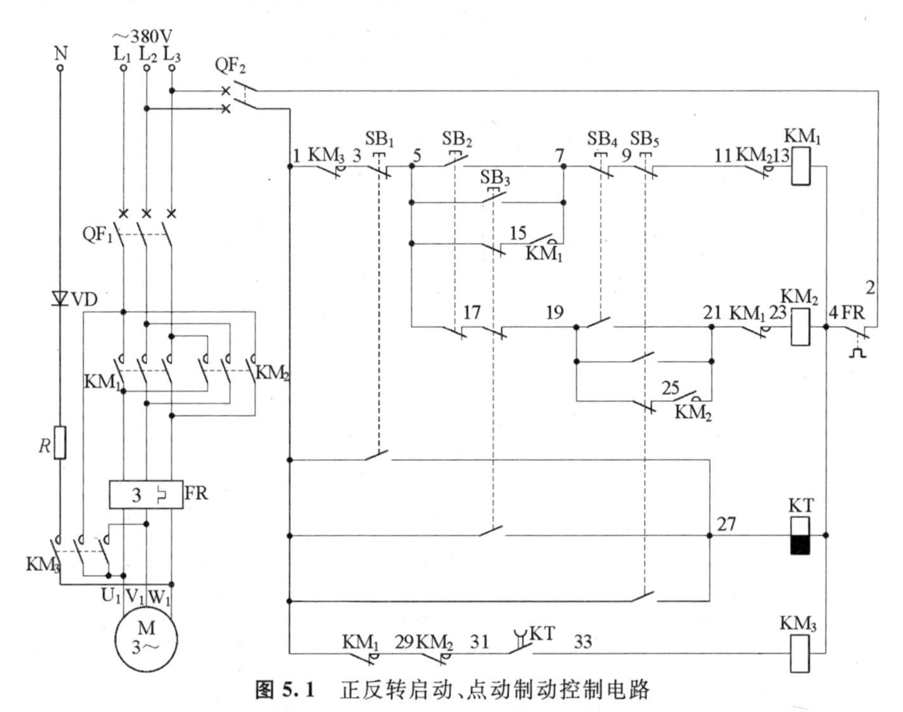

图 5.1 正反转启动、点动制动控制电路

5.2 半波整流单向能耗制动控制电路

半波整流单向能耗制动控制电路如图5.2所示。在操作中稍加注意,也可以多加一个自由停机控制功能,也就是说,在停机时,轻轻按下停止按钮 SB_1,无能耗制动作用,为自由停机操作;将停止按钮 SB_1 按到底,则为能耗制动快速停机操作。

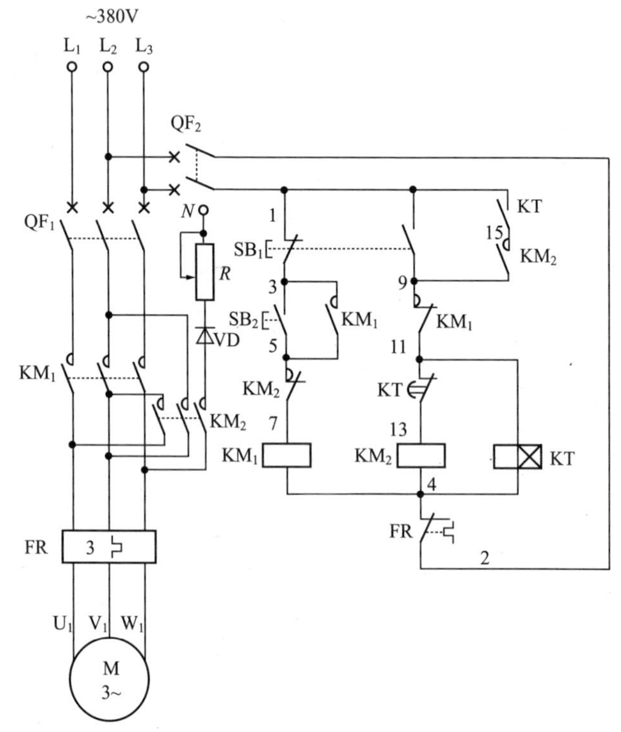

图5.2 半波整流单向能耗制动控制电路

1. 启 动

合上主回路断路器 QF_1,主回路通入三相交流380V电源,为电动机得电运转做准备。合上控制回路断路器 QF_2,控制回路通入从 L_2、L_3 相上引出的单相交流380V电源,为控制回路工作做准备。按下启动按钮 SB_2(3-5),交流接触器 KM_1 线圈得电吸合。交流接触器 KM_1 线圈得电吸合时,KM_1 串联在交流接触器 KM_2 线圈回路中的辅助常闭触点(9-11)断开,起到接触器常闭触点互锁保护作用。交流接触器 KM_1 线圈得电吸合时，KM_1 辅助常开触点(3-5)闭合自锁。交流接触器 KM_1 线圈得电吸合时，KM_1 三相主触点闭合，电动机通入三相交流 380V 电源而启动运转，拖动设备工作。

2. 制　动

按下停止按钮 SB_1，SB_1 的一组常闭触点(1-3)断开，SB_1 的一组常开触点(1-9)闭合。停止按钮 SB_1 的一组常闭触点(1-3)断开，切断了交流接触器 KM_1 线圈回路电源，KM_1 线圈断电释放。交流接触器 KM_1 线圈断电释放，KM_1 三相主触点断开，电动机失电停止运转，但仍靠惯性继续转动。交流接触器 KM_1 线圈断电释放，KM_1 辅助常开触点(3-5)恢复原始常开状态，解除自锁。交流接触器 KM_1 线圈断电释放，KM_1 辅助常闭触点(9-11)恢复原始常闭状态，解除互锁。停止按钮 SB_1 的一组常开触点(1-9)闭合，接通了交流接触器 KM_2 线圈回路电源，KM_2 线圈得电吸合；同时也接通了得电延时时间继电器 KT 线圈回路电源，KT 线圈得电吸合并开始延时。交流接触器 KM_2 线圈得电吸合时，KM_2 串联在交流接触器 KM_1 线圈回路中的辅助常闭触点(5-7)断开，起到接触器常闭触点互锁保护作用。交流接触器 KM_2 线圈得电吸合时，KM_2 辅助常开触点(9-15)闭合，与此同时，得电延时时间继电器 KT 不延时瞬动常开触点(1-15)闭合，共同将 KM_2、KT 线圈自锁起来。交流接触器 KM_2 线圈得电吸合时，KM_2 三相主触点闭合，将能耗制动用直流电源接入电动机定子绕组内，使电动机产生一静止磁场而快速进行制动停止。经得电延时时间继电器 KT 一段延时后，KT 得电延时断开的常闭触点(11-13)断开，切断了交流接触器 KM_2 及得电延时时间继电器 KT 线圈电源。交流接触器 KM_2 及得电延时时间继电器 KT 线圈同时断电释放。交流接触器 KM_2 及得电延时时间继电器 KT 线圈断电释放时，交流接触器 KM_2 辅助常开触点(9-15)断开，得电延时时间继电器 KT 不延时瞬动常开触点(1-15)断开，共同解除自锁。得电延时时间继电器 KT 线圈断电释放时，KT 得电延时断开的常闭触点(11-13)恢复原始常闭状态。交流接触器 KM_2 线圈断电释放时，KM_2 辅助常闭触点(5-7)恢复原始常闭状态，解除互锁作用。交流接触器 KM_2 线圈断电释放时，KM_2 三相主触点断开，切除加入电动机定子绕组内的直流电源，解除对电动机进行的能耗制动控制。

至此，能耗制动过程结束。

3. 自由停机

轻轻按下停止按钮 SB_1(1-3),因按钮开关按到底才会接通其常开触点,所以轻轻按下时,其常开触点因行程问题而闭合不了,制动操作部分不起作用。此时,SB_1 的一组常闭触点(1-3)断开,交流接触器 KM_1 线圈断电释放。交流接触器 KM_1 线圈断电释放时,KM_1 辅助常闭触点(9-11)恢复原始常闭状态,解除互锁。交流接触器 KM_1 线圈断电释放时,KM_1 辅助常开触点(3-5)恢复原始常开状态,解除自锁。交流接触器 KM_1 线圈断电释放时,KM_1 三相主触点断开,电动机失电但仍靠惯性继续转动,处于无制动自由停机状态,需经过一段时间之后,电动机才会停止下来。

5.3 全波整流单向能耗制动控制电路

全波整流单向能耗制动控制电路如图 5.3 所示。

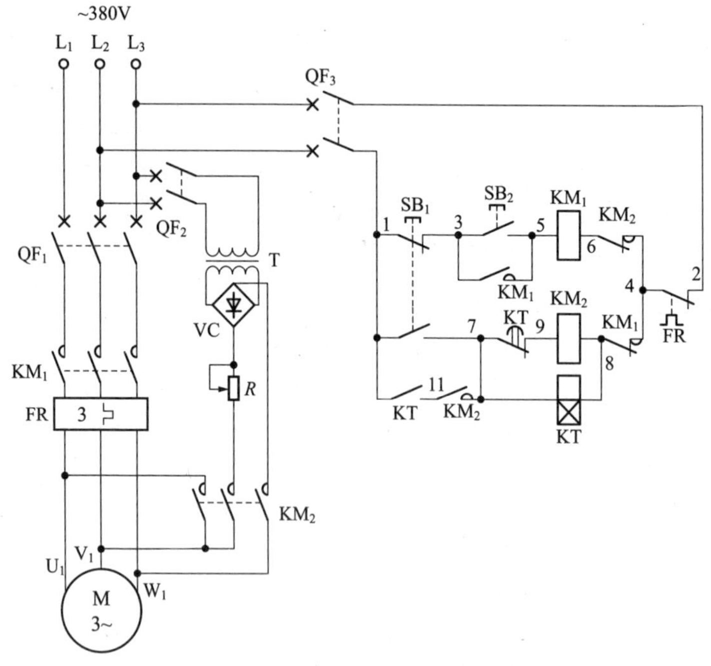

图 5.3 全波整流单向能耗制动控制电路

合上主回路断路器 QF_1、控制回路断路器 QF_2，为电路工作做准备。

1. 启 动

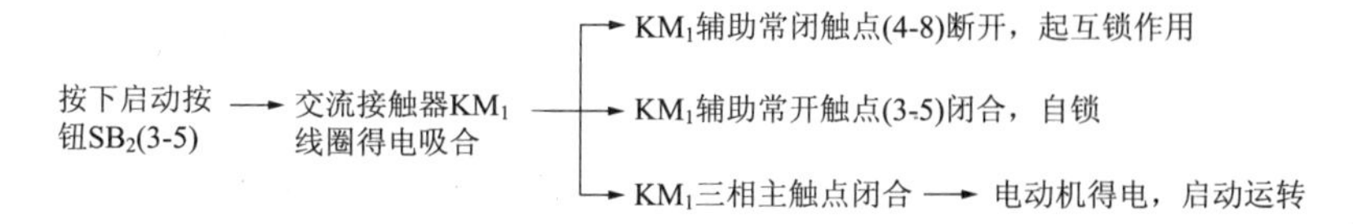

2. 能耗制动

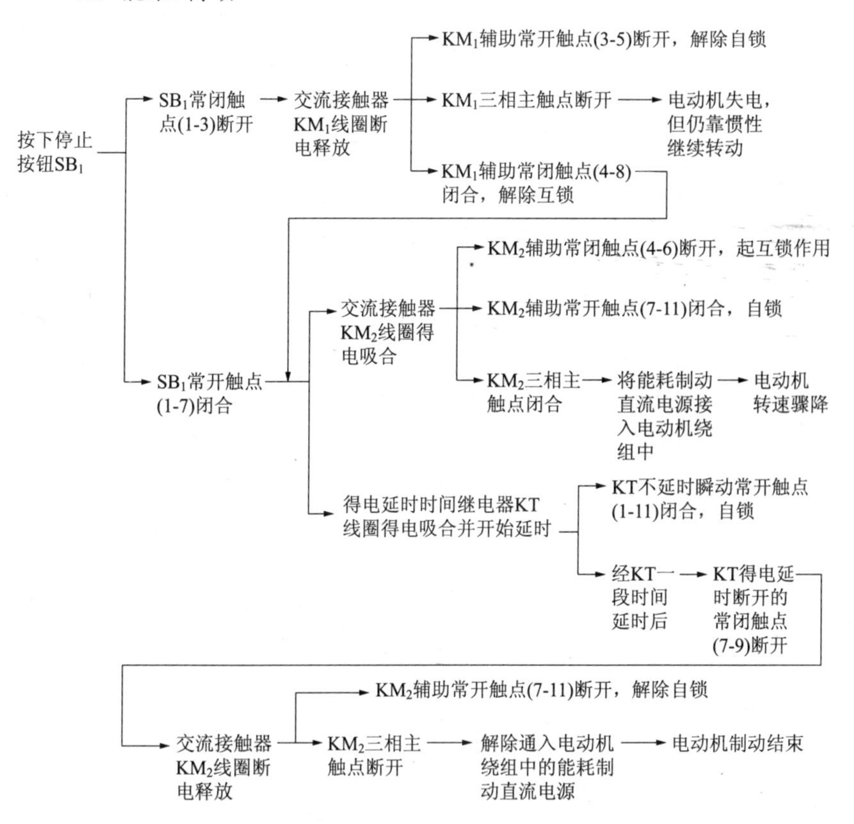

5.4 半波整流可逆能耗制动控制电路

半波整流可逆能耗制动控制电路如图 5.4 所示。

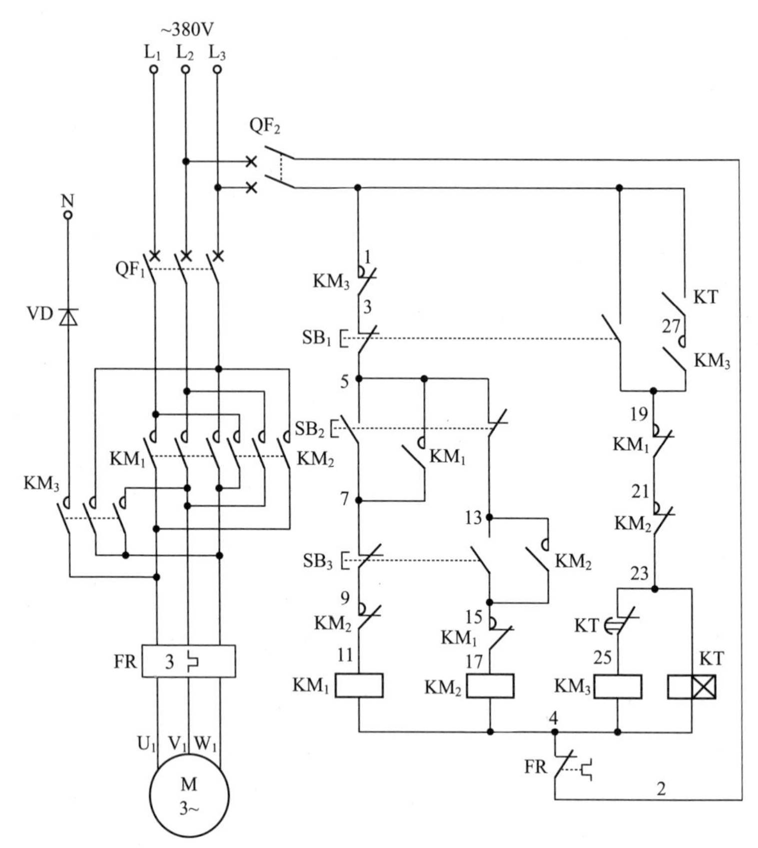

图 5.4 半波整流可逆能耗制动控制电路

1. 正转启动

合上主回路断路器 QF_1，主回路通入三相交流 380V 电源，为电动机启动运转做准备。合上控制回路断路器 QF_2，控制回路通入从 L_2、L_3 相上引出的单相交流 380V 电源，为控制回路工作做准备。按下正转启动按钮 SB_2，其一组常闭触点(5-13)断开。按下正转启动按钮 SB_2 的同时，其常闭触点(5-13)断开，切断反转交流接触器 KM_2 线圈回路电源，使 KM_2 线圈不能得电吸合，起到按钮常闭触点互锁作用。按下正转启动按钮 SB_2，其另一组常开触点(5-7)闭合。按下正转启动按钮 SB_2 的同时，其另一组常开触点(5-7)闭合，接通了正转交流接触器 KM_1 线圈回路电源，KM_1 线圈得电吸合。正转交流接触器 KM_1 线圈得电吸合时，KM_1 的一组常闭触点(15-17)断开，切断了反转交流接触器 KM_2 线圈回路电源，使 KM_2 线圈不能得电吸合，起到接触器常闭触点互锁作用。正转交流接触器 KM_1 线圈得电吸合时，KM_1 的另一组常闭触点（19-21）断开，切断了制动交流接触器 KM_3 线圈回路电源，使 KM_3 线圈不能得电吸合，起到接触器常闭触点互锁作用。正转交流接触器 KM_1 线圈得电吸合时，KM_1 的一组常开触点（5-7）闭合，起到自锁作用。正转交流接触器 KM_1 线圈得电吸合时，KM_1 三相主触点闭合，电动机得电正转启动运转，拖动设备正转运转工作。

至此，完成对电动机的正转启动运转控制。

2. 正转无制动自由停机

轻轻按下停止按钮 SB_1，其常闭触点（3-5）断开。按下停止按钮 SB_1 时，其一组常闭触点（3-5）断开，切断了正转交流接触器 KM_1 线圈回路电源，KM_1 线圈断电释放。正转交流接触器 KM_1 线圈断电释放时，KM_1 三相主触点断开，电动机失电但仍靠惯性继续转动，处于自由停机状态。正转交流接触器 KM_1 线圈断电释放时，KM_1 辅助常开触点（5-7）断开，恢复原始常开状态，解除自锁。正转交流接触器 KM_1 线圈断电释放时，KM_1 辅助常闭触点（19-21）闭合，恢复原始常闭状态，解除对制动交流接触器 KM_3 线圈回路的互锁作用。正转交流接触器 KM_1 线圈断电释放时，KM_1 辅助常闭触点（15-17）闭合，恢复原始常闭状态，解除对反转交流接触器 KM_2 线圈回路的互锁作用。

至此，完成对电动机正转无制动自由停机控制。

3. 正转能耗制动

将停止按钮 SB_1 按到底，其一组常闭触点（3-5）断开。停止按钮 SB_1 常闭触点（3-5）断开，切断了正转交流接触器 KM_1 线圈回路电源，KM_1 线圈断电释放。正转交流接触器 KM_1 线圈断电释放时，KM_1 三相主触点断开，电动机失电但仍靠惯性继续转动，处于自由停机状态。正转交流接触器 KM_1 线圈断电释放时，KM_1 辅助常开触点（5-7）断开，恢复原始常开状态，解除自锁。正转交流接触器 KM_1 线圈断电释放时，KM_1 辅助常闭触点（19-21）闭合，恢复原始常闭状态，解除对制动交流接触器 KM_3 线圈回路的互锁作用，为制动回路工作提供条件。正转交流接触器 KM_1 线圈断电释放时，KM_1 辅助常闭触点（15-17）闭合，恢复原始常闭状态，解除对反转交流接触器 KM_2 线圈回路的互锁作用。按下停止按钮 SB_1 的同时，其一组常开触点（1-19）闭合。停止按钮 SB_1 常开触点（1-19）闭合，接通了制动交流接触器 KM_3 线圈回路电源，KM_3 线圈得电吸合。制动交流接触器 KM_3 线圈得电吸合时，KM_3 辅助常闭触点(1-3)断开，切断了正转及反转交流接触器 KM_1、KM_2 线圈回路电源，使 KM_1、KM_2 线圈不能得电吸合，起到接触器常闭触点的互锁作用。制动交流接触器 KM_3 线圈得电吸合时，KM_3 辅助常开触点(19-27)闭合，与同时闭合的得电延时时间继电器 KT 不延时瞬动常开触点(1-27)共同组成自锁。制动交流接触器 KM_3 线圈得电吸合时，KM_3 三相主触点闭合，接通直流电源，产生一静止磁场，对电动机进行能耗制动，电动机迅速停止下来。在停止按钮 SB_1 常开触点(1-19)闭合的同时，也接通了得电延时时间继电器 KT 线圈回路电源，KT 线圈得电吸合。得电延时时间继电器 KT 线圈得电吸合时，KT 不延时瞬动常开触点(1-27)闭合，与已闭合的 KM_3 辅助常开触点(19-27)共同组成自锁，同时 KT 开始延时。经得电延时时间继电器 KT 一段延时后，KT 得电延时断开的常闭触点(23-25)断开。得电延时断开的常闭触点(23-25)断开，切断了制动交流接触器 KM_3 线圈回路电源，KM_3 线圈断电释放。制动交流接触器 KM_3 线圈断电释放时，KM_3 三相主触点断开，切断了直流电源，解除对电动机的制动作用。制动交流接触器 KM_3 线圈断电释放时，KM_3 辅助常开触点(19-27)断开，恢复原始常开状态，解除自锁。制动交流接触器 KM_3 线圈断电释放时，KM_3 辅助常闭触点(1-3)闭合，恢复原始常闭状态，解除对正转交流接触器 KM_1 及反转交流接触器 KM_2 线圈回路的互锁作用。在得电延时时间继电器 KT 得电延时断开的常闭触点(23-25)断开后，也切断了 KT 线圈回路电源，KT 线圈也断电释放。得电延时时间继电器 KT 线圈断电释放时，KT 不延时瞬动常开触点(1-27)断开，恢复原始常开状态，解除自锁。制动过程自动结束。从而完成对电动机正转时的能耗制动自动控制。

至此，完成正转能耗制动时的动作过程。

4. 反转启动运转

按下反转启动按钮 SB_3，其一组常闭触点(7-9)断开。按下反转启动按钮 SB_3 的同时，其常闭触点(7-9)断开，切断正转交流接触器 KM_1 线圈回路电源，使 KM_1 线圈不能得电吸合，起到按钮常闭触点互锁作用。按下反转启动按钮 SB_3，其另一组常开触点(13-15)闭合。按下反转启动按钮 SB_3 的同时，其另一组常开触点(13-15)闭合，接通了反转交流接触器

KM_2 线圈回路电源，KM_2 线圈得电吸合。反转交流接触器 KM_2 线圈得电吸合时，KM_2 的一组常闭触点(9-11)断开，切断了正转交流接触器 KM_1 线圈回路电源，使 KM_1 线圈不能得电吸合，起到接触器常闭触点互锁作用。反转交流接触器 KM_2 线圈得电吸合时，KM_2 的另一组常闭触点(21-23)断开，切断了制动交流接触器 KM_3 线圈回路电源，使 KM_3 线圈不能得电吸合，起到接触器常闭触点互锁作用。反转交流接触器 KM_2 线圈得电吸合时，KM_2 的一组常开触点(13-15)闭合，起到自锁作用。反转交流接触器 KM_2 线圈得电吸合时，KM_2 三相主触点闭合，电动机得电反转启动运转，拖动设备反转运转工作。

至此，完成对电动机的反转启动运转控制。

5. 反转无制动自由停机

轻轻按下停止按钮 SB_1，其常闭触点(3-5)断开。按下停止按钮 SB_1 时，其常闭触点(3-5)断开，切断了反转交流接触器 KM_2 线圈回路电源，KM_2 线圈断电释放。反转交流接触器 KM_2 线圈断电释放时，KM_2 三相主触点断开，电动机失电但仍靠惯性继续转动，处于自由停机状态。反转交流接触器 KM_2 线圈断电释放时，KM_2 辅助常开触点(13-15)断开，恢复原始常开状态，解除自锁。反转交流接触器 KM_2 线圈断电释放时，KM_2 辅助常闭触点(21-23)闭合，恢复原始常闭状态，解除对制动交流接触器 KM_3 线圈回路的互锁作用。反转交流接触器 KM_2 线圈断电释放时，KM_2 辅助常闭触点(9-11)闭合，恢复原始常闭状态，解除对正转交流接触器 KM_1 线圈回路的互锁作用。

至此，完成对电动机反转无制动自由停机控制。

6. 反转能耗制动

将停止按钮 SB_1 按到底，其一组常闭触点(3-5)断开。停止按钮 SB_1 常闭触点(3-5)断开，切断了反转交流接触器 KM_2 线圈回路电源，KM_2 线圈断电释放。反转交流接触器 KM_2 线圈断电释放时，KM_2 三相主触点断开，电动机失电但仍靠惯性继续转动，处于自由停机状态。反转交流接触器 KM_2 线圈断电释放时，KM_2 辅助常开触点(13-15)断开，恢复原始常开状态，解除自锁。反转交流接触器 KM_2 线圈断电释放时，KM_2 辅助常闭触点(21-23)闭合，恢复原始常闭状态，解除对制动交流接触器 KM_3 线圈回路的互锁作用，为制动回路工作提供条件。反转交流接触器 KM_2 线圈断电释放时，KM_2 辅助常闭触点(9-11)闭合，恢复原始常闭状态，解除对正转交流接触器 KM_1 线圈回路的互锁作用。按下停止按钮 SB_1 的同时，其一组常开触点(1-19)闭合。停止按钮 SB_1 常开触点(1-19)闭合，接通了制动交流接触器 KM_3 线圈回路电源，KM_3 线圈得电吸合。制动交流接触器 KM_3 线圈得电吸合时，KM_3 辅助常闭触点(1-3)断开，切断了正转及反转交流接触器 KM_1、KM_2 线圈回路电源，使 KM_1、KM_2 线圈不能得电吸合，起到接触器常闭触点的互锁作用。制动交流接触器 KM_3 线圈得电吸合时，KM_3 辅助常开触点(19-27)闭合，与同时闭合的得电延时时间继电器 KT 不延时瞬动常开触点(1-27)共同组成自锁。制动交流接触器 KM_3 线圈得电吸合时，KM_3 三相主触点闭合，接通直流电源，产生一静止磁场，对电动机进行能耗制动，电动机迅速停止下来。在停止按钮 SB_1 常开触点(1-19)闭合的同时，也接通了得电延时时间继电器 KT 线圈回路电源，KT 线圈得电吸合。得电延时时间继电器 KT 线圈得电吸合时，KT 不延时瞬动常开触点(1-27)闭合，与已闭合的 KM_3 辅助常开触点(19-27)共同组成自锁，同时 KT 开始延时。经得电延时时间继电器 KT 一段延时后，KT 得电延时断开的常闭触点(23-25)断开。得电延时断开的常闭触点(23-25)断开，切断了制动交流接触器 KM_3 线圈回路电源，KM_3 线圈断电释放。制动交流接触器 KM_3 线圈断电释放时，KM_3 三相主触点断开，切断了直流电源，解除对电动机的制动作用。制动交流接触器 KM_3 线圈断电释放时，KM_3 辅助常开触点(19-27)断开，恢复原始常开状态，解除自锁。制动交流接触器 KM_3 线圈断电释放时，KM_3 辅助常闭触点(1-3)闭合，恢复原始常闭状态，解除对正转交流接触器 KM_1 及反转交流接触器 KM_2 线圈回路的互锁作用。在得电延时时间继电器 KT 得电延时断开的常闭触点(23-25)断开后，也切断了 KT 线圈回路电源，KT 线圈也断电释放。得电延时时间继电器 KT 线圈断电释放时，KT 不延时瞬动常开触点(1-27)断开，恢复原始常开状态，解除自锁，制动过程自动结束。从而完成对电动机反转时的能耗制动自动控制。

至此，完成反转能耗制动时的动作过程。

5.5 全波整流可逆能耗制动控制电路

全波整流可逆能耗制动控制电路如图 5.5 所示。

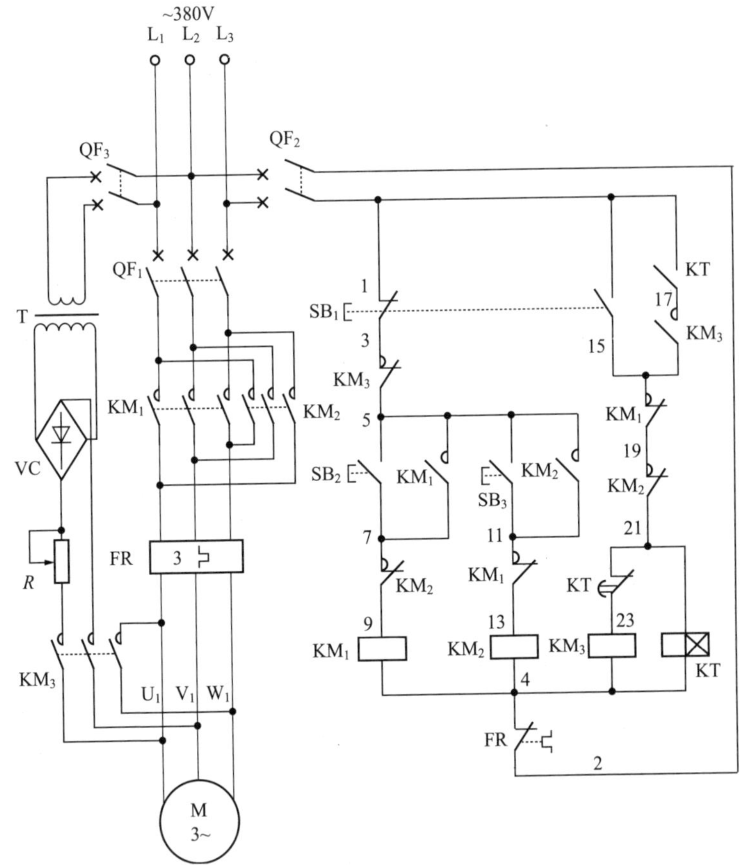

图 5.5 全波整流可逆能耗制动控制电路

1. 正转启动

合上主回路断路器 QF_1，主回路通入三相交流 380V 电源，为电动机启动运转做准备。合上控制回路断路器 QF_2，控制回路通入从 L_2、L_3 相引出的单相交流 380V 电源，为控制电路工作做准备。合上制动回路断路器 QF_3，制动回路通入从 L_1、L_2 相引出的单相交流 380V 电源，为制动回路工作做准备。按下正转启动按钮 SB_2，其常开触点(5-7)闭合。正转启动按钮 SB_2 常开触点(5-7)闭合，接通了正转交流接触器 KM_1 线圈回路电源，KM_1 线圈得电吸合。正转交流接触器 KM_1 线圈得电吸合时，KM_1 辅助常闭触点(11-13)断开，切断反转交流接触器 KM_2 线圈回路电源，使 KM_2 线圈不能得电吸合，起到接触器常闭触点互锁保护作用。正

转交流接触器 KM_1 线圈得电吸合时，KM_1 辅助常闭触点(15-19)断开，切断制动交流接触器 KM_3 线圈回路电源，使 KM_3 线圈不能得电吸合，起到接触器常闭触点互锁保护作用。正转交流接触器 KM_1 线圈得电吸合时，KM_1 辅助常开触点(5-7)闭合，起到自锁作用。正转交流接触器 KM_1 线圈得电吸合时，KM_1 三相主触点闭合，电动机得电正转启动运转。

至此，完成对电动机的正转启动运转控制。

2. 正转运转后，进行能耗制动

将停止按钮 SB_1 按到底，其一组常闭触点(1-3)断开。停止按钮 SB_1 常闭触点(1-3)断开，切断了正转交流接触器 KM_1 线圈回路电源，KM_1 线圈断电释放。正转交流接触器 KM_1 线圈断电释放时，KM_1 三相主触点断开，电动机失电正转停止运转。正转交流接触器 KM_1 线圈断电释放时，KM_1 辅助常开触点(5-7)断开，恢复原始常开状态，解除自锁作用。正转交流接触器 KM_1 线圈断电释放时，KM_1 辅助常闭触点(11-13)闭合，恢复原始常闭状态，解除对反转交流接触器 KM_2 线圈的互锁作用。正转交流接触器 KM_1 线圈断电释放时，KM_1 辅助常闭触点(15-19)闭合，恢复原始常闭状态，解除对制动交流接触器 KM_3 线圈的互锁作用。在按下停止按钮 SB_1 的同时，其另一组常开触点(1-15)闭合。停止按钮 SB_1 常开触点(1-15)闭合，接通了制动交流接触器 KM_3 线圈回路电源，KM_3 线圈得电吸合。制动交流接触器 KM_3 线圈得电吸合时，KM_3 串联在正转交流接触器 KM_1、反转交流接触器 KM_2 线圈回路中的辅助常闭触点(3-5)断开，切断正转交流接触器 KM_1、反转交流接触器 KM_2 线圈回路电源，使 KM_1、KM_2 线圈不能得电吸合，起到接触器常闭触点互锁作用。制动交流接触器 KM_3 线圈得电吸合时，KM_3 辅助常开触点(15-17)与得电延时时间继电器 KT 的不延时瞬动常开触点(1-17)共同闭合形成自锁。制动交流接触器 KM_3 线圈得电吸合时，KM_3 三相主触点闭合，接通直流电源，对电动机进行能耗制动。与此同时，得电延时时间继电器 KT 线圈也得电吸合并开始延时。得电延时时间继电器 KT 线圈得电吸合时，KT 不延时常开触点(1-17)与制动交流接触器 KM_3 辅助常开触点(15-17)共同闭合形成自锁。得电延时时间继电器 KT 线圈得电吸合时，KT 得电延时断开的常开触点(21-23)经延时后断开，切断制动交流接触器 KM_3 线圈回路电源，KM_3 线圈断电释放。制动交流接触器 KM_3 线圈断电释放时，KM_3 三相主触点断开，切除通入电动机绕组中的制动直流电源，能耗制动结束。制动交流接触器 KM_3 线圈断电释放时，KM_3 辅助常开触点(15-17)断开，恢复原始常开状态，解除自锁作用。制动交流接触器 KM_3 线圈断电释放时，KM_3 串联在正转交流接触器 KM_1、反转交流接触器 KM_2 线圈回路中的辅助常闭触点(3-5)闭合，解除对 KM_1、KM_2 线圈的互锁作用。在得电延时时间继电器 KT 的得电延时断开的常闭触点(21-23)断开后，也切断了 KT 自身线圈回路电源，KT 线圈断电释放。得电延时时间继电器 KT 线圈断电释放时，KT 不延时瞬动常开触点(1-17)断开，解除自锁作用。得电延时时间继电器 KT 线圈断电释放时，KT 得电延时断开的常闭触点(21-23)闭合，恢复原始常闭状态。

至此，完成电动机正转运转后的能耗制动自动控制。

3. 反转启动

按下反转启动按钮 SB_3，其常开触点(5-11)闭合。反转启动按钮 SB_3 常开触点(5-11)闭合，接通了反转交流接触器 KM_2 线圈回路电源，KM_2 线圈得电吸合。反转交流接触器 KM_2 线圈得电吸合时，KM_2 辅助常闭触点(7-9)断开，切断正转交流接触器 KM_1 线圈回路电源，使 KM_1 线圈不能得电吸合，起到接触器常闭触点互锁保护作用。反转交流接触器 KM_2 线圈得电吸合时，KM_2 辅助常闭触点(19-21)断开，切断制动交流接触器 KM_3 线圈回路电源，使 KM_3 线圈不能得电吸合，起到接触器常闭触点互锁保护作用。反转交流接触器 KM_2 线圈得电吸合时，KM_2 辅助常开触点(5-11)闭合，起到自锁作用。反转交流接触器 KM_2 线圈得电吸合时，KM_2 三相主触点闭合，电动机得电反转启动运转。

至此，完成对电动机的反转启动运转控制。

4. 反转运转后，进行能耗制动

将停止按钮 SB_1 按到底，其一组常闭触点(1-3)断开。停止按钮 SB_1 常闭触点(1-3)断开，切断了反转交流接触器 KM_2 线圈回路电源，KM_2 线圈断电释放。反转交流接触器 KM_2 线圈断电释放时，KM_2 三相主触点断开，电动机失电反转停止运转。反转交流接触器 KM_2 线圈断电释放时，KM_2 辅助常开触点(5-11)断开，恢复原始常开状态，解除自锁作用。反转交流接触器 KM_2 线圈断电释放时，KM_2 辅助常闭触点(7-9)闭合，恢复原始常闭状态，解除对正转交流接触器 KM_1 线圈的互锁作用。反转交流接触器 KM_2 线圈断电释放时，KM_2 辅助常闭触点(19-21)闭合，恢复原始常闭状态，解除对制动交流接触器 KM_3 线圈的互锁作用。在按下停止按钮 SB_1 的同时，其另一组常开触点(1-15)闭合。停止按钮 SB_1 常开触点(1-15)闭合，接通了制动交流接触器 KM_3 线圈回路电源，KM_3 线圈得电吸合。制动交流接触器 KM_3 线圈得电吸合时，KM_3 串联在正转交流接触器 KM_1、反转交流接触器 KM_2 线圈回路中的辅助常闭触点(3-5)断开，切断正转交流接触器 KM_1、反转交流接触器 KM_2 线圈回路电源，使 KM_1、KM_2 线圈不能得电吸合，起到接触器常闭触点互锁作用。制动交流接触器 KM_3 线圈得电吸合时，KM_3 辅助常开触点(15-17)与得电延时时间继电器 KT 的不延时瞬动常开触点(1-17)共同闭合形成自锁。制动交流接触器 KM_3 线圈得电吸合时，KM_3 三相主触点闭合，接通直流电源，对电动机进行能耗制动。与此同时，得电延时时间继电器 KT 线圈也得电吸合并开始延时。得电延时时间继电器 KT 线圈得电吸合时，KT 不延时常开触点(1-17)与制动交流接触器 KM_3 辅助常开触点(15-17)共同闭合形成自锁。得电延时时间继电器 KT 线圈得电吸合时，KT 得电延时断开的常开触点(21-23)经延时后断开，切断制动交流接触器 KM_3 线圈回路电源，KM_3 线圈断电释放。制动交流接触器 KM_3 线圈断电释放时，KM_3 三相主触点断开，切断通入电动机绕组中的制动直流电源，能耗制动结束。制动交流接触器 KM_3 线圈断电释放时，KM_3 辅助常开触点(15-17)断开，恢复原始常开状态，解除自锁作用。制动交流接触器 KM_3 线圈断电释放时，KM_3 串联在正转交流接触器 KM_1、反转交流接触器 KM_2 线圈回路中的辅助常闭触点(3-5)闭合，解除对 KM_1、KM_2 线圈的互锁作用。在得电延时时间继电器 KT 的得电延时断开的常闭触点(21-23)断开后，也切断了 KT 自身线圈回路电源，KT 线圈断电释放。得电延时时间继电器 KT 线圈断电释放时，KT 不延时瞬动常开触点(1-17)断开，解除自锁作用。得电延时时间继电器 KT 线圈断电释放时，KT 得电延时断开的常闭触点(21-23)闭合，恢复原始常闭状态。

至此，完成电动机反转运转后的能耗制动自动控制。

5.6 简单实用的可逆能耗制动控制电路

简单实用的可逆能耗制动控制电路如图 5.6 所示。

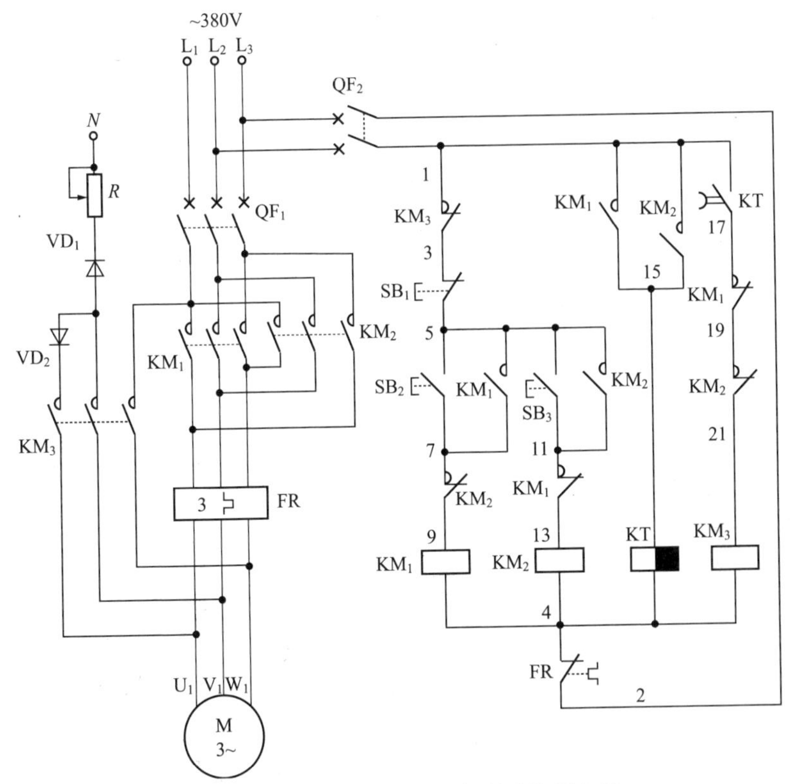

图 5.6 简单实用的可逆能耗制动控制电路

1. 正转启动运转

合上主回路断路器 QF_1，主回路通入三相交流 380V 电源，为电动机启动运转做准备。合上控制回路断路器 QF_2，控制回路通入从 L_2、L_3 相上引出的单相交流 380V 电源，为控制回路工作做准备。按下正转启动按钮开关 SB_2，其常开触点(5-7)闭合。正转启动按钮 SB_2 常开触点(5-7)闭合，接通了正转交流接触器 KM_1 线圈回路电源，KM_1 线圈得电吸合。正转交流接触器 KM_1 线圈得电吸合时，KM_1 辅助常闭触点(11-13)断开，切断了反转交流接触器 KM_2 线圈回路电源，使 KM_2 线圈不能得电吸合，起到接触器常闭触点互锁作用。正转交流接触器 KM_1 线圈得电吸合时，KM_1 辅助常闭触点(17-19)断开，切断了制动交流接触器 KM_3 线圈回路电源，使 KM_3 线圈不能得电吸合，起到接触器常闭触点互锁作用。正转交流接触器 KM_1 线圈得电吸合时，KM_1 辅助常开触点(5-7)闭合，

对 KM_1 线圈进行自锁。正转交流接触器 KM_1 线圈得电吸合时，KM_1 三相主触点闭合，电动机得电正转运转，拖动设备正转工作。正转交流接触器 KM_1 线圈得电吸合时，KM_1 辅助常开触点(1-15)闭合，接通了失电延时时间继电器 KT 线圈回路电源，KT 线圈得电吸合。失电延时时间继电器 KT 线圈得电吸合时，KT 失电延时断开的常开触点(1-17)瞬时闭合，为能耗制动时延时切除制动控制回路做准备。

至此，完成对电动机正转启动运转的控制。

2. 正转能耗制动

按下停止按钮 SB_1，其常闭触点(3-5)断开。停止按钮 SB_1 常闭触点(3-5)断开，切断了正转交流接触器 KM_1 线圈回路电源，KM_1 线圈断电释放。正转交流接触器 KM_1 线圈断电释放时，KM_1 三相主触点断开，电动机失电正转运转停止，但电动机仍靠惯性继续转动。正转交流接触器 KM_1 线圈断电释放时，KM_1 辅助常开触点(5-7)断开，恢复原始常开状态，解除对 KM_1 线圈的自锁作用。正转交流接触器 KM_1 线圈断电释放时，KM_1 辅助常闭触点(11-13)闭合，恢复原始常闭状态，解除对反转交流接触器 KM_2 线圈的互锁作用。正转交流接触器 KM_1 线圈断电释放时，KM_1 辅助常开触点(1-15)断开，切断了失电延时时间继电器 KT 线圈回路电源，KT 线圈断电释放，同时 KT 开始延时。正转交流接触器 KM_1 线圈断电释放时，KM_1 辅助常闭触点(17-19)闭合，恢复原始常闭状态，接通了制动用交流接触器 KM_3 线圈回路电源，KM_3 线圈得电吸合。制动用交流接触器 KM_3 线圈得电吸合时，KM_3 辅助常闭触点(1-3)断开，起到互锁作用。制动用交流接触器 KM_3 线圈得电吸合时，KM_3 三相主触点闭合，将直流电源通入电动机绕组内，产生一静止磁场，对电动机进行能耗制动作用，从而使电动机快速制动停止下来。经失电延时时间继电器 KT 一段延时后，KT 失电延时断开的常开触点(1-17)断开，切断了制动用交流接触器 KM_3 线圈回路电源，KM_3 线圈断电释放。制动用交流接触器 KM_3 线圈断电释放时，KM_3 三相主触点断开，切断了能耗制动用直流电源，能耗制动结束。制动用交流接触器 KM_3 线圈断电释放时，KM_3 辅助常闭触点(1-3)闭合，恢复原始常闭状态，解除互锁作用。

至此，完成对电动机正转能耗制动的控制。

3. 反转启动运转

按下反转启动按钮 SB_3，其常开触点(5-11)闭合。反转启动按钮 SB_3

常开触点(5-11)闭合,接通了反转交流接触器 KM_2 线圈回路电源,KM_2 线圈得电吸合。反转交流接触器 KM_2 线圈得电吸合时,KM_2 辅助常闭触点(7-9)断开,切断了正转交流接触器 KM_1 线圈回路电源,使 KM_1 线圈不能得电吸合,起到接触器常闭触点互锁作用。反转交流接触器 KM_2 线圈得电吸合时,KM_2 辅助常闭触点(19-21)断开,切断了制动交流接触器 KM_3 线圈回路电源,使 KM_3 线圈不能得电吸合,起到接触器常闭触点互锁作用。反转交流接触器 KM_2 线圈得电吸合时,KM_2 辅助常开触点(5-11)闭合,对 KM_2 线圈进行自锁。反转交流接触器 KM_2 线圈得电吸合时,KM_2 三相主触点闭合,电动机得电反转运转,拖动设备反转工作。反转交流接触器 KM_2 线圈得电吸合时,KM_2 辅助常开触点(1-15)闭合,接通了失电延时时间继电器 KT 线圈回路电源,KT 线圈得电吸合。失电延时时间继电器 KT 线圈得电吸合时,KT 失电延时断开的常开触点(1-17)瞬时闭合,为能耗制动时延时切断制动控制回路做准备。

至此,完成对电动机反转启动运转的控制。

4. 反转能耗制动

按下停止按钮 SB_1,其常闭触点(3-5)断开。停止按钮 SB_1 常闭触点(3-5)断开,切断了反转交流接触器 KM_2 线圈回路电源,KM_2 线圈断电释放。反转交流接触器 KM_2 线圈断电释放时,KM_2 三相主触点断开,电动机失电反转运转停止,但电动机仍靠惯性继续转动。反转交流接触器 KM_2 线圈断电释放时,KM_2 辅助常开触点(5-11)断开,恢复原始常开状态,解除对 KM_2 线圈的自锁作用。反转交流接触器 KM_2 线圈断电释放时,KM_2 辅助常闭触点(7-9)闭合,恢复原始常闭状态,解除对正转交流接触器 KM_1 线圈的互锁作用。反转交流接触器 KM_2 线圈断电释放时,KM_2 辅助常开触点(1-15)断开,切断了失电延时时间继电器 KT 线圈回路电源。KT 线圈断电释放,同时 KT 开始延时。反转交流接触器 KM_2 线圈断电释放时,KM_2 辅助常闭触点(19-21)闭合,恢复原始常闭状态,接通了制动用交流接触器 KM_3 线圈回路电源,KM_3 线圈得电吸合。制动用交流接触器 KM_3 线圈得电吸合时,KM_3 辅助常闭触点(1-3)断开,起到互锁作用。制动用交流接触器 KM_3 线圈得电吸合时,KM_3 三相主触点闭合,将直流电源通入电动机绕组内,产生一静止磁场,对电动机进行能耗制动,从而使电动机快速制动停止下来。经失电延时时间继电器 KT 一段延时后,KT 失电延时断开的常开触点(1-17)断开,切断了制动

用交流接触器 KM_3 线圈回路电源，KM_3 线圈断电释放。制动用交流接触器 KM_3 线圈断电释放时，KM_3 三相主触点断开，切断了能耗制动用直流电源，能耗制动结束。制动用交流接触器 KM_3 线圈断电释放时，KM_3 辅助常闭触点(1-3)闭合，恢复原始常闭状态，解除互锁作用。

至此，完成对电动机反转能耗制动的控制。

5.7 直流能耗制动控制电路

直流能耗制动控制电路如图 5.7 所示。

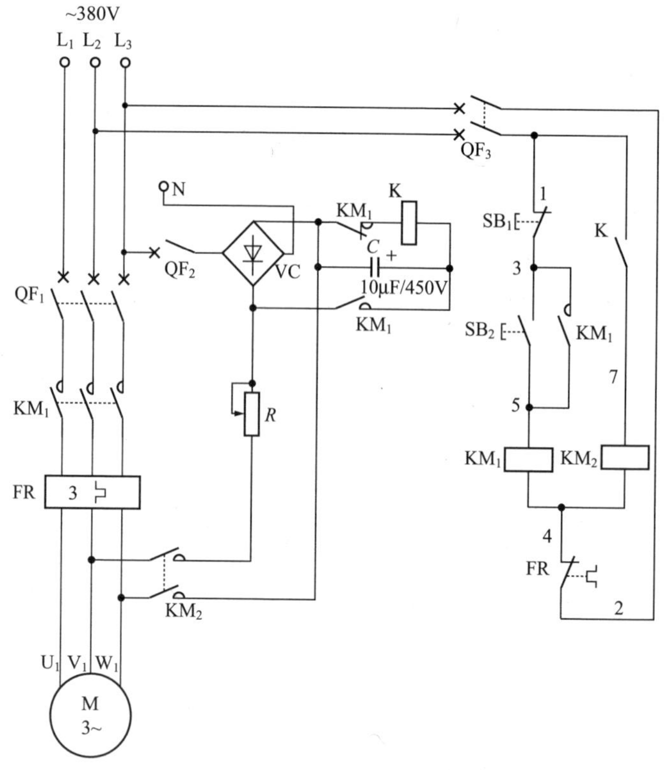

图 5.7 直流能耗制动控制电路

1. 启动运转

合上主回路断路器 QF_1，主回路通入三相交流 380V 电源，为电动机得电运转做准备。合上制动回路断路器 QF_2，制动回路通入从 L_3、N 上引出的单相交流 220V 电源，为电动机能耗制动做准备。合上控制回路断路器 QF_3，控制回路通入从 L_2、L_3 相引出的单相交流 380V 电源，为控制回路工作做准备。按下启动按钮 SB_2，其常开触点(3-5)闭合。启动按钮 SB_2 常开触点(3-5)闭合，接通了交流接触器 KM_1 线圈回路电源，KM_1 线圈得电吸合。交流接触器 KM_1 线圈得电吸合时，KM_1 串联在小型灵敏继电器 K 线圈回路中的辅助常闭触点断开，切断了小型灵敏继电器 K 线圈回路电源，使 K 线圈不能得电吸合。交流接触器 KM_1 线圈得电吸合时，KM_1 辅助常开触点(3-5)闭合，起到自锁作用。交流接触器 KM_1 线圈得电吸合时，KM_1 三相主触点闭合，电动机得电启动运转。交流接触器 KM_1 线圈得电吸合时，KM_1 串联在电容器 C 回路中的辅助常开触点闭合，给起到制动延时作用的电容器 C 充电，为制动时延时切除制动回路做准备。

至此，完成对电动机的启动运转控制。

2. 能耗制动

按下停止按钮 SB_1，其常闭触点(1-3)断开。停止按钮 SB_1 常闭触点(1-3)断开，切断了交流接触器 KM_1 线圈回路电源，KM_1 线圈断电释放。交流接触器 KM_1 线圈断电释放时，KM_1 三相主触点断开，电动机失电停止运转。交流接触器 KM_1 线圈断电释放时，KM_1 辅助常开触点(3-5)断开，恢复原始常开状态，解除自锁作用。交流接触器 KM_1 线圈断电释放时，KM_1 与电容器 C 串联的辅助常开触点断开，恢复原始常开状态，解除对电容器 C 的充电作用。交流接触器 KM_1 线圈断电释放时，KM_1 串联在小型灵敏继电器 K 线圈回路中的辅助常闭触点闭合，恢复原始常闭状态，通过此恢复常闭状态的常闭触点将小型灵敏继电器 K 线圈与已充满电的电容器 C 串联起来，这样，电容器 C 对小型灵敏继电器 K 线圈进行放电，小型灵敏继电器 K 线圈得电吸合。此放电时间的长短即为能耗制动所需的延时时间。小型灵敏继电器 K 线圈得电吸合时，K 串联在交流接触器 KM_2 线圈回路中的常开触点(1-7)闭合，接通交流接触器 KM_2 线圈回路电源，KM_2 线圈得电吸合。交流接触器 KM_2 线圈得电吸合时，KM_2 主触点闭合，将直流电源经限流电阻 R 加入电动机定子绕组中，产生一静止磁场，使电动机迅速停止运转，从而完成对电动机的能耗制动工作。

随着电容器 C 放电时间的加长，小型灵敏继电器 K 线圈两端的电压下降不足以产生吸力时，K 线圈断电释放。小型灵敏继电器 K 线圈断电释放时，K 串联在交流接触器 KM_2 线圈回路中的常开触点(1-7)断开，恢复原始常开状态，切断了交流接触器 KM_2 线圈回路电源，KM_2 线圈断电释放。交流接触器 KM_2 线圈断电释放时，KM_2 主触点断开，切除加到电动机定子绕组中的直流电源，电动机能耗制动结束。

至此，完成对电动机的能耗制动自动控制。

5.8　单向运转反接制动控制电路(一)

单向运转反接制动控制电路(一)如图 5.8 所示。

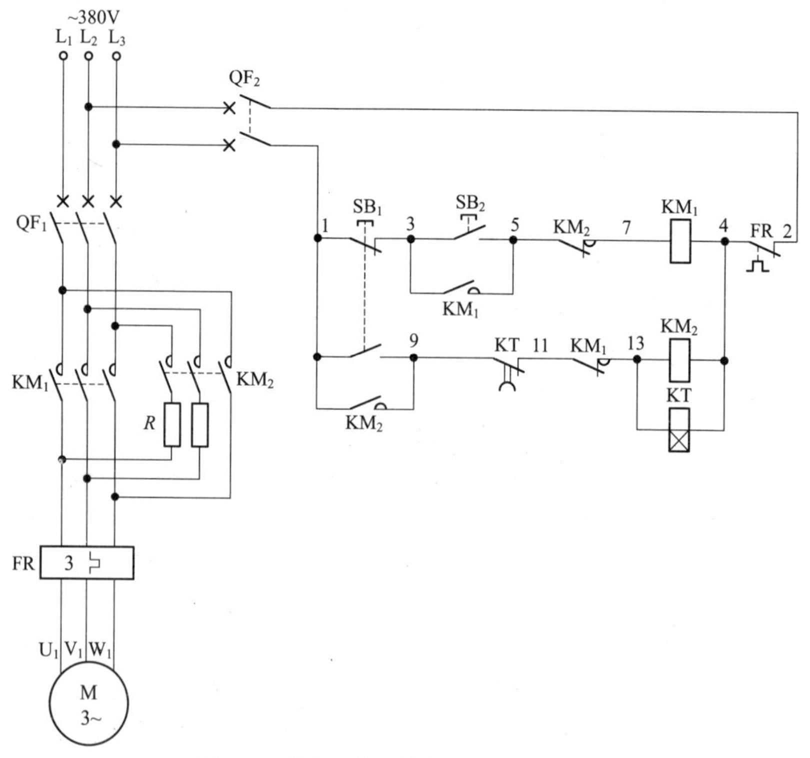

图 5.8　单向运转反接制动控制电路(一)

合上主回路断路器 QF_1、控制回路断路器 QF_2，为电路工作做准备。

1. 启 动

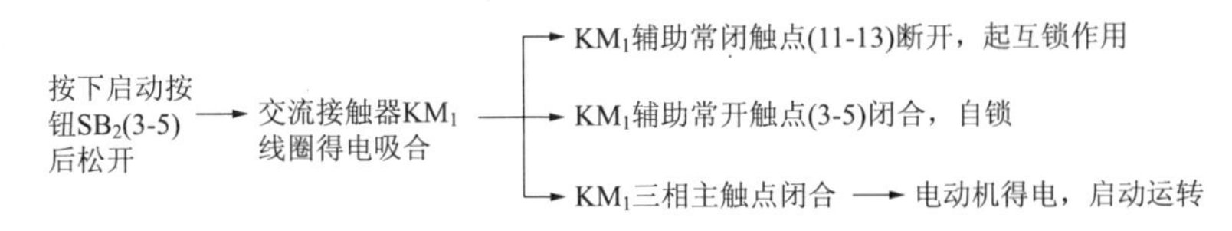

2. 反接制动

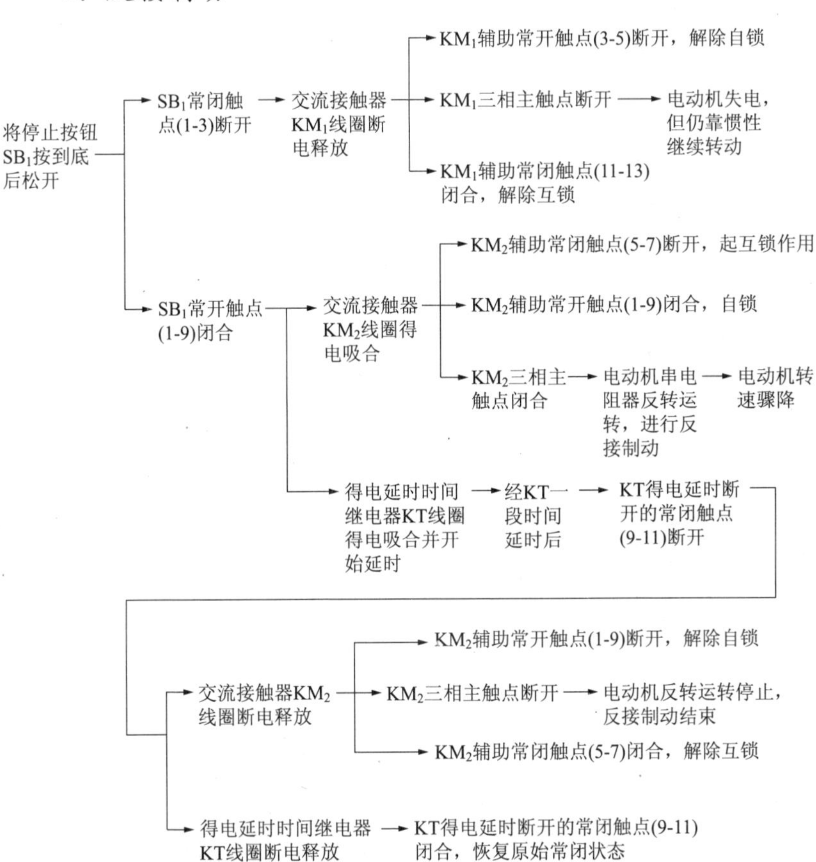

5.9 单向运转反接制动控制电路(二)

单向运转反接制动控制电路(二)如图 5.9 所示。

合上主回路断路器 QF_1、控制回路断路器 QF_2，为电路工作做准备。

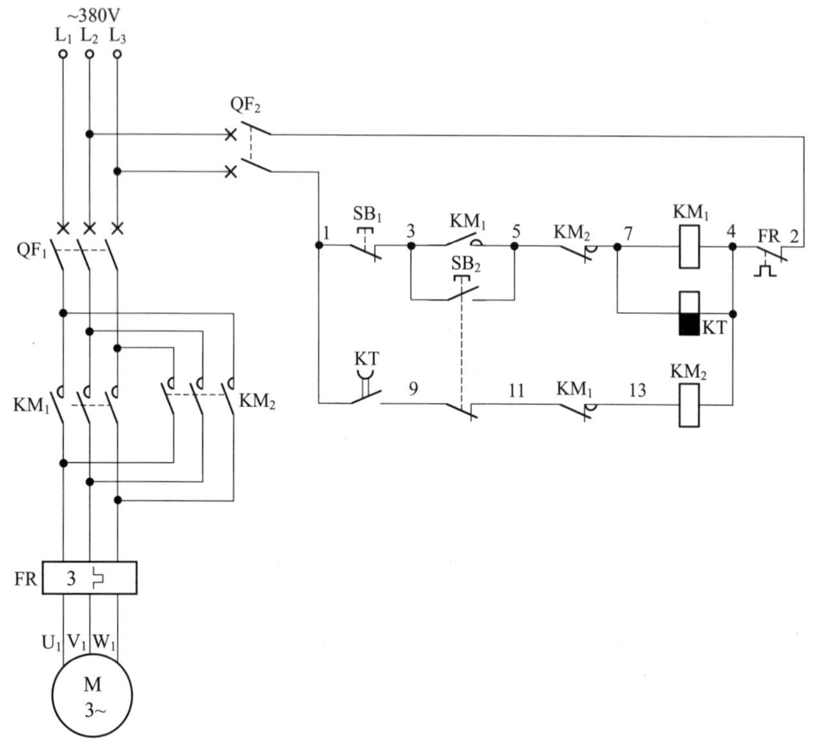

图 5.9 单向运转反接制动控制电路(二)

1. 启 动

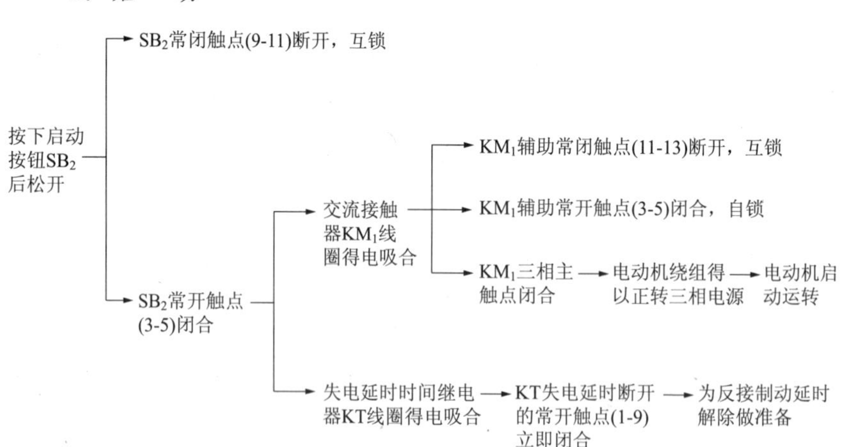

2. 反接制动

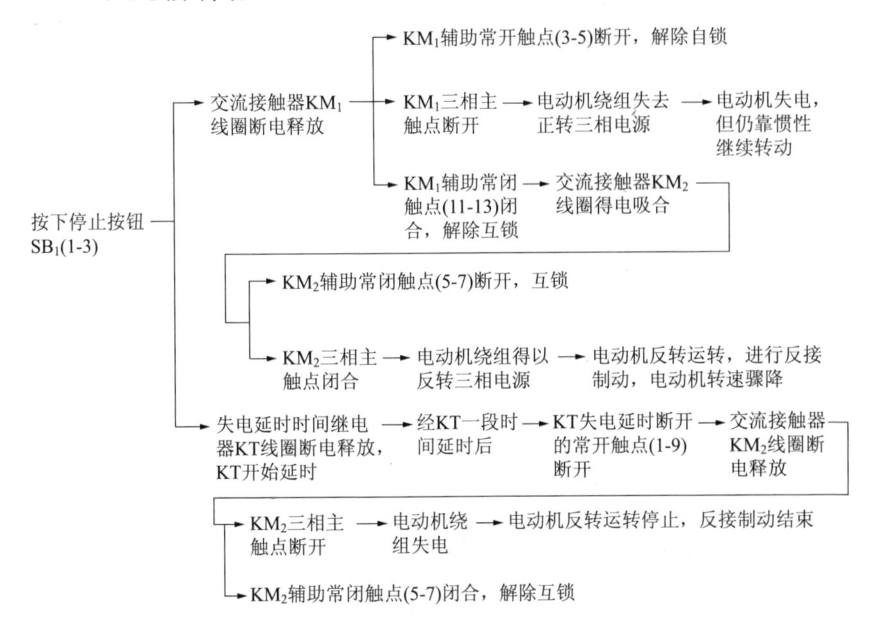

5.10 单向运转反接制动控制电路(三)

单向运转反接制动控制电路(三)如图 5.10 所示。

合上主回路断路器 QF_1、控制回路断路器 QF_2，为电路工作做准备。

1. 启　动

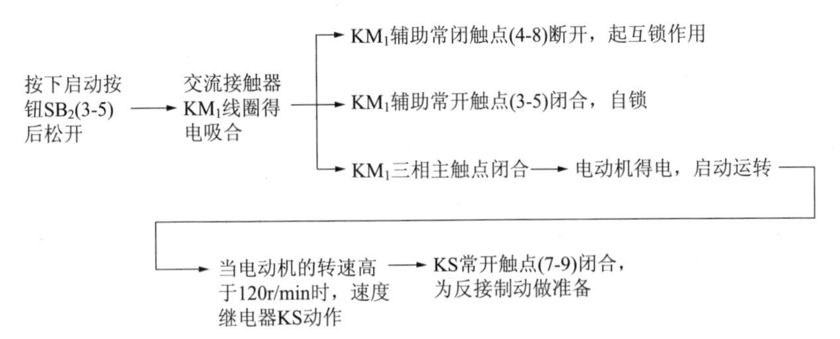

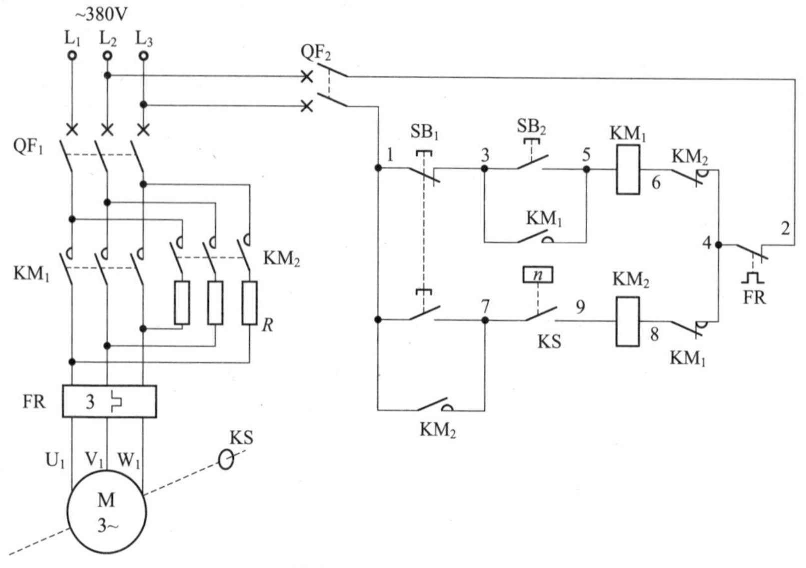

图 5.10 单向运转反接制动控制电路(三)

2. 反接制动

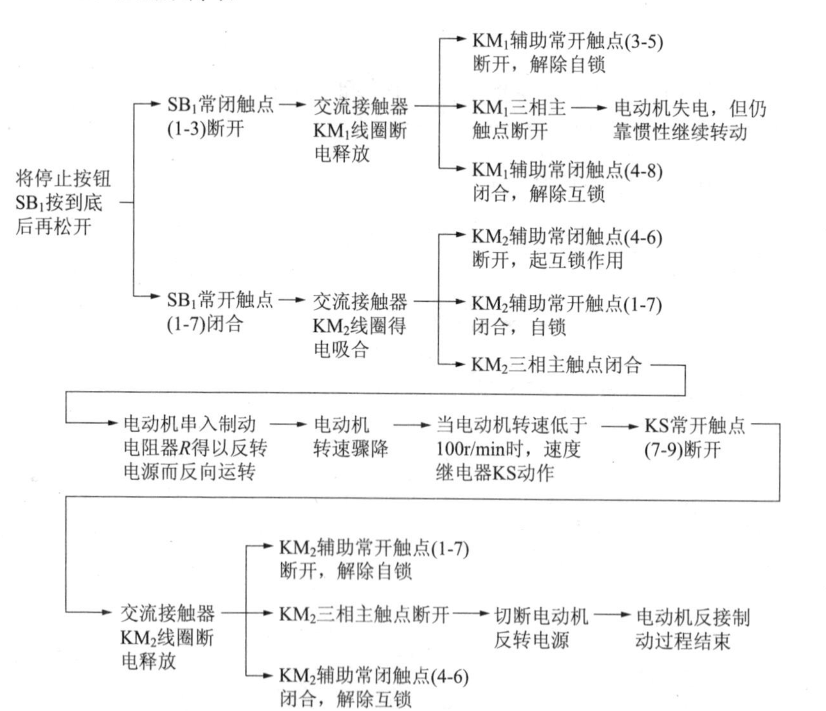

5.11 双向运转反接制动控制电路

双向运转反接制动控制电路如图 5.11 所示。

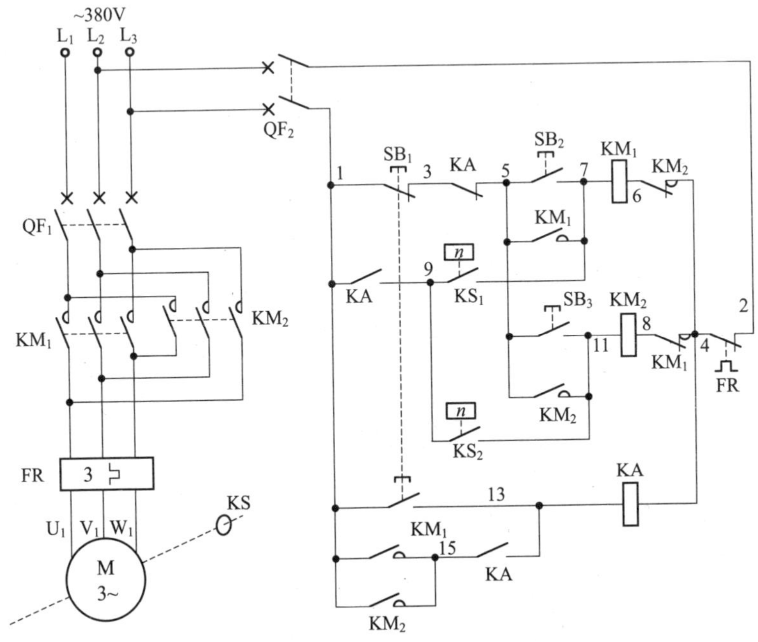

图 5.11 双向运转反接制动控制电路

合上主回路断路器 QF_1、控制回路断路器 QF_2，为电路工作做准备。

1. 正转启动

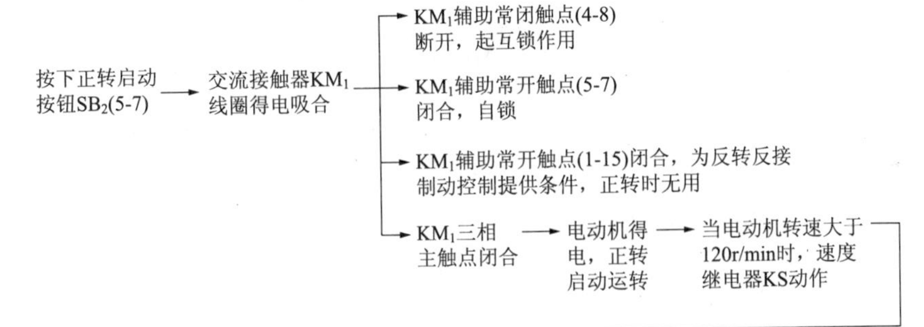

2. 正转反接制动

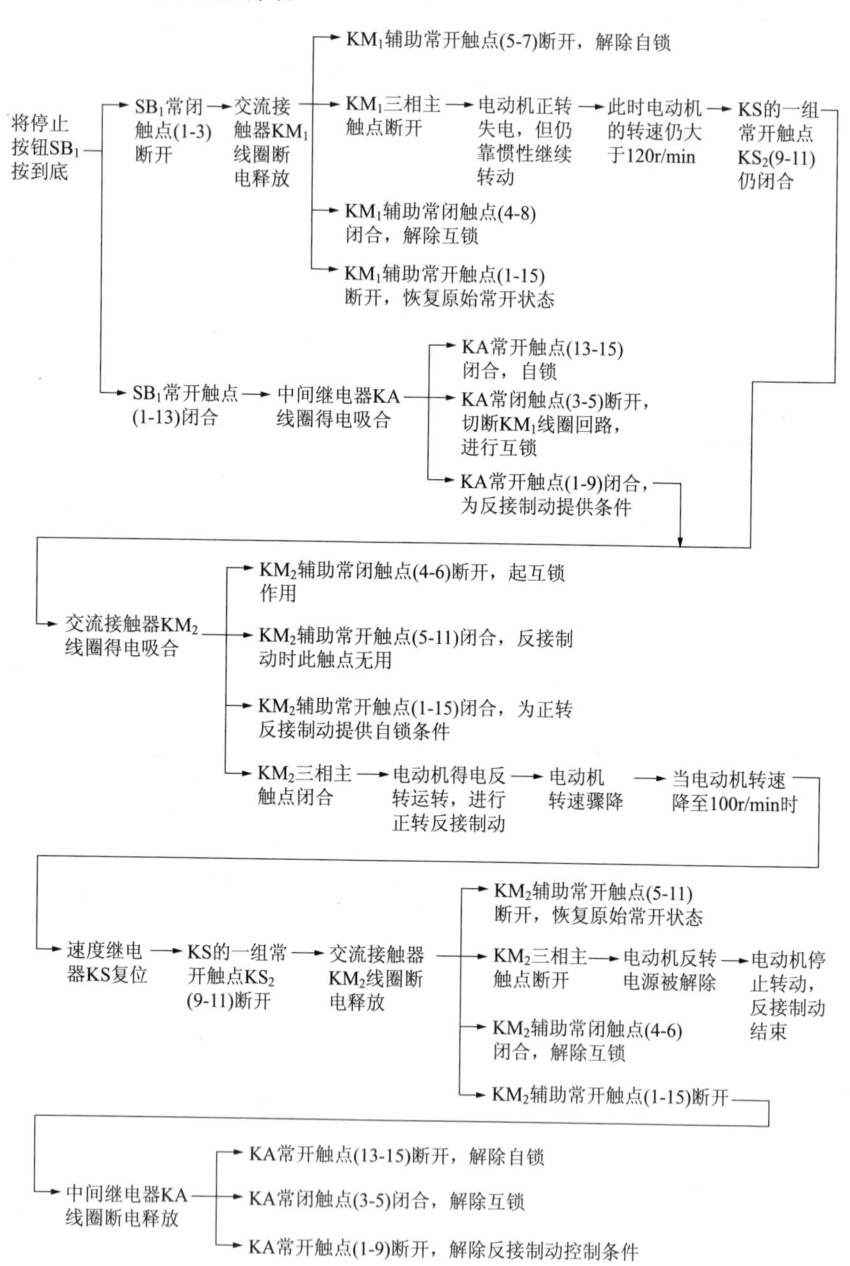

将停止按钮SB_1按到底
SB_1常闭触点(1-3)断开
交流接触器KM_1线圈断电释放
KM_1辅助常开触点(5-7)断开，解除自锁
KM_1三相主触点断开
电动机正转失电，但仍靠惯性继续转动
此时电动机的转速仍大于120r/min
KS的一组常开触点KS_2(9-11)仍闭合
KM_1辅助常闭触点(4-8)闭合，解除互锁
KM_1辅助常开触点(1-15)断开，恢复原始常开状态
SB_1常开触点(1-13)闭合
中间继电器KA线圈得电吸合
KA常开触点(13-15)闭合，自锁
KA常闭触点(3-5)断开，切断KM_1线圈回路，进行互锁
KA常开触点(1-9)闭合，为反接制动提供条件
交流接触器KM_2线圈得电吸合
KM_2辅助常闭触点(4-6)断开，起互锁作用
KM_2辅助常开触点(5-11)闭合，反接制动时此触点无用
KM_2辅助常开触点(1-15)闭合，为正转反接制动提供自锁条件
KM_2三相主触点闭合
电动机得电反转运转，进行正转反接制动
电动机转速骤降
当电动机转速降至100r/min时
速度继电器KS复位
KS的一组常开触点KS_2(9-11)断开
交流接触器KM_2线圈断电释放
KM_2辅助常开触点(5-11)断开，恢复原始常开状态
KM_2三相主触点断开
电动机反转电源被解除
电动机停止转动，反接制动结束
KM_2辅助常闭触点(4-6)闭合，解除互锁
KM_2辅助常开触点(1-15)断开
中间继电器KA线圈断电释放
KA常开触点(13-15)断开，解除自锁
KA常闭触点(3-5)闭合，解除互锁
KA常开触点(1-9)断开，解除反接制动控制条件

3. 反转启动

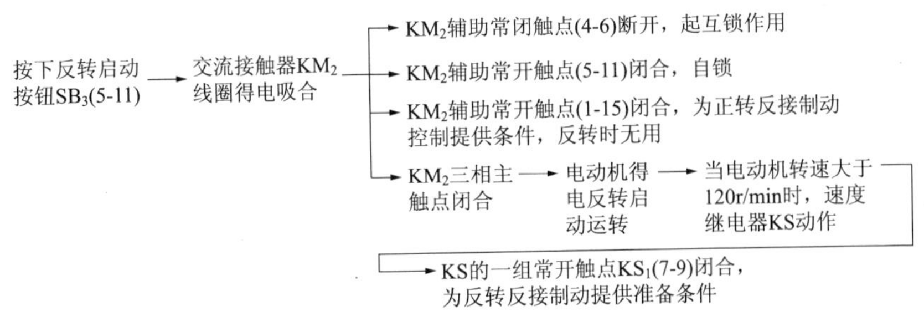

4. 反转反接制动

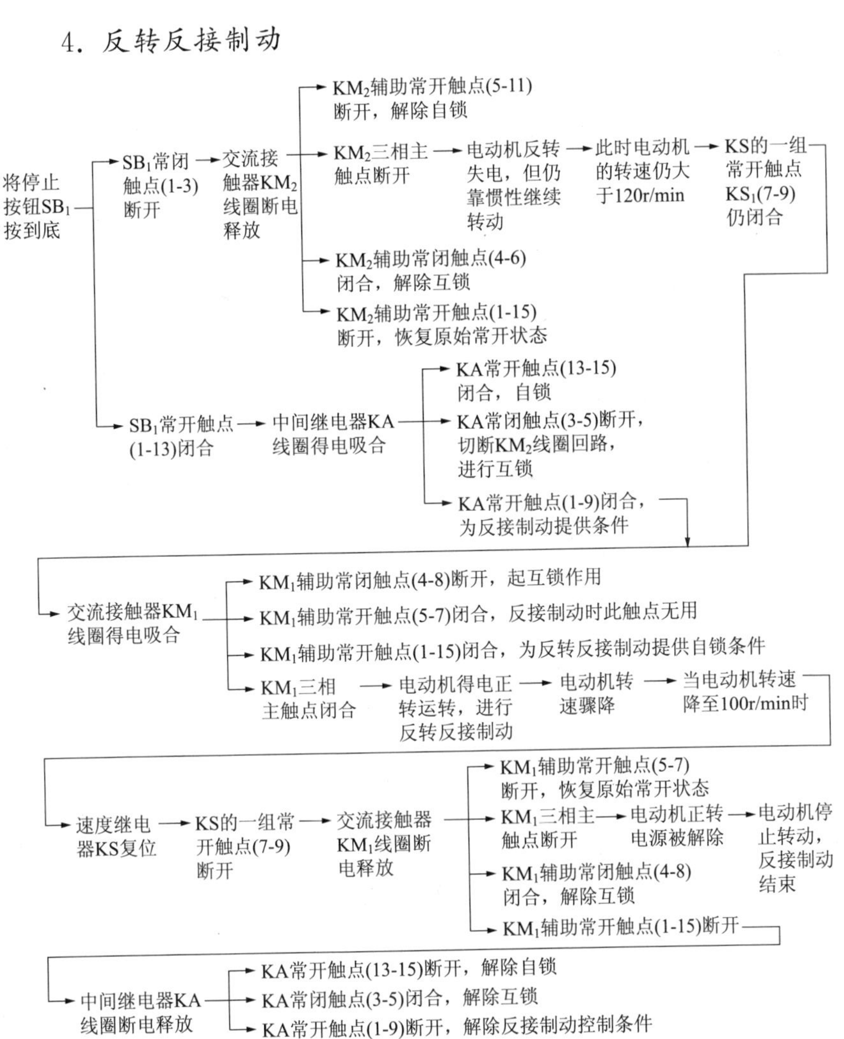

5.12　单管整流能耗制动控制电路

单管整流能耗制动控制电路如图5.12所示。

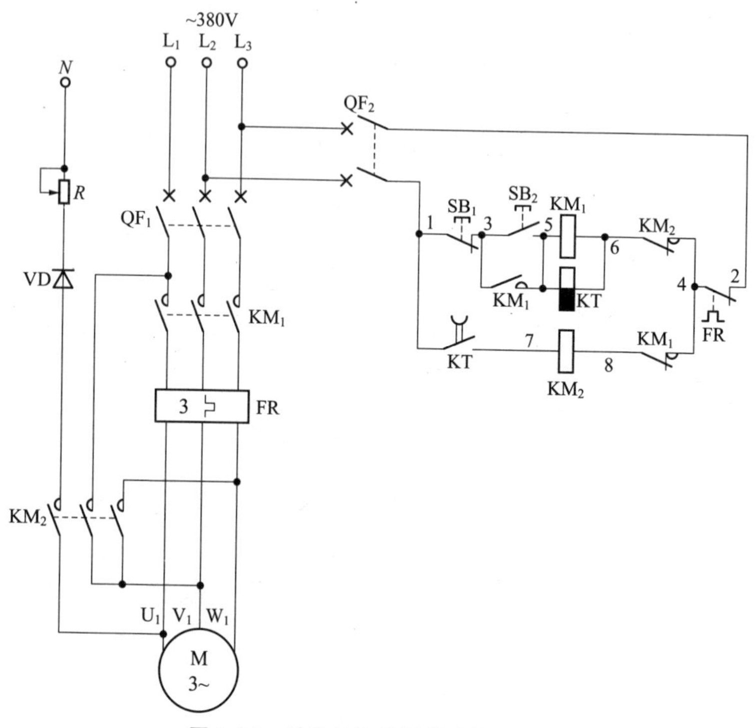

图5.12　单管整流能耗制动控制电路

合上主回路断路器 QF_1、控制回路断路器 QF_2，为电路工作做准备。

1. 启　动

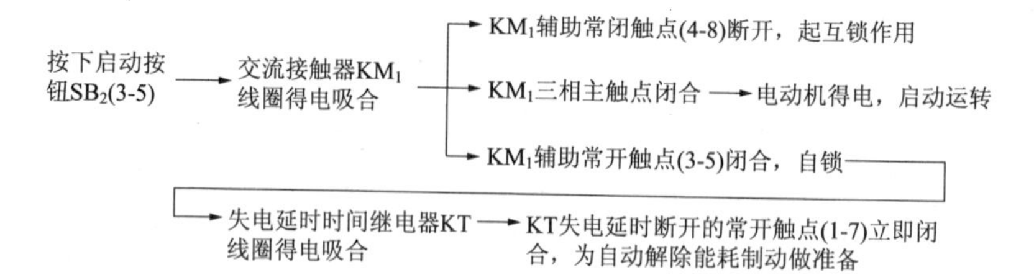

2. 能耗制动

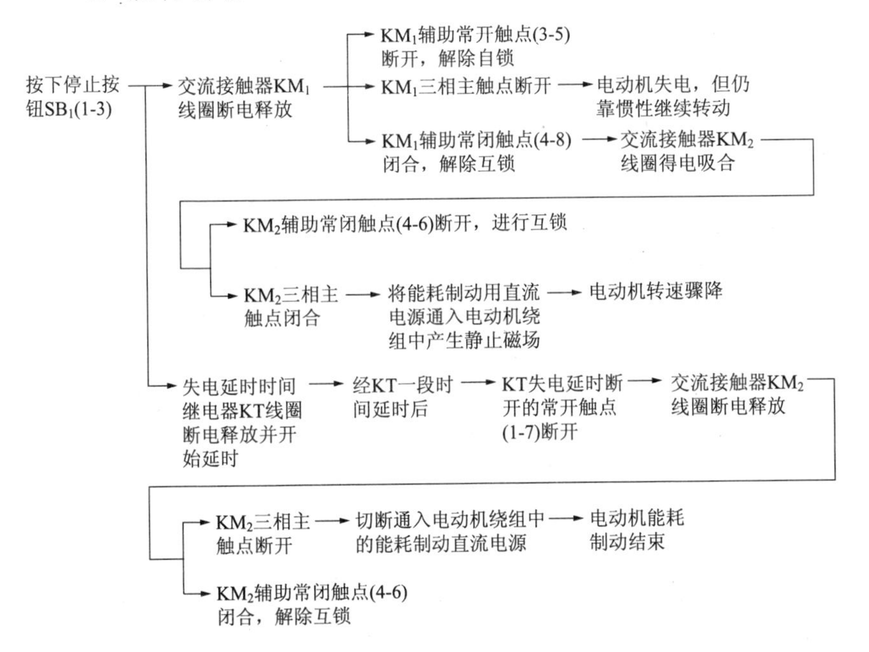

5.13 电容制动电动机控制电路(一)

电容制动电动机控制电路(一)如图5.13所示。

启动时，按下启动按钮 SB_2(3-5)，交流接触器 KM_1 线圈得电吸合，KM_1 辅助常开触点(3-5)闭合自锁，KM_1 三相主触点闭合，电动机得电运转工作。同时，KM_1 辅助常闭触点(9-11)断开，切断得电延时时间继电器 KT 和制动用交流接触器 KM_2 线圈回路电源，起到互锁作用。同时，KM_1 辅助常闭触点(1-15)断开，KM_1 辅助常开触点(1-19)闭合，指示灯 HL_1 灭、HL_2 亮，说明电动机已运转工作。

制动时，按下停止制动按钮 SB_1，SB_1 的一组常闭触点(1-3)断开，切断了交流接触器 KM_1 线圈回路电源，KM_1 线圈断电释放，KM_1 三相主触点断开，电动机脱离三相电源而处于自由停车状态，同时，SB_1 的另一组常开触点(1-9)闭合，接通了得电延时时间继电器 KT 和制动控制交流接触器 KM_2 线圈回路电源，KT、KM_2 线圈得电吸合且 KM_2 辅助常开触点(1-13)闭合自锁，KM_2 三相主触点闭合，将制动电容器 $C_1 \sim C_3$、电阻

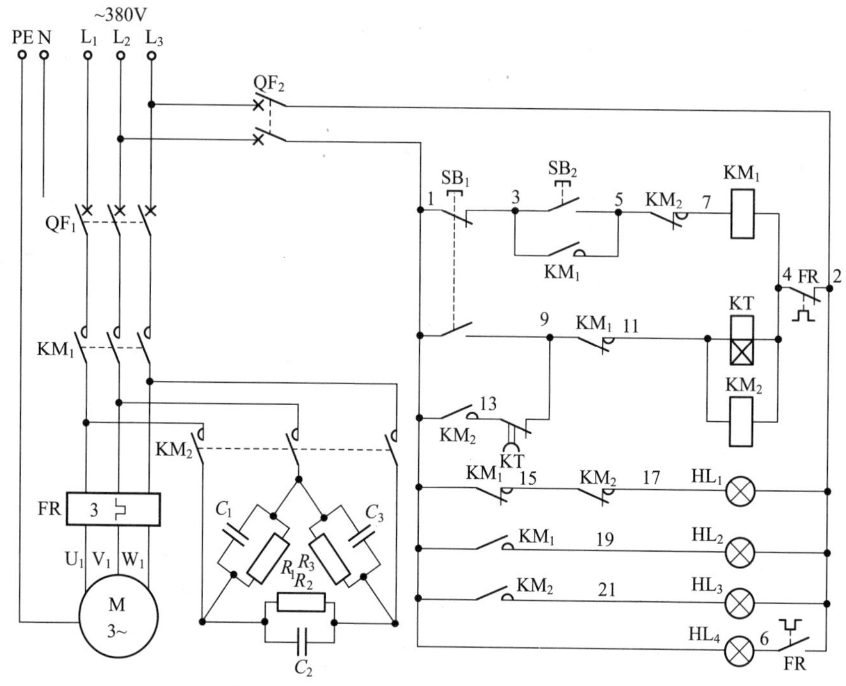

图 5.13　电容制动电动机控制电路(一)

器 $R_1 \sim R_3$ 连接于电动机绕组中。在制动电容器投入后,电动机的转子仍靠惯性继续转动,有剩磁存在,从而使定子绕组产生感应电动势,对电容器进行充电,这样在 RC 的阻抗内有大量的热能被迅速消耗,产生一个与旋转方向相反的制动力矩,使电动机的转子迅速停止下来,起到制动作用。

在按下停止按钮 SB_1 时,得电延时时间继电器 KT 和交流接触器 KM_2 线圈得电吸合,KM_2 辅助常开触点(1-13)闭合自锁,KT 开始延时。经 KT 一段延时后,KT 得电延时断开的常闭触点(9-13)断开,切除 KT 及 KM_2 线圈回路电源,KM_2 三相主触点断开,制动过程结束。在制动过程中,制动指示灯 HL_2 亮,表示电动机正在进行制动。

5.14　电容制动电动机控制电路(二)

电容制动电动机控制电路(二)如图 5.14 所示。

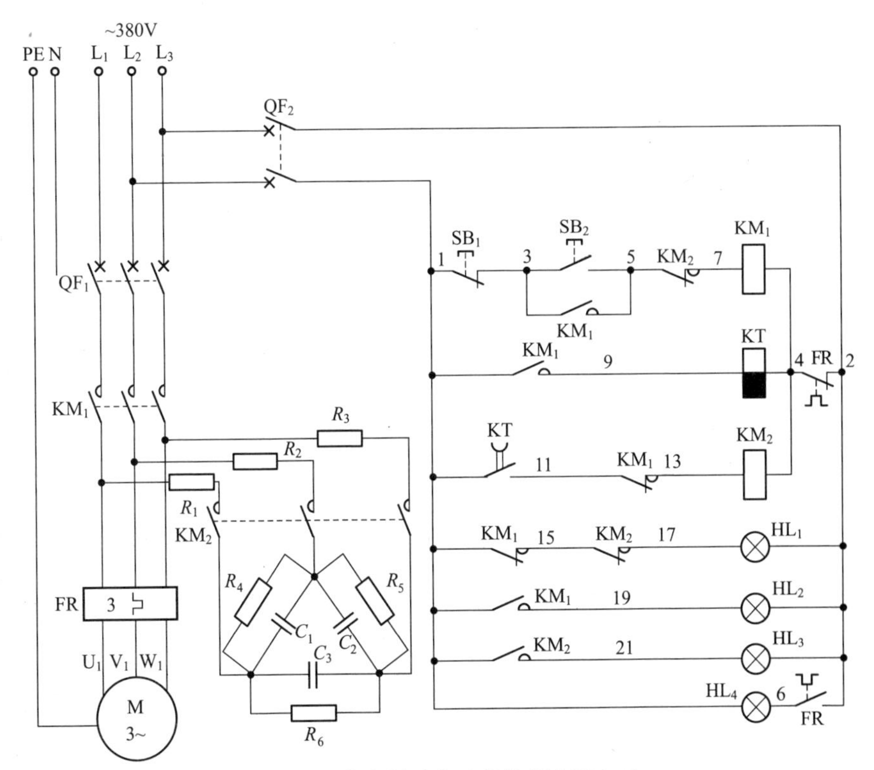

图 5.14　电容制动电动机控制电路(二)

启动时,按下启动按钮 SB_2(3-5),交流接触器 KM_1 线圈得电吸合且 KM_1 辅助常开触点(3-5)闭合自锁,KM_1 三相主触点闭合,电动机得电运转工作。同时,KM_1 辅助常闭触点(11-13)断开,切断了制动交流接触器 KM_2 线圈回路电源,起到互锁作用;KM_1 辅助常开触点(1-9)闭合,接通失电延时时间继电器 KT 线圈回路电源,KT 线圈得电吸合,KT 失电延时断开的常开触点(1-11)立即闭合,为电动机停止制动做准备工作;KM_1 辅助常闭触点(1-15)断开,KM_1 辅助常开触点(1-19)闭合,指示灯 HL_1 灭、HL_2 亮,说明电动机已启动运转了。

制动时,按下停止按钮 SB_1(1-3),交流接触器 KM_1 线圈断电释放,KM_1 三相主触点断开,电动机脱离三相电源而处于惯性自由停机状态。此时,由于 KM_1 辅助常闭触点(11-13)恢复常闭,使制动交流接触器 KM_2 线圈投入工作,KM_2 三相主触点闭合,将 *RC* 制动电路接入电动机绕组进行制动。同时 KM_1 辅助常开触点(1-9)断开,切断失电延时时间继电器 KT 线圈回路电源，失电延时时间继电器 KT 线圈断电释放，并开始延时。指示灯 HL_2 灭、HL_3 亮，表示正在进行制动。

经 KT 一段延时后，KT 失电延时断开的常开触点(1-11)断开，切断了制动交流接触器 KM_2 线圈回路电源，KM_2 线圈断电释放，KM_2 三相主触点断开，解除制动，制动过程结束。

5.15 电磁抱闸制动控制电路

电磁抱闸制动控制电路如图 5.15 所示。

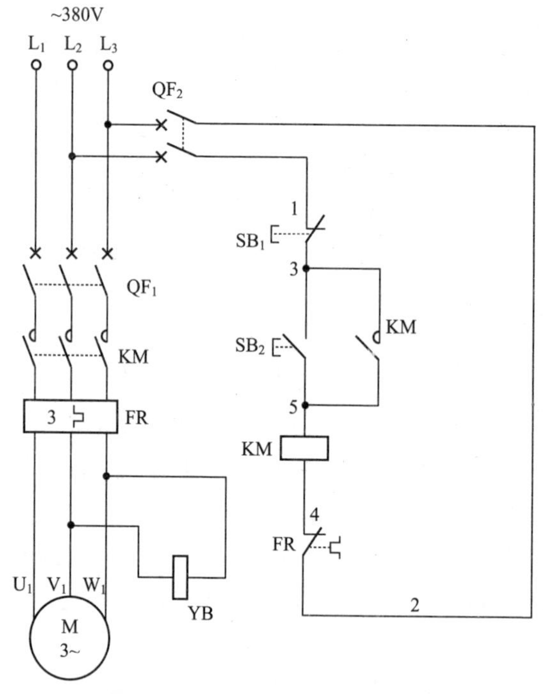

图 5.15 电磁抱闸制动控制电路

1. 启动运转

合上主回路断路器 QF_1，主回路通入三相交流 380V 电源，为电动机启动运转做准备。合上控制回路断路器 QF_2，控制回路通入从 L_2、L_3 相上引出的单相交流 380V 电源，为控制回路工作做准备。按下启动按钮 SB_2，其常开触点(3-5)闭合。启动按钮 SB_2 常开触点(3-5)闭合，接通了交流接触器 KM 线圈回路电源,KM 线圈得电吸合。交流接触器 KM 线圈得电吸合时,KM 辅助常开触点(3-5)闭合,起到自锁作用。交流接触器 KM 线圈得电吸合时,KM 三相主触点闭合,电磁抱闸 YB 线圈得电松闸打开,同时电动机得电启动运转,拖动设备运转工作。

至此,完成对电动机的启动运转控制。

2. 停　止

按下停止按钮 SB_1,其常闭触点(1-3)断开。停止按钮 SB_1 常闭触点(1-3)断开,切断了交流接触器 KM 线圈回路电源,KM 线圈断电释放。交流接触器 KM 线圈断电释放时,KM 三相主触点断开,切断了电动机三相电源而使其停止运转,同时电磁抱闸 YB 线圈失电,抱闸抱住电动机转轴对电动机进行制动。交流接触器 KM 线圈断电释放时,KM 辅助常开触点(3-5)断开,恢复原始常开状态,解除自锁。

至此,完成对电动机的停止控制。

5.16 改进后的电磁抱闸制动控制电路

改进后的电磁抱闸制动控制电路如图 5.16 所示。

1. 启　动

合上主回路断路器 QF_1,主回路通入三相交流 380V 电源,为电动机启动运转做准备。合上控制回路断路器 QF_2,控制回路通入从 L_2、L_3 相上引出的单相交流 380V 电源,为控制回路工作做准备。合上制动回路断路器 QF_3,制动回路通入从 L_2、L_3 相上引出的单相交流 380V 电源,为制动回路工作做准备。按下启动按钮 SB_2,其常开触点(3-5)闭合。启动按钮 SB_2 常开触点(3-5)闭合,接通了交流接触器 KM_1 线圈回路电源,KM_1 线圈得电吸合。交流接触器 KM_1 线圈得电吸合时,KM_1 三相主触点闭合,电磁抱闸线圈 YB 得电松闸打开。在按下启动按钮 SB_2 的同时,SB_2 常开触点(3-5)闭合,交流接触器 KM_2 线圈在交流接触器 KM_1 辅助常开触点(5-7)(已闭合)的作用下得电吸合。交流接触器 KM_2 线圈得电吸合时,KM_2 辅助常开触点(3-5)闭合,起到自锁作用。交流接触器 KM_2 线圈得电吸合时,KM_2 三相主触点闭合,电动机得电启动运转,拖动设备运转工作。

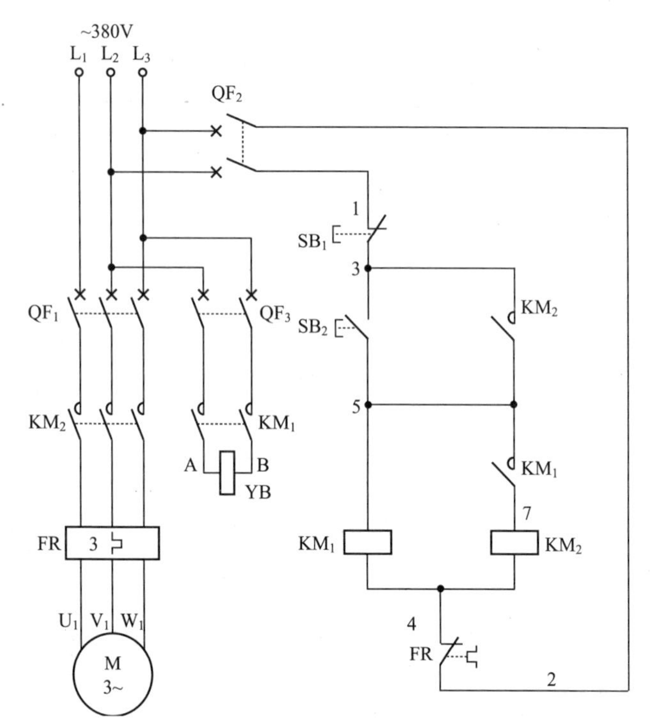

图 5.16　改进后的电磁抱闸制动控制电路

至此，完成对电动机的启动运转控制。

2. 停　止

按下停止按钮 SB_1，其常闭触点(1-3)断开。停止按钮 SB_1 常闭触点(1-3)断开，切断了交流接触器 KM_1 线圈回路电源，KM_1 线圈断电释放。交流接触器 KM_1 线圈断电释放时，KM_1 三相主触点断开，电动机失电停止运转。交流接触器 KM_1 线圈断电释放时，KM_1 辅助常开触点(5-7)断开，恢复原始常开状态，切断了交流接触器 KM_2 线圈回路电源，KM_2 线圈断电释放。交流接触器 KM_2 线圈断电释放时，KM_2 三相主触点断开，切断电磁抱闸线圈 YB 电源，电磁抱闸线圈 YB 失电，抱闸抱住电动机转轴，电动机制动停止。交流接触器 KM_2 线圈断电释放时，KM_2 辅助常开触点(3-5)断开，恢复原始常开状态，解除自锁。

至此，完成对电动机的停止控制。

5.17 不用速度继电器的单向反接制动控制电路(一)

反接制动通常采用速度继电器进行控制，本电路是模拟速度继电器来完成反接制动控制的(图 5.17)。也就是说，在电动机运转电源切除后，再给电动机短时间(1～2s)施加一个反向电源，电动机立即被反接制动而停止。

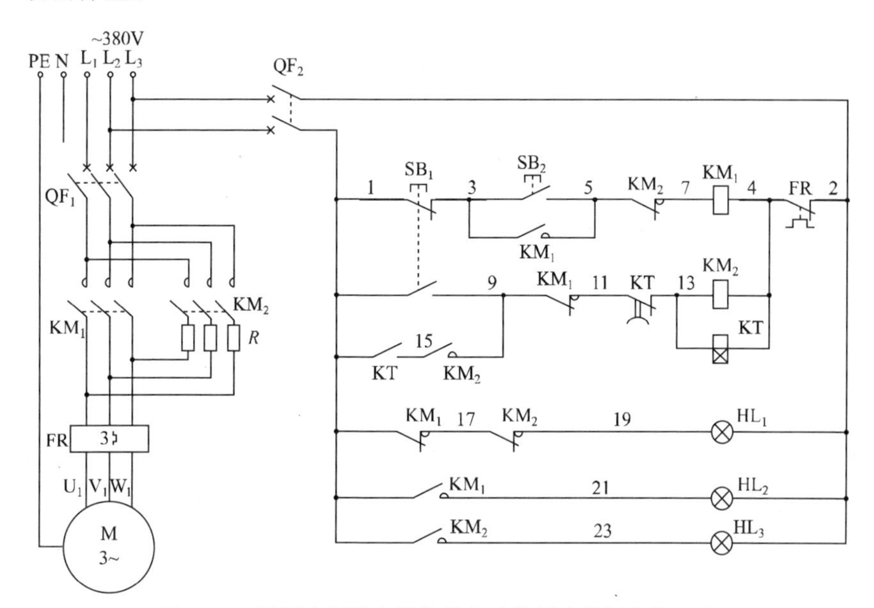

图 5.17 不用速度继电器的单向反接制动控制电路(一)

1. 启　动

启动时按下启动按钮 SB_2(3-5)，交流接触器 KM_1 线圈得电吸合且 KM_1 辅助常开触点(3-5)闭合自锁，KM_1 三相主触点闭合，电动机得电启动运转；同时 KM_1 串联在交流接触器 KM_2 线圈回路中的辅助常闭触点(9-11)断开，起互锁保护作用。与此同时，KM_1 辅助常闭触点(1-17)断开，指示灯 HL_1 灭，KM_1 辅助常开触点(1-21)闭合，指示灯 HL_2 亮，说明电动机已启动运转了。

2. 反接制动

当电动机启动运转后，欲进行反接制动，则将停止按钮 SB_1 按到底，

首先 SB_1 的一组常闭触点(1-3)断开,切断交流接触器 KM_1 线圈回路电源,KM_1 线圈断电释放,KM_1 三相主触点断开,电动机失电但仍靠惯性继续转动;在按下停止按钮 SB_1 的同时,SB_1 的另一组常开触点(1-9)闭合,接通了交流接触器 KM_2 和得电延时时间继电器 KT 线圈回路电源,KM_2、KT 线圈得电吸合,KM_2 辅助常开触点(9-15)和 KT 不延时瞬动常开触点(1-15)均闭合,二者串联组成自锁,KT 开始延时,KM_2 三相主触点闭合,电动机得以反转电源而反向运转,经 KT 一段延时(1～2s)后,KT 得电延时断开的常闭触点(11-13)断开,切断了 KM_2、KT 线圈回路电源,KM_2、KT 线圈断电释放,KM_2 三相主触点断开,电动机失电后被迅速制动停止。同时,KM_2 串联在 KM_1 线圈回路中的辅助常闭触点(5-7)断开,起互锁保护作用;与此同时,运转指示灯 HL_2 灭,反接制动指示灯 HL_3 亮,制动结束后,反接制动指示灯 HL_3 灭,电动机停止兼电源指示灯 HL_1 亮,说明电动机已失电停止运转了。

3. 自由停机

当电动机启动运转后,欲停止(不需要进行反接制动)时,则轻轻按下停止按钮 SB_1(1-3),交流接触器 KM_1 线圈断电释放,KM_1 三相主触点断开,电动机失电仍靠惯性继续运转一会儿,为自由停机状态。

5.18 不用速度继电器的单向反接制动控制电路(二)

本电路启动时串入电阻器进行降压启动,而停止时则将电阻器再串入反接制动电路中进行反接制动控制(图 5.18)。

启动时,按下启动按钮 SB_2(5-7),交流接触器 KM_1 和得电延时时间继电器 KT_1 线圈得电吸合且 KM_1 辅助常开触点(5-7)闭合自锁,KT_1 开始延时,KM_1 三相主触点闭合,电动机得电串入电阻器 R 进行降压启动;经 KT_1 一段延时后,KT_1 得电延时闭合的常开触点(7-9)闭合,接通交流接触器 KM_3 线圈回路电源,KM_3 线圈得电吸合,KM_3 三相主触点闭合,将串入电动机绕组回路中的三只电阻器 R 分别短接起来,电动机得以全压正常运转。

停止时,按下停止按钮 SB_1,SB_1 的一组常闭触点(3-5)断开,切断交

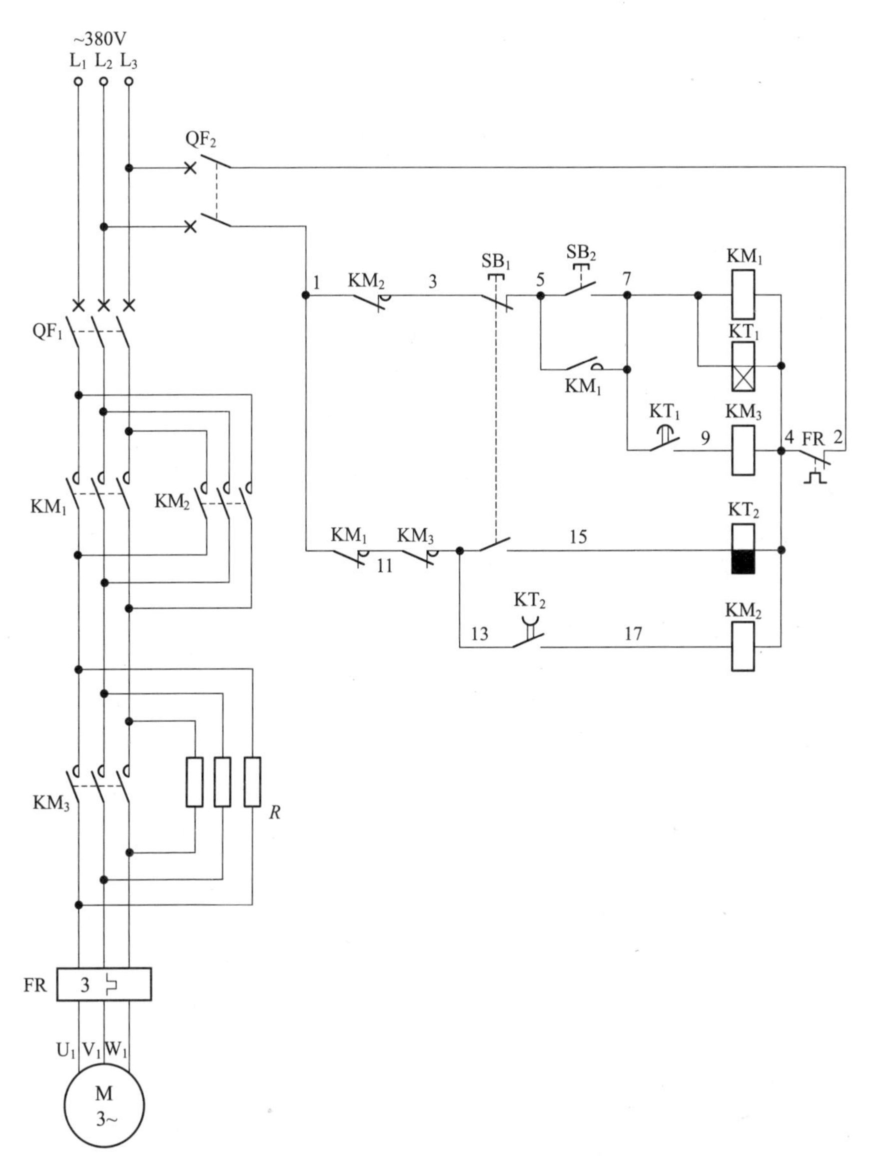

图 5.18 不用速度继电器的单向反接制动控制电路(二)

流接触器 KM_1、KM_3 和得电延时时间继电器 KT_1 线圈回路电源，KM_1、KM_3 各自的三相主触点断开，电动机失电但仍靠惯性转动。在 SB_1 按下的同时，SB_1 的另一组常开触点(13-15)闭合后断开，失电延时时间继电器 KT_2 线圈得电吸合后又断电释放，KT_2 失电延时断开的常开触点(13-

17)立即闭合，KT_2 开始延时。此时，交流接触器 KM_2 线圈得电吸合，KM_2 三相主触点闭合，电动机串入电阻器 R 立即反转运转，使电动机由正转立即改变为反转而迅速制动，经 KT_2 一段延时后，KT_2 失电延时断开的常开触点(13-17)断开，切断交流接触器 KM_2 线圈回路电源，KM_2 线圈断电释放，KM_2 三相主触点断开，解除电动机反接制动电源，反接制动结束。

5.19 不用速度继电器的单向反接制动控制电路(三)

不用速度继电器的单向反接制动控制电路(三)如图 5.19 所示。

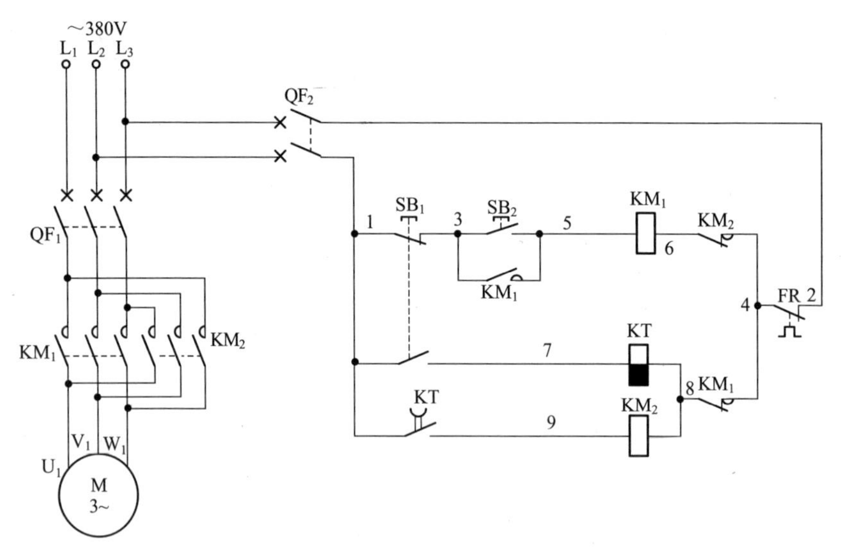

图 5.19 不用速度继电器的单向反接制动控制电路(三)

1. 启 动

启动时，按下启动按钮 SB_2(3-5)，交流接触器 KM_1 线圈得电吸合且 KM_1 辅助常开触点(3-5)闭合自锁，KM_1 串联在 KM_2、KT 线圈回路中的辅助常闭触点(4-8)断开，起互锁作用；与此同时，KM_1 三相主触点闭合，电动机得电启动运转。

2. 制 动

制动时，按下停止按钮 SB_1 按到底，首先 SB_1 的一组常闭触点(1-3)断开，切断交流接触器 KM_1 线圈回路电源，KM_1 线圈断电释放，KM_1 三相主触点断开，电动机失电但仍靠惯性继续转动。在 KM_1 线圈断电释放时，KM_1 辅助常闭触点(4-8)恢复原始常闭状态，为接通反接制动交流接触器 KM_2 线圈回路做准备。此时，SB_1 的另一组常开触点(1-7)闭合，接通失电延时时间继电器 KT 线圈回路电源，KT 线圈得电吸合，KT 失电延时断开的常开触点(1-9)立即闭合，接通交流接触器 KM_2 线圈回路电源，KM_2 辅助常闭触点(4-6)断开，起互锁作用；同时，KM_2 三相主触点闭合，将电源相序改变了，电动机得以反相序电源而反向运转，电动机转速骤降，起到反接制动作用。松开停止按钮 SB_1，其常闭触点(1-3)恢复常闭，其常开触点(1-7)恢复常开，使失电延时时间继电器 KT 线圈断电释放，并开始延时。经 KT 一段延时后，KT 串联在交流接触器 KM_2 线圈回路中的失电延时断开的常开触点(1-9)断开，切断交流接触器 KM_2 线圈回路电源，KM_2 线圈断电释放，KM_2 三相主触点断开，电动机失去反转电源，反接制动过程结束。电路中 KT 的延时时间设定为 1～2s 即可。

5.20 不用速度继电器的双向反接制动控制电路

不用速度继电器的双向反接制动控制电路如图 5.20 所示。

1. 正转启动

按下正转启动按钮 SB_2(3-5)，交流接触器 KM_1 和失电延时时间继电器 KT_1 线圈得电吸合且 KM_1 辅助常开触点(3-5)闭合自锁，KM_1 三相主触点闭合，电动机得电正转启动运转。同时 KT_1 失电延时闭合的常闭触点(17-19)立即断开，起互锁作用，KT_1 失电延时断开的常开触点(15-19)立即闭合，为正转反接制动提供准备条件。

2. 正转反接制动

按下停止按钮 SB_1 后又松开，SB_1 的一组常闭触点(1-3)断开，切断交流接触器 KM_1、失电延时时间继电器 KT_1 线圈回路电源，KM_1、KT_1 线圈断电释放且 KT_1 开始延时，KM_1 三相主触点断开，电动机正转失电但仍靠惯性继续转动；SB_1 的另一组常开触点(1-23)闭合又断开，失电延

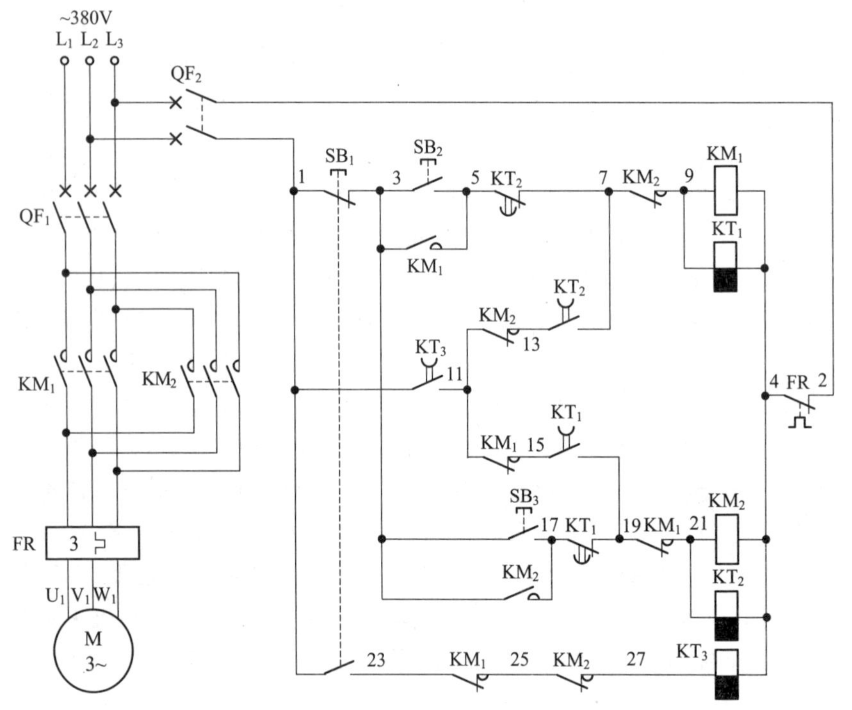

图 5.20 不用速度继电器的双向反接制动控制电路

时时间继电器 KT_3 线圈得电吸合后又断电释放，KT_3 失电延时断开的常开触点(1-11)立即闭合，KT_3 开始延时，此时交流接触器 KM_2 和失电延时时间继电器 KT_2 线圈得电吸合，KM_2 三相主触点闭合，电动机立即得电反转启动运转，使电动机转速骤降而制动，起到正转反接制动作用，同时 KT_2 失电延时断开的常开触点(7-13)闭合，经 KT_3、KT_1 两只失电延时时间继电器延时后，其失电延时断开的常开触点(1-11、15-19)断开，切断交流接触器 KM_2 和失电延时时间继电器 KT_2 线圈回路电源，KM_2、KT_2 线圈断电释放且 KT_2 开始延时。与此同时，KT_3 失电延时断开的常开触点(1-11)已断开，所以 KT_2 的失电延时断开的常开触点(7-13)未延时完毕，仍处于闭合状态，在正转反接制动时无效，此触点只有在反转反接制动时才起作用。

3. 反转启动

按下反转启动按钮 SB_3(3-17)，交流接触器 KM_2 和失电延时时间继电器 KT_2 线圈得电吸合且 KM_2 辅助常开触点(3-17)闭合自锁，KM_2 三相主触点闭合，电动机得电反转启动运转。同时 KT_2 失电延时闭合的常闭触点（5-7）立即断开，起互锁作用，KT_2 失电延时断开的常开触点(7-13)立即闭合，为反转反接制动提供准备条件。

4. 反转反接制动

按下停止按钮 SB_1 后又松开，SB_1 的一组常闭触点（1-3）断开，切断交流接触器 KM_2、失电延时时间继电器 KT_2 线圈回路电源，KM_2、KT_2 线圈断电释放且 KT_2 开始延时，KM_2 三相主触点断开，电动机反转失电但仍靠惯性继续转动；SB_1 的另一组常开触点（1-23）闭合又断开，失电延时时间继电器 KT_3 线圈得电吸合后又断电释放，KT_3 失电延时断开的常开触点(1-11)立即闭合，KT_3 开始延时，此时交流接触器 KM_1 和失电延时时间继电器 KT_1 线圈得电吸合，KM_1 三相主触点闭合，电动机立即得电正转启动运转，使电动机转速骤降而制动，起到反转反接制动作用。同时，KT_1 失电延时断开的常开触点（15-19）闭合，经 KT_3、KT_2 两只失电延时时间继电器延时后，其失电延时断开的常开触点（1-11、7-13）均断开，切断交流接触器 KM_1 和失电延时时间继电器 KT_1 线圈回路电源，KM_1、KT_1 线圈断电释放且 KT_1 开始延时，因为此时 KT_3 失电延时断开的常开触点(1-11)已断开，所以 KT_1 的失电延时断开的常开触点（15-19）未延时完毕仍处于闭合状态，在反转反接制动时无效，此触点只有在正转反接制动时才起作用。图 5.29 中，KT_1、KT_2、KT_3 的延时时间可根据实际情况而定，通常为 1～2s，三只失电延时时间继电器延时时间设置必须相同。

5.21 不用速度继电器的电动机可逆反接制动控制电路

不用速度继电器的电动机可逆反接制动控制电路如图 5.21 所示。

正转启动时，按下正转启动按钮 SB_2（3-5），正转交流接触器 KM_1 和失电延时时间继电器 KT_1 线圈得电吸合，且 KM_1 辅助常开触点（3-5）闭合自锁；KM_1 串联在反转交流接触器 KM_2 和失电延时时间继电器 KT_2 线圈回路中的辅助常闭触点（19-21）断开，起互锁保护作用，KM_1 和 KT_1 分别串联在制动中间继电器 KA 和得电延时时间继电器的 KT_3 线圈回

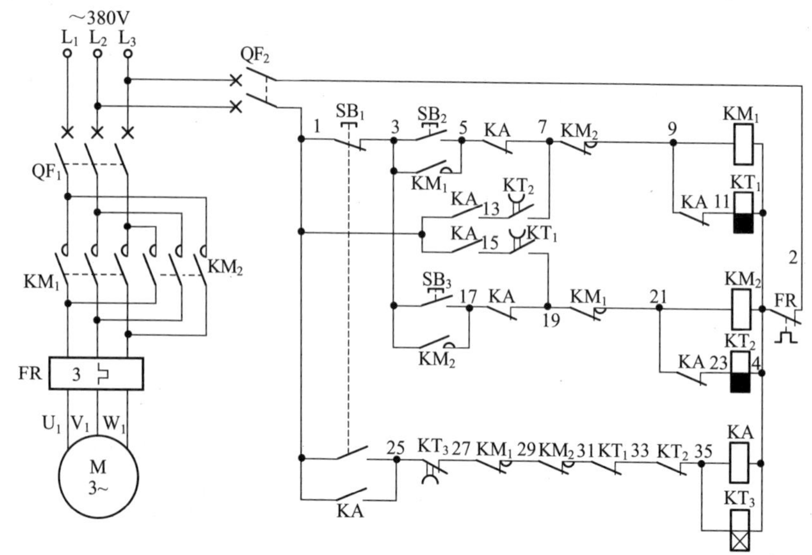

图 5.21 不用速度继电器的电动机可逆反接制动控制电路

路中常闭触点(27-29、31-33)均断开,起到互锁保护保用;KT_1 失电延时断开的常开触点(15-19)立即闭合,为正转反接制动做准备;与此同时,KM_1 三相主触点闭合,电动机得电正转启动运转。

正转反接制动时,将停止按钮 SB_1 按到底,SB_1 的一组常闭触点(1-3)首先断开,切断正转交流接触器 KM_1 和失电延时时间继电器 KT_1 线圈回路电源,KM_1 和 KT_1 线圈断电释放,KT_1 开始延时;KM_1 串联在反转交流接触器 KM_2 线圈回路中的辅助常闭触点(19-21)恢复常闭,为正转反接制动做准备;KM_1 和 KT_1 串联在制动中间继电器和得电延时时间继电器 KT_3 线圈回路中的常闭触点(27-29、21-33)恢复常闭,为反接制动做准备;此时,KM_1 三相主触点断开,电动机正转失电但仍靠惯性继续转动。与此同时,SB_1 的另一组常开触点(1-25)闭合,接通了反接制动中间继电器 KA 和得电延时时间继电器 KT_3 线圈回路电源,KA 和 KT_3 线圈得电吸合且 KA 常开触点(1-25)闭合自锁,KT_3 开始延时;此时 KA 的两组常闭触点(5-7、17-19)断开,KA 的另外两组常开触点(1-13、1-15)闭合,这样,反转交流接触器 KM_2 和失电延时时间继电器 KT_2 线圈得电吸合,KM_2 三相主触点闭合,电动机得电反转启动,使电动机被迅速反接制动而使速度骤降,起到正转反接制动作用,经 KT_1 一段延时后,KT_1 失电延时断开的常开触点(15-19)断开,切断反转交流接触器 KM_2 和失电延

时时间继电器 KT_2 线圈回路电源，KM_2 和 KT_2 线圈断电释放，KM_2 三相主触点断开，电动机反转失电停止运转，解除正转反接制动；与此同时，经 KT_3 一段延时后，KT_3 得电延时断开的常闭触点(25-27)断开，切断了制动中间继电器 KA 和得电延时时间继电器 KT_3 线圈回路电源，KA 所有触点恢复原始状态，正转反接制动过程结束。

反转启动时，按下反转启动按钮 SB_3(3-17)，反转交流接触器 KM_2 和失电延时时间继电器 KT_2 线圈得电吸合且 KM_2 辅助常开触点(3-17)闭合自锁；KM_3 串联在正转交流接触器 KM_1 和失电延时时间继电器 KT_1 线圈回路中的辅助常闭触点(7-9)断开，起互锁保护作用；KM_2 和 KT_2 分别串联在制动中间继电器 KA 和得电延时时间继电器的 KT_3 线圈回路中常闭触点(29-31、33-35)均断开，起到互锁保护保用；KT_2 失电延时断开的常开触点(7-13)立即闭合，为反转反接制动做准备；与此同时，KM_2 三相主触点闭合，电动机得电反转启动运转。

反转反接制动时，将停止按钮 SB_1 按到底，SB_1 的一组常闭触点(1-3)首先断开，切断反转交流接触器 KM_2 和失电延时时间继电器 KT_2 线圈回路电源，KM_2 和 KT_2 线圈断电释放，KT_2 开始延时；KM_2 串联在正转交流接触器 KM_1 线圈回路中的辅助常闭触点(7-9)恢复常闭，为反转反接制动做准备；KM_2 和 KT_2 串联在制动中间继电器 KA 和得电延时时间继电器 KT_3 线圈回路中的辅助常闭触点(29-31、33-35)恢复常闭，为反接制动做准备；此时，KM_2 三相主触点断开，电动机反转失电但仍靠惯性继续转动。与此同时，SB_1 的另一组常开触点(1-25)闭合，接通了反接制动中间继电器 KA 和得电延时时间继电器 KT_3 线圈回路电源，KA 和 KT_3 线圈得电吸合且 KA 常开触点(1-25)闭合自锁，KT_3 开始延时；此时 KA 的两组常闭触点(5-7、17-19)断开，KA 的另外两组常开触点(1-13、1-15)闭合，这样，正转交流接触器 KM_1 和失电延时时间继电器 KT_1 线圈得电吸合，KM_1 三相主触点闭合，电动机得电正转启动，从而使电动机被迅速反接制动而使速度骤降，起到反转反接制动作用，经 KT_2 一段延时后，KT_2 失电延时断开的常开触点(7-13)断开，切断正转交流接触器 KM_1 和失电延时时间继电器 KT_1 线圈回路电源，KM_1 和 KT_1 线圈断电释放，KM_1 三相主触点断开，电动机正转失电停止运转，解除反转反接制动；与此同时，经 KT_3 一段延时后，KT_3 得电延时断开的常闭触点(25-27)断开，切断了制动中间继电器 KA 和得电延时时间继电器 KT_3 线圈回路电源，KA 所有触点恢复原始状态，反转反接制动过程结束。

5.22 串电阻启动及串电阻制动的正反转反接制动控制电路

串电阻启动及串电阻制动的正反转反接制动控制电路如图 5.22 所示。

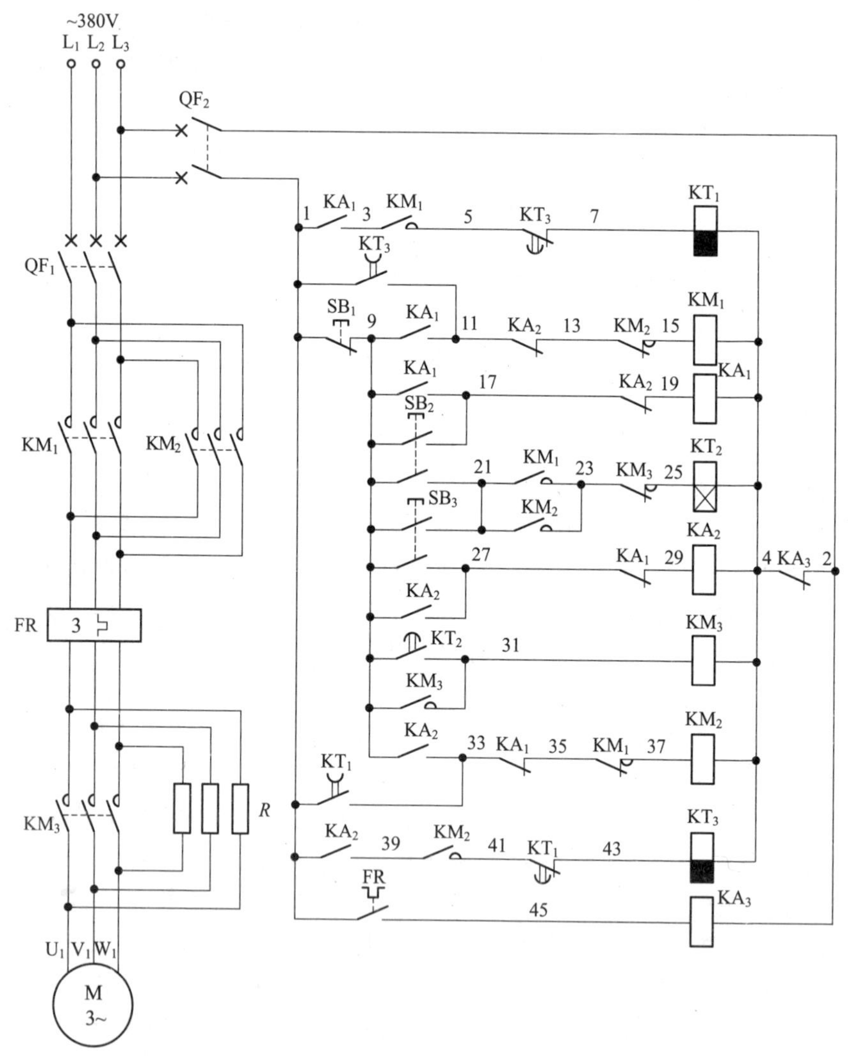

图 5.22 串电阻启动及串电阻制动的正反转反接制动控制电路

5.23 具有自励发电和短接功能的制动控制电路

具有自励发电和短接功能的制动控制电路如图5.23所示。从图5.23可以看出，交流接触器KM_2三相主触点闭合后，其L_1相通过R、C组成自励发电制动，而另外两相被短接起来为短接制动。从制动效果上看，自励发电制动效果较好，从电路难易程度上看，短接制动最为简单，两者组合在一起，效果极佳。但这种制动电路仅适合对3kW以下的小功率三相异步电动机进行制动。

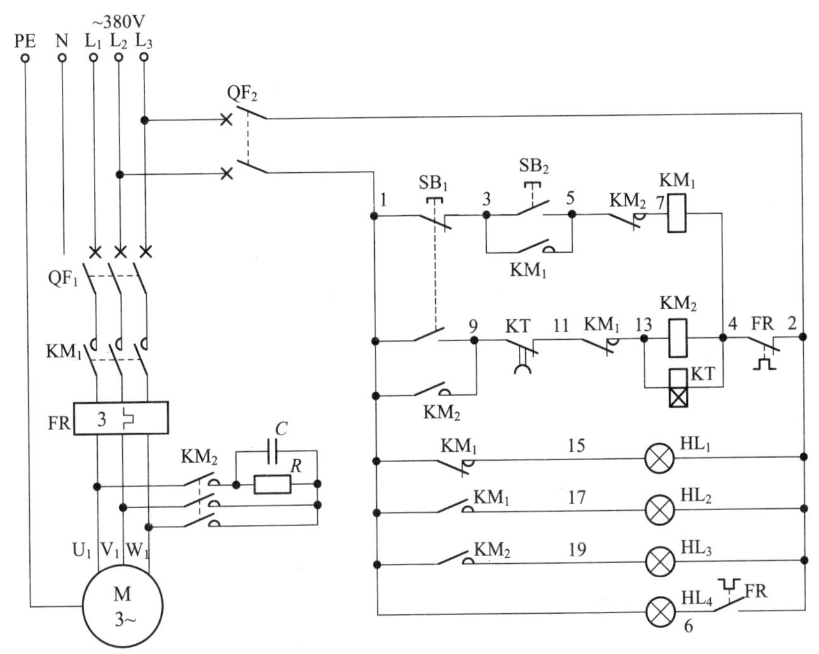

图5.23 具有自励发电和短接功能的制动控制电路

启动时，按下启动按钮SB_2(3-5)，交流接触器KM_1线圈得电吸合且KM_1辅助常开触点(3-5)闭合自锁，KM_1三相主触点闭合，电动机得电运转工作。同时KM_1串联在制动交流接触器KM_2和得电延时时间继电器KT线圈回路中的常闭触点(11-13)断开，起到互锁作用；KM辅助常闭触点(1-15)断开，指示灯HL_1灭，KM_1辅助常开触点(1-17)闭合，指示灯HL_2亮，说明电动机已启动运转了。

制动时，将停止兼作制动按钮SB_1按到底，SB_1的一组常闭触点(1-3)断开，切断了交流接触器 KM_1 线圈回路电源，KM_1 线圈断电释放，KM_1 三相主触点断开，电动机失电但仍靠惯性继续转动，处于自由停机状态。同时 SB_1 的另一组常开触点(1-9)闭合，制动交流接触器 KM_2 和制动用得电延时时间继电器 KT 线圈得电吸合且 KM_2 辅助常开触点(1-9)闭合自锁，KM_2 三相主触点闭合，将自励发电和短接制动电路接入电动机三相绕组，对电动机进行制动；此时制动用得电延时时间继电器 KT 开始延时，经 KT 一段延时后，其得电延时断开的常闭触点(9-11)断开，切断了交流接触器 KM_2 和得电延时时间继电器 KT 线圈回路电源，KM_2、KT 线圈断电释放，KM_2 三相主触点断开，制动结束并退出。在制动过程中指示灯 HL_1 亮，说明电动机已失电停止运转；指示灯 HL_3 亮，说明电动机正在进行制动。

5.24　采用不对称电阻的单向反接制动控制电路

采用不对称电阻的单向反接制动控制电路如图 5.24 所示。

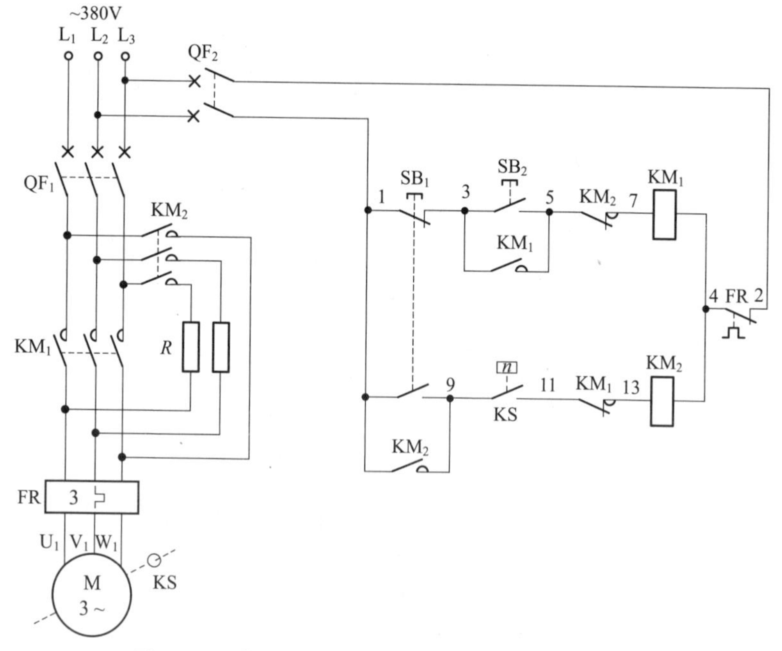

图 5.24　采用不对称电阻的单向反接制动控制电路

合上主回路断路器 QF_1、控制回路断路器 QF_2，为电路工作做准备。

1. 启　动

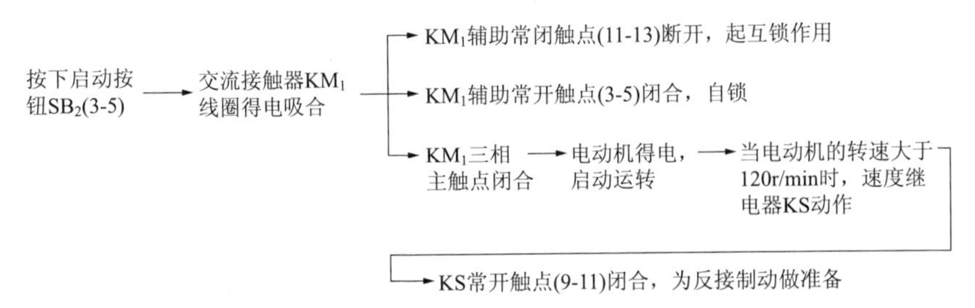

2. 反接制动

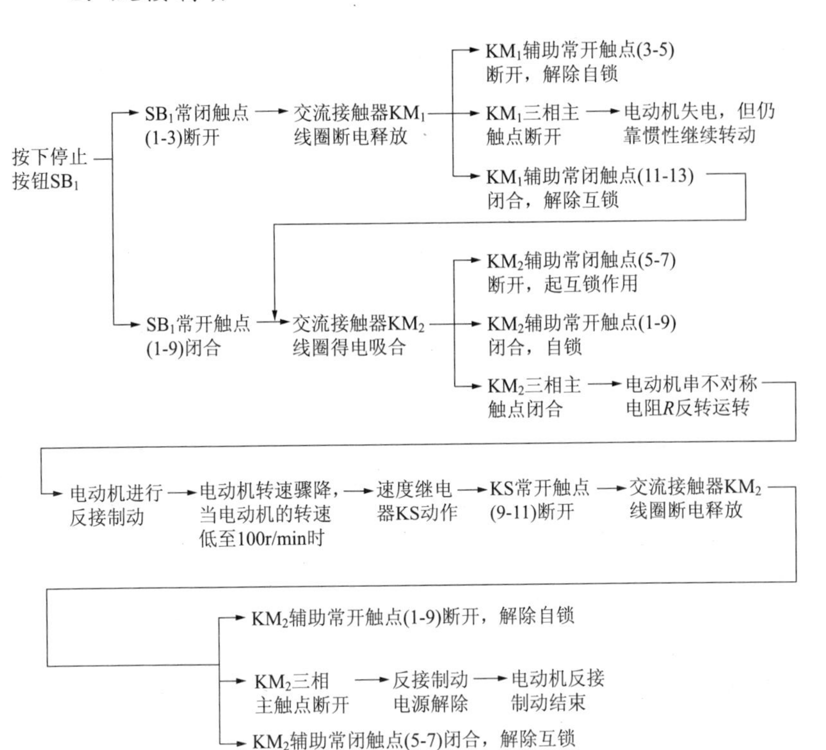

5.25 失电延时头配合接触器控制电动机单向能耗制动电路

失电延时头配合接触器控制电动机单向能耗制动电路如图5.25所示，启动时，按下启动按钮SB_2(3-5)，接通了带失电延时头的交流接触器KMT线圈回路电源，KMT线圈得电吸合且KMT辅助常开触点闭合自锁。在KMT线圈得电时，首先KMT串联在交流接触器KM线圈回路中的辅助常闭触点(9-11)先断开，切断KM线圈的回路电源，起到互锁保护作用；KMT失电延时断开的常开触点(1-9)立即闭合，为停止时能耗制动做准备。此时KMT三相主触点闭合，电动机得电启动运转。

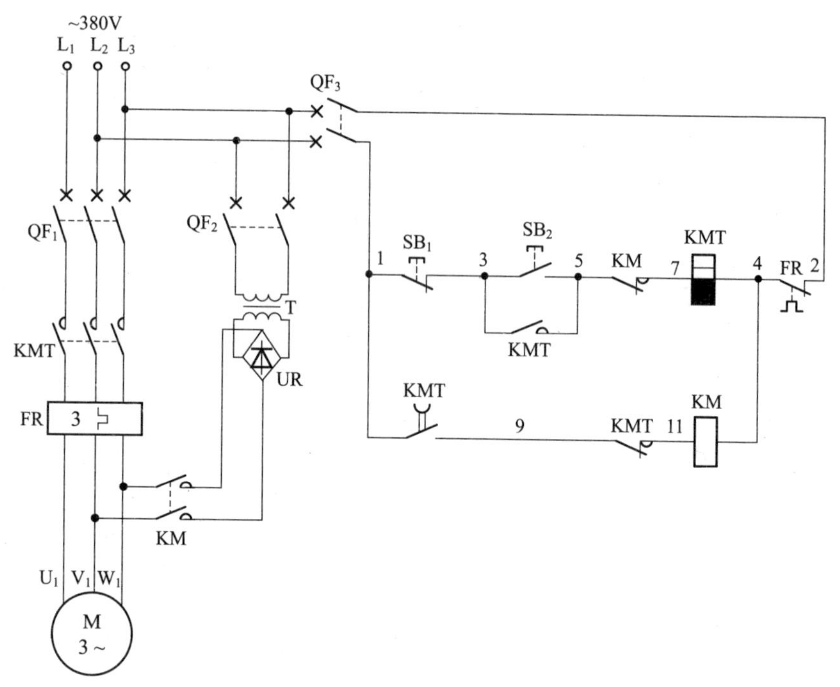

图5.25 失电延时头配合接触器控制电动机单向能耗制动电路

能耗制动时，按下停止按钮SB_1(1-3)，切断了带失电延时头的交流接触器KMT线圈的回路电源，KMT线圈断电释放，KMT开始延时，KMT三相主触点断开，电动机失电但仍靠惯性继续转动。当KMT线圈断电释放时，KMT串联在交流接触器KM线圈回路中的互锁保护辅助常闭触点(9-11)恢复常闭，接通了 KM 线圈的回路电源，KM 线圈得电吸合，KM 三相主触点闭合，接通通入电动机绕组内的直流电源，使电动机绕组内产生一静止制动磁场，电动机在静止制动磁场的作用下被迅速制动停止。经 KMT 一段延时后，KMT 失电延时断开的常开触点(1-9)断开，切断了 KM 线圈的回路电源，KM 线圈断电释放，KM 三相主触点断开，解除了通入电动机绕组内的直流电源，能耗制动结束。

第6章

顺序控制电路

6.1 主机、辅机单机/联机控制电路

有的设备主机、辅机在开机或停止时是有顺序要求的，即开机时，先启动辅机，再自动启动主机；而在停机时则相反，必须先停止主机后延时自动停止辅机。但根据工艺要求有时不需要联机，可单独对主机、辅机进行启停控制。图6.1所示的主机、辅机单机/联机控制电路就是根据以上要求设计的。

1. 手动启动辅机

将单机/联机选择开关SA置于单机位置，这样，中间继电器KA线圈不工作，其所有触点处于原始状态。此时，按下辅机启动按钮SB_2(11-13)，辅机交流接触器KM_1线圈得电吸合且KM_1辅助常开触点(11-13)闭合自锁，KM_1三相主触点闭合，辅机电动机M_1得电启动运转。同时KM_1辅助常闭触点(15-23)断开，指示灯HL_1灭，KM_1辅助常开触点(1-25)闭合，指示灯HL_2亮，说明辅机电动机M_1已启动运转了。

2. 手动停止辅机

欲停止辅机电动机，只需按下辅机停止按钮SB_1(1-9)，交流接触器KM_1线圈就会断电释放，其三相主触点断开，辅机电动机M_1脱离三相交流电源而停止运转；同时KM_1辅助常开触点(15-25)断开，指示灯HL_2灭，KM_1辅助常闭触点(15-23)闭合，指示灯HL_1亮，说明辅机电动机M_1已停止运转了。

3. 手动启动主机

将单机/联机选择开关SA置于单机位置，这样，中间继电器KA线

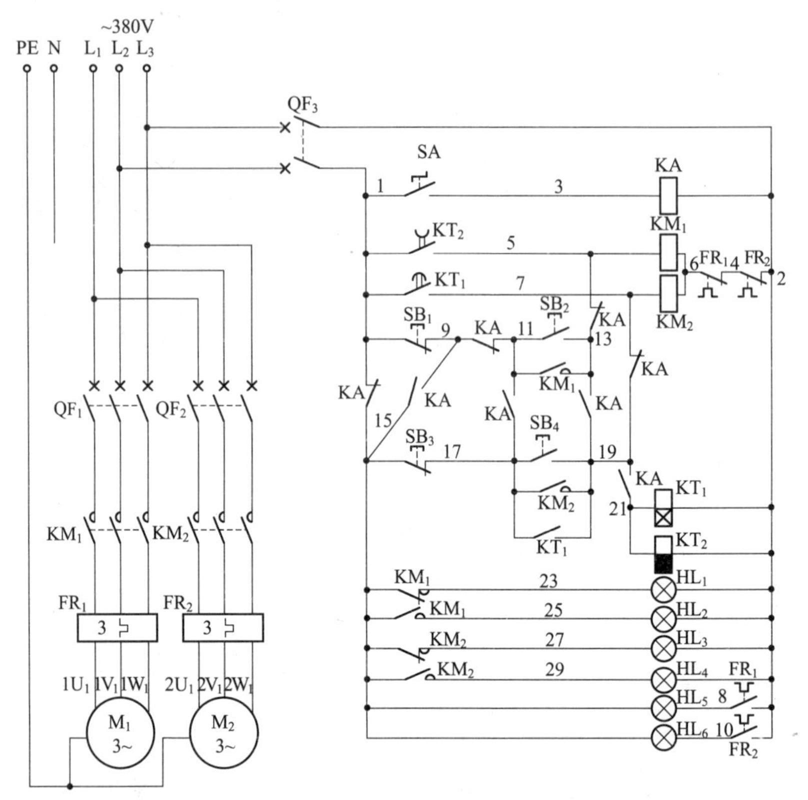

图 6.1 主机、辅机单机/联机控制电路

圈不工作，其所有触点处于原始状态。此时按下主机启动按钮 SB_4(17-19)，主机交流接触器 KM_2 线圈得电吸合且 KM_2 辅助常开触点(17-19)闭合自锁，KM_2 三相主触点闭合，主机电动机 M_2 得电启动运转。同时，KM_2 辅助常闭触点(15-27)断开，指示灯 HL_3 灭，KM_2 辅助常开触点(15-29)闭合，指示灯 HL_4 亮，说明主机电动机 M_2 已启动运转了。

4．手动停止主机

欲停止主机电动机，只需按下主机停止按钮 SB_3(15-17)即可。那么交流接触器 KM_2 线圈就会断电释放，其三相主触点断开，主机电动机 M_2 脱离三相交流电源而停止运转，同时 KM_2 辅助常开触点(15-29)断开，指示灯 HL_4 灭，KM_2 辅助常闭触点(15-27)闭合，指示灯 HL_3 亮，说明主机电动机 M_2 已停止运转了。

5. 联机自动控制

首先将单机/联机选择开关 SA 置于联机位置，中间继电器 KA 线圈得电吸合，KA 所有常闭触点(1-15、9-11、5-13、7-19)全部断开，KA 所有常开触点(9-15、11-17、13-19、19-21)全部闭合，为联机自动顺序启动和自动逆序停止做准备。此时，按下任何一只(主机或辅机启动按钮 SB_2、SB_4)启动按钮 SB_2(11-13)或 SB_3(17-19)，得电延时时间继电器 KT_1、失电延时时间继电器 KT_2 线圈同时得电吸合且 KT_1 瞬动常开触点(17-19)闭合自锁，KT_2 失电延时断开的常开触点(1-5)立即闭合，接通了辅机交流接触器 KM_1 线圈回路电源，使 KM_1 线圈得电吸合，其三相主触点闭合，辅机电动机 M_1 得电先启动运转了；同时 KM_1 辅助常闭触点(15-23)断开，指示灯 HL_1 灭，KM_1 辅助常开触点(15-25)闭合，指示灯 HL_2 亮，说明辅机电动机 M_1 已启动运转了。与此同时，得电延时时间继电器 KT_1 开始延时。经 KT_1 一段延时后，KT_1 得电延时闭合的常开触点(1-7)闭合，将主机交流接触器 KM_2 线圈回路接通，KM_2 线圈得电吸合，KM_2 三相主触点闭合，主机电动机 M_2 得电启动运转了；同时 KM_2 辅助常闭触点(15-27)断开，指示灯 HL_3 灭，KM_2 辅助常开触点(15-29)闭合，指示灯 HL_4 亮，说明主机电动机 M_2 启动运转了。至此完成联机自动顺序延时启动控制，即先启动辅机电动机 M_1、再延时启动主机电动机 M_2。

停止时，按下任何一只停止按钮 SB_1(1-9)、SB_3(15-17)，由于中间继电器 KA 常开触点(9-15)的作用将两只停止按钮开关串联了起来，此时，得电延时时间继电器 KT_1、失电延时时间继电器 KT_2 线圈断电释放，KT_1 得电延时闭合的常开触点(1-7)断开，切断了主机交流接触器 KM_2 线圈回路电源，KM_2 线圈断电释放，KM_2 三相主触点断开，主机电动机 M_2 失电停止运转；同时 KM_2 辅助常开触点(15-29)断开，指示灯 HL_4 灭，KM_2 辅助常闭触点(15-27)闭合，指示灯 HL_3 亮，说明主机电动机 M_2 已先停止运转了。与此同时，失电延时时间继电器 KT_2 开始延时。经 KT_2 延时后，KT_2 失电延时断开的常开触点(1-5)断开，切断了辅机交流接触器 KM_1 线圈回路电源，KM_1 线圈断电释放，KM_1 三相主触点断开，辅机电动机 M_1 失电停止运转；同时 KM_1 辅助常开触点(15-25)断开，指示灯 HL_2 灭，KM_1 辅助常闭触点(15-23)闭合，指示灯 HL_1 亮，说明辅机电动机 M_1 也随后停止运转了。至此，完成停止时逆序从后向前延时停机。即停止时先停止主机电动机 M_2，再延时自动停止辅机电动机 M_1。

6.2 防止同时按下两只启动按钮的顺序启动、同时停止电路

通常的顺序启动、同时停止控制电路存在一个问题，即同时按下两只启动按钮 SB_2、SB_3 时，往往出现两台电动机同时启动的现象。

为解决此问题，本电路对通常的顺序启动、同时停止控制电路做一改进，防止同时按下两只启动按钮的顺序启动、同时停止电路如图 6.2 所示。

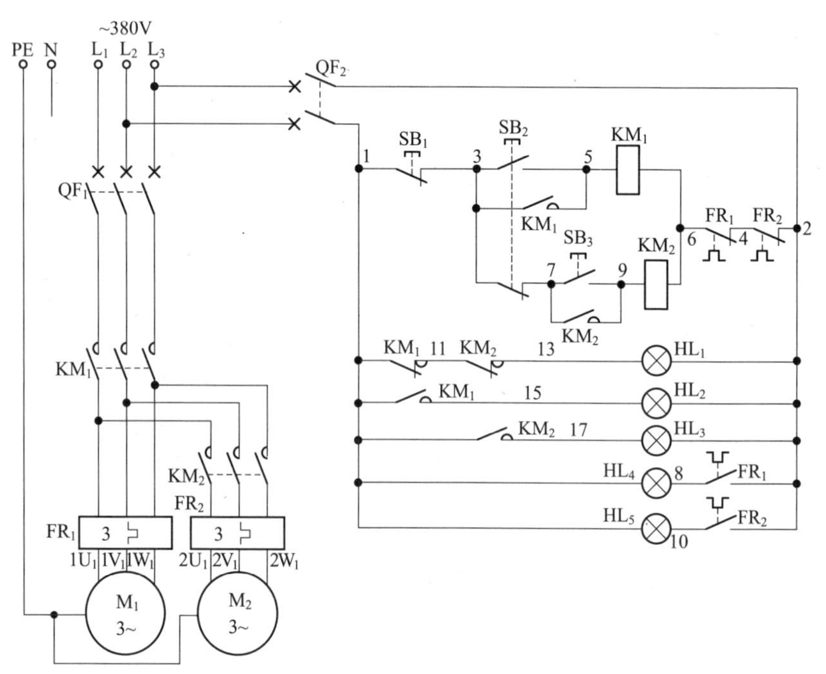

图 6.2 防止同时按下两只启动按钮的顺序启动、同时停止电路

从电路中可以看出，在主回路中必须先闭合 KM_1 后，KM_2 才会得电，这就是说主回路在顺序上已经确定出先启动电动机 M_1，后启动电动机 M_2。再从控制回路看，电动机 M_1 启动按钮 SB_2 的一组常闭触点(3-7)串联在电动机 M_2 控制交流接触器 KM_2 线圈回路中，也就是说即使误按了电动机 M_2 启动按钮 SB_3(7-9)，交流接触器 KM_2 线圈得电吸合并自锁(7-9)，虽然 KM_2 三相主触点闭合，但是由于 KM_1 三相主触点未闭合，电动机 M_2 也不会运转。按下电动机 M_1 启动按钮 SB_2 时，SB_2

的另一组常闭触点(3-7)首先断开 KM_2 线圈回路电源，使 KM_2 线圈断电释放，起到使 KM_2 复位的作用；在 KM_1 动作后，松开 SB_2 才能对 SB_3 进行操作。总之，启动时无论怎样操作，最终都是先启动电动机 M_1 后才可启动电动机 M_2。即使同时按下 SB_2、SB_3，因 SB_2 常闭触点也切断了 KM_2 线圈回路，结果仍然为 M_1 先启动，M_2 后启动。

需停止时，按下停止按钮 SB_1(1-3)，交流接触器 KM_1、KM_2 线圈同时断电释放，KM_1、KM_2 三相主触点均断开，电动机 M_1、M_2 同时失电停止运转。

6.3 一种控制主机、辅机启停的控制电路

许多生产设备有主机和辅机，但主机、辅机不采用同时启动、停止，而是采用主机、辅机分别启动、停止控制。当主机、辅机启动运转之后要停机时，操作者只停止主机却忘记停止辅机，造成大量电能的浪费。

本文介绍的电路是在开机时先启动辅机后启动主机，而在停机时只需停止主机，经过一段延时自动切断辅机(其延时时间可根据实际情况而定)。如果在停止主机后而没有超出切断辅机的设备延时时间内欲重新启动主机，仍可按动主机启动按钮使其运转工作，电路如图 6.3 所示。

启动时，先按下辅机(电动机 M_1)启动按钮 SB_2(3-5)，交流接触器 KM_1、得电延时时间继电器 KT 线圈得电吸合且 KM_1 辅助常开触点(3-5)闭合，KM_1 三相主触点闭合，辅机电动机 M_1 得电启动运转。同时 KM_1 辅助常开触点(1-11)闭合，为启动主机电动机 M_2 控制电路做准备。KM_1 辅助常闭触点(1-17)断开，KM_1 辅助常开触点(1-19)闭合，指示灯 HL_1 灭，HL_2 亮，说明辅机电动机 M_1 先启动。同时 KT 线圈开始延时，需注意的是，若 KM_1 线圈得电吸合后，在 KT 的延时时间后未启动 KM_2，KT 将会自动切断 KM_1 线圈使其停止工作。再按下主机启动按钮 SB_4(13-15)，交流接触器 KM_2 线圈得电吸合且 KM_2 辅助常开触点(13-15)闭合自锁，KM_2 三相主触点闭合，主机电动机 M_2 得电启动运转，同时 KM_2 辅助常闭触点(5-9)断开，切断了得电延时时间继电器 KT 线圈回路电源，使 KT 延时停止；KM_2 辅助常闭触点(1-21)断开，KM_2 辅助常开触点(1-23)闭合，指示灯 HL_3 灭，HL_4 亮，说明主机电动机 M_2 已得电运转。至此完成先启动辅机后再启动主机。

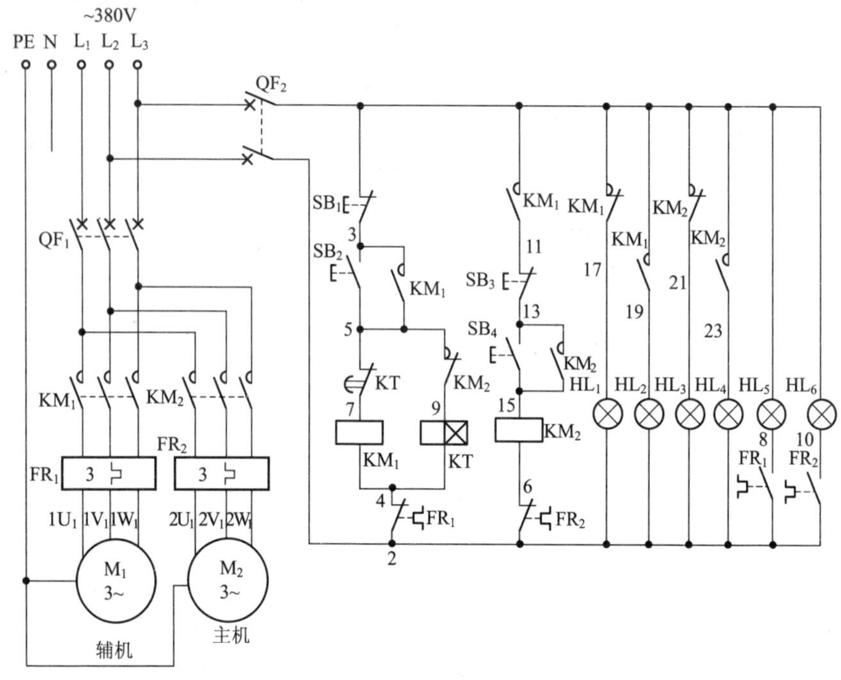

图 6.3 一种控制主机、辅机启停的控制电路

因辅机操作按钮开关 SB_1、SB_2 往往不是安装在主机操作台上，而是与辅机现场有一定距离，为此，操作者往往只就近操作主机停止按钮 SB_3，此时，交流接触器 KM_2 线圈断电释放，KM_2 三相主触点断开，主机电动机 M_2 失电停止运转；KM_2 其常闭触点(5-9)闭合，接通了得电延时时间继电器 KT 线圈回路电源，KT 线圈又重新得电吸合并延时，经 KT 延时后，KT 得电延时断开的常闭触点(5-7)断开，切断了 KM_1 线圈回路电源，KM_1 线圈断电释放，KM_1 三相主触点断开，辅机电动机 M_1 失电停止运转，同时指示灯 HL_2 灭，HL_1 亮。说明辅机电动机 M_1 已自动停止运转。至此完成主机停止后自动停止辅机。

电路中，辅机可自动进行停止操作，但工艺要求停止时必须先停止主机后方可停止辅机，这是主机停止后辅机操作开关距离主机操作台较远而不能手动关机的主要原因，所以采用上述延时电路，其延时时间一般整定为 180s。

6.4 效果理想的顺序自动控制电路

效果理想的顺序自动控制电路如图 6.4 所示。

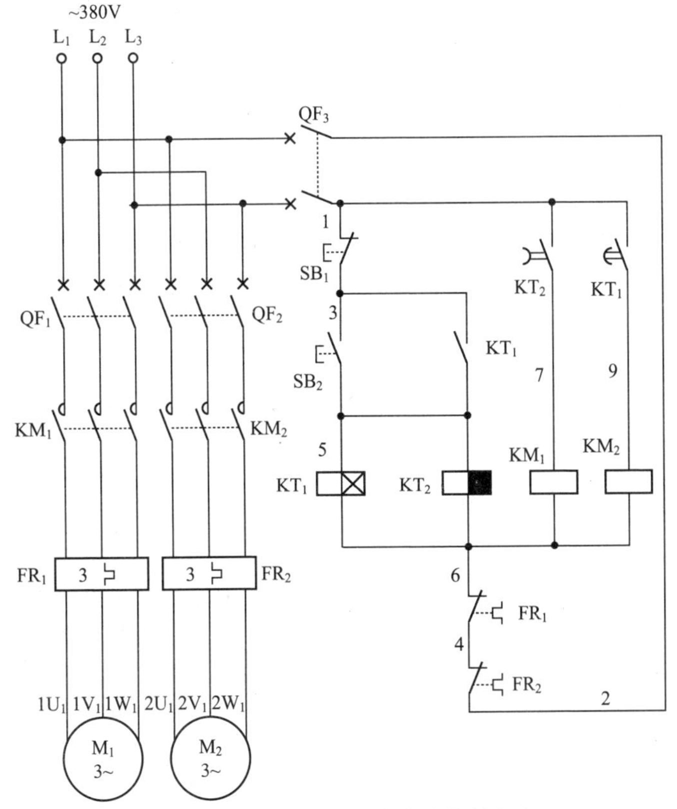

图 6.4 效果理想的顺序自动控制电路

1. 从前向后顺序自动启动

合上主回路断路器 QF_1，主回路通入三相交流 380V 电源，为电动机 M_1 得电运转做准备。合上主回路断路器 QF_2，主回路通入三相交流 380V 电源，为电动机 M_2 得电运转做准备。合上控制回路断路器 QF_3，控制回路通入从 L_1、L_3 相上引出的单相交流 380V 电源，为控制回路工作做准备。按下启动按钮 SB_2，其常开触点(3-5)闭合。启动按钮 SB_2 常开触点(3-5)闭合，接通了得电延时时间继电器 KT_1 线圈回路电源，KT_1 线圈得电吸合。得电延时时间继电器 KT_1 线圈得电吸合时，KT_1 不延时瞬动常开触点(3-5)闭合自锁，同时 KT_1 开始延时。启动按钮 SB_2 常开触点(3-5)闭合，同时也接通了与得电延时时间继电器 KT_1 线圈并联在一起的失电延时时间继电器 KT_2 线圈电源，KT_2 线圈得电吸合。失电延时时间继电器 KT_2 线圈得电吸合时，KT_2 失电延时断开的常开触点(1-7)立即闭合。KT_2 失电延时断开的常开触点(1-7)立即闭合，使交流接触器 KM_1 线圈得电吸合，同时也为停止时后停止电动机 M_1 做准备。交流接触器 KM_1 线圈得电吸合时，KM_1 三相主触点闭合，电动机 M_1 通入三相交流 380V 电源而启动运转，拖动 1# 设备工作，电动机 M_1 先得电启动运转了。经得电延时时间继电器 KT_1 一段时间延时后，KT_1 得电延时闭合的常开触点(1-9)闭合。KT_1 得电延时闭合的常开触点(1-9)闭合，使交流接触器 KM_2 线圈得电吸合，同时也为停止时先停止电动机 M_2 做准备。交流接触器 KM_2 线圈得电吸合时，KM_2 三相主触点闭合，电动机 M_2 通入三相交流 380V 电源而启动运转，拖动 2# 设备工作。

至此，完成两台电动机启动时从前向后顺序自动启动控制。

2. 从后向前顺序自动停止

按下停止按钮 SB_1，其常闭触点(1-3)断开。停止按钮 SB_1 常闭触点(1-3)断开，切断了得电延时时间继电器 KT_1 和失电延时时间继电器 KT_2 线圈电源，使 KT_1、KT_2 线圈均断电释放。得电延时时间继电器 KT_1 线圈断电释放，KT_1 不延时瞬动常开触点(3-5)恢复原始常开状态，解除自锁。得电延时时间继电器 KT_1 线圈断电释放，KT_1 得电延时闭合的常开触点(1-9)断开，恢复原始常开状态。KT_1 得电延时闭合的常开触点(1-9)断开，切断了交流接触器 KM_2 线圈电源，KM_2 线圈断电释放。交流接触器 KM_2 线圈断电释放，KM_2 三相主触点断开，电动机 M_2 先失电停止运转，2# 设备先停止工作。在得电延时时间继电器 KT_1 线圈断电释放的同时，失电延时时间继电器 KT_2 线圈也断电释放，且 KT_2 开始延时。经失电延时时间继电器 KT_2 一段时间延时后，KT_2 失电延时断开的常开触点(1-7)恢复原始常开状态。KT_2 失电延时断开的常开触点(1-7)断开，切断了交流接触器 KM_1 线圈回路电源，KM_1 线圈断电释放。交流接触器 KM_1 线圈断电释放，KM_1 三相主触点断开，电动机 M_1 后失电停止运转，1# 设备后停止工作。

至此，完成两台电动机停止时从后向前顺序自动停止控制。

6.5 两条传送带启动、停止控制电路(一)

两条传送带启动、停止控制电路(一)如图6.5所示。

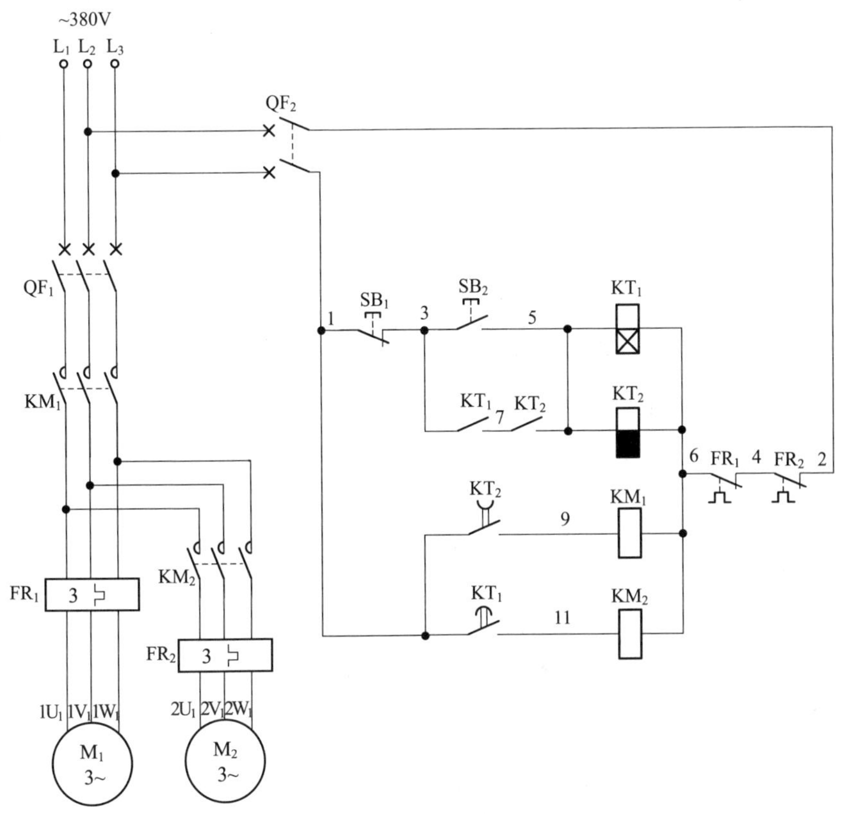

图6.5 两条传送带启动、停止控制电路(一)

本电路的优点是:主回路工作时 KM_1 先工作,KM_2 再工作,也就是说,传送带电动机 M_1 先工作后,传送带电动机 M_2 才能工作,这样就能保证顺序动作的可靠性。本电路的两台传送带设计要求是:启动时先启动传送带电动机 M_1,经延时后再自动启动传送带电动机 M_2;而停止时则先停止传送带电动机 M_2,经延时后再自动停止传送带电动机 M_1。

顺序启动时,按下启动按钮 SB_2(3-5),得电延时时间继电器 KT_1 和失电延时时间继电器 KT_2 线圈均得电吸合且 KT_1、KT_2 的两组不延时瞬动常开触点(3-7、5-7)闭合串联自锁,KT_1 开始延时;KT_2 失电延时断开的常开触点(1-9)立即闭合，接通交流接触器 KM_1 线圈回路电源，KM_1 线圈得电吸合，KM_1 三相主触点闭合，传送带电动机 M_1 先得电启动运转。经 KT_1 一段延时后，KT_1 得电延时闭合的常开触点(1-11)闭合，接通交流接触器 KM_2 线圈回路电源，KM_2 线圈得电吸合，KM_2 三相主触点闭合，传送带电动机 M_2 也得电启动运转，从而完成启动时，先启动传送带电动机 M_1，再自动启动传送带电动机 M_2，从前向后顺序进行启动控制。

逆序停止时，按下停止按钮 SB_1(1-3)，得电延时时间继电器 KT_1 和失电延时时间继电器 KT_2 线圈均断电释放且 KT_2 开始延时。同时，KT_1 得电延时闭合的常开触点(1-11)断开，切断了交流接触器 KM_2 线圈回路电源，KM_2 线圈断电释放，KM_2 三相主触点断开，传送带电动机 M_2 先失电停止运转。经 KT_2 一段延时后，KT_2 失电延时断开的常开触点(1-9)断开，切断交流接触器 KM_1 线圈回路电源，KM_1 线圈断电释放，KM_1 三相主触点断开，传送带电动机 M_1 也随后失电停止运转，从而完成停止时，先停止传送带电动机 M_2，再自动停止传送带电动机 M_1，从后向前逆序进行停止控制。

6.6 两条传送带启动、停止控制电路(二)

两条传送带启动、停止控制电路(二)如图 6.6 所示。

本电路中，两台传送带在启动时从前向后顺序启动，在停止时则从后向前逆序停止。

顺序启动时，按下启动按钮 SB_1(1-3)，得电延时时间继电器 KT_1 和交流接触器 KM_1 线圈得电吸合且 KM_1 辅助常开触点(1-3)闭合自锁，KM_1 三相主触点闭合，第一台传送带电动机 M_1 先得电启动运转。与此同时，KT_1 开始延时。经 KT_1 一段延时后，KT_1 得电延时闭合的常开触点(5-7)闭合，接通了交流接触器 KM_2 线圈回路电源，KM_2 线圈得电吸合且 KM_2 辅助常开触点(5-7)闭合自锁，KM_2 三相主触点闭合，第二台传送带电动机 M_2 后得电启动运转。至此，完成从前向后自动顺序启动控制。

逆序停止时，按下停止按钮 SB_2(5-11)，得电延时时间继电器 KT_2 线圈得电吸合且 KT_2 不延时瞬动常开触点(5-11)闭合自锁，KT_2 不延时瞬

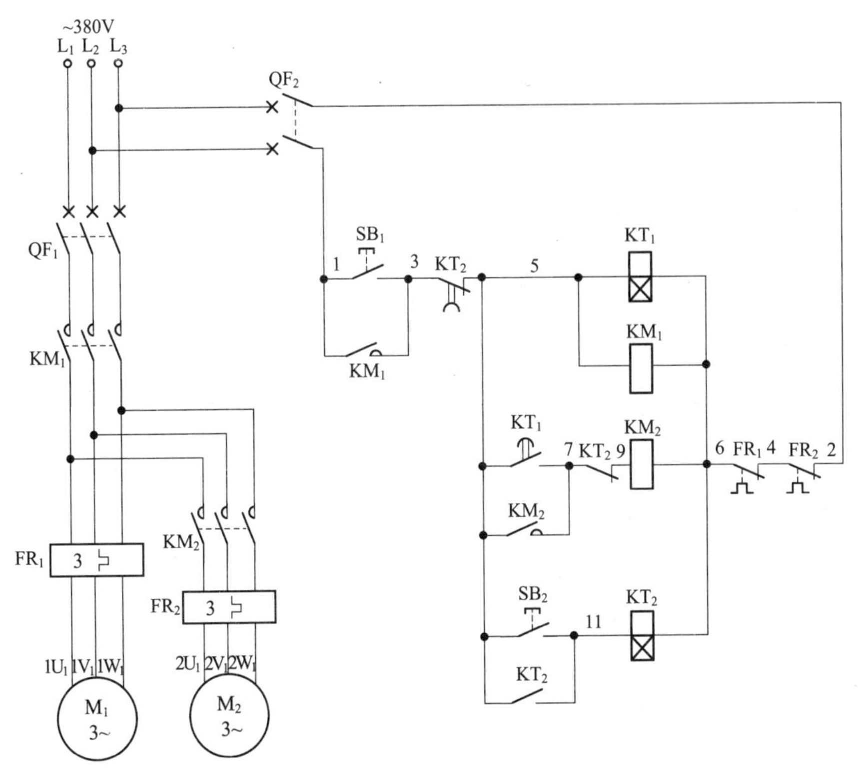

图 6.6 两条传送带启动、停止控制电路(二)

动常闭触点(7-9)断开,切断了交流接触器 KM_2 线圈回路电源,KM_2 线圈断电释放,KM_2 三相主触点断开,第二台传送带电动机 M_2 先失电停止运转。与此同时,KT_2 开始延时。经 KT_2 一段延时后,KT_2 得电延时断开的常闭触点(3-5)断开,切断了得电延时时间继电器 KT_1 和交流接触器 KM_1 线圈回路电源,KT_1 和 KM_1 线圈断电释放,KM_1 三相主触点断开,第一台传送带电动机 M_1 后失电停止运转。至此,完成从后向前自动逆序停止控制。

6.7 两台电动机顺序启动、任意停止控制电路(一)

两台电动机顺序启动、任意停止控制电路(一)如图 6.7 所示。

顺序启动时，先按下电动机 M_1 启动按钮 SB_2（3-5），交流接触器 KM_1 线圈得电吸合且 KM_1 辅助常开触点（3-5）闭合自锁，KM_1 三相主触点闭合，电动机 M_1 先得电启动运转。因电动机 M_2 的控制回路电源接在 KM_1 自锁辅助常开触点（3-5）的后面，所以 KM_1 自锁辅助常开触点（3-5）闭合后才允许对电动机 M_2 的控制回路进行操作。按下电动机 M_2 启动按钮 SB_4（5-7），交流接触器 KM_2 线圈得电吸合且 KM_2 辅助常开触点（7-9）闭合自锁，KM_2 三相主触点闭合，电动机 M_2 后得电启动运转。

停止时，不分先后，任意进行停止操作。当按下停止按钮 SB_1（1-3）时，交流接触器 KM_1 线圈断电释放，KM_1 三相主触点断开，电动机 M_1 失电停止运转。当按下停止按钮 SB_3 时，交流接触器 KM_2 线圈断电释放，KM_2 三相主触点断开，电动机 M_2 失电停止运转。

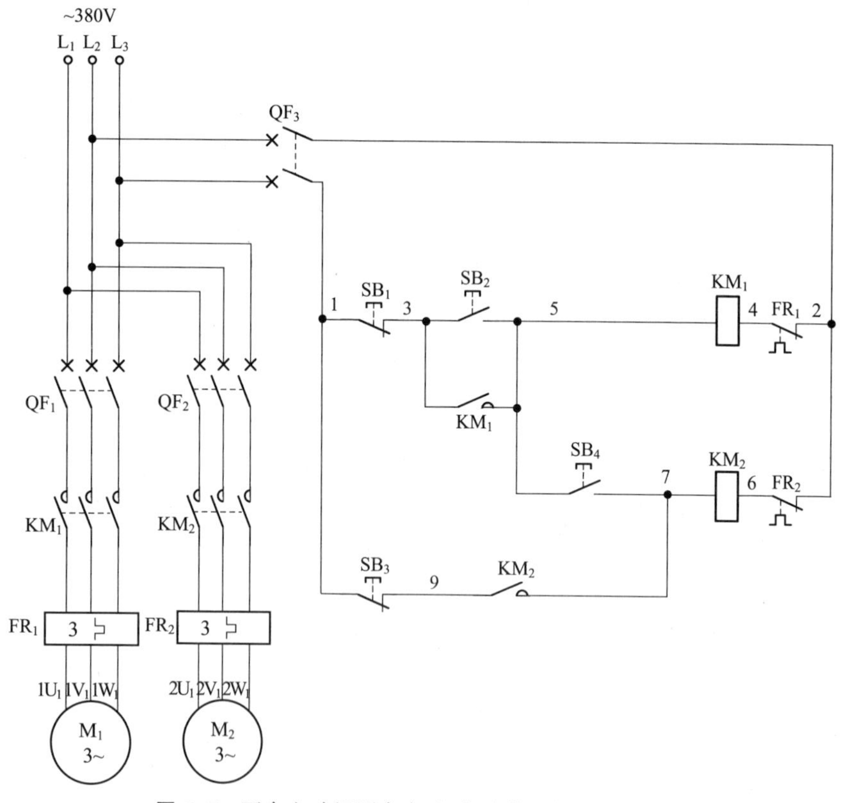

图 6.7 两台电动机顺序启动、任意停止控制电路（一）

6.8 两台电动机顺序启动、任意停止控制电路(二)

两台电动机顺序启动、任意停止控制电路(二)如图6.8所示。

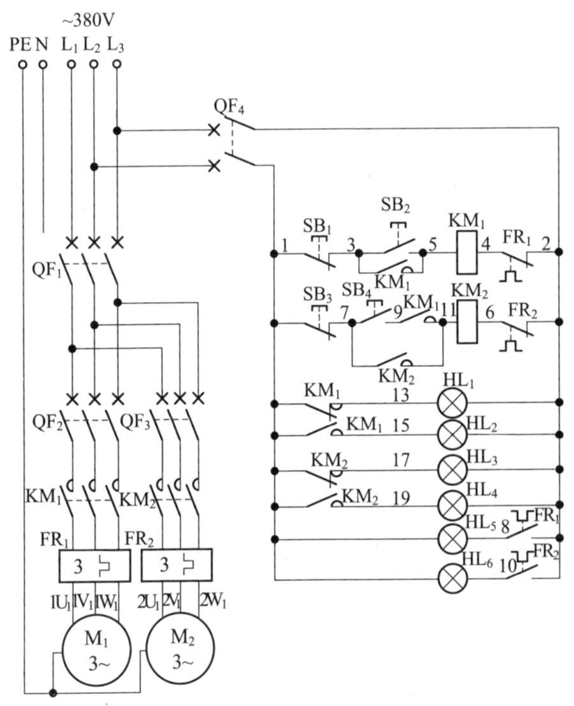

图6.8 两台电动机顺序启动、任意停止控制电路(二)

从图6.8中不难看出,第一台电动机 M_1 的控制回路可以直接操作,不受第二台电动机 M_2 控制电路的制约;而第二台电动机 M_2 控制电路中却串联了一只第一台电动机 M_1 控制用交流接触器 KM_1 的辅助常开触点(9-11),也就是说,第二台电动机 M_2 的控制电路受第一台电动机 M_1 的控制交流接触器 KM_1 制约。只有先启动第一台电动机 M_1 后,方可启动第二台电动机 M_2。而在停止时,可不按顺序任意操作。

1. *从前向后顺序启动*

按下第一台电动机启动按钮 SB_2(3-5),交流接触器 KM_1 线圈得电吸合且 KM_1 辅助常开触点(3-5)闭合自锁,KM_1 三相主触点闭合,第一

台电动机 M_1 得电启动运转;同时 KM_1 辅助常开触点(9-11)闭合,为第二台电动机启动运转做准备。与此同时,KM_1 辅助常闭触点(1-13)断开,指示灯 HL_1 灭,KM_1 辅助常开触点(1-15)闭合,指示灯 HL_2 亮,说明第一台电动机 M_1 先得电启动运转了。再按下第二台电动机 M_2 启动按钮 SB_4(7-9),与早已闭合的 KM_1 辅助常开触点(9-11)共同使交流接触器 KM_2 线圈得电吸合且 KM_2 辅助常开触点(7-11)闭合自锁,KM_2 三相主触点闭合,第二台电动机 M_2 得电启动运转;同时,KM_2 辅助常闭触点(1-17)断开,指示灯 HL_3 灭,KM_2 辅助常开触点(1-19)闭合,指示灯 HL_4 亮,说明第二台电动机 M_2 也得电启动运转了。至此完成两台电动机按顺序从前向后手动逐台启动。

2. 停　止

当两台电动机启动运转后,可分别对其进行任意停止控制。欲停止第一台电动机 M_1,则按下第一台电动机停止按钮 SB_1(1-3),交流接触器 KM_1 线圈断电释放,KM_1 三相主触点断开,第一台电动机 M_1 失电停止运转。欲停止第二台电动机 M_2,则按下第二台电动机停止按钮 SB_3(1-7),交流接触器 KM_2 线圈断电释放,KM_2 三相主触点断开,第二台电动机 M_2 失电停止运转。在电动机停止时,其相应的指示灯被点亮,以指示出电动机的状态来。

6.9 两台电动机顺序自动启动、逆序自动停止控制电路(一)

两台电动机顺序自动启动、逆序自动停止控制电路(一)如图 6.9 所示。

1. 顺序自动启动

按下按钮 SB,SB 的一组常开触点(3-7)闭合,接通了得电延时时间继电器 KT 线圈回路电源,KT 线圈得电吸合且 KT 不延时瞬动常开触点(3-5)闭合自锁,并开始延时。SB 的另一组常开触点(3-9)闭合,接通了交流接触器 KM_1 线圈回路电源,KM_1 线圈得电吸合且 KM_1 辅助常开触点(3-9)闭合自锁,KM_1 三相主触点闭合,第一台电动机 M_1 先得电启动运转了。SB 的另外一组常开触点(3-15)闭合,此触点在启动时闭合无效。

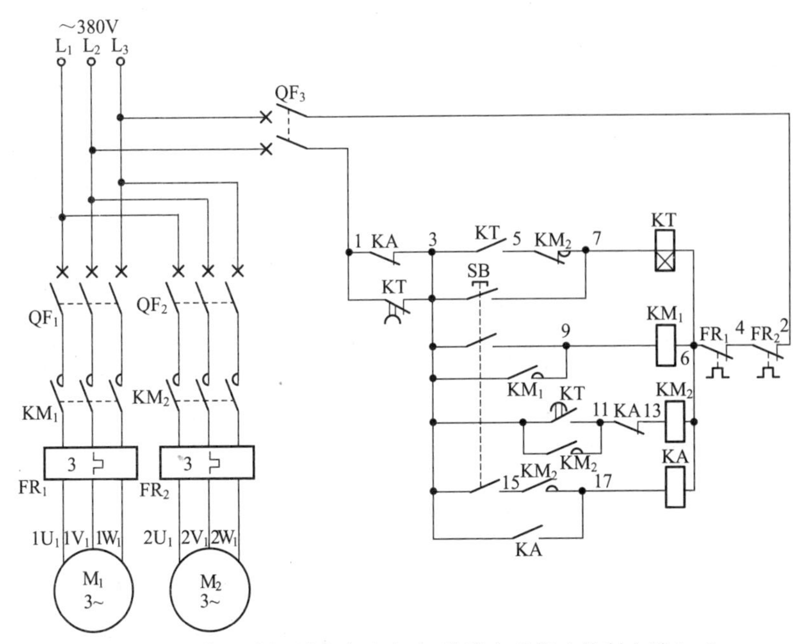

图 6.9 两台电动机顺序自动启动、逆序自动停止控制电路(一)

经 KT 一段时间延时后,KT 得电延时闭合的常开触点(3-11)闭合,接通交流接触器 KM_2 线圈回路电源,KM_2 线圈得电吸合且 KM_2 辅助常开触点(3-11)闭合自锁,KM_2 三相主触点闭合,第二台电动机 M_2 后得电启动运转了。KM_2 辅助常开触点(15-17)闭合,为逆序停止操作提供条件。KM_2 辅助常开触点(5-7)断开,切断了得电延时时间继电器 KT 线圈回路电源,KT 线圈断电释放,KT 所有触点(3-11、1-3)恢复原始状态。因中间继电器 KA 线圈未得电工作,所以 KA 并联在得电延时断开的常闭触点(1-3)上的常闭触点(1-3)闭合,这样,KT 得电延时断开的常闭触点(1-3)此时虽然动作了,但无效。至此,完成两台电动机顺序启动控制。

2. 逆序自动停止

再次按下按钮 SB,SB 的一组常开触点(3-15)闭合,接通了中间继电器 KA 线圈回路电源,KA 线圈得电吸合且 KA 常开触点(3-17)闭合自锁,KA 串联在 KM_2 线圈回路中的常闭触点(11-13)断开,切断了交流接触器 KM_2 线圈回路电源,KM_2 线圈断电释放,KM_2 三相主触点断开,第二台电动机 M_2 先失电停止运转了,在 KA 线圈得电吸合后,KA 常闭触点(1-3)断开,为最后切除整个控制电路提供条件。SB 的另外一组常开触点(3-7)闭合，接通了得电延时时间继电器KT线圈回路电源，KT线圈得电吸合且KT不延时瞬动常开触点(3-5)闭合自锁，KT开始延时。SB的另外一组常开触点(3-9)闭合无效。经KT一段时间延时后，KT得电延时断开的常闭触点(1-3)断开，切断了得电延时时间继电器KT、中间继电器KA和交流接触器KM_1线圈回路电源，KT、KA和KM_1线圈均断电释放，KT、KA各自的触点恢复原始状态，KM_1三相主触点断开，第一台电动机M_1后失电停止运转了。至此完成两台电动机逆序停止控制。

6.10 两台电动机顺序自动启动、逆序自动停止控制电路(二)

两台电动机顺序自动启动、逆序自动停止控制电路(二)如图6.10所示。

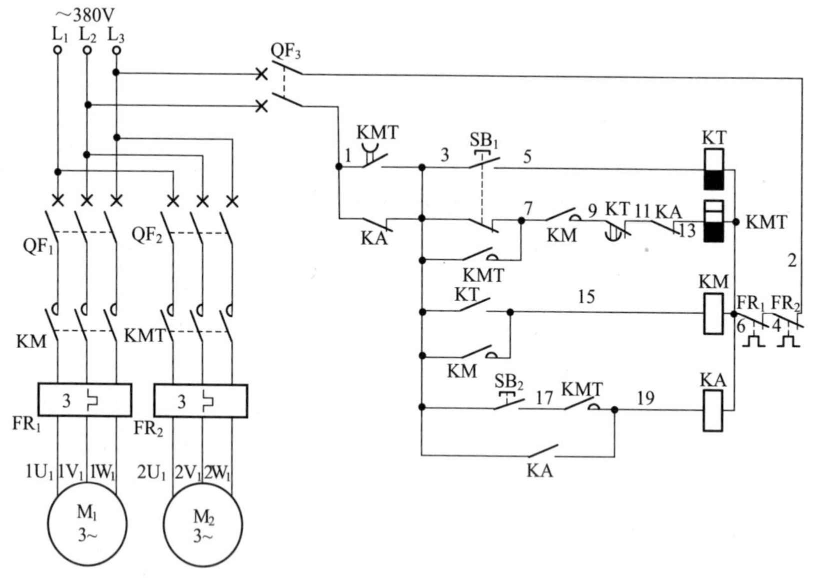

图6.10 两台电动机顺序自动启动、逆序自动停止控制电路(二)

1. 顺序自动启动

按下启动按钮SB_1，SB_1的一组常开触点(3-7)断开，将限制带失电延时头的交流接触器KMT线圈回路工作；SB_1的另外一组常开触点(3-5)

闭合,使失电延时时间继电器 KT 线圈得电吸合,KT 不延时瞬动常开触点闭合,接通了交流接触器 KM 线圈回路电源,KM 线圈得电吸合且 KM 辅助常开触点(3-15)闭合自锁,KM 三相主触点闭合,电动机 M_1 先得电启动运转。与此同时,KT 失电延时闭合的常闭触点(9-11)立即断开,为延时启动电动机 M_2 控制回路做准备;同时 KM 的一组辅助常开触点(7-9)闭合,为接通 KMT 线圈做准备。松开被按下的启动按钮 SB_1,其触点恢复原始状态,KT 线圈断电释放,KT 开始延时,经 KT 一段延时后,KT 失电延时闭合的常闭触点(9-11)恢复常闭,接通了带失电延时头的交流接触器 KMT 线圈回路电源,KMT 线圈得电吸合且 KMT 辅助常开触点(3-7)闭合自锁,KMT 三相主触点闭合,电动机 M_2 得电启动运转。与此同时,KMT 辅助常开触点(17-19)闭合,为逆序自动停止做准备;KMT 失电延时断开的常开触点(1-3)立即闭合,为延时逆序自动停止时切除电动机 M_1 控制回路做准备。至此,完成两台电动机启动时从前向后顺序延时逐台启动。

2. 逆序自动停止

按下停止按钮 SB_2(3-17),中间继电器 KA 线圈得电吸合且 KA 辅助常开触点(3-19)闭合自锁,KA 的一组常闭触点(1-3)断开,为 KMT 失电延时断开的常开触点(1-3)动作做准备;KA 的另一组常闭触点(11-13)断开,切断了带失电延时头的交流接触器 KMT 线圈回路电源,KMT 线圈断电释放,KMT 开始延时,KMT 三相主触点断开,电动机 M_2 失电停止运转。经 KMT 一段延时后,KMT 失电延时断开的常开触点(1-3)断开,切断了交流接触器 KM 和中间继电器 KA 线圈回路电源,KM 和 KA 线圈均断电释放,KM 三相主触点断开,电动机 M_1 失电停止运转。至此,完成两台电动机停止时从后向前逆序延时逐台停止。

6.11 两台电动机顺序自动启动、逆序自动停止控制电路(三)

两台电动机顺序自动启动、逆序自动停止控制电路(三)如图 6.11 所示。

1. 顺序自动启动

按下启动按钮 SB_1(3-5),带得电延时头的交流接触器 KMT_1 线圈得

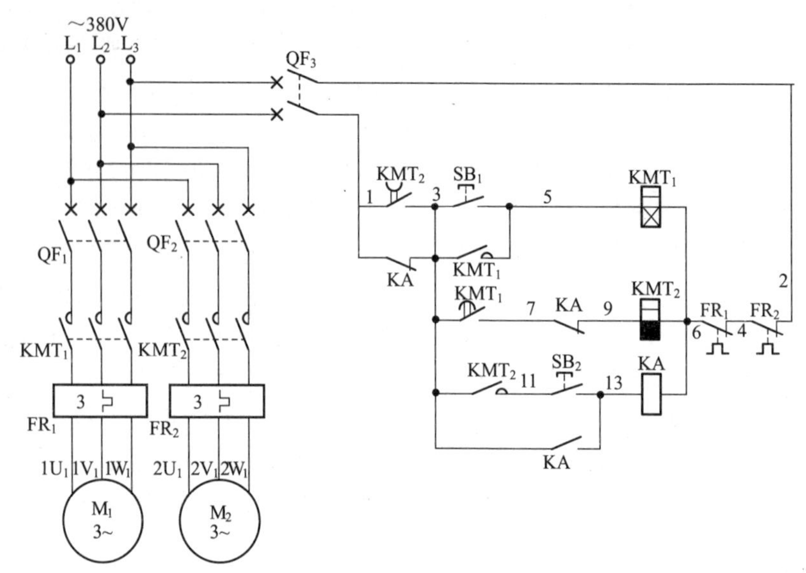

图 6.11 两台电动机顺序自动启动、逆序自动停止控制电路(三)

电吸合且 KMT_1 辅助常开触点(3-5)闭合自锁,KMT_1 开始延时。KMT_1 三相主触点闭合,第一台电动机 M_1 先得电启动运转了。经 KMT_1 一段时间延时后,KMT_1 得电延时闭合的常开触点(3-7)闭合,接通了带失电延时头的交流接触器 KMT_2 线圈回路电源,KMT_2 线圈得电吸合,KMT_2 三相主触点闭合,第二台电动机 M_2 后得电启动运转了。与此同时,KMT_2 失电延时断开的常开触点(1-3)立即闭合,为逆序停止做准备,KMT_2 辅助常开触点(3-11)闭合,为允许逆序停止操作做准备。至此,完成两台电动机从前向后顺序启动。

2. 逆序自动停止

按下停止按钮 SB_2(11-13),中间继电器 KA 线圈得电吸合且 KA 常开触点(3-13)闭合自锁,KA 的一组常闭触点(7-9)断开,切断带失电延时头的交流接触器 KMT_2 线圈回路电源,KMT_2 线圈断电释放,KMT_2 开始延时,KMT_2 三相主触点断开,第二台电动机 M_2 先失电停止运转了。在 KA 线圈断电释放时,KA 的另一组常闭触点(1-3)断开,为允许延时切断整个控制回路做准备。经 KMT_2 一段时间延时后,KMT_2 失电延时断开的常开触点(1-3)断开,切断了带得电延时头的交流接触器 KMT_1 和中间继电器 KA 线圈回路电源,KMT_1 和 KA 线圈均断电释放,KMT_1 三相主触点断开,第一台电动机 M_1 后失电停止运转了。至此,完成两台电动机从后向前逆序停止。

6.12 两台电动机顺序自动启动、逆序自动停止控制电路(四)

两台电动机顺序自动启动、逆序自动停止控制电路(四)如图 6.12 所示。

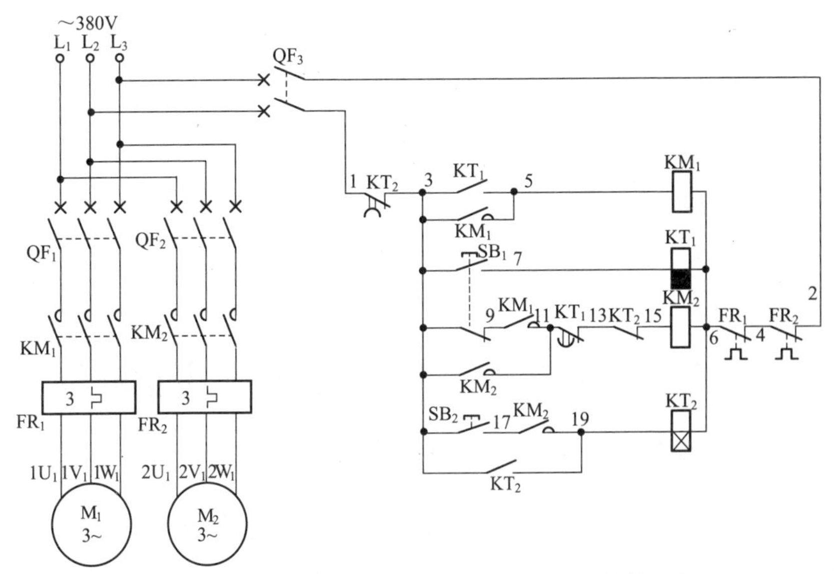

图 6.12 两台电动机顺序自动启动、逆序自动停止控制电路(四)

1. 顺序自动启动

按下启动按钮 SB_1,SB_1 的一组常闭触点(3-9)断开,SB_1 的另一组常开触点(3-7)闭合,失电延时时间继电器 KT_1 线圈得电吸合,KT_1 失电延时闭合的常闭触点(11-13)立即断开,为延时接通交流接触器 KM_2 线圈做准备;KT_1 不延时瞬动常开触点(3-5)闭合,使交流接触器 KM_1 线圈得电吸合且 KM_1 辅助常开触点(3-5)闭合自锁,KM_1 三相主触点闭合,第一台电动机 M_1 先得电启动运转。松开按下的启动按钮 SB_1,SB_1 触点转态,恢复原始状态,KT_1 线圈断电释放,KT_1 开始延时,在 KM_1 线圈得电吸合后，KM_1 串联在 KM_2 线圈回路中的辅助常开触点(9-11)闭合，为接通 KM_2 线圈回路做准备。经 KT_1 一段时间延时后，KT_1 失电延时闭合的常闭触点(11-13)闭合，使交流接触器 KM_2 线圈得电吸合且 KM_2 辅助常开触点(3-11)闭合自锁，KM_2 三相主触点闭合，第二台电动机后得电启动运转。在 KM_2 线圈得电吸合后，KM_2 辅助常开触点(17-19)闭合，为逆序停止操作做准备，至此，完成两台电动机顺序启动控制。

2. 逆序自动停止

按下停止按钮 SB_2(3-17)，得电延时时间继电器 KT_2 线圈得电吸合且 KT_2 不延时瞬动常开触点(3-19)闭合自锁，KT_2 开始延时，KT_2 不延时瞬动常闭触点(13-15)断开，切断交流接触器 KM_2 线圈回路电源，KM_2 线圈断电释放，KM_2 三相主触点断开，第二台电动机 M_2 先失电停止运转了。经 KT_2 一段时间延时后，KT_2 得电延时断开的常闭触点(1-3)断开，切断了交流接触器 KM_1 和得电延时时间继电器 KT_2 线圈回路电源，KM_1、KT_2 线圈断电释放，KT_2 所有触点恢复原始状态，KM_1 三相主触点断开，第一台电动机 M_1 后失电停止运转了。至此，完成两台电动机逆序停止控制。

6.13 两台电动机顺序自动启动、逆序自动停止控制电路(五)

两台电动机顺序自动启动、逆序自动停止控制电路(五)如图 6.13 所示。

1. 顺序自动启动

按下启动按钮 SB_1(3-5)，带得电延时头的交流接触器 KMT 线圈得电吸合且 KMT 辅助常开触点(3-5)闭合自锁，KMT 开始延时。KMT 三相主触点闭合，第一台电动机 M_1 先得电启动运转。经 KMT 一段时间延时后，KMT 得电延时闭合的常开触点(5-7)闭合，接通了交流接触器 KM 线圈回路电源，KM 线圈得电吸合，KM 三相主触点闭合，第二台电动机 M_2 后得电启动运转。至此，完成两台电动机按顺序从前向后顺序自动启动。在交流接触器 KM 线圈得电吸合后，KM 串联在逆序停止按钮 SB_2(3-11)回路中的常开触点(11-13)闭合，为允许逆序停止操作提供

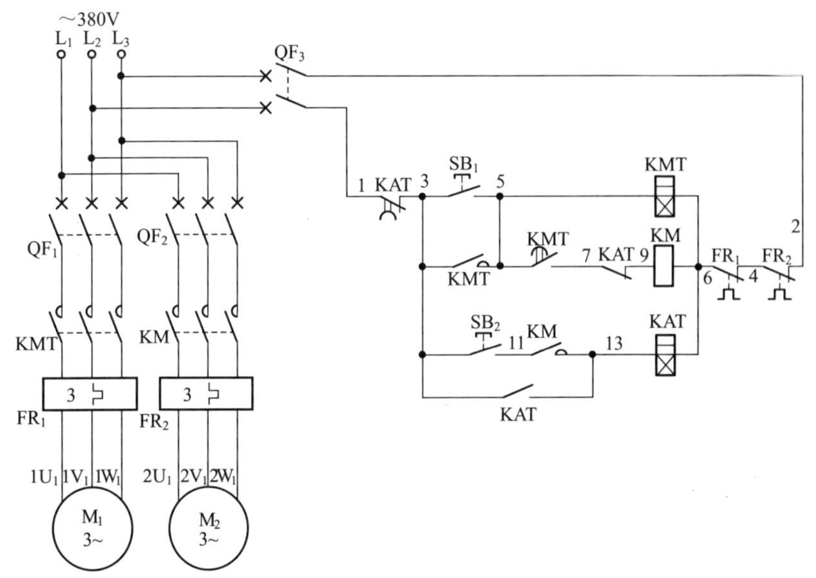

图 6.13 两台电动机顺序自动启动、逆序自动停止控制电路(五)

条件。

2. 逆序自动停止

按下停止按钮 SB_2(3-11),带得电延时头的接触器式继电器 KAT 线圈得电吸合且 KAT 常开触点(3-13)闭合自锁,KAT 开始延时,KAT 常闭触点(7-9)断开,切断交流接触器 KM 线圈回路电源,KM 线圈断电释放,KM 三相主触点断开,第二台电动机 M_2 先失电停止运转了。经 KAT 一段时间延时后,KAT 得电延时断开的常闭触点(1-3)断开,切断了带得电延时头的交流接触器 KMT 和带得电延时头的接触器式继电器 KAT 线圈回路电源,KMT 和 KAT 线圈均断电释放,KMT 三相主触点断开,第一台电动机 M_1 后失电停止运转了。至此,完成两台电动机按逆序,从后向前自动停止。

6.14 两台电动机顺序自动启动、顺序自动停止控制电路

两台电动机顺序自动启动、顺序自动停止控制电路如图 6.14 所示。

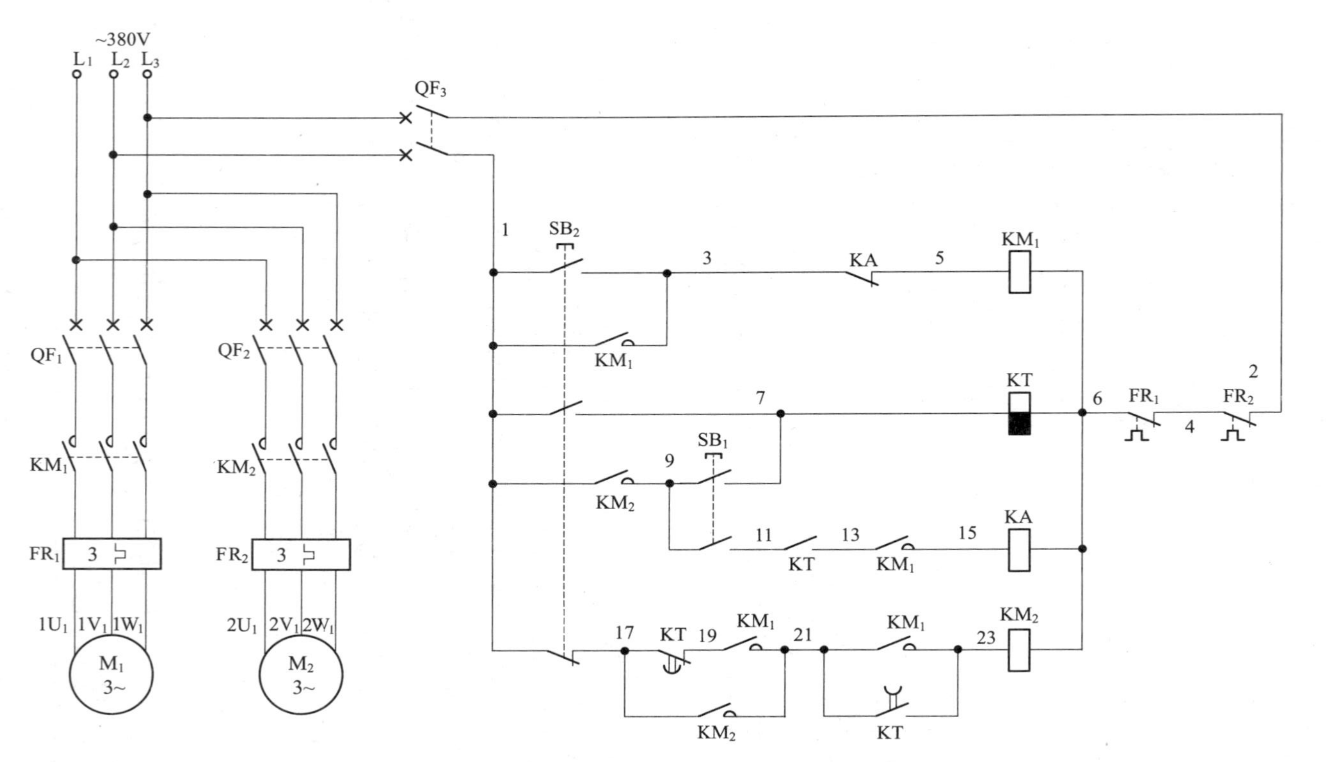

图 6.14 两台电动机顺序自动启动、顺序自动停止控制电路

6.15 三台电动机顺序启动、逆序停止控制电路

三台电动机顺序启动、逆序停止控制电路如图 6.15 所示。

启动时，先按下第一台电动机 M_1 启动按钮 SB_2，交流接触器 KM_1 线圈得电吸合且 KM_1 辅助常开触点(3-5)闭合自锁，KM_1 三相主触点闭合，电动机 M_1 得电启动运转；同时 KM_1 串联在 KM_2 线圈回路中的辅助常开触点(11-13)闭合，为顺序启动 KM_2 线圈做准备。

再按下第二台电动机 M_2 启动按钮 SB_4，交流接触器 KM_2 线圈得电吸合且 KM_2 辅助常开触点(7-11)闭合自锁，KM_2 三相主触点闭合，电动机 M_2 得电启动运转；同时 KM_2 串联在 KM_3 线圈回路中的辅助常开触点(19-21)闭合，为顺序启动 KM_3 线圈做准备；同时 KM_2 并联在第一台电动机 M_1 停止按钮 SB_1 上的辅助常开触点(1-3)闭合，将限制 SB_1(1-3)的操作，为逆序停止做准备。

最后按下第三台电动机 M_3 启动按钮 SB_6(15-17)，交流接触器 KM_3 线圈得电吸合且 KM_3 辅助常开触点(15-19)闭合自锁，KM_3 三相主触点闭合，电动机 M_3 得电启动运转；同时 KM_3 并联在第二台电动机 M_2 停止按钮 SB_3 上的辅助常开触点(1-7)闭合，将限制 SB_3(1-7)的操作，为逆序停止做准备。

至此完成三台电动机从前向后手动逐台顺序启动控制。

停止时，因停止按钮 SB_1 被 KM_2 辅助常开触点(1-3)短接，只有 KM_2 线圈断电释放时，此常开触点断开，才能对停止按钮 SB_1 进行操作。而停止按钮 SB_3 则被 KM_3 辅助常开触点(1-7)短接，只有 KM_3 线圈断电释放时，此常开触点断开，才能对停止按钮 SB_3 进行操作。从以上可以看出，只有停止按钮 SB_5(1-15)可以先操作，也就是说，停止时必须手动逆序逐台进行操作。

先按下第三台电动机 M_3 停止按钮 SB_5(1-15)，交流接触器 KM_3 线圈断电释放，KM_3 三相主触点断开，电动机 M_3 失电，第一个停止运转。同时 KM_3 并联在第二台电动机 M_2 停止按钮 SB_3 上的辅助常开触点(1-7)断开，允许对第二台电动机 M_2 进行停止操作。

再按下第二台电动机 M_2 停止按钮 SB_3(1-7)，交流接触器 KM_2 线圈断电释放，KM_2 三相主触点断开，电动机 M_2 失电，第二个停止运转。同时 KM_2 并联在第一台电动机 M_1 停止按钮 SB_1 上的辅助常开触点(1-3)

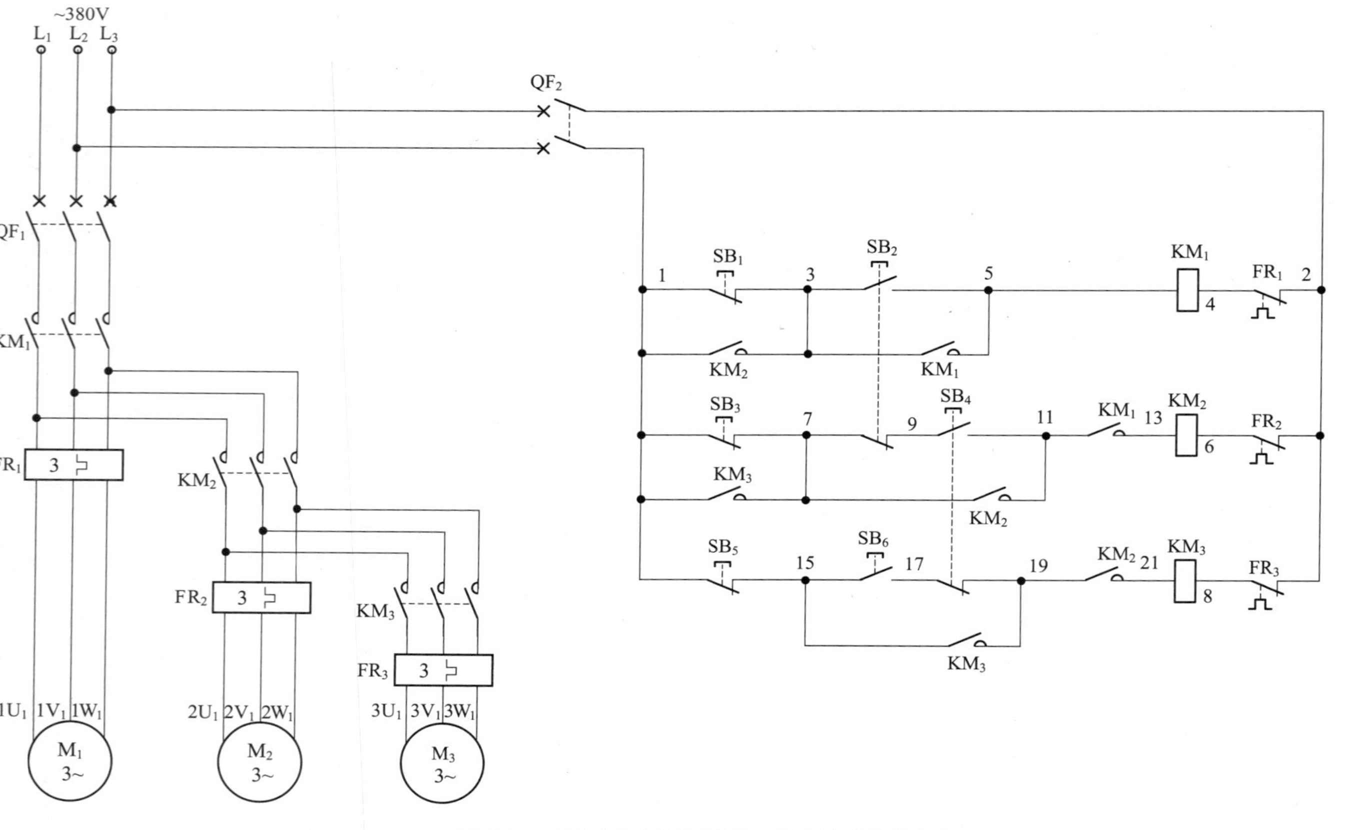

图 6.15　三台电动机顺序启动、逆序停止控制电路

断开，允许对第一台电动机 M_1 进行停止操作。

最后按下第一台电动机 M_1 停止按钮 SB_1(1-3)，交流接触器 KM_1 线圈断电释放，KM_1 三相主触点断开，电动机 M_1 失电，第三个停止运转。

至此，完成三台电动机从后向前逆序逐台手动停止控制。

6.16 三台电动机顺序自动启动、顺序自动停止控制电路

三台电动机顺序自动启动、顺序自动停止控制电路如图 6.16 所示。

顺序自动启动时，按下启动按钮 SB_2，得电延时时间继电器 KT_1 和中间继电器 KA 线圈得电吸合并分别自锁，KA 常闭触点断开，KA 所有常开触点闭合，同时 KT_1 开始延时，KT_1 不延时瞬动常开触点(17-21)闭合，交流接触器 KM_1 线圈得电吸合且 KM_1 辅助常开触点(1-17)闭合自锁，KM_1 三相主触点闭合，电动机 M_1 先得电启动运转。经 KT_1 一段时间延时后，KT_1 的一组得电延时闭合的常开触点(3-11)闭合，使得电延时时间继电器 KT_2 线圈得电吸合并开始延时。同时 KT_1 的另一组得电延时闭合的常开触点(21-23)闭合，交流接触器 KM_2 线圈得电吸合且 KM_2 辅助常开触点(21-23)闭合自锁，KM_2 三相主触点闭合，电动机 M_2 也得电启动运转。经 KT_2 一段时间延时后，KT_2 得电延时闭合的常开触点(21-27)闭合，交流接触器 KM_3 线圈得电吸合且 KM_3 辅助常开触点(1-27)闭合自锁，KM_3 三相主触点闭合，电动机 M_3 最后一个得电启动运转。与此同时，KT_2 得电延时断开的常闭触点(3-5)断开，KT_1、KT_2 线圈断电释放，KT_1、KT_2 所有的触点恢复原始状态。至此三台电动机从前向后顺序自动启动运转了。

顺序自动停止时，按下停止按钮 SB_1，首先中间继电器 KA 线圈断电释放，KA 所有触点恢复原始状态，为停止时提供条件；此时，得电延时时间继电器 KT_1 线圈得电吸合且 KT_1 不延时瞬动常开触点(1-3)闭合自锁，KT_1 开始延时。在 KA 线圈断电释放后，KA 常开触点(17-19)断开，交流接触器 KM_1 线圈断电释放，KM_1 三相主触点断开，电动机 M_1 失电停止运转。经 KT_1 一段时间延时后，KT_1 得电延时断开的常闭触点(23-25)断开，交流接触器 KM_2 线圈断电释放，KM_2 三相主触点断开，电动机 M_2 也失电停止运转。在 KT_1 得电延时闭合的常开触点(3-11)闭合后，

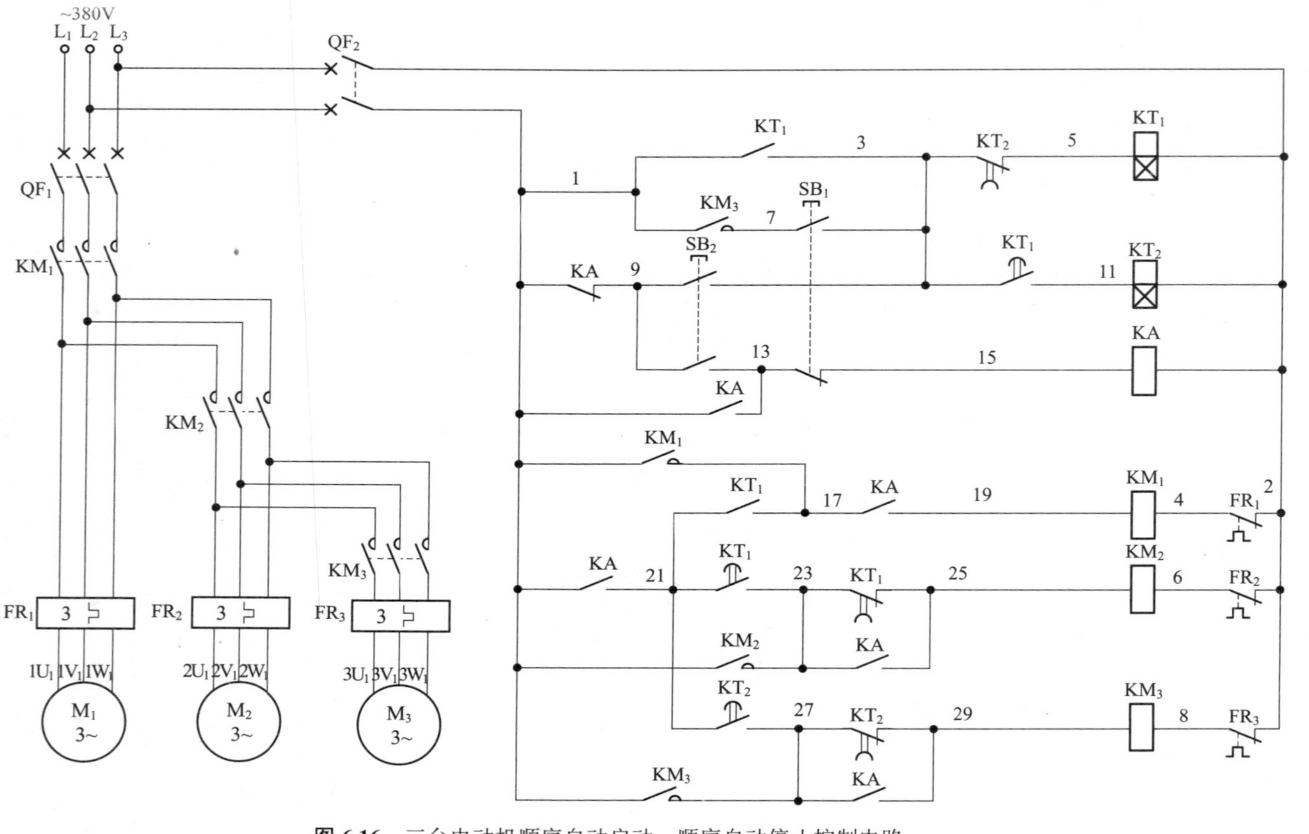

图 6.16　三台电动机顺序自动启动、顺序自动停止控制电路

得电延时时间继电器 KT_2 线圈得电吸合并开始延时。经 KT_2 一段时间延时后，KT_2 得电延时断开的常闭触点(27-29)断开，交流接触器 KM_3 线圈断电释放，KM_3 三相主触点断开，电动机 M_3 最后一个失电停止运转。与此同时，KT_2 得电延时断开的常闭触点(3-5)断开，KT_1、KT_2 线圈断电释放，KT_1、KT_2 所有的触点恢复原始状态。至此三台电动机从前向后顺序自动停止运转了。

第7章

自动往返控制电路

7.1 往返循环自动回到原位停止控制电路

本电路可实现从起端到末端、再返回到起端的往返循环自动回到原位停止的控制。无论从哪一端启动，无论是正转(工作台左移)还是反转(工作台右移)，循环结束后最终都会自动回到原位停止。

往返循环自动回到原位停止控制电路如图 7.1 所示。

1. 工作台左移再返回到原位自动停止

按下工作台左移启动按钮 SB_2，SB_2 的一组常开触点(5-11)闭合，接通失电延时时间继电器 KT_1 线圈回路电源，KT_1 线圈得电吸合，KT_1 不延时瞬动常开触点(5-11)闭合自锁。KT_1 失电延时断开的常开触点(19-27)立即闭合，为限制继续往返循环做准备。在按下 SB_2 的同时，SB_2 的另一组常开触点(5-7)闭合，接通交流接触器 KM_1 线圈回路电源，KM_1 线圈得电吸合，KM_1 辅助常开触点(5-7)闭合自锁，KM_1 三相主触点闭合，电动机得电正转运转，带动工作台向左移动。KM_1 串联在 KM_2 线圈回路中的辅助常闭触点(19-21)断开，起到互锁保护作用。在 KM_1 线圈得电吸合的同时，KM_1 辅助常闭触点(1-29)断开，指示灯 HL_1 灭；KM_1 辅助常开触点(1-33)闭合，指示灯 HL_2 亮，说明电动机已得电正转运转，工作台向左移动。

当工作台向左移动到位时，行程开关 SQ_1 被撞块触动压合。此时，SQ_1 的一组常闭触点(3-5)断开，切断交流接触器 KM_1、失电延时时间继电器 KT_1 线圈回路电源，KM_1、KT_1 线圈断电释放，KM_1 三相主触点断开，电动机失电而正转停止运转。KT_1 开始延时(设定延时时间为 3s)。

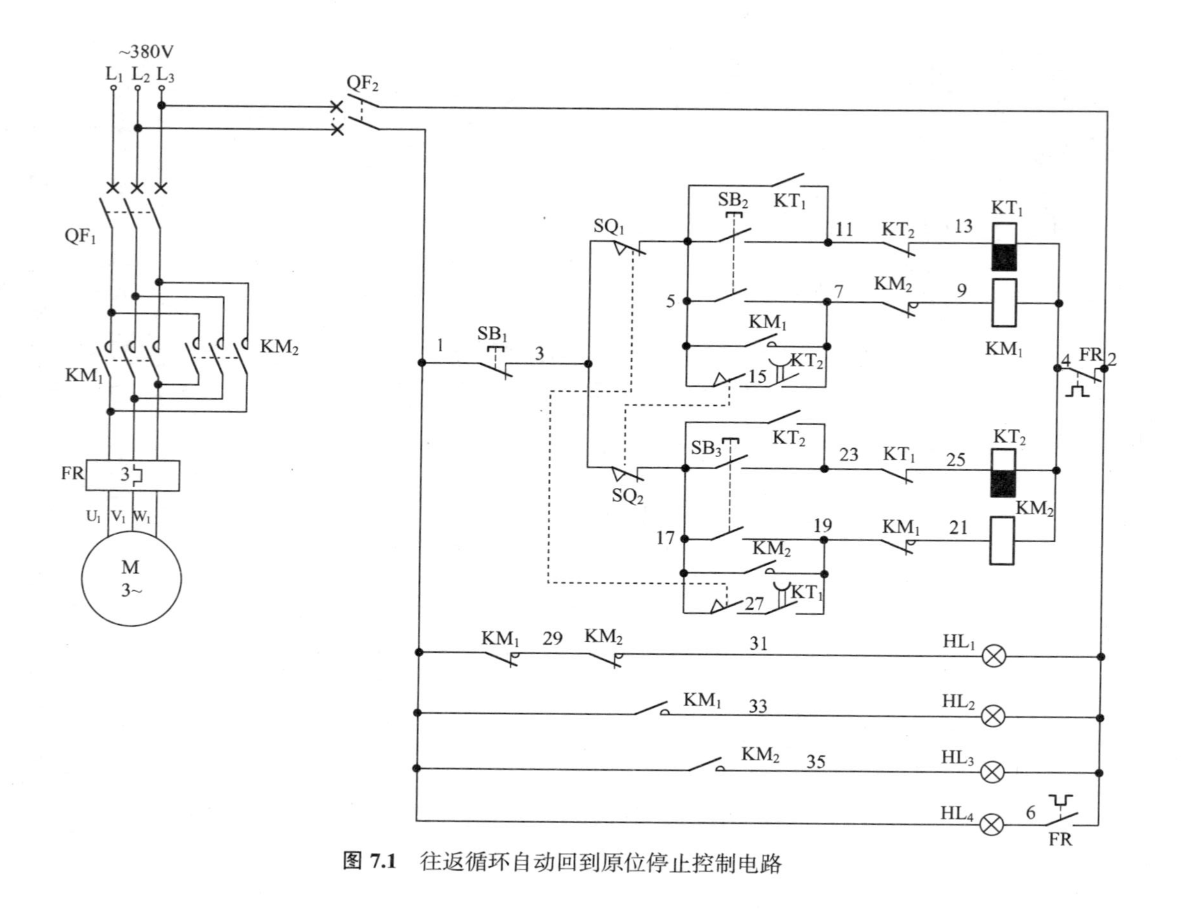

图 7.1　往返循环自动回到原位停止控制电路

在 KM_1 线圈断电释放的同时，指示灯 HL_2 灭、HL_1 亮，说明电动机失电正转停止运转了。在行程开关 SQ_1 被撞块触动压合的同时，SQ_1 的另一组常开触点(17-27)闭合，与正在延时但还未断开的 KT_1 失电延时断开的常开触点(19-27)形成闭合回路，使交流接触器 KM_2 线圈得电吸合，KM_2 辅助常开触点(17-19)闭合自锁，KM_2 三相主触点闭合，电动机得电反转运转，带动工作台向右移动。与此同时，串联在 KM_1 线圈回路中的 KM_2 辅助常闭触点(7-9)断开，起到互锁保护作用。在 KM_2 线圈吸合的同时，KM_2 辅助常闭触点(29-31)断开，指示灯 HL_1 灭；KM_2 辅助常开触点(1-35)闭合，指示灯 HL_3 亮，说明电动机已得电反转运转，工作台开始向右移动返回了。

经 KT_1 延时(仅 3s 左右)后，KT_1 失电延时断开的常开触点(19-27)断开，保证工作台回到原位后不再循环。也就是说，在 SQ_1 被触动压合后(3s 内)又恢复原状，KT_1 失电延时断开的常开触点(19-27)必须断开。

当工作台返回到位时，行程开关 SQ_2 被撞块触动压合。此时，SQ_2 的一组常闭触点(3-17)断开，切断了交流接触器 KM_2 线圈回路电源，使 KM_2 线圈断电释放，KM_2 三相主触点断开，电动机失电而反转停止运转，从而使工作台停止移动。在行程开关 SQ_2 被撞块触动压合的同时，SQ_2 的另一组常开触点(5-15)闭合，为下次循环做准备。在 KM_2 线圈断电释放的同时，指示灯 HL_3 灭、HL_1 亮，说明电动机失电反转停止运转了。

至此，工作台左移再返回到原位自动停止的控制结束。

2. 工作台右移再返回到原位自动停止

按下工作台右移启动按钮 SB_3，SB_3 的一组常开触点(17-23)闭合，接通失电延时时间继电器 KT_2 线圈回路电源，KT_2 线圈得电吸合，KT_2 不延时瞬动常开触点(17-23)闭合自锁。KT_2 失电延时断开的常开触点(7-15)立即闭合，为限制继续往返循环做准备。在按下 SB_3 的同时，SB_3 的另一组常开触点(17-19)闭合，接通交流接触器 KM_2 线圈回路电源，KM_2 线圈得电吸合，KM_2 辅助常开触点(17-19)闭合自锁，KM_2 三相主触点闭合，电动机得电反转运转，带动工作台向右移动。串联在 KM_1 线圈回路中的 KM_2 辅助常闭触点(7-9)断开，起到互锁保护作用。在 KM_2 线圈得电吸合的同时，KM_2 辅助常闭触点(29-31)断开，指示灯 HL_1 灭；KM_2 辅助常开触点(1-35)闭合，指示灯 HL_3 亮，说明电动机已得电反转运转,工作台向右移动。

当工作台向右移动到位时,行程开关 SQ_2 被撞块触动压合。此时,SQ_2 的一组常闭触点(3-17)断开,切断了交流接触器 KM_2、失电延时时间继电器 KT_2 线圈回路电源,KM_2、KT_2 线圈断电释放,KM_2 三相主触点断开,电动机失电而停止运转;KT_2 开始延时(设定延时时间为 3s 内)。在 KM_2 线圈断电释放的同时,指示灯 HL_3 灭、HL_1 亮,说明电动机失电停止运转了。在行程开关 SQ_2 被撞块触动压合的同时,SQ_2 的另一组常开触点(5-15)闭合,与正在延时但还未断开的 KT_2 失电延时断开的常开触点(7-15)形成闭合回路,使交流接触器 KM_1 线圈得电吸合,KM_1 辅助常开触点(5-7)闭合自锁,KM_1 三相主触点闭合,电动机得电正转运转,带动工作台向左移动;串联在 KM_2 线圈回路中的 KM_1 辅助常闭触点(19-21)断开,起到互锁保护作用。在 KM_1 线圈吸合的同时,KM_1 辅助常闭触点(1-29)断开,指示灯 HL_1 灭;KM_1 辅助常开触点(1-13)闭合,指示灯 HL_2 亮,说明电动机已得电正转运转,工作台开始向左移动返回了。

经 KT_2 延时(仅 3s 左右)后,KT_2 失电延时断开的常开触点(7-15)断开,保证工作台回到原位后不再循环。也就是说,在 SQ_2 被触动压合后(3s 内)又恢复原状,KT_2 失电延时断开的常开触点(7-15)必须断开。

当工作台返回到位时,行程开关 SQ_1 被撞块触动压合。此时,SQ_1 的一组常闭触点(3-5)断开,切断交流接触器 KM_1 线圈回路电源,KM_1 线圈断电释放,KM_1 三相主触点断开,电动机失电正转停止运转,从而使工作台停止移动。在行程开关 SQ_1 被撞块触动压合的同时,SQ_1 的另一组常开触点(17-27)闭合,为下次循环做准备。在 KM_1 线圈断电释放的同时,指示灯 HL_2 灭、HL_1 亮,说明电动机失电停止运转了。

至此,工作台右移再返回到原位自动停止的控制结束。

7.2 自动往返带慢速定位缓冲控制电路

自动往返带慢速定位缓冲控制电路如图 7.2 所示。

本电路与通常应用的自动往返控制电路的不同之处是,当电动机拖动工作台向左或向右移动时,先是额定转速运转,在碰到靠近左端或右端自动转换行程开关之前的慢速定位行程开关 SQ_1 或 SQ_3 时,由额定转速变为慢速来缓冲准确定位,当碰到自动往返转换行程开关 SQ_2 或 SQ_4 时,

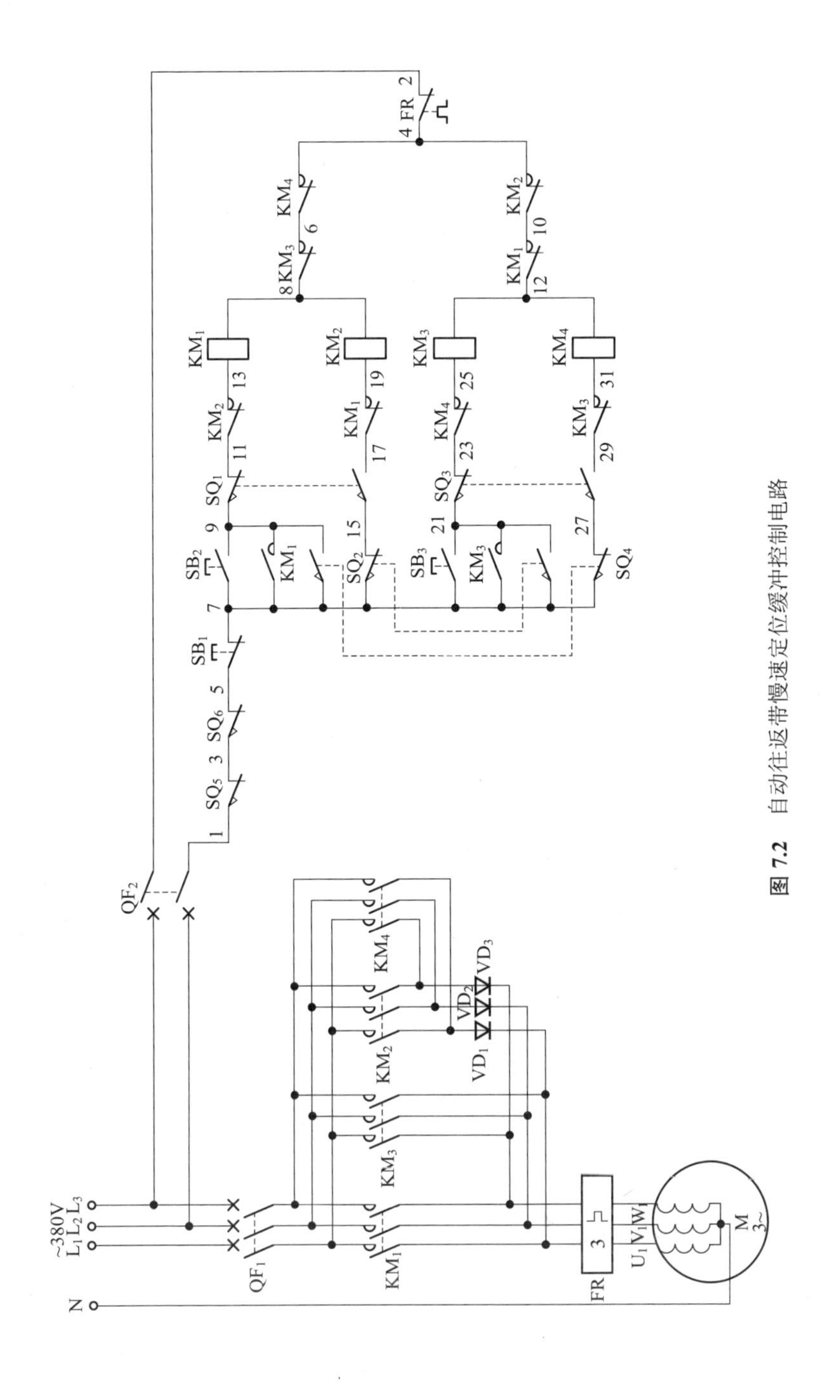

图 7.2 自动往返带慢速定位缓冲控制电路

又恢复到额定转速快速反方向运转，实现带慢速缓冲定位的自动往返控制电路。图7.2中，SQ_5、SQ_6 为左端或右端极限保护行程开关。

自动往返控制时，倘若按下正转启动按钮 SB_2(7-9)，交流接触器 KM_1 线圈得电吸合且 KM_1 辅助常开触点(7-9)闭合自锁，KM_1 三相主触点闭合，电动机得电以额定转速正转运转，拖动工作台向左移动；当工作台向左移动碰触到不可自动复位式行程开关 SQ_1 时，SQ_1 的一组常闭触点(9-11)断开，切断交流接触器 KM_1 线圈回路电源，交流接触器 KM_1 线圈断电释放，KM_1 三相主触点断开，电动机失电；SQ_1 的另一组常开触点(15-17)闭合，接通交流接触器 KM_2 线圈回路电源，KM_2 线圈得电吸合，KM_2 三相主触点闭合，将分别串入二极管 VD_1、VD_2、VD_3，电动机由额定转速变为慢速定位缓冲运转。当工作台准确定位后，碰触到左端限位自动转换行程开关 SQ_2 时，SQ_2 的一组常闭触点(7-15)断开，切断交流接触器 KM_2 线圈回路电源，交流接触器 KM_2 线圈断电释放，KM_2 三相主触点断开，电动机失电；SQ_2 的另一组常开触点(7-21)闭合，KM_3 线圈得电吸合且 KM_3 辅助常开触点(7-21)闭合自锁，KM_3 三相主触点闭合，电动机得电以额定转速反转运转，拖动工作台向右移动；工作台向右移动到位碰触到已动作的不可自动复位式行程开关 SQ_1 使其恢复原始状态，为下一次动作做准备。当工作台向右移动碰触到不可自动复位式行程开关 SQ_3 时，SQ_3 的一组常闭触点(21-23)断开，切断交流接触器 KM_3 线圈回路电源，交流接触器 KM_3 线圈断电释放，KM_3 三相主触点断开，电动机失电；SQ_3 的另一组常开触点(27-29)闭合，KM_4 线圈得电吸合，KM_4 三相主触点闭合，将分别串入二极管 VD_1、VD_2、VD_3，电动机由额定转速变为慢速定位缓冲运转。工作台准确定位后，碰触到右端限位自动转换行程开关 SQ_4 时，SQ_4 的一组常闭触点(7-27)断开，切断交流接触器 KM_4 线圈回路电源，KM_4 线圈断电释放，KM_4 三相主触点断开，电动机失电；SQ_4 的另一组常开触点(7-9)闭合，重新接通交流接触器 KM_1 线圈回路电源，KM_1 线圈得电吸合且 KM_1 辅助常开触点(7-9)闭合，KM_1 三相主触点闭合，电动机得电以额定转速正转运转了。这样，往返重复，实现自动往返循环控制。

图7.2中，行程开关 SQ_2、SQ_4、SQ_5、SQ_6 可选用任何型号的能自动复位的产品；SQ_1、SQ_3 必须采用LX19-232双轮不能自动复位式行程开关。

7.3 自动往返控制超限位保护电路(一)

自动往返控制超限位保护电路(一)如图 7.3 所示。

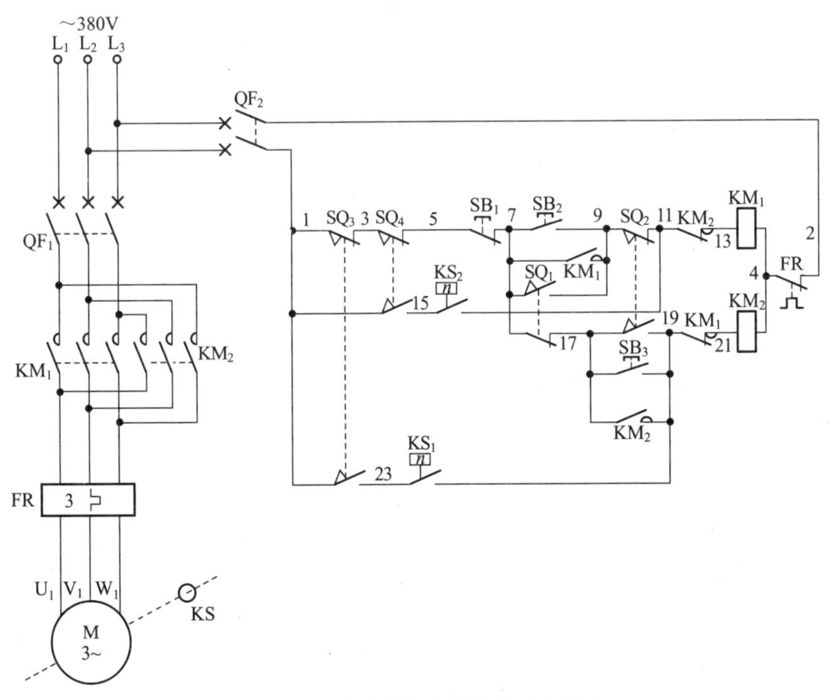

图 7.3 自动往返控制超限位保护电路(一)

1. 自动往返循环控制

可任意按下正转(SB_2)或反转(SB_3)启动按钮来实现启动操作。若启动时按下正转启动按钮 SB_2(7-9),使正转交流接触器 KM_1 线圈得电吸合且 KM_1 辅助常开触点(7-9)闭合自锁;KM_1 辅助常闭触点(19-21)断开,起互锁保护作用。KM_1 三相主触点闭合,电动机得电正转启动运转,带动拖板向左边移动;与此同时,当电动机的转速高于 120r/min 时,速度继电器 KS 的一组 KS_1 常开触点(19-23)闭合,为防止拖板自动循环用行程开关 SQ_2 故障损坏时不起作用而迅速反转使其制动做准备。当拖板向左边移动碰触到行程开关 SQ_2 时,SQ_2 动作转态,SQ_2 的一组常闭触点(9-11)断开,切断正转交流接触器 KM_1 线圈回路电源,KM_1 线圈断电释放,KM_1 三相主触点断开,电动机失电正转停止运转,拖板向左边移动停止;当电动机的转速低于100r/min时,KS_1(19-23)恢复常开状态;SQ_2的一组常开触点(17-19)闭合,接通了反转交流接触器KM_2线圈回路电源,KM_2线圈得电吸合且KM_2辅助常开触点(17-19)闭合自锁;KM_2辅助常闭触点(11-13)断开,起互锁保护作用;KM_2三相主触点闭合,电动机得电反转启动运转,带动拖板向右边移动;与此同时,当电动机的转速高于120r/min时,速度继电器KS的另一组KS_2常开触点(7-15)闭合,为防止拖板自动循环用行程开关SQ_1故障损坏时不起作用而迅速正转使其制动做准备。当拖板向右边移动碰触到行程开关SQ_1时,SQ_1动作转态,SQ_1的一组常闭触点(7-19)断开,切断反转交流接触器KM_2线圈回路电源,KM_2线圈断电释放,KM_2三相主触点断开,电动机失电反转停止运转。拖板向右边移动停止;当电动机的转速低于100r/min时,KS_2(7-15)恢复常开状态;SQ_1的一组常开触点(7-9)闭合,接通了正转交流接触器KM_1线圈回路电源,KM_1线圈得电吸合且KM_1辅助常开触点(7-9)闭合自锁,KM_1辅助常闭触点(19-21)断开,起互锁作用;KM_1三相主触点闭合,电动机得电正转启动运转,带动拖板向左边移动。如此循环,实现自动往返循环控制。

2. 正转(向左边移动)极限保护

当正转(向左边移动)碰触到自动循环行程开关SQ_2(损坏)不起作用时,拖板会继续向左边移动;当碰触到左边极限保护行程开关SQ_3时,SQ_3转态,SQ_3的一组常闭触点(1-3)断开,切断正转交流接触器KM_1线圈回路电源,KM_1线圈断电释放,KM_1三相主触点断开,电动机正转失电但仍靠惯性继续转动;与此同时,SQ_3的另一组常开触点(1-23)闭合,与早已闭合的KS_1常开触点(19-23)使反转交流接触器KM_2线圈得电吸合且KM_2辅助常开触点(17-19)闭合自锁,KM_2三相主触点闭合,电动机得电反转启动运转,带动拖板向右边移动;当拖板向右边移动脱离极限行程开关SQ_3时,SQ_3转态,SQ_3的一组常开触点(1-23)断开,切断反转交流接触器KM_2线圈回路电源,KM_2线圈断电释放,KM_2三相主触点断开,电动机失电反转停止运转,拖板向右边移动停止,起到向左移动极限保护作用;当电动机的转速低于100r/min时,KS_1(19-23)恢复常开状态。也就是说,当向左边移动碰触到行程开关SQ_3时,电动机会立即向相反方向转动一下后再自动停止运转。

3. 反转(向右边移动)极限保护

当反转(向右边移动)碰触到自动循环行程开关SQ_1(损坏)不起作用

时,拖板会继续向右边移动;当碰触到右边极限保护行程开关 SQ_4 时,SQ_4 转态,SQ_4 的一组常闭触点(3-5)断开,切断反转交流接触器 KM_2 线圈回路电源,KM_2 线圈断电释放,KM_2 三相触点断开,电动机反转失电但仍靠惯性继续转动;与此同时,SQ_4 的另一组常开触点(1-15)闭合,与早已闭合的 KS_2 常开触点(11-15)使正转交流接触器 KM_1 线圈得电吸合且 KM_1 辅助常开触点(7-9)闭合自锁,KM_1 三相主触点闭合,电动机得电正转启动运转,带动拖板向左边移动;当拖板向左边移动脱离极限行程开关 SQ_4 时,SQ_4 转态,SQ_4 的一组常开触点(1-15)断开,切断正转交流接触器 KM_1 线圈回路电源,KM_1 线圈断电释放,KM_1 三相主触点断开,电动机失电正转停止运转,拖板向左边移动停止,起到向右移动极限保护作用;当电动机转速低于 100r/min 时,KS_2(11-15)恢复常开状态。也就是说,当向右边移动碰触到行程开关 SQ_4 时,电动机会立即向相反方向转动一下后再自动停止运转。

7.4 自动往返控制超限位保护电路(二)

自动往返控制超限位保护电路(二)如图 7.4 所示,其中,行程开关 SQ_1 为拖板向左边移动限位及向右边移动启动转换用;SQ_2 为拖板向右边移动限位及向左边移动启动转换用;SQ_3 为拖板向左边移动极限终端保护用;SQ_4 为拖板向右边移动极限终端保护用。

1. 自动往返控制

倘若按下正转启动按钮 SB_2(11-13),正转交流接触器 KM_1 线圈得电吸合且 KM_1 辅助常开触点(11-13)闭合自锁;KM_1 辅助常闭触点(21-23)断开,起互锁作用;KM_1 三相主触点闭合,电动机得电正转启动运转,带动拖板向左边移动。当拖板缓慢向左边移动到位时,碰触到左边行程开关 SQ_1,SQ_1 动作转态,SQ_1 的一组常闭触点(13-15)断开,切断正转交流接触器 KM_1 线圈回路电源,KM_1 线圈断电释放,KM_1 三相主触点断开,电动机失电正转停止运转。拖板向左边移动停止。与此同时,SQ_1 的另一组常开触点(11-19)闭合,接通了反转交流接触器 KM_2 线圈回路电源,KM_2 线圈得电吸合且 KM_2 辅助常开触点(11-19)闭合自锁;KM_2 辅助常闭触点(15-17)断开,起互锁作用;KM_2 三相主触点闭合,电动机得电反转启动运转,带动拖板向右边移动,当拖板缓慢向右边移动到位时,

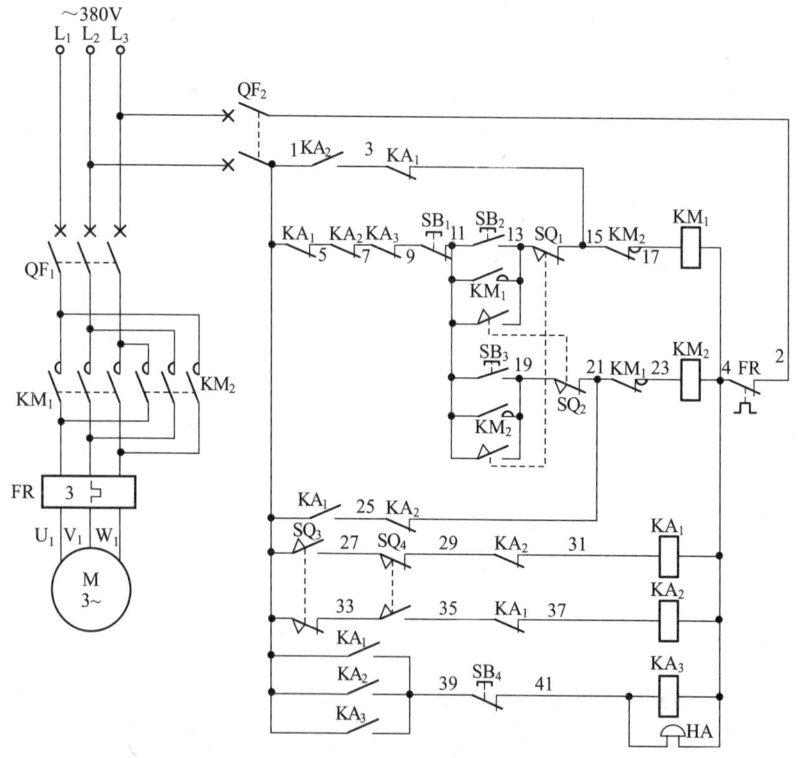

图 7.4 自动往返控制超限位保护电路(二)

碰触到右边限位开关 SQ_2,SQ_2 动作转态,SQ_2 的一组常闭触点(19-21)断开,切断反转交流接触器 KM_2 线圈回路电源,KM_2 线圈断电释放,KM_2 三相主触点断开,电动机失电反转停止运转,拖板向右边移动停止。与此同时,SQ_2 的另一组常开触点(11-13)闭合,接通了正转交流接触器 KM_1 线圈回路电源,KM_1 线圈得电吸合且 KM_1 辅助常开触点(11-13)闭合自锁;KM_1 辅助常闭触点(21-23)断开,起互锁作用;KM_1 三相主触点闭合,电动机又得电正转启动运转了,重新带动拖板向左边缓慢移动。如此循环,实现自动往返循环控制。需停止时,按下停止按钮 SB_1(9-11)即可。

2. 拖板向左移动超限位保护

当拖板向左边移动到位时,倘若行程开关 SQ_1 失效不起作用,那么拖板会继续向左边移动;碰触到向左超限位行程开关 SQ_3 时,SQ_3 动作转态,SQ_3 的一组常闭触点(1-33)断开,起互锁作用;SQ_3 的另一组常开触点(1-27)闭合,接通了中间继电器 KA_1 线圈回路电源,KA_1 线圈得电吸合,KA_1 的两组常闭触点(3-15、1-5)断开,切断正转交流接触器 KM_1 线圈回路电源,KM_1 线圈断电释放,KM_1 三相主触点断开,电动机失电正转停止运转,拖板向左边移动停止。与此同时,KA_1 的一组常开触点(1-25)闭合,接通反转交流接触器 KM_2 线圈回路电源,KM_2 线圈得电吸合,KM_2 三相主触点闭合,电动机得电反转启动运转,带动拖板向右边移动;同时,KA_1 的另一组常开触点(1-39)闭合,使中间继电器 KA_3 线圈得电吸合且自锁;KA_3 常闭触点(7-9)断开,切断 KM_1 线圈回路电源;电铃 HA 鸣响,以告知超限故障。当拖板向右边移动脱离行程开关 SQ_3 时,SQ_3 恢复原始状态,SQ_3 常开触点(1-27)断开,使中间继电器 KA_1 线圈断电释放,KA_1 所有触点恢复原始状态,使交流接触器 KM_2 线圈断电释放,KM_2 三相主触点断开,电动机失电反转停止运转,拖板向右边移动停止。实际上当拖板碰触到行程开关 SQ_3 后,立即向相反方向移动一下后再停止。当超限故障出现后,电铃 HA 会一直响下去,欲需解除,则按下解除复位按钮 SB_4(39-41),切断了中间继电器 KA_3 线圈回路电源,KA_3 线圈断电释放,KA_3 常开触点(1-39)断开,解除自锁,电铃 HA 失电停止鸣响。

3. 拖板向右边移动超限位保护

当拖板向右边移动到位时,倘若行程开关 SQ_2 失效不起作用,那么拖板会继续向右边移动;碰触到右边超限位行程开关 SQ_4 时,SQ_4 动作转态,SQ_4 的一组常闭触点(27-29)断开,起互锁作用;SQ_4 的另一组常开触点(33-35)闭合,接通了中间继电器 KA_2 线圈回路电源,KA_2 线圈得电吸合,KA_2 的两组常闭触点(21-25、5-7)断开;切断反转交流接触器 KM_2 线圈回路电源,KM_2 线圈断电释放,KM_2 三相主触点断开,电动机失电反转停止运转,拖板向右边移动停止。与此同时,KA_2 的一组常开触点(1-3)闭合,接通正转交流接触器 KM_1 线圈回路电源,KM_1 线圈得电吸合,KM_1 三相主触点闭合,电动机得电正转启动运转,带动拖板向左边移动;同时,KA_2 的另一组常开触点(1-39)闭合,使中间继电器 KA_3 线圈得电吸合且自锁;KA_3 常闭触点(7-9)断开,切断 KM_2 线圈回路电源;电铃 HA 鸣响,以告知超限故障。当拖板向左边移动脱离行程开关 SQ_4 时,SQ_4 恢复原始状态,SQ_4 常开触点(33-35)断开,使中间继电器 KA_2 线圈断电释放,KA_2 所有触点恢复原始状态,使交流接触器 KM_1 线圈断电释放，KM_1 三相主触点断开，电动机失电正转停止运转，拖板向左边移动停止。实际上当拖板碰触到行程开关 SQ_4 后，立即向相反方向移动一下后再停止。当超限故障出现后，电铃 HA 会一直响下去，欲需解除，按下解除复位按钮 SB_4(39-41)即可。

7.5 自动往返循环控制电路(一)

自动往返循环控制电路(一)如图 7.5 所示。

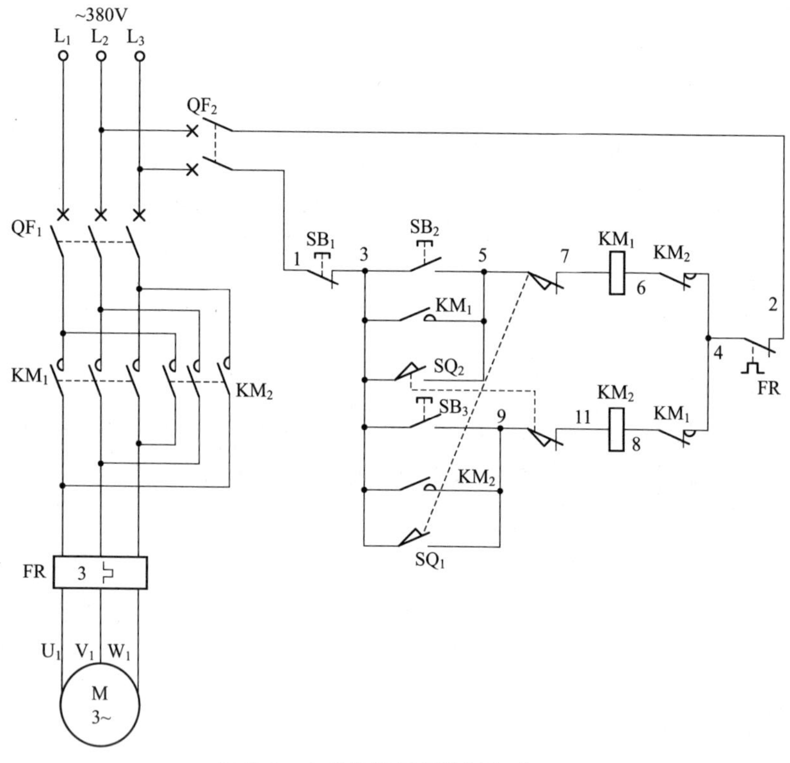

图 7.5 自动往返循环控制电路(一)

合上主回路断路器 QF_1、控制回路断路器 QF_2，为电路工作做准备。

▶ 自动循环工作

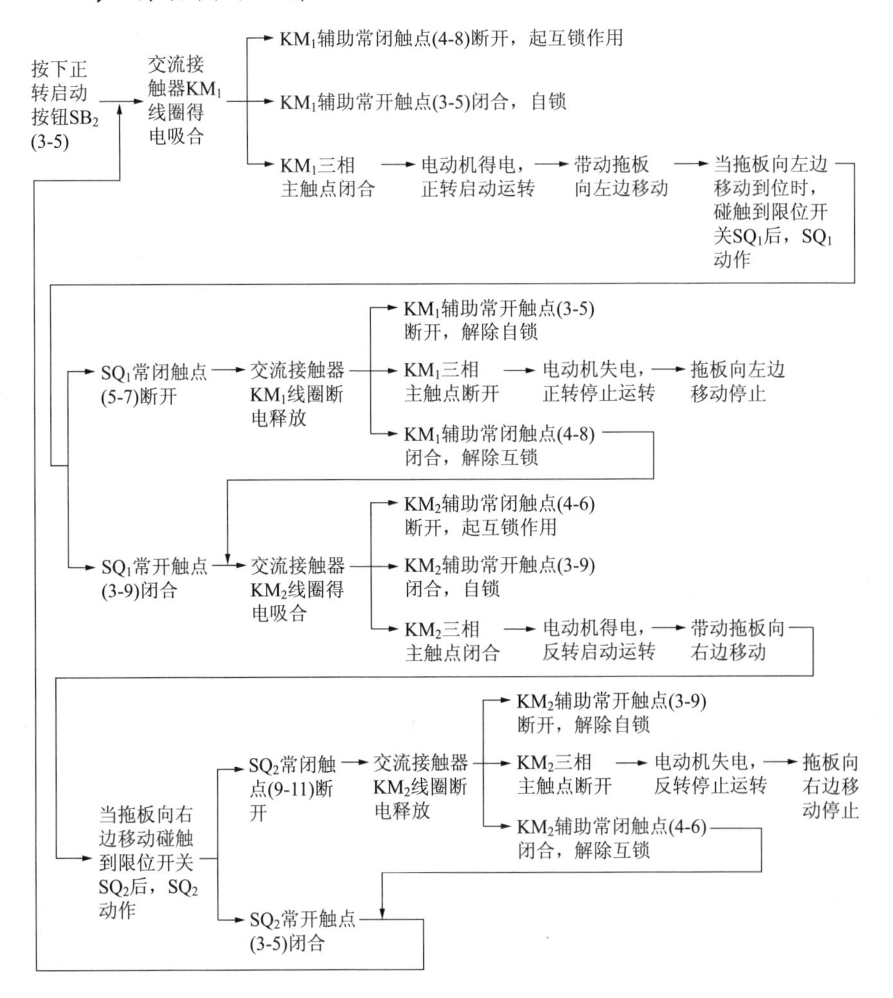

7.6 自动往返循环控制电路(二)

自动往返循环控制电路(二)如图 7.6 所示。

1. 正转启动

合上主回路断路器 QF_1，主回路通入三相交流 380V 电源，为电动机得电运转做准备。合上控制回路断路器 QF_2，控制回路通入从 L_2、L_3 相

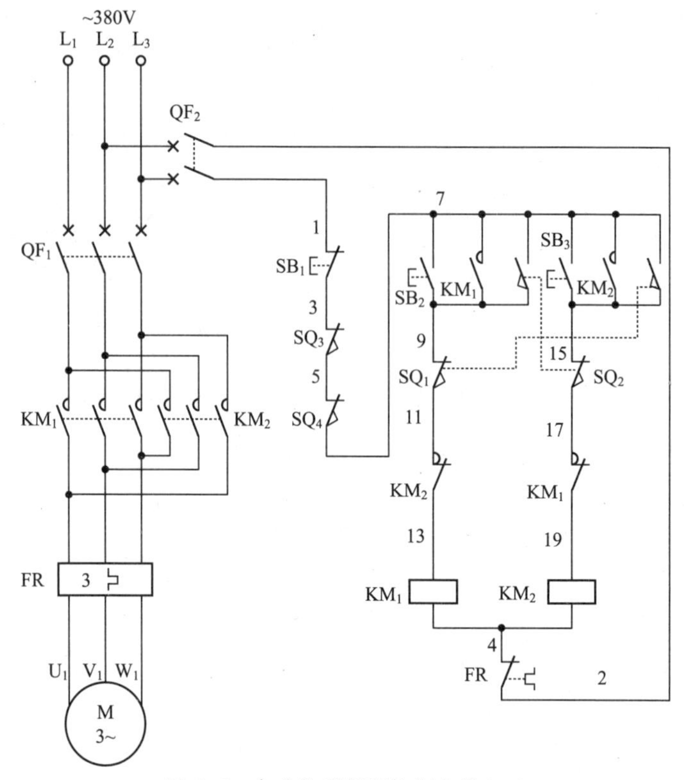

图 7.6　自动往返循环控制电路(二)

引出的单相交流 380V 电源,为控制回路工作做准备。按下正转启动按钮 SB_2,其常开触点(7-9)闭合。正转启动按钮 SB_2 常开触点(7-9)闭合,接通了正转交流接触器 KM_1 线圈回路电源,KM_1 线圈得电吸合。正转交流接触器 KM_1 线圈得电吸合时,KM_1 串联在反转交流接触器 KM_2 线圈回路中的辅助常闭触点(17-19)断开,切断反转交流接触器 KM_2 线圈回路电源,使 KM_2 线圈不能得电吸合,起到接触器常闭触点互锁作用。正转交流接触器 KM_1 线圈得电吸合时,KM_1 辅助常开触点(7-9)闭合,将 KM_1 线圈回路自锁起来。正转交流接触器 KM_1 线圈得电吸合时,KM_1 三相主触点闭合,电动机得电正转启动运转,拖动工作台向左边移动。

至此,完成对电动机正转启动运转控制。

2. 正转运转后按下停止按钮 SB_1 或行程开关 SQ_1 损坏时碰触到左端终端保护行程开关 SQ_3

按下停止按钮 SB_1 或碰触到左端终端保护行程开关 SQ_3 时，其停止按钮 SB_1 常闭触点(1-3)或左端终端保护行程开关 SQ_3 常闭触点(3-5)断开。停止按钮 SB_1 常闭触点(1-3)或左端终端保护行程开关 SQ_3 常闭触点(3-5)断开，切断了正转交流接触器 KM_1 线圈回路电源，KM_1 线圈断电释放。正转交流接触器 KM_1 线圈断电释放时，KM_1 三相主触点断开，电动机失电正转停止运转，工作台向左边移动停止。正转交流接触器 KM_1 线圈断电释放时，KM_1 辅助常开触点(7-9)断开，恢复原始常开状态，解除对 KM_1 自身线圈回路的自锁作用。正转交流接触器 KM_1 线圈断电释放时，KM_1 辅助常闭触点(17-19)闭合，恢复原始常闭状态，解除对反转交流接触器 KM_2 线圈回路的互锁作用。

至此，完成对电动机正转运转后需停止或行程开关 SQ_1 损坏后碰触到左端终端保护行程开关 SQ_3 时，使电动机停止的控制。

3. 反转启动时

按下反转启动按钮 SB_3，其常开触点(7-15)闭合。反转启动按钮 SB_3 常开触点(7-15)闭合，接通了反转交流接触器 KM_2 线圈回路电源，KM_2 线圈得电吸合。反转交流接触器 KM_2 线圈得电吸合时，KM_2 串联在正转交流接触器 KM_1 线圈回路中的辅助常闭触点(11-13)断开，切断正转交流接触器 KM_1 线圈回路电源，使 KM_1 线圈不能得电吸合，起到接触器常闭触点互锁作用。反转交流接触器 KM_2 线圈得电吸合时，KM_2 辅助常开触点(7-15)闭合，将 KM_2 线圈回路自锁起来。反转交流接触器 KM_2 线圈得电吸合时，KM_2 三相主触点闭合，电动机得电反转启动运转，拖动工作台向右边移动。

至此，完成对电动机反转启动运转控制。

4. 反转运转后按下停止按钮 SB_1 或行程开关 SQ_2 损坏时碰触到右端终端保护行程开关 SQ_4

按下停止按钮 SB_1 或碰触到右端终端保护行程开关 SQ_4 时，其停止按钮 SB_1 常闭触点(1-3)或右端终端保护行程开关 SQ_4 常闭触点(5-7)断开。停止按钮 SB_1 常闭触点(1-3)或右端终端保护行程开关 SQ_4 常闭触点(5-7)断开，切断了反转交流接触器 KM_2 线圈回路电源，KM_2 线圈断电释放。反转交流接触器 KM_2 线圈断电释放时，KM_2 三相主触点断开，电动机失电反转停止运转，工作台向右边移动停止。反转交流接触器 KM_2 线圈断电释放时，KM_2 辅助常开触点(7-15)断开，恢复原始常开状态，解除对 KM_2 自身线圈回路的自锁作用。反转交流接触器 KM_2 线圈断电释放时，KM_2 辅助常闭触点(11-13)闭合，恢复原始常闭状态，解除对正转交流接触器 KM_1 线圈回路的互锁作用。

至此，完成对电动机反转运转后需停止或行程开关 SQ_2 损坏后碰触到右端终端保护行程开关 SQ_4 时使电动机停止的控制。

5. 自动往返循环

按下正转启动按钮 SB_2，其常开触点(7-9)闭合。正转启动按钮 SB_2 常开触点(7-9)闭合，接通了正转交流接触器 KM_1 线圈回路电源，KM_1 线圈得电吸合。正转交流接触器 KM_1 线圈得电吸合时，KM_1 串联在反转交流接触器 KM_2 线圈回路中的辅助常闭触点(17-19)断开，切断反转交流接触器 KM_2 线圈回路电源，使 KM_2 线圈不能得电吸合，起到接触器常闭触点互锁作用。正转交流接触器 KM_1 线圈得电吸合时，KM_1 辅助常开触点(7-9)闭合，将 KM_1 线圈回路自锁起来。正转交流接触器 KM_1 线圈得电吸合时，KM_1 三相主触点闭合，电动机得电正转启动运转，拖动工作台向左边移动。当工作台向左边移动到位碰触到行程开关 SQ_1 时，SQ_1 动作转态，其常闭触点(9-11)断开，常开触点(7-15)闭合。行程开关 SQ_1 动作转态时，其常闭触点(9-11)断开，切断了正转交流接触器 KM_1 线圈回路电源，KM_1 线圈断电释放。正转交流接触器 KM_1 线圈断电释放时，KM_1 三相主触点断开，电动机失电正转运转停止，工作台向左边移动停止。正转交流接触器 KM_1 线圈断电释放时，KM_1 辅助常开触点(7-9)断开，恢复原始常开状态，解除对 KM_1 自身线圈回路的自锁作用。正转交流接触器 KM_1 线圈断电释放时，KM_1 辅助常闭触点(17-19)闭合，恢复原始常闭状态，解除对反转交流接触器 KM_2 线圈回路的互锁作用，为反转交流接触器 KM_2 线圈得电吸合做准备。行程开关 SQ_1 动作转态时，其常开触点(7-15)闭合，接通了反转交流接触器 KM_2 线圈回路电源，KM_2 线圈得电吸合。反转交流接触器 KM_2 线圈得电吸合时，KM_2 串联在正转交流接触器 KM_1 线圈回路中的辅助常闭触点(11-13)断开，切断正转交流接触器 KM_1 线圈回路电源，使 KM_1 线圈不能得电吸合，起到接触器常闭触点互锁作用。反转交流接触器 KM_2 线圈得电吸合时，KM_2 辅助常开触点(7-15)闭合，将 KM_2 线圈回路自锁起来。反转交流接触器

KM_2 线圈得电吸合时，KM_2 三相主触点闭合，电动机得电反转启动运转，拖动工作台向右边移动。当工作台向右边移动到位碰触到行程开关 SQ_2 时，SQ_2 动作转态，其常闭触点(15-17)断开，常开触点(7-9)闭合。行程开关 SQ_2 动作转态时，其常闭触点(15-17)断开，切断了反转交流接触器 KM_2 线圈回路电源，KM_2 线圈断电释放。反转交流接触器 KM_2 线圈断电释放时，KM_2 三相主触点断开，电动机失电反转停止运转，工作台向右边移动停止。反转交流接触器 KM_2 线圈断电释放时，KM_2 辅助常开触点(7-15)断开，恢复原始常开状态，解除对 KM_2 自身线圈回路的自锁作用。反转交流接触器 KM_2 线圈断电释放时，KM_2 辅助常闭触点(11-13)闭合，恢复原始常闭状态，解除对正转交流接触器 KM_1 线圈回路的互锁作用，为正转交流接触器 KM_1 线圈得电吸合做准备。行程开关 SQ_2 动作转态时，其常开触点(7-9)闭合，接通了正转交流接触器 KM_1 线圈回路电源，KM_1 线圈得电吸合。

当此动作结束后又从动作 3 开始循环到动作 18，一直不断地重复循环下去。至此，完成自动往返循环控制。

7.7 仅用一只行程开关实现自动往返控制电路

仅用一只行程开关实现自动往返控制电路如图 7.7 所示。

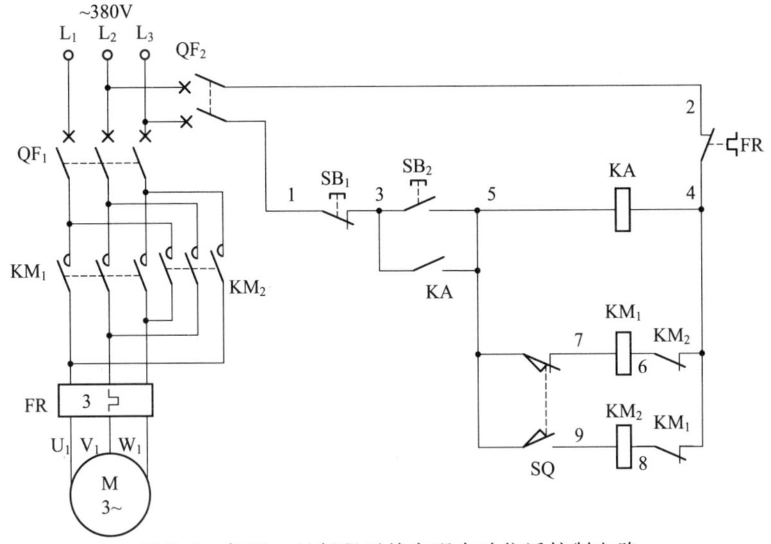

图 7.7 仅用一只行程开关实现自动往返控制电路

合上主回路断路器 QF_1、控制回路断路器 QF_2，为电路工作做准备。

▶ 自动往返循环工作

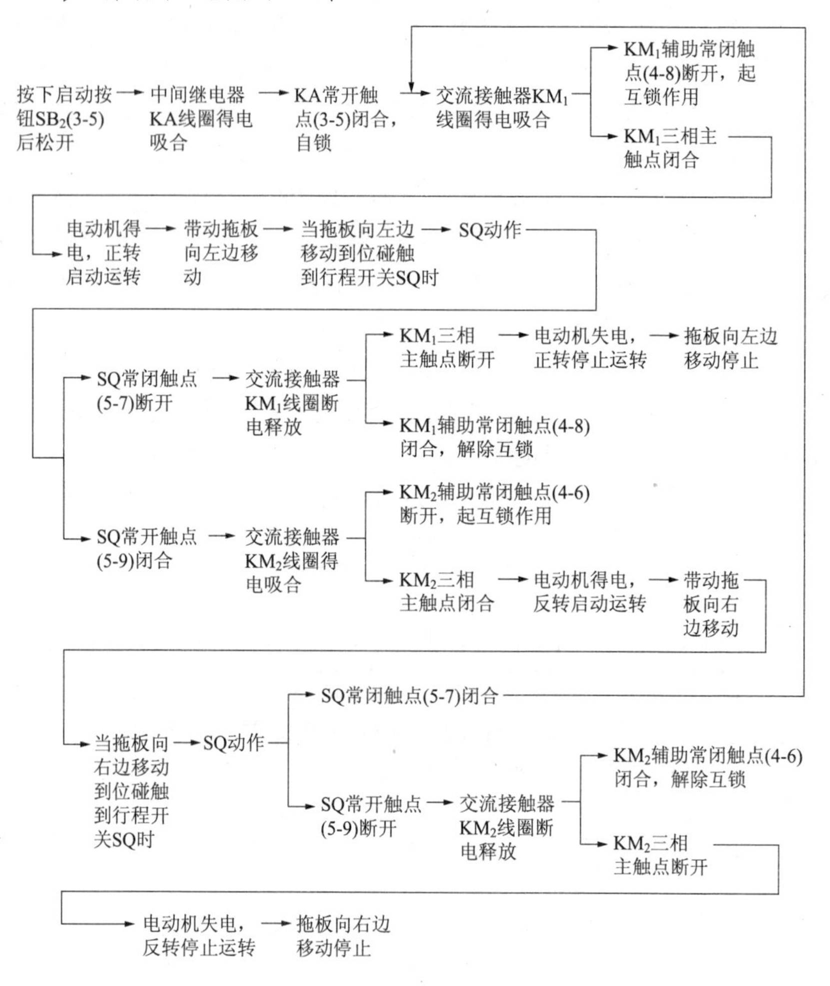

第8章

供、排水系统控制电路

8.1 供、排水手动/定时控制电路

供、排水手动/定时控制电路如图 8.1 所示。

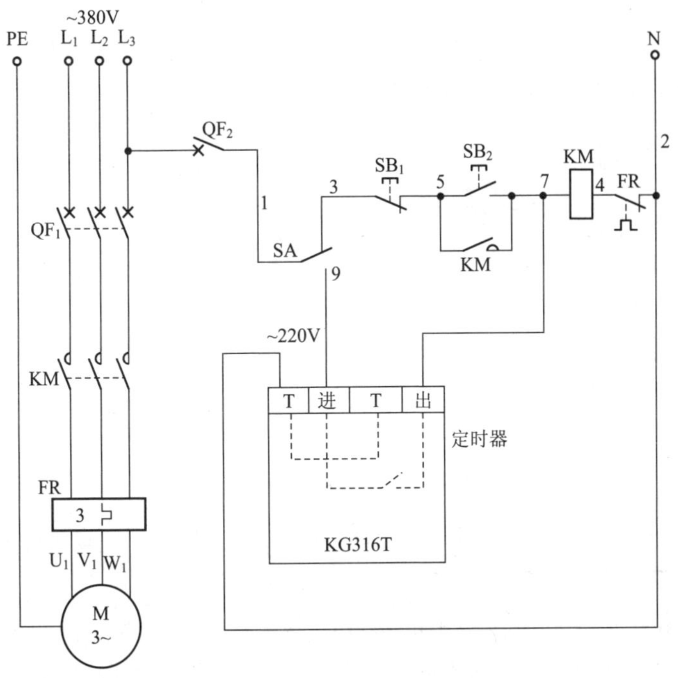

图 8.1 供、排水手动/定时控制电路

合上主回路断路器 QF_1、控制回路断路器 QF_2，为电路工作做准备。

1. 手动控制

首先将手动/自动选择开关 SA 向上端拨，其触点(1-3)闭合，允许进行手动控制。

1) 手动启动

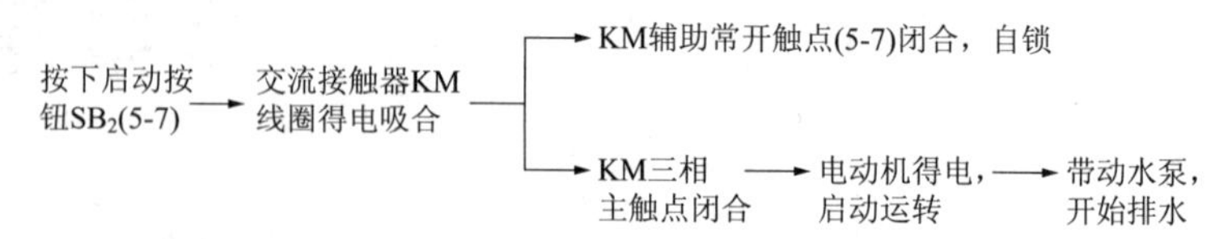

2) 手动停止

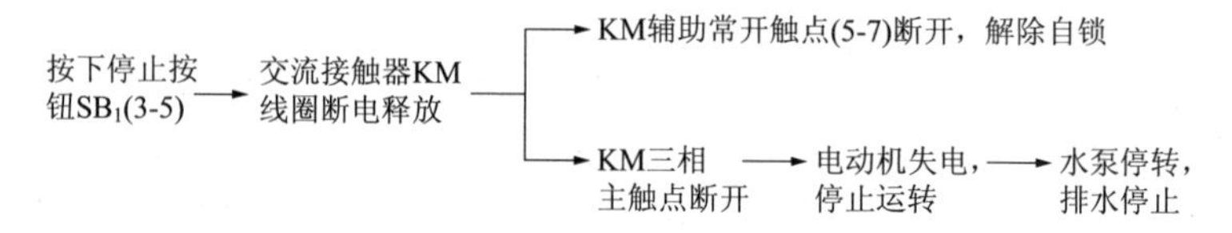

2. 自动控制

首先将手动/自动选择开关 SA 向下端拨，其触点(1-9)闭合，允许进行自动控制。并将 KG316T 定时器定时时间设置好。

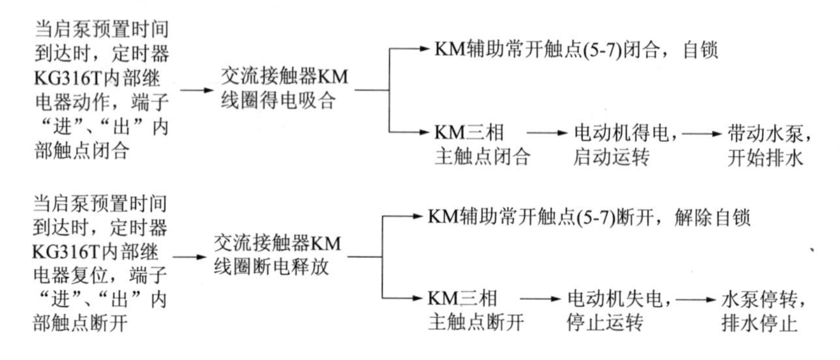

8.2 可任意手动启动、停止的自动补水控制电路

本电路实际上就是利用电接点压力表来实现的自动控制电路(图8.2)。它与其他同类电路不同之处是，在压力上限与下限之间可任意对控制电路进行手动启动、手动停止操作。

需注意的是，当压力低于下限时能自动启动、当压力高于上限时能自动停止。

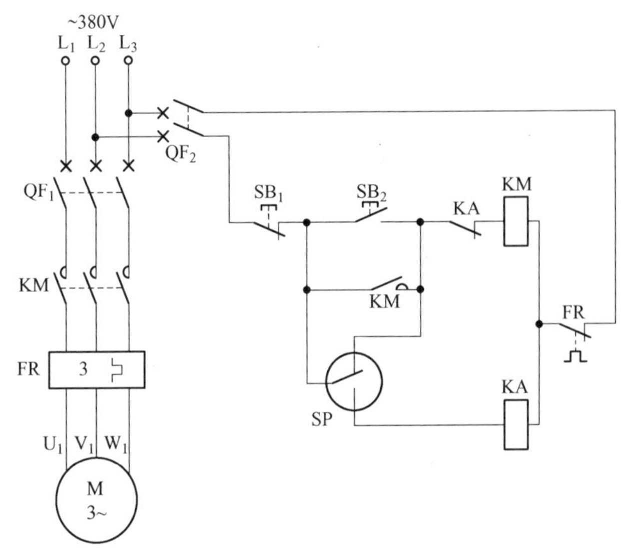

图 8.2 可任意手动启动、停止的自动补水控制电路

8.3 具有手动/自动控制功能的排水控制电路

本例采用 JYB714 电子式液位继电器控制排水，具有手动/自动双重控制，电路如图 8.3 所示。

1. 自动控制

将自动/手动选择开关 SA 置于自动位置时，SA(1-3)闭合，利用 JYB714 电子式液位继电器来进行自动控制。当水位升至高水位时，液位继电器 JYB714 的内部继电器线圈断电释放，其③、④脚内部继电器常闭触点闭合，交流接触器 KM 线圈得电吸合，KM 三相主触点闭合，电动机得电运转，水泵进行排水。

当液位降至低水位时，液位继电器 JYB714 的内部继电器线圈得电吸合，其 ③、④脚断开，切断交流接触器 KM 线圈电源，KM 线圈断电释放，水泵电动机失电而停止排水。至此，实现自动排水控制。

2. 手动控制

将自动/手动选择开关 SA 置于手动位置时，SA(1-3)断开、(1-5)闭合，按下启动按钮 SB_2(7-9)，交流接触器 KM 线圈得电吸合，KM 辅助常

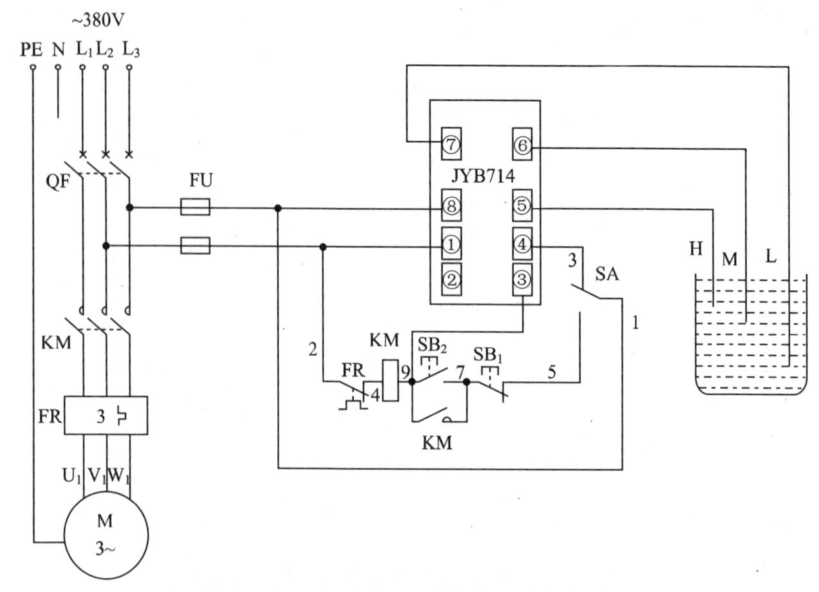

图 8.3 具有手动/自动控制功能的排水控制电路

开触点(7-9)闭合自锁,KM 三相主触点闭合,电动机得电运转,水泵进行排水。

需手动停止时,按下停止按钮 SB_1(5-7),交流接触器 KM 线圈断电释放,KM 三相主触点断开,电动机失电而停止运转,水泵停止排水。

8.4 具有手动操作定时、自动控制功能的供水控制电路

本例采用 JYB714 液位继电器完成液位控制,具有手动定时停止功能,电路如图 8.4 所示。

1. 液位自动控制

将手动/自动选择开关置于自动位置时,SA(1-3)闭合。

当蓄水池处于低水位时,液位继电器内部继电器动作,其②、③脚(内部常开触点)闭合,交流接触器 KM 线圈得电吸合,KM 三相主触点闭合,电动机得电运转,水泵开始供水。

当水位升至高水位时,液位继电器内部继电器线圈断电释放,其②、

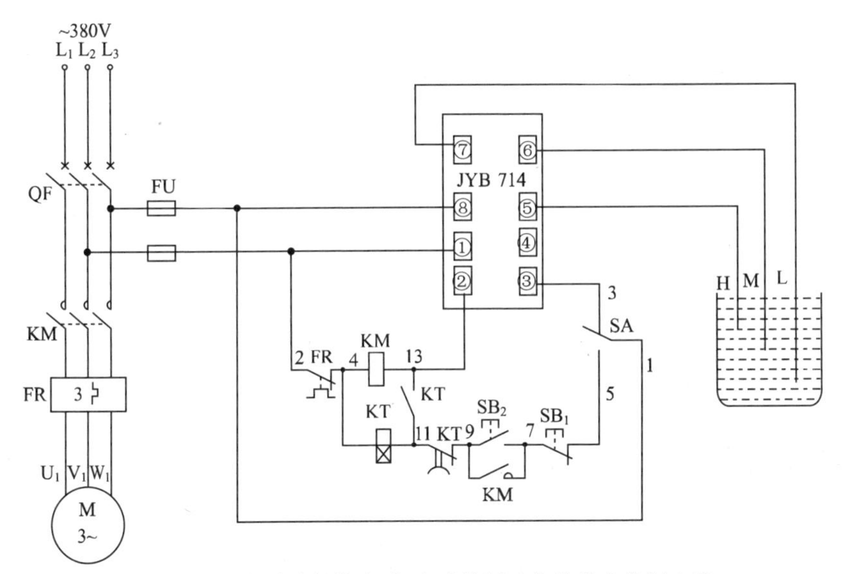

图 8.4 具有手动操作定时、自动控制功能的供水控制电路

③脚断开，交流接触器 KM 线圈断电释放，KM 三相主触点断开，电动机失电而停止运转，水泵停止供水。

2. 手动启动、停止及定时停止控制

将手动/自动选择开关置于手动位置，SA(1-5)闭合。

启动时，按下启动按钮 SB_2(7-9)，得电延时时间继电器 KT 线圈得电吸合且 KT 开始延时，KT 不延时瞬动常开触点(11-13)闭合，交流接触器 KM 线圈得电吸合，KM 辅助常开触点(7-9)闭合自锁，KM 三相主触点闭合，电动机得电运转，水泵进行供水。

在 KT 延时时间内，若要手动停止水泵供水，则按下停止按钮 SB_1(5-7)，交流接触器 KM 线圈断电释放，KM 三相主触点断开，电动机失电而停止运转，水泵停止供水。

水泵电动机手动启动运转后，可按照预先设定的时间进行自动定时控制，经 KT 延时后，KT 得电延时断开的常闭触点(9-11)断开，切断交流接触器 KM、得电延时时间继电器 KT 线圈电源，KM、KT 线圈断电释放，KM 三相主触点断开，电动机失电停止运转，水泵自动停止供水。

8.5 具有手动操作定时、自动控制功能的排水控制电路

具有手动操作定时、自动控制功能的排水控制电路8.5所示。

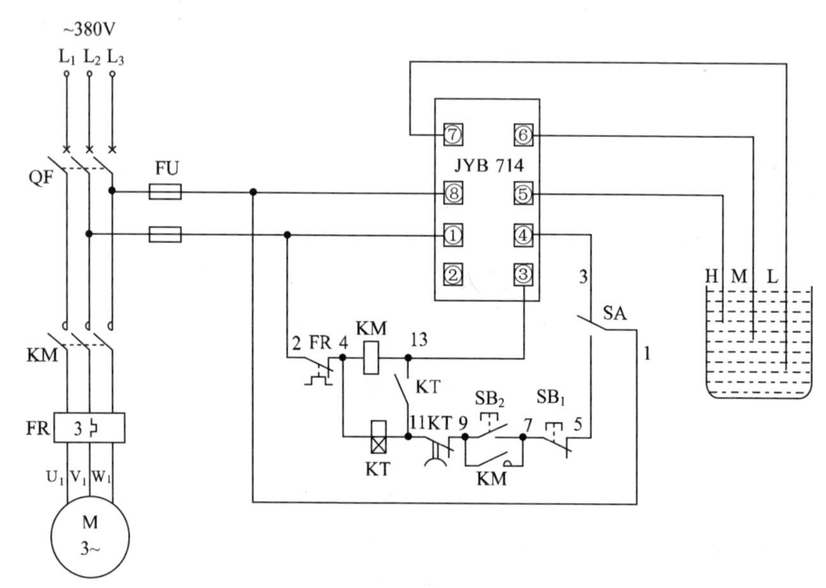

图8.5 具有手动操作定时、自动控制功能的排水控制电路

1. 自动控制

将手动/自动选择开关SA置于自动位置时,SA(1-3)闭合,为自动控制做准备。

高水位时,液位继电器JYB714内部继电器线圈断电释放,内部常闭触点恢复常闭状态,③、④脚接通,交流接触器KM线圈得电吸合,KM三相主触点闭合,电动机得电运转,水泵进行排水。

低水位时,液位继电器JYB714内部继电器线圈得电吸合,内部常闭触点断开,切断交流接触器KM线圈电源,KM三相主触点断开,电动机失电而停止运转,水泵停止排水。

2. 手动定时控制

将手动/自动选择开关SA置于手动位置时,SA(1-5)闭合,为手动定时控制做准备。

按下启动按钮 SB_2(7-9)，得电延时时间继电器 KT 线圈得电吸合且 KT 开始延时，KT 不延时瞬动常开触点(11-13)闭合，使交流接触器 KM 线圈得电吸合，KM 辅助常开触点(7-9)闭合自锁，KM 三相主触点闭合，电动机得电运转，水泵排水。

在 KT 延时时间内，若欲停止排水，则按下停止按钮 SB_1(5-7)，交流接触器 KM 线圈断电释放，KM 三相主触点断开，电动机失电而停止运转，水泵停止排水。经 KT 延时后，KT 得电延时断开的常闭触点(9-11)断开，切断得电延时时间继电器 KT、交流接触器 KM 线圈电源，KT、KM 线圈断电释放，KM 三相主触点断开，电动机失电而停止运转，水泵停止排水。

8.6 用电接点压力表配合变频器实现供水恒压调速电路

有些供水系统要求恒压供水，如果手头上有廉价的变频器，可与电接点压力表 YX-150 配合进行最简单的供水恒压调速，电路如图 8.6 所示。

从图 8.6 中不难看出，电接点压力表 SP 的高端(也就是上限)接至第 3 频率端子 3DF 上，再通过调整变频器内部第 3 频率电位器 3FV 来设定较低的运转速度。需要注意的是，电接点压力表 SP 不能安装在用水量较大的管路中，使用过程中可根据实际情况确定安装位置，以保护压力控制信号的正常提供。

1. 启 动

按下启动按钮 SB_2(3-5)，交流接触器 KM 线圈得电吸合且 KM 辅助常开触点(3-5)闭合自锁，KM 三相主触点闭合，为变频器工作提供电源，同时 KM 辅助常闭触点(1-7)断开，电源指示灯 HL_1 灭，KM 辅助常开触点(1-9)闭合，运行指示灯 HL_2 亮，说明电路已运行。这时，变频器会按照设定的频率使电动机以一定速度运转，供水系统通过泵输出给水。随着管路水压的逐渐提高，当达到电接点压力表 SP 高端(上限)时，3DF 与 COM 连接，变频器的运行方式会按照预先设定的降速曲线降低水泵的运转速度，管路压力逐渐减小，电接点压力表 SP 高端(上限)与 COM 断开，变频器又按照预先设置的第 3 频率速度输出，水泵电动机又重新按照变

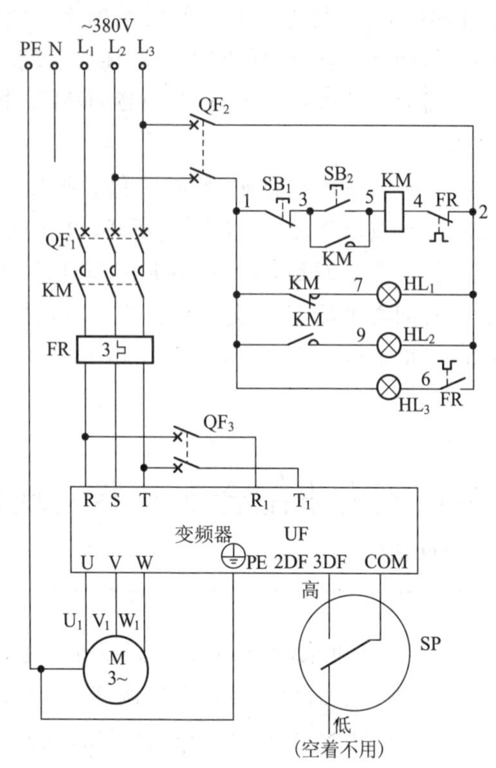

图 8.6 用电接点压力表配合变频器实现供水恒压调速电路

频器升速曲线运转。如此这般地反复升速、降速,从而实现恒压供水调速。

2. 停 止

按下停止按钮 SB_1(1-3),交流接触器 KM 线圈断电释放,KM 三相主触点断开,变频器脱离电源停止工作,电动机失电停止运转,同时指示灯 HL_2 灭、HL_1 亮,说明变频器已停止工作。

当电动机出现过载时,热继电器 FR 串联在交流接触器 KM 线圈回路中的常闭触点(2-4)断开,切断了交流接触器 KM 线圈的回路电源,KM 三相主触点断开,切断电动机三相电源,从而起到过载保护作用。同时热继电器 FR 常开触点(2-6)闭合,接通了过载指示灯 HL_3 回路电源,HL_3 亮,说明电动机已过载了。

8.7 供水泵故障时备用泵自投电路

供水泵故障时备用泵自投电路如图 8.7 所示。

低水位时，JYB714 电子式液位继电器内部继电器线圈得电吸合，其常开触点闭合，②、③为接通主泵电动机 M_1 控制交流接触器 KM_1 线圈的触点闭合，KM_1 线圈得电吸合，KM_1 三相主触点闭合，主泵电动机 M_1 得电运转，供水泵向水箱内供水。同时，KM_1 辅助常闭触点(1-3)断开，切断得电延时时间继电器 KT 线圈电源，使 KT 线圈不能得电吸合，主泵电动机 M_1 正常运转。

当主泵电动机 M_1 运转过程中出现故障时，电动机电流增大，热继电器 FR_1 动作，FR_1 控制常闭触点(2-4)断开，切断主泵控制交流接触器 KM_1 线圈电源，KM_1 线圈断电释放，KM_1 三相主触点断开，使故障主泵电动机 M_1 失电停止运转；KM_1 辅助常闭触点(1-3)恢复常闭状态，接通得电延时时间继电器 KT 线圈电源，KT 线圈得电吸合且开始延时。

经 KT 延时后，KT 得电延时闭合的常开触点(1-5)闭合，接通备用泵电动机 M_2 控制交流接触器 KM_2 线圈电源，KM_2 线圈得电吸合，其三相主触点闭合，备用泵电动机 M_2 得电运转，供水泵向水箱内继续供水。

无论是主泵还是备用泵，当水箱内水位升至高水位时，JYB714 电子式液位继电器内部继电器线圈断电释放，其常开触点恢复常开，②、③脚断开，切断供水泵电动机控制交流接触器线圈电源，使水泵电动机失电而停止运转。

8.8 排水泵故障时备用泵自投电路

在有些场合，当主排水泵故障时，需要备用泵自动快速投入运转。本例采用一只得电延时时间继电器完成备用泵自投控制，效果很理想，电路如图 8.8 所示。

在平时主排水泵无故障时，若水位升至高水位，则液位继电器控制交流接触器 KM_1 线圈得电吸合，KM_1 三相主触点闭合，主排水泵电动机 M_1 得电运转，开始排水。

在排水过程中主排水泵出现过载时，过载保护热继电器 FR_1 动作，FR_1 常闭控制触点(2-4)断开，切断交流接触器 KM_1 线圈的回路电源，

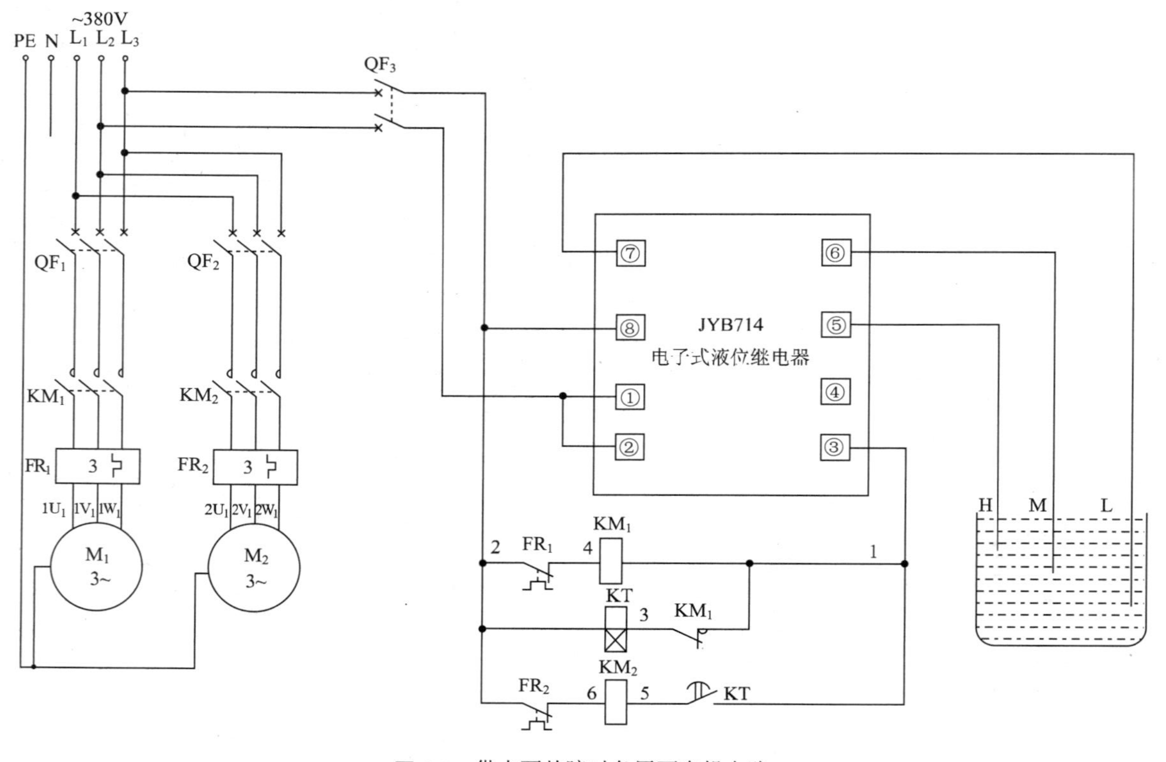

图 8.7 供水泵故障时备用泵自投电路

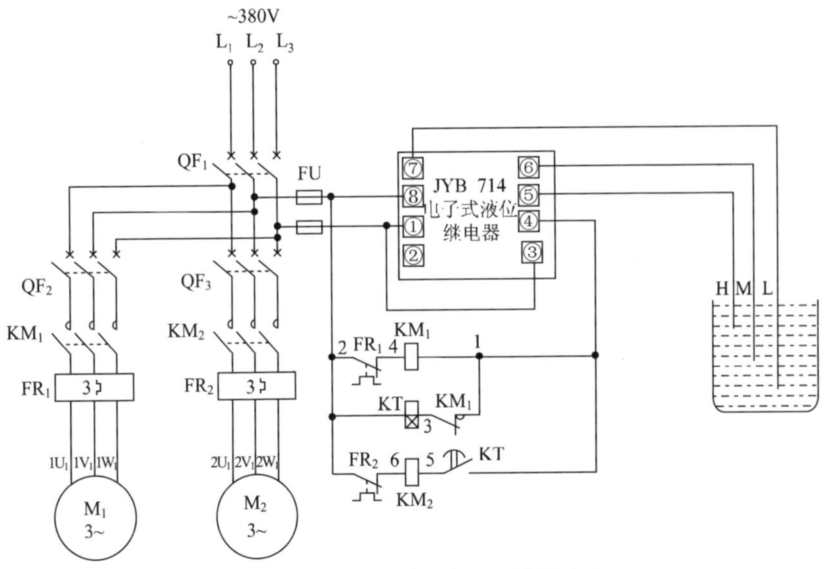

图 8.8 排水泵故障时备用泵自投电路

KM_1 线圈断电释放，KM_1 三相主触点断开，主排水泵电动机 M_1 失电停止运转；串联在得电延时时间继电器 KT 线圈回路中的 KM_1 辅助常闭触点(1-3)恢复常闭状态(闭合)，接通得电延时时间继电器 KT 线圈电源，KT 线圈得电吸合且开始延时。经 KT 延时(5s)后，KT 得电延时闭合的常开触点(1-5)闭合，接通备用泵控制交流接触器 KM_2 线圈电源，KM_2 线圈得电吸合，KM_2 三相主触点闭合，备用泵电动机 M_2 自动快速投入使用。

当排除主排水泵电动机 M_1 的过载故障后，主排水泵电动机 M_1 仍自动优先投入运转，而备用泵电动机 M_2 则继续待命。

8.9 供水泵手动/自动控制电路

供水泵手动/自动控制电路如图 8.9 所示。

1. 自动控制

当水池水位低至中水位 M 以下时，液位继电器 JYB714 内部继电器线圈吸合动作，其连至底座端子②、③上的常开触点闭合，接通交流接触器 KM 线圈的回路电源，KM 线圈得电吸合，KM 三相主触点闭合，供水

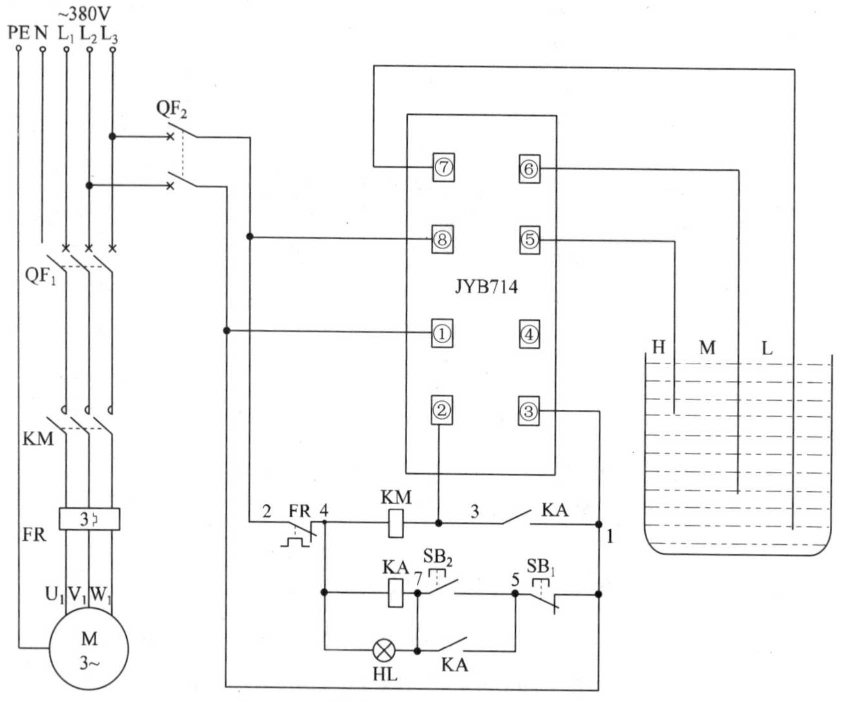

图 8.9　供水泵手动/自动控制电路

泵电动机得电运转，带动供水泵向水池内供水；当水池内水位升至高水位H时，液位继电器JYB714内部继电器线圈断电释放，其连至底座端子②、③上的常开触点断开，切断交流接触器KM线圈的回路电源，KM线圈断电释放，KM三相主触点断开，供水泵电动机失电停止运转，供水泵停止向水池内供水，从而完成自动供水控制。

2. 手动控制

启动时按下启动按钮SB_2(5-7)，中间继电器KA线圈得电吸合且KA的两组常开触点(5-7，1-3)闭合自锁，接通了交流接触器KM线圈的回路电源，KM线圈得电吸合，KM三相主触点闭合，供水泵电动机得电运转，带动供水泵向水池内供水，同时指示灯HL亮，说明供水泵已运转工作了。停止时，则按下停止按钮SB_1(1-5)，中间继电器KA线圈断电释放，KA的两组常开触点(5-7、1-3)断开，切断交流接触器KM线圈的回路电源，KM线圈断电释放，KM三相主触点断开，供水泵电动机失电停止运转，供水泵停止向水池内供水，同时指示灯HL灭，说明供水泵已停止运转工作了,从而完成手动供水控制。

8.10 排水泵手动/自动控制电路

排水泵手动/自动控制电路如图 8.10 所示。

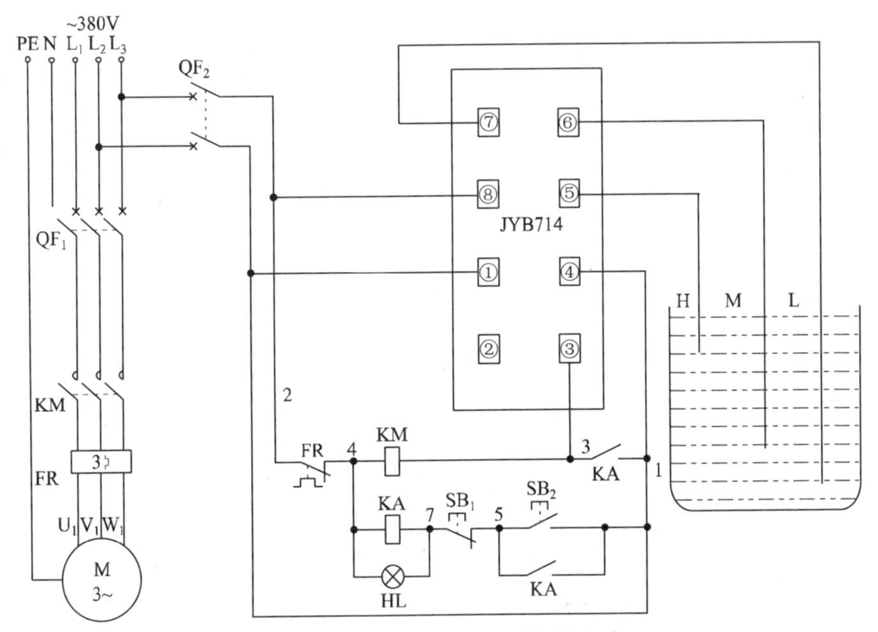

图 8.10 排水泵手动/自动控制电路

1. 手动排水控制

手动排水时,按下排水启动按钮 SB_2(1-5),中间继电器 KA 线圈得电吸合且 KA 的一组常开触点(1-5)闭合自锁,同时指示灯 HL 亮,说明已进行手动排水操作了。在 KA 线圈得电吸合的同时,KA 的另外一组常开触点(1-3)也闭合,使交流接触器 KM 线圈得电吸合,KM 三相主触点闭合,电动机得电运转工作,拖动排水泵由水池向外排水。需停止排水时,按下排水停止按钮 SB_1(5-7),中间继电器 KA、交流接触器 KM 线圈均断电释放,KM 三相主触点断开,电动机失电停止运转,排水泵停止排水,同时指示灯 HL 灭,说明手动排水操作结束了。从而实现手动排水控制。

2. 自动排水控制

当水池内的水升至高水位时，探头探测高水位信号，使液位继电器JYB714内部继电器线圈断电释放，内部继电器连至底座端子③、④上的常闭触点恢复常闭状态，接通了交流接触器KM线圈的回路电源，KM线圈得电吸合，KM三相主触点闭合，电动机得电运转工作，拖动排水泵由水池向外自动排水。当水池内水位降至中水位以下时，探头探测出中水位以下信号，使液位继电器JYB714内部继电器线圈得电吸合，内部继电器连至底座端子③、④上的常闭触点断开，切断了交流接触器KM线圈的回路电源，KM线圈断电释放，KM三相主触点断开，电动机失电停止运转，排水泵自动停止排水。从而实现自动排水控制。

8.11 水泵两用一备控制电路

水泵两用一备控制电路如图8.11所示。本电路中电动机M_1、M_2为工作泵，M_3为备用泵。触点KA_1、KA_2、KA_3分别来自各泵的自动控制信号。

1. 手动操作

将转换开关SA置于左边手动位置，此时SA中的①、②，⑤、⑥，⑨、⑩均闭合，为手动操作做准备。

(1) 启动1#水泵电动机M_1时，按下启动按钮SB_2(5-7)，交流接触器KM_1线圈得电吸合且KM_1辅助常开触点(5-7)闭合自锁，KM_1辅助常闭触点(7-9)断开，手动时无用。KM_1三相主触点闭合，1#水泵电动机M_1得电启动运转，拖动1#水泵工作。停止时按下SB_1(3-5)，切断了交流接触器KM_1线圈回路电源，KM_1线圈断电释放，KM_1三相主触点断开，1#水泵电动机M_1失电停止运转，1#水泵停止工作。

(2) 启动2#水泵电动机M_2时，按下启动按钮SB_4(15-17)，交流接触器KM_2线圈得电吸合且KM_2辅助常开触点(15-17)闭合自锁，KM_2辅助常闭触点断开，手动时无用。KM_2三相主触点闭合，2#水泵电动机M_2得电启动运转，拖动2#水泵工作。停止时按下SB_3(13-15)，切断了交流接触器KM_2线圈回路电源，KM_2线圈断电释放，KM_2三相主触点断开，2#水泵电动机M_2失电停止运转，2#水泵停止工作。

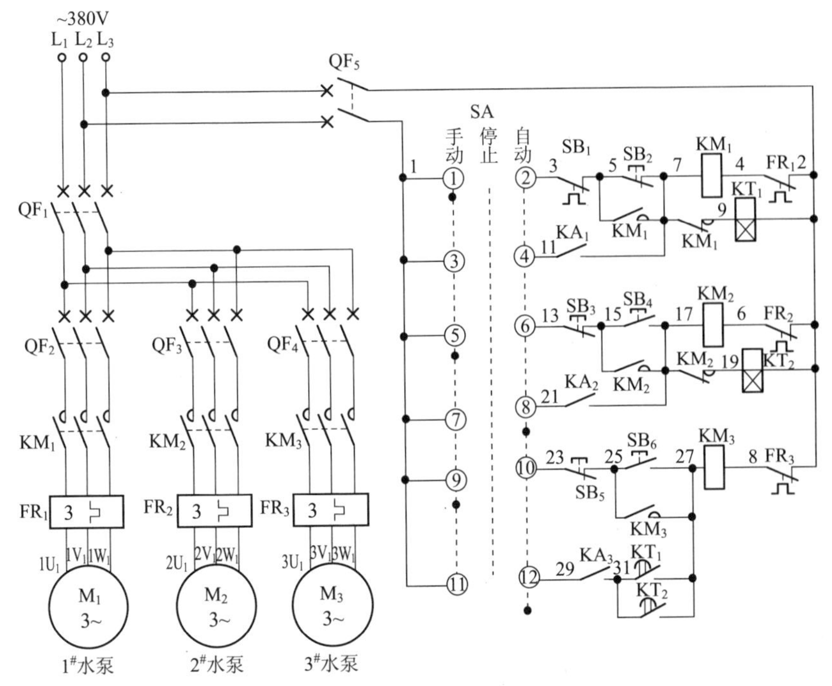

图 8.11 水泵两用一备控制电路

(3) 启动 3$^{\#}$ 水泵电动机时,按下启动按钮 SB$_6$(25-27),交流接触器 KM$_3$ 线圈得电吸合且 KM$_3$ 辅助常开触点(25-27)闭合自锁,KM$_3$ 三相主触点闭合,3$^{\#}$ 水泵电动机 M$_3$ 得电启动运转,拖动 3$^{\#}$ 水泵工作。停止时按下停止按钮 SB$_5$(23-25),切断了交流接触器 KM$_3$ 线圈回路电源,KM$_3$ 线圈断电释放,KM$_3$ 三相主触点断开,3$^{\#}$ 水泵电动机失电停止运转,3$^{\#}$ 水泵停止工作。

2. 自动操作

将转换开关置于右边自动位置,此时 SA 中的③、④,⑦、⑧,⑪、⑫闭合,为自动操作做准备。

(1) 1$^{\#}$ 水泵水泵电动机过载故障时,3$^{\#}$ 备用泵自动投入工作:1$^{\#}$ 水泵自动工作时,水位自控触点 KA$_1$(7-11)闭合,接通交流接触器 KM$_1$ 线圈回路电源,KM$_1$ 线圈得电吸合,KM$_1$ 三相主触点闭合,1$^{\#}$ 水泵电动机 M$_1$ 得电启动运转,拖动 1$^{\#}$ 水泵自动工作。与此同时,KM$_1$ 辅助常闭触点(7-9)断开,为 1$^{\#}$ 泵电动机 M$_1$ 出现过载时自动切换到 3$^{\#}$ 备用泵电动

机 M_3 控制回路做准备。1# 水泵电动机 M_1 是靠水位自控触点 KA_1(7-11)来完成其自动启动、自动停止控制的。当 1# 泵电动机出现过载动作后，热继电器 FR_1 常闭触点(2-4)断开，切断了交流接触器 KM_1 线圈回路电源，KM_1 线圈断电释放，KM_1 三相主触点断开，1# 水泵电动机 M_1 失电停止运转，1# 水泵故障退出运行。与此同时，KM_1 辅助常闭触点(7-9)恢复常闭，由于水位自控触点 KA_1 仍闭合，接通了得电延时时间继电器 KT_1 线圈回路电源，KT_1 开始延时。经 KT_1 一段延时后，KT_1 得电延时闭合的常开触点(27-31)闭合，为接通 3# 备用水泵电动机 M_3 控制交流接触器 KM_3 线圈回路做准备。备用泵水位自控触点(29-31)闭合时，与已闭合的 KT_1 得电延时闭合的常开触点(27-31)一起使交流接触器 KM_3 线圈回路接通，KM_3 线圈得电吸合，KM_3 三相主触点闭合，3# 水泵电动机得电启动运转，3# 备用水泵投入工作。之后，3# 备用泵则通过水位自控触点(29-31)来完成其自动启动、自动停止控制。以此代替 1# 故障泵工作。倘若 1# 泵电动机 M_1 过载故障排除，备用泵自动解除，自动转换到 1# 泵，由 1# 泵继续自动工作，而 3# 泵退出运行仍作为备用泵待命。

(2) 2# 水泵电动机过载故障时，3# 备用泵自动投入工作：2# 水泵自动工作时，水位自控触点 KA_2(17-21)闭合，接通交流接触器 KM_2 线圈回路电源，KM_2 线圈得电吸合，KM_2 三相主触点闭合，2# 水泵电动机 M_2 得电启动运转，拖动 2# 水泵自动工作。与此同时，KM_2 辅助常闭触点(17-19)断开，为 2# 泵电动机 M_2 出现过载时自动切换到 3# 备用泵电动机 M_3 控制回路做准备。2# 水泵电动机 M_2 是靠水位自控触点 KA_2(17-21)来完成其自动启动、自动停止控制的。当 2# 泵电动机出现过载动作时，热继电器 FR_2 常闭触点(2-6)断开，切断了交流接触器 KM_2 线圈回路电源，KM_2 线圈断电释放，KM_2 三相主触点断开，2# 水泵电动机 M_2 失电停止运转，2# 水泵故障退出运行。与此同时，KM_2 辅助常闭触点(17-19)恢复常闭，由于水位自控触点 KA_2 仍闭合，接通了得电延时时间继电器 KT_2 线圈回路电源，KT_2 开始延时。经 KT_2 一段延时后，KT_2 得电延时闭合的常开触点(27-31)闭合，为接通 3# 备用水泵电动机 M_3 控制交流接触器 KM_3 线圈回路做准备。备用泵水位自控触点(29-31)闭合时，与已闭合的 KT_2 得电延时闭合的常开触点(27-31)一起使交流接触器 KM_3 线圈回路接通，KM_3 线圈得电吸合，KM_3 三相主触点闭合，3# 水泵电动机得电启动运转，3# 备用水泵的投入工作。之后，3# 备用泵则通过水位自控触点(29-31)来完成其自动启动、自动停止控制。以此代替 2# 故障泵工作。倘若 2# 泵电动机 M_2 过载故障排除，备用泵自动解除，自动转换到 2# 泵，由 2# 泵继续自动工作，而 3# 泵退出运行作为备用泵待命。

8.12 两台水泵轮流工作控制电路

两台水泵轮流工作控制电路如图 8.12 所示，即第一次启动补水时，M_1 电动机启动运转，第二次启动补水时轮换到 M_2 电动机启动运转，第三次启动补水时又轮换到 M_1 电动机启动运转，如此循环交替工作。

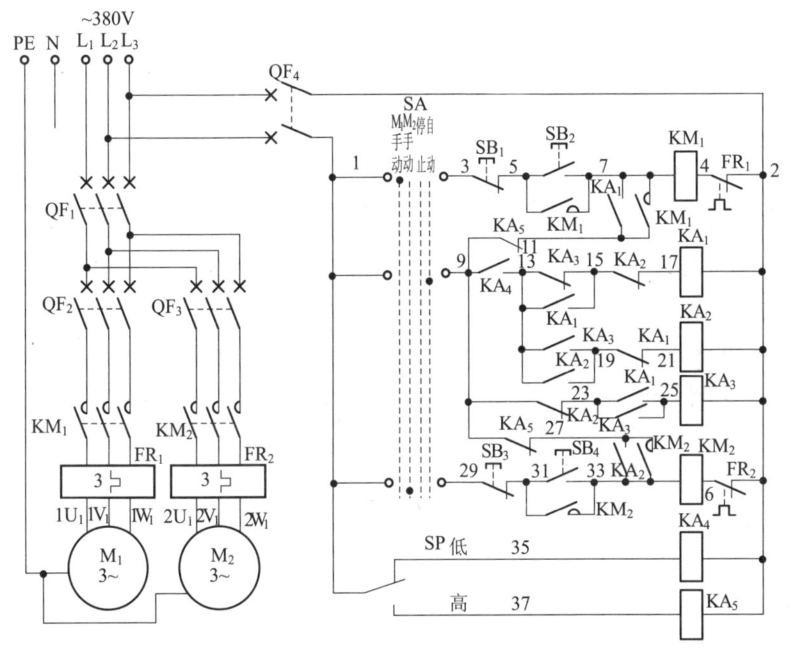

图 8.12 两台水泵轮流工作控制电路

1. 电动机 M_1 手动控制

将转换开关 SA 置于 M_1“手动”位置，按下启动按钮 SB_2(5-7)，交流接触器 KM_1 线圈得电吸合，KM_1 辅助常开触点(5-7)闭合自锁，KM_1 三相主触点闭合，电动机 M_1 启动运转；若停止运转，则按下停止按钮 SB_1(3-5)，交流接触器 KM_1 线圈断电释放，其三相主触点断开，电动机 M_1 失电停止运转。

2. 电动机 M_2 手动控制

将转换开关 SA 置于“M_2 手动”位置，按下启动按钮 SB_4(31-33)，交流接触器 KM_2 线圈得电吸合，KM_2 辅助常开触点(31-33)闭合自锁，KM_2 三相主触点闭合，电动机 M_2 启动运转；若需停止运转，则按下停止按钮 SB_3(29-31)，交流接触器 KM_2 线圈断电释放，其三相主触点断开，电动机 M_2 失电停止运转。

3. 电动机 M_1、M_2 轮流控制

将转换开关 SA 置于 M_1、M_2“自动”位置，则通过电接点压力表 SP 进行控制，若管路压力低于 SP 下限时，SP 低端(1-35)闭合，中间继电器 KA_4 线圈得电吸合，KA_4 常开触点(9-13)闭合，接通了中间继电器 KA_1 线圈回路电源，KA_1 线圈得电吸合并自锁(13-15)，KA_1 常开触点(23-25)闭合，使中间继电器 KA_3 线圈得电吸合并自锁(23-25)，为下一次中间继电器 KA_2 线圈工作做准备；同时 KA_1 常开触点(7-11)闭合，交流接触器 KM_1 线圈得电吸合并自锁(7-11)，电动机 M_1 得电启动运转。当管路压力高于电接点压力表 SP 上限时，SP 高端(1-37)闭合，中间继电器 KA_5 线圈得电吸合，KA_5 控制 KM_1 线圈停止的常闭触点(9-11)断开，切断了交流接触器 KM_1 线圈回路电源，KM_1 线圈断电释放，KM_1 三相主触点断开，电动机 M_1 失电停止运转。在 KA_3 线圈得电吸合后，其常闭触点(13-15)断开，使 KA_1 线圈在下次禁止动作；KA_3 常开触点(13-19)闭合，为下次 KA_2 线圈得电做准备，因为 KA_2 动作，会使交流接触器 KM_2 线圈吸合，让电动机 M_2 启动运转。

若管路压力又低于 SP 下限时，SP 低端(1-35)闭合，中间继电器 KA_4 线圈又得电吸合，KA_4 常开触点(9-13)闭合，接通了中间继电器 KA_2 线圈回路电源，KA_2 线圈得电吸合且自锁(13-19)，KA_2 常闭触点(9-23)断开，切断了中间继电器 KA_3 线圈回路电源，KA_3 线圈断电释放，其所有触点恢复，为下次中间继电器 KA_1 线圈工作做准备。因为 KA_1 动作，会使交流接触器 KM_1 线圈吸合，让电动机 M_1 又重新启动运转。同时 KA_2 常开触点(27-33)闭合，将 KM_2 线圈回路接通，KM_2 线圈得电吸合并自锁(27-33)，KM_2 三相主触点闭合，电动机 M_2 得电运转工作。当管路压力高于电接点压力表 SP 上限时，SP 高端(1-37)闭合，中间继电器 KA_5 线圈得电吸合，KA_5 控制 KM_2 线圈停止的常闭触点(9-27)断开，切断了交流接触器 KM_2 线圈回路电源，KM_2 线圈断电释放，KM_2 三相主触点

断开，电动机 M_2 失电停止运转。此时，中间继电器 KA_1、KA_2、KA_3 线圈全部断电释放，恢复原始状态，为下次接通 KM_1 线圈做好准备，也就是为下次启动电动机 M_1 做准备，从而实现电动机 M_1、M_2 轮流运转工作。

8.13 两台水泵电动机自动故障自投电路

在给水时，通常采用两台水泵电动机一用一备。但在使用过程中，倘若运行的一台水泵电动机出现过载等故障而退出运行时，由于备用水泵电动机不能及时投入运行，将影响正常补水工作。

图 8.13 为两台水泵电动机自动故障自投电路。

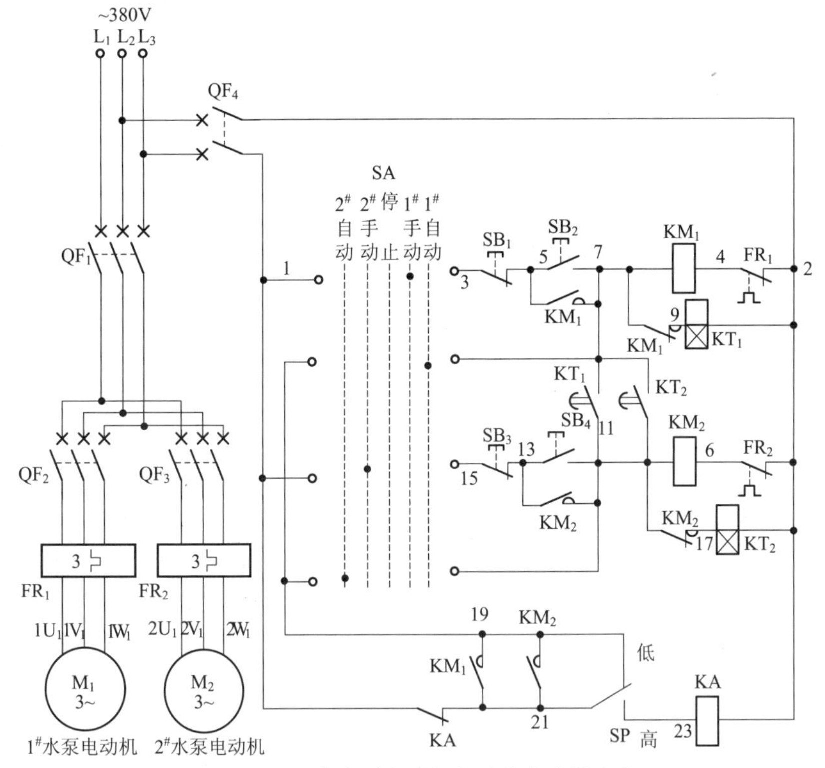

图 8.13 两台水泵电动机自动故障自投电路

1. 1# 手动操作

将转换开关 SA 置于 1# 手动位置(1-3)，按下启动按钮 SB_2(5-7)，交

流接触器 KM_1 线圈得电吸合，KM_1 辅助常开触点(5-7)闭合自锁，KM_1 三相主触点闭合，1# 水泵电动机 M_1 得电运转工作。需停止时按下停止按钮 SB_1(3-5)即可。

2. 2# 手动操作

将转换开关 SA 置于 2# 手动位置(1-15)，按下启动按钮 SB_4(11-13)，交流接触器 KM_2 线圈得电吸合，KM_2 辅助常开触点(11-13)闭合自锁，KM_2 三相主触点闭合，2# 水泵电动机 M_2 得电运转工作。停止时按下停止按钮 SB_3(13-15)即可。

3. 1# 自动及故障自投

将转换开关 SA 置于 1# 自动位置(7-19)，补水罐压力低于电接点压力表 SP 下限时，其接点(19-21)闭合，交流接触器 KM_1 线圈得电吸合，KM_1 辅助常开触点(19-21)闭合自锁，KM_1 三相主触点闭合，1# 水泵电动机 M_1 得电运转；随着补水罐压力的逐渐增大，SP 接点(19-21)断开，当达到电接点压力表 SP 上限时，其接点(21-23)闭合，中间继电器 KA 线圈得电吸合，KA 常闭触点(1-21)断开，切断了 KM_1 线圈自锁回路电源，KM_1 线圈断电释放，KM_1 三相主触点断开，1# 水泵电动机 M_1 失电停止运转。若补水罐压力低于电接点压力表 SP 下限，其接点(19-21)闭合，交流接触器 KM_1 线圈又重新得电吸合且自锁，KM_1 三相主触点又闭合，1# 水泵电动机 M_1 重新启动运转，自动重复上述过程。

当 1# 水泵电动机 M_1 出现故障(通常为过载)时，热继电器 FR_1 常闭触点(2-4)断开，交流接触器 KM_1 线圈断电释放，KM_1 三相主触点断开，1# 水泵电动机 M_1 失电停止运转。KM_1 辅助常闭触点(7-9)恢复闭合，为延时接通备用 2# 水泵电动机 M_2 启动运转做准备。若补水罐压力低于电接点压力表 SP 下限，其接点(19-21)闭合，此时由于 KM_1 线圈回路因故障断开，控制电源经 KM_1 辅助常闭触点(7-9)使得电延时时间继电器 KT_1 线圈得电吸合，KT_1 开始延时；经 KT_1 一段延时后，KT_1 得电延时闭合的常开触点(7-11)闭合，接通了控制 2# 水泵电动机 M_2 的交流接触器 KM_2 线圈回路电源，KM_2 线圈得电吸合，KM_2 三相主触点闭合，2# 水泵电动机 M_2 自动投入运行，替代故障 1# 水泵电动机 M_1；当 1# 水泵电动机 M_1 故障排除且 FR_1 复位后，1# 水泵电动机 M_1 重新投入工作，2# 水泵电动机 M_2 又作为备用待机。

2# 水泵电动机自动及故障自投同 1#，这里不再介绍。

8.14 两台水泵电动机转换工作并任意故障自投控制电路

本节介绍两台水泵电动机转换工作并任意故障自投控制电路(图8.14),其特点是在转换开关置于自动位置时,倘若补水罐内压力低至下限,电接点压力表SP(1-43)闭合,中间继电器KA_4线圈得电吸合,其常开触点(11-15)闭合,接通中间继电器KA_1线圈回路电源,KA_1常开触点(15-17)闭合自锁;KA_1常开触点(29-31)闭合,使中间继电器KA_3线圈得电并自锁(29-31),KA_1常开触点(7-13)闭合,接通电动机M_1控制用交流接触器KM_1线圈回路电源,KM_1辅助常开触点(5-13)闭合自锁,KM_1三相主触点闭合,水泵电动机M_1启动运转;随着补水罐内压力的逐渐提高,当达到电接点压力表上限值时,SP(1-45)闭合,KA_5线圈得电吸合,此时KA_5常闭触点(11-13)断开,切断交流接触器KM_1线圈回路电源,KM_1线圈断电释放,其三相主触点断开,水泵电动机M_1失电停止运转。当M_1停止后将作为备用泵使用,也就是说,下一次需要启动的是M_2,再下一次启动的才是M_1,两台电动机隔次轮流替换工作。

1. 1# 水泵手动控制

将转换开关SA置于1#泵手动位置,SA(1-3)接通,为1#水泵电动机M_1手动控制做准备。启动时,按下启动按钮SB_2(5-7),交流接触器KM_1线圈得电吸合且KM_1辅助常开触点(5-7)闭合自锁,KM_1三相主触点闭合,1#水泵电动机M_1得电启动运转。停止时,按下停止按钮SB_1(3-5),切断交流接触器KM_1线圈回路电源,KM_1线圈断电释放,KM_1三相主触点断开,1#泵电动机M_1失电而停止运转。

2. 2# 水泵手动控制

将转换开关SA置于2#泵手动位置,SA(1-35)接通,为2#水泵电动机M_2手动控制做准备。启动时,按下启动按钮SB_4(37-39),交流接触器KM_2线圈得电吸合且KM_2辅助常开触点(37-39)闭合自锁,KM_2三相主触点闭合,2#水泵电动机M_2得电启动运转。停止时,按下停止按钮SB_3(35-37),切断交流接触器KM_2线圈回路电源,KM_2线圈断电释放,KM_2三相主触点断开,2#泵电动机M_2失电而停止运转。

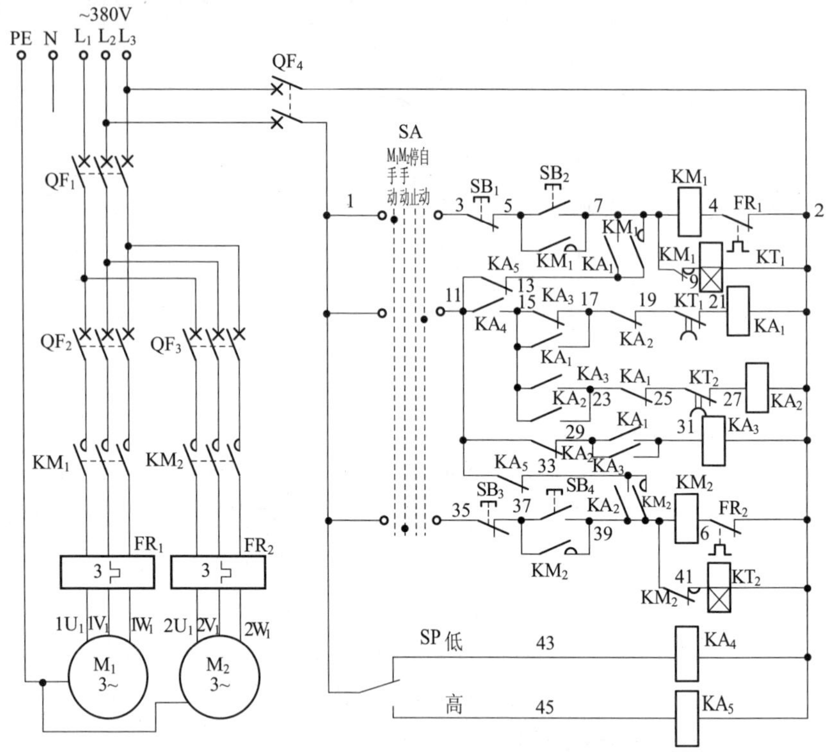

图 8.14 两台水泵电动机转换工作并任意故障自投控制电路

3. 两台水泵自动轮换工作

当补水罐压力低于电接点压力表 SP 下限时(也就是设定的下限压力),SP(1-43)闭合,接通中间继电器 KA_4 线圈回路电源,KA_4 线圈得电吸合,KA_4 常开触点(11-15)闭合,使中间继电器 KA_1 线圈得电吸合且 KA_1 常开触点(15-17)闭合自锁;KA_1 常闭触点(23-25)断开,对 KA_2 线圈回路进行互锁;KA_1 常开触点(29-31)闭合,接通中间继电器 KA_3 线圈回路电源,KA_3 线圈得电吸合且 KA_3 常开触点(29-31)闭合自锁,KA_3 常闭触点(15-17)断开,KA_3 常开触点(15-23)闭合,为轮流转换控制做准备。在中间继电器 KA_1 线圈得电吸合的同时,KA_1 常开触点(7-13)闭合,接通交流接触器 KM_1 线圈回路电源,KM_1 辅助常开触点(7-13)闭合自锁,KM_1 三相主触点闭合,1[#] 泵电动机 M_1 启动运转;同时 KM_1 辅助常闭触点(7-9)断开,切断得电延时时间继电器 KT_1 线圈回路电源,使其不能投入工作。当补水罐压力升高时,电接点压力表 SP 下限触点(1-43)

断开，使中间继电器 KA_4 线圈断电释放，KA_4 常开触点(11-15)断开，切断中间继电器 KA_1 线圈回路电源，KA_1 线圈断电释放，KA_1 所有常开触点(7-13、15-17、29-31)断开，KA_1 常闭触点(23-25)闭合，恢复原始状态，为下一次启动 2# 水泵电动机 M_2 做准备。当补水罐压力升到上限时(也就是设定的上限压力)，SP(1-45)闭合，接通中间继电器 KA_5 线圈回路电源，KA_5 线圈得电吸合，KA_5 的两组常闭触点(11-13、11-33)均断开，其中 KA_5 的一组常开触点(11-13)断开，切断正在运转的 1# 泵电动机 M_1 控制用交流接触器 KM_1 线圈回路电源，KM_1 线圈断电释放，KM_1 三相主触点断开，1# 水泵电动机 M_1 失电停止运转；因 2# 泵电动机 M_2 控制用交流接触器 KM_2 线圈回路未工作，所以 KA_1 的另一组常闭触点(11-33)断开，此时不起作用，只有在 KM_2 线圈得电吸合工作后才会起到控制作用。至此，完成了 1# 泵作为主泵，2# 作为备用泵的控制。

在 1# 泵电动机 M_1 停止运转后，下一次启动的是 2# 泵电动机 M_2，也就是说 2# 泵作为主泵、1# 泵作为备用泵使用。当补水罐压力低于电接点压力表 SP 下限时(也就是设定的下限压力)，SP(1-43)闭合，接通中间继电器 KA_4 线圈回路电源，KA_4 线圈得电吸合，KA_4 常开触点(11-15)闭合，使中间继电器 KA_2 线圈在已闭合的 KA_3 常开触点(15-23)的作用下得电吸合，中间继电器 KA_2 线圈得电吸合且 KA_2 常开触点(15-23)闭合自锁，KA_2 常闭触点(11-29)断开，切断中间继电器 KA_3 线圈回路电源，KA_3 线圈断电释放，KA_3 常开触点(15-23)断开，KA_3 常闭触点(15-17)闭合，恢复原始状态，为轮流转换控制做准备。在中间继电器 KA_2 线圈得电吸合的同时，KA_2 常开触点(33-39)闭合，接通了交流接触器 KM_2 线圈回路电源，KM_2 辅助常开触点(33-39)闭合自锁，KM_2 三相主触点闭合，2# 泵电动机 M_2 启动运转；同时 KM_2 辅助常闭触点(39-41)断开，切断得电延时时间继电器 KT_2 线圈回路电源，使其不能投入工作。当补水罐压力升高时，电接点压力表 SP 下限触点(1-43)断开，使中间继电器 KA_4 线圈断电释放，KA_4 常开触点(11-15)断开，切断中间继电器 KA_2 线圈回路电源，KA_2 线圈断电释放，KA_2 所有常开触点(15-23、33-39)断开，KA_2 所有常闭触点(17-19、11-29)闭合，恢复原始状态，为下一次启动 1# 水泵电动机 M_1 做准备。当补水罐压力升至上限时(也就是设定的上限压力)，SP(1-45)闭合，接通了中间继电器 KA_5 线圈回路电源，KA_5 线圈得电吸合，KA_5 的两组常闭触点(11-13、11-33)均断开，其中 KA_5 的一组常开触点(11-33)断开,切断正在运转的2#泵电动机M_2控制用交流接触器KM_2线圈回路电源,KM_2线圈断电释放,KM_2三相主触点断开,2#水泵电动机M_2失电停止运转。因1#泵电动机M_1控制用交流接触器KM_1线圈回路未工作,此时不起作用,只有在KM_1线圈得电吸合工作后才会起到控制作用。至此,完成了2#泵作为主泵,1#泵作为备用泵的控制。之后,又将1#泵作为主泵、2#泵作为备用泵工作,一直循环下去。

4. 1#水泵电动机M_1过载后自动启动,2#水泵电动机M_2工作

当1#水泵电动机M_1在运转过程中出现过载时,其过载保护热继电器FR_1控制常闭触点(2-4)断开,切断交流接触器KM_1线圈回路电源,KM_1线圈断电释放,KM_1三相主触点断开,1#泵电动机M_1失电停止运转。在KM_1线圈断电释放的同时,KM_1串联在得电延时时间继电器KT_1线圈回路中的辅助常闭触点(7-9)恢复常闭,接通得电延时时间继电器KT_1线圈回路电源,KT_1线圈得电吸合并开始延时。

经KT_1一段延时(2s)后,KT_1得电延时断开的常闭触点(19-21)断开,切断了中间继电器KA_1线圈回路电源,KA_1线圈断电释放,KA_1所有常开触点(7-9、15-17、29-31)断开,KA_1常闭触点(23-25)闭合。此时,中间继电器KA_2线圈得电吸合且KA_2常开触点(15-23)闭合自锁,KA_2常开触点(33-39)闭合,接通2#水泵电动机M_2控制交流接触器KM_2线圈回路电源,KM_2线圈得电吸合,KM_2三相主触点闭合,水泵电动机M_2启动运转,从而替换已过载的故障1#泵电动机M_1继续运转工作,起到故障泵自动互锁作用。与此同时,KA_2常闭触点(11-29)断开,切断中间继电器KA_3线圈回路电源,KA_3线圈断电释放,KA_3常开触点(15-23)断开,KA_3常闭触点(15-17)闭合,为轮流转换控制做准备。

5. 2#水泵电动机M_2过载后自动启动,1#水泵电动机M_1工作

当2#水泵电动机M_2在运转过程中出现过载时,其过载保护热继电器FR_2控制常闭触点(2-6)断开,切断交流接触器KM_2线圈回路电源,KM_2线圈断电释放,KM_2三相主触点断开,2#泵电动机M_2失电停止运转。在KM_2线圈断电释放的同时,KM_2串联在得电延时时间继电器KT_2线圈回路中的辅助常闭触点(39-41)恢复常闭,接通得电延时时间继电器KT_2线圈回路电源,KT_2线圈得电吸合并开始延时。

经 KT_2 延时(2s)后,KT_2 得电延时断开的常闭触点(25-27)断开,切断中间继电器 KA_2 线圈回路电源,KA_2 线圈断电释放,KA_2 所有常开触点(15-23、33-39)断开,KA_2 常闭触点(17-19、11-29)闭合。此时,中间继电器 KA_1 线圈得电吸合且 KA_1 常开触点(15-17)闭合自锁,KA_1 常开触点(7-13)闭合,接通 1# 水泵电动机 M_1 控制交流接触器 KM_1 线圈回路电源,KM_1 线圈得电吸合,KM_1 三相主触点闭合,1# 水泵电动机 M_1 启动运转,从而替换已过载的故障 2# 泵电动机 M_2 继续工作,起到故障自动互投作用。与此同时,KA_1 常开触点(29-31)闭合,接通中间继电器 KA_3 线圈回路电源,KA_3 线圈得电吸合,KA_3 常闭触点(15-17)断开,KA_3 常开触点(15-23)闭合,为轮流转换控制做准备。

在自动时,任意一台水泵电动机出现过载故障时,其热继电器都将动作,断开相应控制回路电源,而该回路的得电延时的时间继电器就会延时动作,接通另一台水泵电动机控制电路,使其投入工作,起到故障互投作用。因电路较为简单,这里不再介绍。

8.15 采用两只中间继电器的水位控制电路

图 8.15 所示电路为采用两只中间继电器的水位控制电路,检测元件为电接点压力表,为了保证电接点压力表控制触点不与容量较大的交流接触器线圈直接控制使用,以保护电接点压力表控制触点不易被损坏,在控制电路中采用两只中间继电器 KA_1、KA_2 线圈分别接电接点压力表低水位端、高水位端,因中间继电器线圈电流很小,从而保证电接点压力表正常使用。

1. 手动控制

将手动/自动选择开关 S 拨至手动控制位置(1-3),启动时,按下启动按钮 SB_2(5-7),交流接触器 KM 线圈得电吸合,KM 辅助常开触点(5-7)闭合自锁,KM 三相主触点闭合,电动机得电运转工作。同时 KM 辅助常闭触点(1-17)断开,辅助常开触点(1-19)闭合,电源指示灯 HL_1 熄灭,运转指示灯 HL_2 点亮,说明电动机已启动运转。停止时则按下停止按钮 SB_1(3-5),交流接触器 KM 线圈断电释放,KM 三相主触点断开,电动机失电停止运转,同时 KM 辅助常开触点(1-19)断开,辅助常闭触点(1-17)闭合,运转指示灯 HL_2 熄灭,电源指示灯 HL_1 点亮,说明电动机已停止

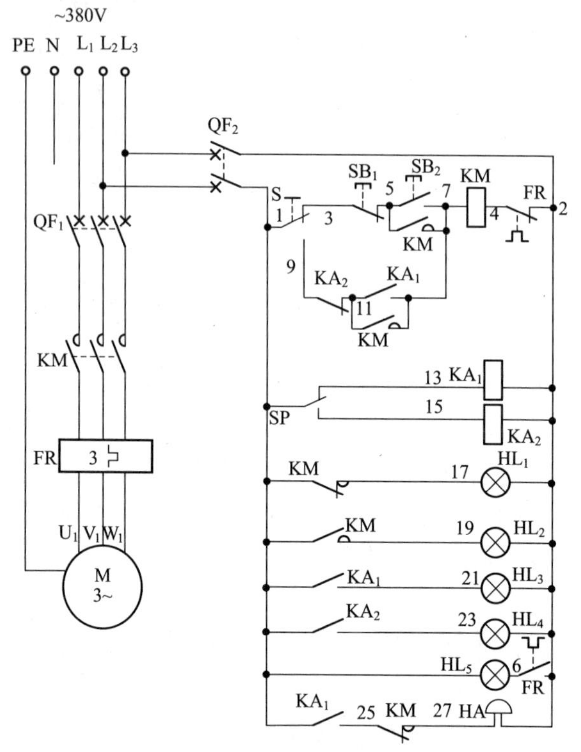

图 8.15　采用两只中间继电器的水位控制电路

运转。

2. 自动控制

将手动/自动选择开关 S 拨至自动控制位置(1-7)，控制电路处于自动控制状态。若水罐内压力低于电接点压力表下限值时，电接点压力表下限低水位端(1-13)闭合，中间继电器 KA_1 线圈得电吸合，其常开触点(7-11)闭合，交流接触器 KM 线圈得电吸合且 KM 辅助常开触点(7-11)闭合自锁，KM 三相主触点闭合，电动机得电运转工作。同时 KA_1 常开触点(1-21)闭合，指示灯 HL_3 亮，告知水罐处于低水位，KM 辅助常闭触点(1-17)断开，KM 辅助常开触点(1-19)闭合，电源兼停止指示灯 HL_1 熄灭，运转指示灯 HL_2 点亮，说明电动机已运转工作了。随着水泵电动机运转补水，水罐内压力逐渐上升，电接点压力表下限低水位端(1-13)断开，中间继电器 KA_1 线圈断电释放，其常开触点(1-21)断开，低水位指示灯 HL_3 熄灭；当水罐内压力升至电接点压力表上限值时，上限高水位端

(1-15)闭合，接通中间继电器 KA_2 线圈回路电源，KA 常闭触点(9-11)断开，切断了交流接触器 KM 线圈回路电源，KM 线圈断电释放，KM 三相主触点断开，电动机失电停止运转。同时 KA_2 常开触点(1-23)闭合，指示灯 HL_4 点亮，告知水罐处于高水位，KM 辅助常开触点(1-19)断开，KM 辅助常闭触点(1-17)闭合，运转指示灯 HL_2 熄灭，电源兼停止指示灯 HL_1 点亮，说明电动机已停止运转。

无论手动/自动选择开关 S 处于任何状态，只要在低水位时，交流接触器 KM 线圈不吸合，KM 串联在低水位报警电路中的辅助常闭触点(25-27)就处于闭合状态，电铃 HA 响，告知水位已低且电动机不运转补水。若指示灯 HL_5 亮，说明电动机已过载动作了。

8.16 JYB电子式液位继电器给水、排水应用电路

在众多场合，需要水泵向水塔供水；也有很多地方需要潜水泵或水泵向外排水，完成无人值守自动控制。这时，通常采用 JYB-714 系列液位继电器进行控制，它工作可靠，接线简单方便，具体接线如图 8.16 和图 8.17 所示。

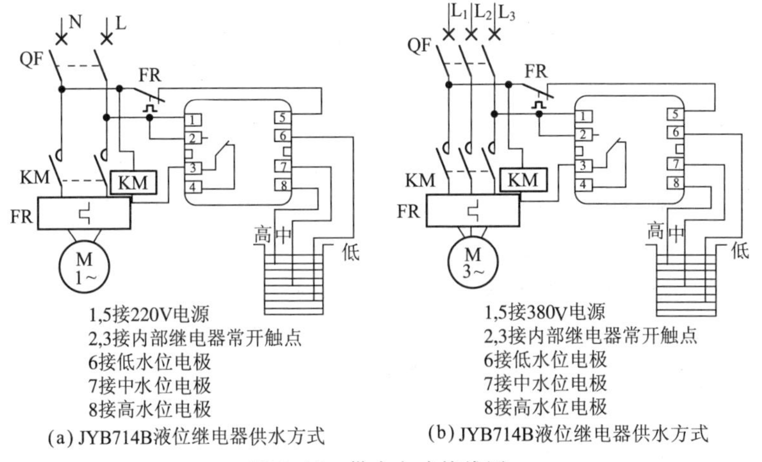

(a) JYB714B液位继电器供水方式

(b) JYB714B液位继电器供水方式

图 8.16 供水方式接线图

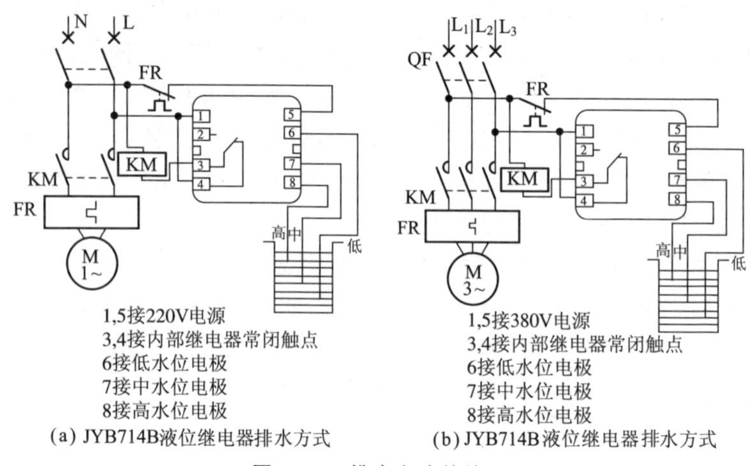

(a) JYB714B液位继电器排水方式 (b) JYB714B液位继电器排水方式

图 8.17 排水方式接线图

注意:因生产厂家不同,接线方式也可能不同,使用者最好参照厂家说明书进行接线,以免造成不必要的损失。

JYB 晶体管液位继电器用在供水池的工作原理是:在低水位出现时,三只电极中较短的两只暴露在空气中呈现断路状态,晶体三极管 VT_2 截止,VT_3 饱和导通,小型灵敏继电器 K 线圈得电吸合动作,K 的控制触点控制外接交流接触器 KM 线圈得电吸合,KM 三相主触点闭合,使水泵电动机运转打水。在水位未到达高水位位置时,由于短电极处于断路状态,那么晶体管 VT_2 集电极仍然有电流流过,小型灵敏继电器 K 线圈仍得电吸合工作,交流接触器 KM 线圈也同样吸合,水泵电动机不停,继续打水。

当水位升高至高水位时,由于三个电极全部被水淹没而导通,此时晶体管 VT_2 饱和导通,VT_3 截止,小型灵敏继电器 K 线圈断电释放,其常开触点断开,切断了外接交流接触器 KM 线圈回路电源,KM 线圈断电释放,KM 三相主触点断开,从而使水泵电动机失电停止工作。

此控制器的最大优点是:只要简单改变接线方法,就可以很方便地改变其供水、排水方式,也就是说需要供水时,用 JYB 液位继电器 2、3 端子(常开触点)与外接交流接触器线圈串联控制;需要排水时,用 JYB 液位继电器 3、4 端子(常闭触点)与外接交流接触器线圈串联控制。其余端子接线完全一样,无需改变,请读者在实际应用中尝试一下。

其原理图如图 8.18 所示。

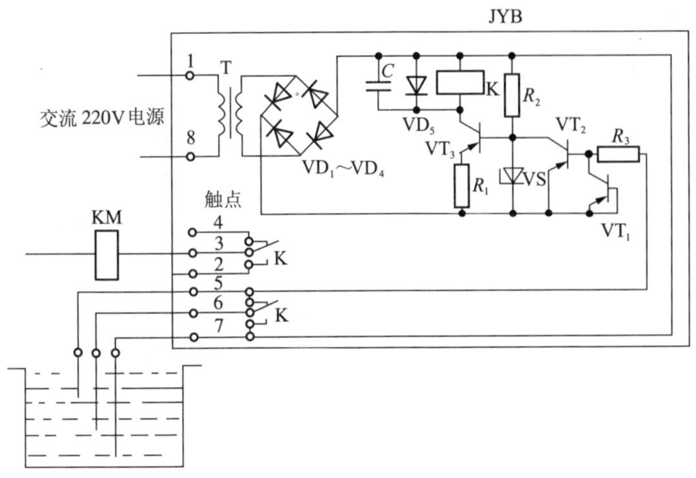

图 8.18 JYB电子式液位继电器原理图

JYB早期产品仍在使用,为方便维修现给出详尽内部电路图供读者维修时参考,如图8.19所示。

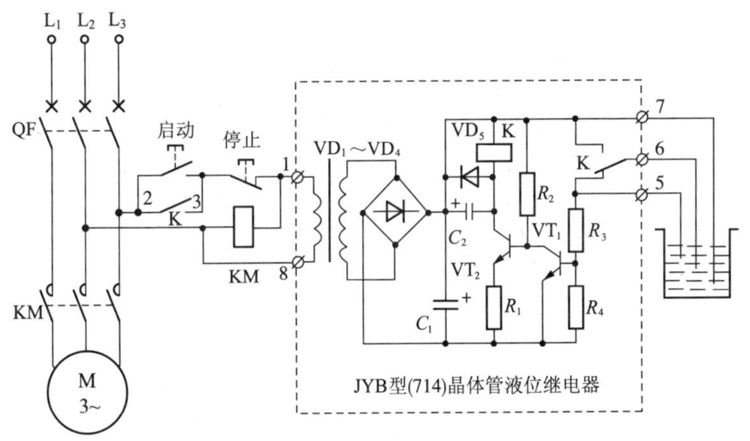

图 8.19 JYB电子式液位继电器内部电路图

图8.20所示为供水应用示意图。

使用JYB714C时应注意:因生产厂家不同所生产的JYB714C产品在接线上有所不同,在选用接线时应仔细阅读产品说明书,以防接错,如图8.21所示。

探头控制极(5、7端)电流大于AC50μA±10%,继电器输出端子3和4接通,2和3处于断开状态。当电流小于AC,继电器输出端2和3

接通，3 和 4 处于断开状态。

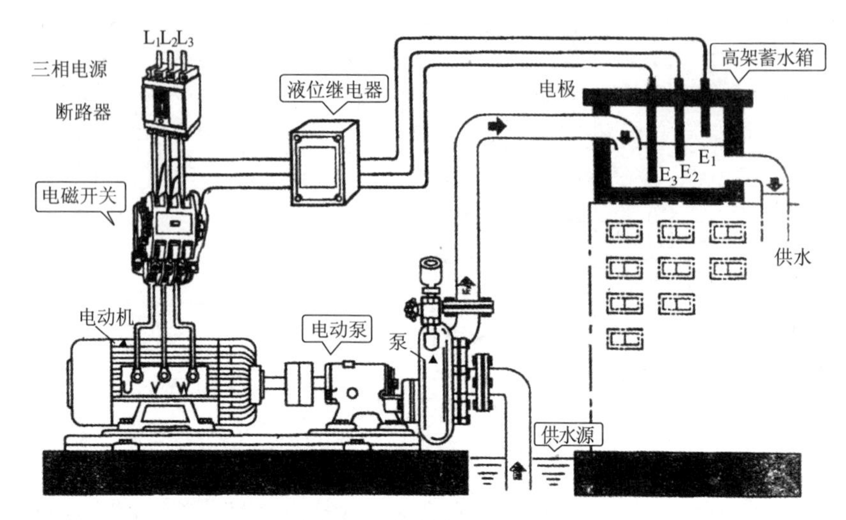

图 8.20 供水应用示意图

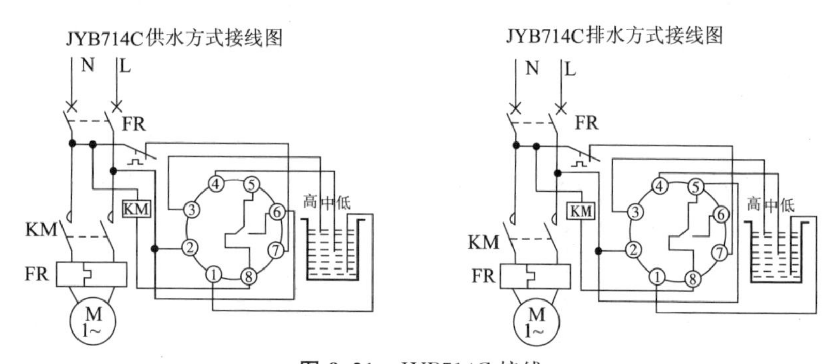

图 8.21 JYB714C 接线

8.17 三台供水泵电动机轮流定时控制电路

为了保证供水泵电动机的正常运转、减少其连续长期长时间运转疲劳，延长电动机及泵体寿命。图 8.22 所示电路采用的是三台供水泵轮流定时控制。

当转换开关 SA 置于手动位置时，通过按钮 SB_1、SB_2 启动、停止电动机 M_1；通过按钮 SB_3、SB_4 启动、停止电动机 M_2；通过按钮 SB_5、SB_6 启

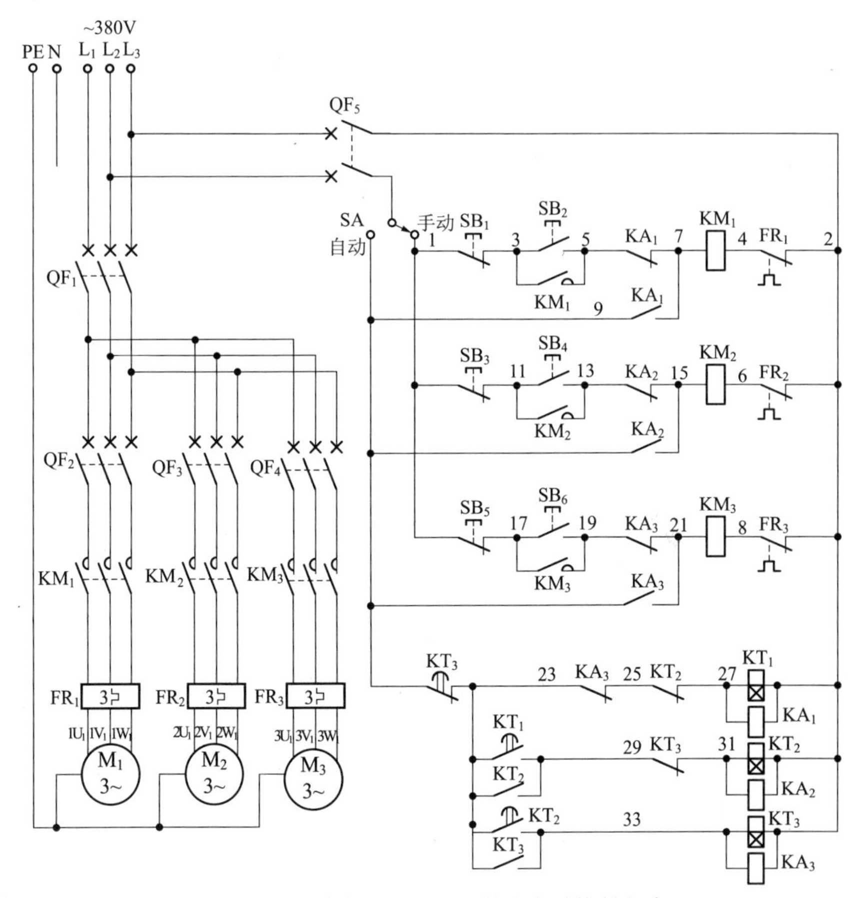

图 8.22　三台供水泵电动机轮流定时控制电路

动、停止电动机 M_3。

当转换开关 SA 置于自动位置时，中间继电器 KA_1 和得电延时时间继电器 KT_1 线圈得电吸合，KA_1 常开触点(7-9)闭合，交流接触器 KM_1 线圈得电吸合，KM_1 三相主触点闭合，电动机 M_1 得电运转工作，使 1# 水泵运转。同时，得电延时时间继电器 KT_1 开始延时。在 KT_1 设定时间(2h)内，1# 泵运转工作。

经得电延时时间继电器 KT_1 延时后，其得电延时闭合的常开触点(23-29)闭合，接通了中间继电器 KA_2 和得电延时时间继电器 KT_2 线圈回路电源，KA_2 和 KT_2 线圈得电吸合且 KT_2 不延时瞬动常开触点(23-29)闭合自锁，KT_2 串联在 KT_1、KA_1 线圈回路中的不延时瞬动常闭触点(25-27)断开,切断了 KA_1、KT_1 线圈回路电源,KA_1、KT_1 线圈断电释放,KA_1 常开触点(7-9)恢复常开,切断了交流接触器 KM_1 线圈回路电源,KM_1 线圈断电释放,KM_1 三相主触点断开,电动机 M_1 失电停止运转。同时中间继电器 KA_2 常开触点(7-15)闭合,接通了交流接触器 KM_2 线圈回路电源,KM_2 线圈得电吸合,KM_2 三相主触点闭合,电动机 M_2 得电运转工作。此时得电延时时间继电器 KT_2 开始延时。在 KT_2 设定时间(2h)内,$2^{\#}$ 泵运转工作。

经得电延时时间继电器 KT_2 延时后,其得电延时闭合的常开触点(23-33)闭合,接通了中间继电器 KA_3 和得电延时时间继电器 KT_3 线圈回路电源,KA_3 和 KT_3 线圈得电吸合且 KT_3 不延时瞬动常开触点(23-33)闭合自锁,KT_3 串联在 KT_2、KA_2 线圈回路中的不延时瞬动常闭触点(29-31)断开,切断了 KA_2、KT_2 线圈回路电源,KA_2、KT_2 线圈断电释放,KA_2 常开触点(9-15)恢复常开,切断了交流接触器 KM_2 线圈回路电源,KM_2 线圈断电释放,KM_2 三相主触点断开,电动机 M_2 失电停止运转。电动机 M_2 定时退出运行。同时,中间继电器 KA_3 的常闭触点(23-25)断开,保证 KT_1、KA_1 线圈不能得电工作,起到互锁保护作用;此时中间继电器 KA_3 的常开触点(9-21)闭合,接通了交流接触器 KM_3 线圈回路电源,KM_3 线圈得电吸合,KM_3 三相主触点闭合,电动机 M_3 得电运转工作。同时 KT_3 得电延时时间继电器 KT_3 开始延时。在 KT_3 设定时间(2h)内,$3^{\#}$ 泵运转工作。

经得电延时时间继电器 KT_3 延时后,其得电延时断开的常闭触点(9-23)断开,切断了 KA_3、KT_3 线圈回路电源,KA_3、KT_3 线圈断电释放,KA_3 常开触点(9-21)恢复常开,切断了交流接触器 KM_3 线圈回路电源,KM_3 线圈断电释放,其三相主触点断开,电动机 M_3 失电停止运转。电动机 M_3 定时退出运行。同时 KT_3 得电延时断开的常闭触点(9-23)又瞬间恢复常闭状态,又将中间继电器 KA_1、得电延时时间继电器 KT_1 线圈回路接通,KA_1 常开触点(7-9)闭合,接通了交流接触器 KM_1 线圈回路电源,KM_1 线圈得电吸合,其三相主触点闭合,电动机 M_1 得电运转工作。此时,KT_1 开始延时,又重新循环到起始状态,如此循环下去。

若在自动定时轮流运转时需停止运行,无论是哪台电动机运转,只需将转换开关 SA 置于手动位置即可。

需注意的是,当人为停止后再开机,其动作顺序都从头开始进行,没有中间记忆功能。

8.18 用JYB714控制供水泵手动/自动电路

用JYB714控制供水泵手动/自动电路如图8.23所示。

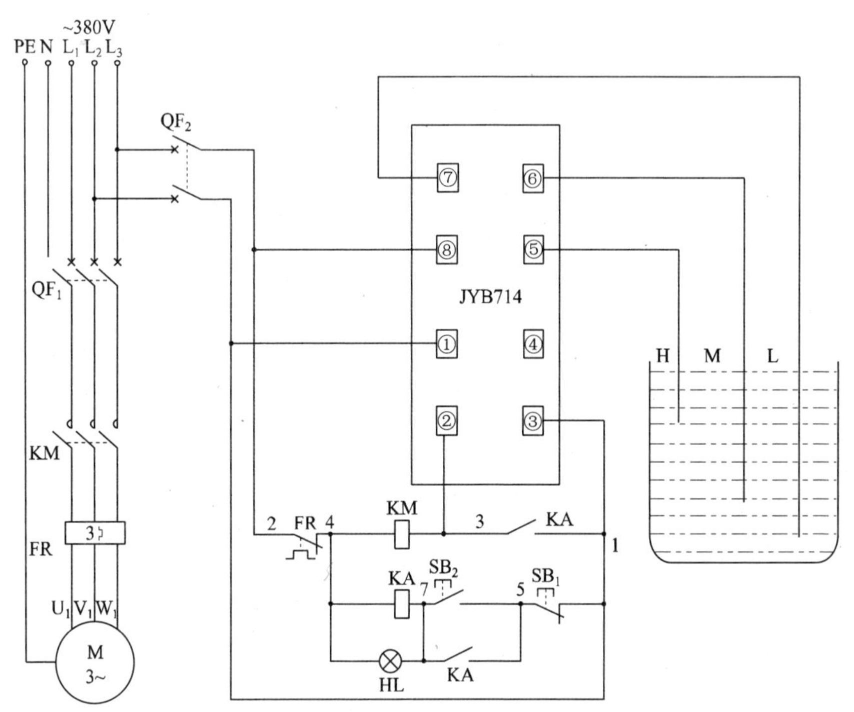

图8.23 用JYB714控制供水泵手动/自动电路

1. 自动控制

当水池水位低至中水位M以下时，液位继电器JYB714内部继电器线圈吸合动作，其连至底座端子②、③上的常开触点闭合，接通交流接触器KM线圈回路电源，KM线圈得电吸合，KM三相主触点闭合，供水泵电动机得电运转，带动供水泵向水池内供水；当水池内水位升至高水位H时，液位继电器JYB714内部继电器线圈断电释放，其连至底座端子②、③上的常开触点断开，切断交流接触器KM线圈回路电源，KM线圈断电释放，KM三相主触点断开，供水泵电动机失电停止运转，供水泵停止向水池内供水，从而完成自动供水控制。

2. 手动控制

启动时按下启动按钮 SB_2(5-7)，中间继电器 KA 线圈得电吸合且 KA 的一组常开触点(5-7)闭合自锁，KA 的另一组常开触点(1-3)也闭合，接通了交流接触器 KM 线圈回路电源，KM 线圈得电吸合，KM 三相主触点闭合，供水泵电动机得电运转，带动供水泵向水池内供水，同时指示灯 HL 亮，说明供水泵已运转工作了。停止时，则按下停止按钮 SB_1(1-5)，中间继电器 KA 线圈断电释放，KA 的两组常开触点(5-7、1-3)断开，切断交流接触器 KM 线圈回路电源，KM 线圈断电释放，KM 三相主触点断开，供水泵电动机失电停止运转，供水泵停止向水池内供水，同时指示灯 HL 灭，说明供水泵已停止运转工作了，从而完成手动供水控制。

8.19 用 JYB714 控制排水泵手动/自动电路

用 JYB714 控制排水泵手动/自动电路如图 8.24 所示。

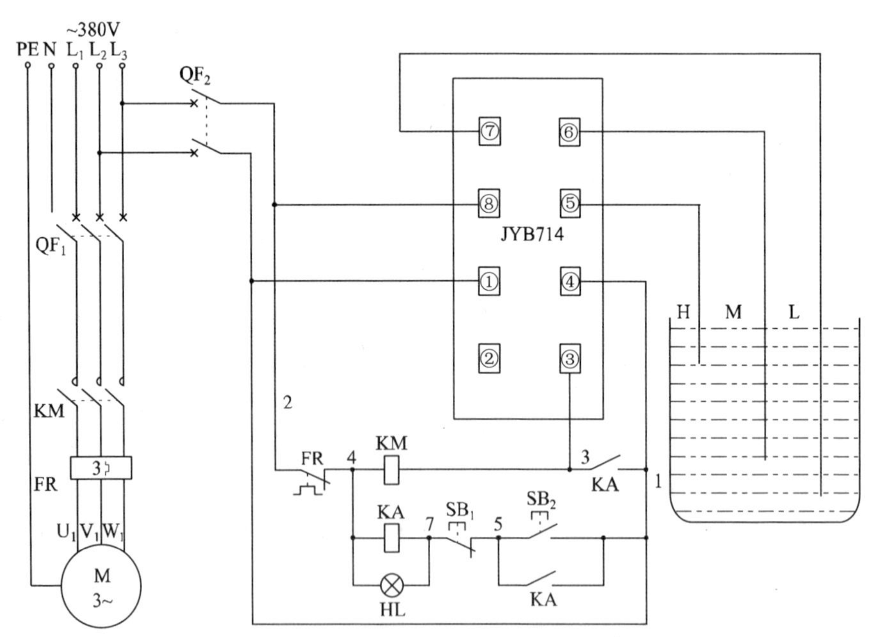

图 8.24 用 JYB714 控制排水泵手动/自动电路

1. 手动排水控制

手动排水时，按下排水启动按钮 SB_2(1-5)，中间继电器 KA 线圈得电吸合且 KA 的一组常开触点(1-5)闭合自锁，同时指示灯 HL 亮，说明已进行手动排水操作了。在 KA 线圈得电吸合的同时，KA 的另外一组常开触点(1-3)也闭合，使交流接触器 KM 线圈得电吸合，KM 三相主触点闭合，电动机得电运转工作，拖动排水泵由水池向外排水。需停止时，按下排水停止按钮 SB_1(5-7)，中间继电器 KA、交流接触器 KM 线圈均断电释放，KM 三相主触点断开，电动机失电停止运转，排水泵停止排水，同时指示灯 HL 灭，说明手动排水操作结束了。从而实现手动排水控制。

2. 自动排水控制

当水池内的水升至高水位时，探头探测高水位信号，使液位继电器 JYB714 内部继电器线圈断电释放，内部继电器连至底座端子③、④上的常闭触点恢复常闭状态，接通了交流接触器 KM 线圈回路电源，KM 线圈得电吸合，KM 三相主触点闭合，电动机得电运转工作，拖动排水泵由水池向外自动排水。当水池内水位降至中水位以下时，探头探测中水位以下信号，使液位继电器 JYB714 内部继电器线圈得电吸合，内部继电器连至底座端子③、④上的常闭触点断开，切断了交流接触器 KM 线圈回路电源，KM 线圈断电释放，KM 三相主触点断开，电动机失电停止运转，排水泵自动停止排水。从而实现自动排水控制。

第9章

速度控制电路

9.1 2Y/Y双速电动机手动控制电路

2Y/Y双速电动机定子绕组出线端如图9.1所示，有6个出线端，若将出线端U_2、V_2、W_2悬空不接，将出线端U_1、V_1、W_1分别接至三相交流电源的L_1、L_2、L_3相上，此时电动机定子绕组接成Y形；若将出线端U_1、V_1、W_1全部连接起来，再将出线端U_2、V_2、W_2分别接至三相交流电源的L_1、L_2、L_3相上，此时电动机定子绕组接成2Y形。

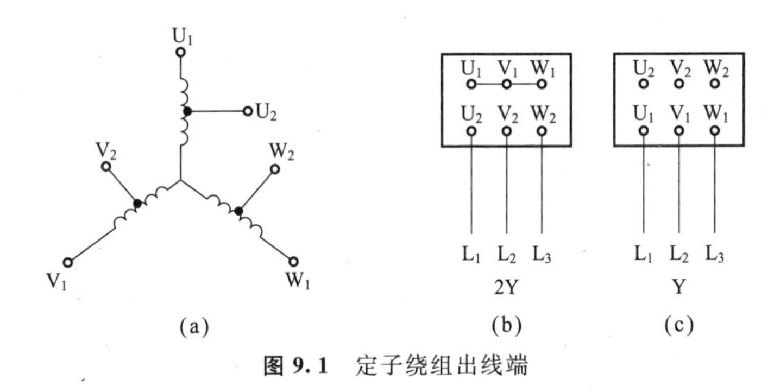

图9.1 定子绕组出线端

2Y/Y双速电动机手动控制电路如图9.2所示。

1. Y形启动

按下Y形启动按钮SB_2，SB_2的一组常闭触点(3-13)断开，使交流接触器KM_2、KM_3线圈回路断开，起互锁作用；SB_2的另一组常开触点(5-7)闭合，接通交流接触器KM_1线圈回路电源，KM_1线圈得电吸合且KM_1辅助常开触点(5-7)闭合自锁，KM_1的一组辅助常闭触点(15-17)断

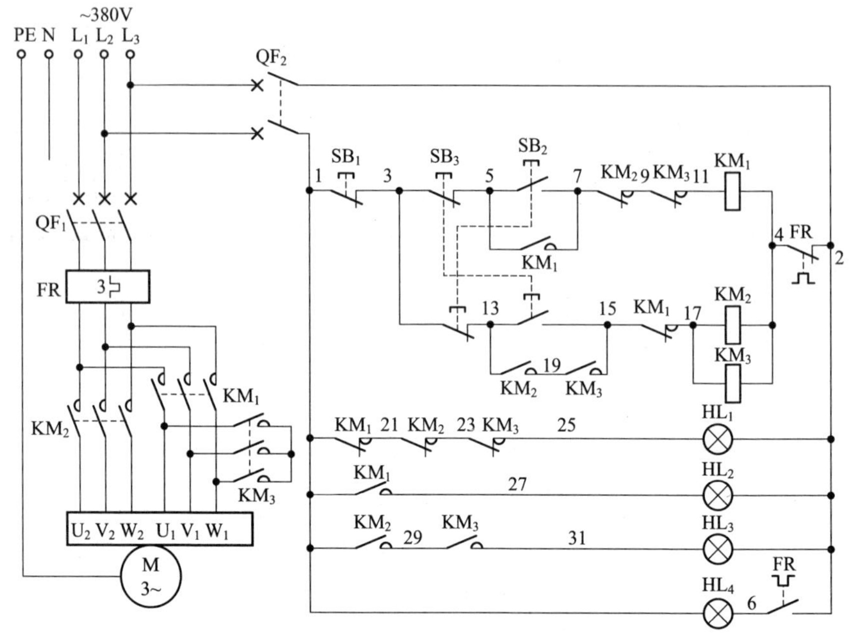

图 9.2 2Y/Y双速电动机手动控制电路

开，起互锁作用，KM_1 三相主触点闭合，电动机出线端 U_1、V_1、W_1 分别接至三相电源的 L_1、L_2、L_3 相上，电动机定子绕组接成Y形启动运转。同时 KM_1 辅助常闭触点(1-21)断开，电源兼作停止指示灯 HL_1 灭，KM_1 辅助常开触点(1-27)闭合，Y形运转指示灯 HL_2 亮，说明电动机已Y形启动运转了。

2. 2Y形启动

按下2Y形启动按钮 SB_3，SB_3 的一组常闭触点(3-5)断开，切断了交流接触器 KM_1 线圈回路电源，交流接触器 KM_1 线圈断电释放，KM_1 三相主触点断开，电动机Y形运转停止，起互锁作用；SB_3 的另一组常开触点(13-15)闭合，接通交流接触器 KM_2、KM_3 线圈回路电源，KM_2、KM_3 线圈均得电吸合且 KM_2、KM_3 各自的辅助常开触点(13-19、15-19)闭合自锁，KM_2、KM_3 各自的一组辅助常闭触点(7-9、9-11)断开，起互锁作用，KM_2、KM_3 三相主触点闭合，其中 KM_2 三相主触点将电动机出线端 U_2、V_2、W_2 分别接至三相交流电源的 L_1、L_2、L_3 相上，KM_3 三相主触点将电动机引出端 U_1、V_1、W_2 全部连接起来，组成人为Y点，此时电动机定子绕组接成 2Y 形启动运转。同时，KM_2、KM_3 辅助常闭触点(21-23、23-25)断开，电源兼作停止指示灯 HL_1 灭，KM_2、KM_3 辅助常开触点(1-29、29-31)闭合，2Y 形运转指示灯 HL_3 亮，说明电动机已转为 2Y 形启动运转了。

图 9.2 中，指示灯 HL_1 为电动机停止兼电源指示；HL_2 为电动机低速运转指示；HL_3 为电动机高速运转指示；指示灯 HL_4 在电动机出现过载时被点亮，告知相关人员电动机过载了。

9.2 △/△双速电动机手动控制电路

△/△双速电动机定子绕组引出端如图 9.3 所示，有 9 根线。

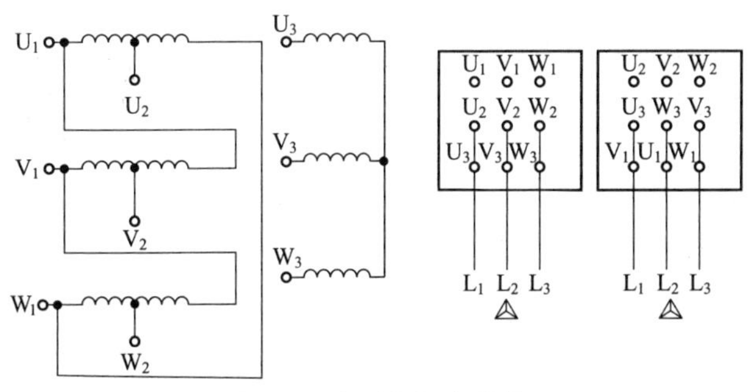

图 9.3 定子绕组出线端

第一种△接线：将引出端 U_2、U_3 短接后接到三相交流电源的 L_1 相上，将引出端 V_2、V_3 短接后接到三相交流电源的 L_2 相上，将引出端 W_2、W_3 短接后接到三相交流电源的 L_3 相上，余下的 U_1、V_1、W_1 悬空不接，电动机定子绕组为第一种△接法。

第二种△接线：将引出端 V_1、U_3 短接后接到三相交流电源的 L_1 相上，将引出端 U_1、W_3 短接后接到三相交流电源的 L_2 相上，将 W_1、W_3 短接后接到三相交流电源的 L_3 相上，余下的 U_2、V_2、W_2 悬空不接，电动机定子绕组为第二种△接法。

对于△/△双速电动机手动控制电路，实际上很简单，只要弄清楚第一种△连接和第二种△连接方式就可以加以控制了。也就是说，利用交流接触器 KM_1 将三相交流电源 L_1、L_2、L_3 分别接至电动机定子绕组引出端 U_3、V_3、W_3 上，然后再利用交流接触器 KM_2 的三相主触点分别短

接 U_3、U_2，V_3、V_2，W_3、W_2 即可，这样，可将交流接触器 KM_1、KM_2 两只线圈并联工作，来控制第一种◬接，也就是第一种速度控制；另外再利用交流接触器 KM_3 将三相交流电源 L_1、L_2、L_3 分别接至电动机定子绕组引出端 U_3、W_3、V_3 上（注意电源倒相了），然后再利用交流接触器 KM_4 的三相主触点分别短接 V_1、U_3，U_1、W_3，W_1、V_3 即可，这样，可将交流接触器 KM_3、KM_2 两只线圈并联工作，来控制第二种◬接，也就是第二种速度控制。

通过以上分析，现给出简单实用的◬/◬双速电动机手动控制电路（图9.4），并对工作原理加以叙述。

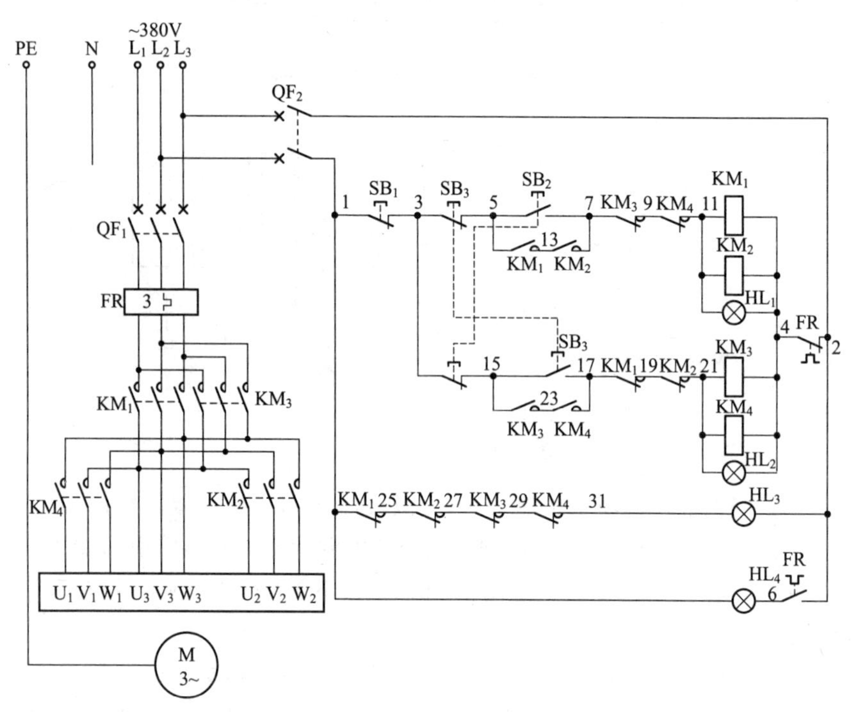

图9.4　◬/◬双速电动机手动控制电路

1. 第一种速度◬启动控制

按下启动按钮 SB_2，SB_2 的一组常闭触点（3-15）断开，切断交流接触器 KM_3、KM_4 线圈回路电源，使其不能工作，起到按钮常闭触点互锁作用；SB_2 的另一组常开触点（5-7）闭合，接通交流接触器 KM_1、KM_2 线圈回路电源和指示灯 HL_1，交流接触器 KM_1、KM_2 线圈得电吸合且 KM_1、

KM_2 各自的辅助常开触点(5-13,7-13)闭合自锁,指示灯 HL_1 亮,KM_1 三相主触点闭合,将三相交流电源 L_1、L_2、L_3 分别接至电动机引出端 U_3、V_3、W_3,KM_2 三相主触点闭合,将电动机引出端 U_3、U_2,V_3、V_2,W_3、W_2 分别短接,此时电动机绕组被连接成第一种◬,电动机得电以第一种速度启动运转。同时 KM_1、KM_2 辅助常闭触点(1-25、25-27)断开,指示灯 HL_3 灭,由于在交流接触器 KM_1、KM_2 线圈得电吸合的同时,指示灯 HL_1 就被点亮,说明电动机按第一种◬接速度运转了。

2. 第二种速度◬启动控制

按下启动按钮 SB_3,SB_3 的一组常闭触点(3-5)断开,切断交流接触器 KM_1、KM_2 线圈回路电源,使 KM_1、KM_2 线圈断电释放,KM_1、KM_2 各自的三相主触点断开,解除对电动机的供电及对各引出端的短接;SB_3 的另一组常开触点(15-17)闭合,接通交流接触器 KM_3、KM_4 线圈回路电源和指示灯 HL_2,交流接触器 KM_3、KM_4 线圈得电吸合且 KM_3、KM_4 辅助常开触点(15-23、17-23)闭合自锁,指示灯 HL_2 亮,KM_3 三相主触点闭合,将三相交流电源 L_1、L_2、L_3 分别接至电动机引出端 U_3、W_3、V_3(注意,电源相序倒相了),KM_4 三相主触点闭合,将电动机引出端 V_1、U_3,U_1、W_3,W_1、V_3 分别短接,此时电动机绕组被连接成第二种◬,电动机得电以第二种速度启动运转。同时,KM_3、KM_4 辅助常闭触点(27-29,29-31)断开,指示灯 HL_3 灭,由于在交流接触器 KM_3、KM_4 线圈得电的同时,指示灯 HL_3 就被点亮,说明电动机按第二种◬接速度运转了。

3. 停　止

停止时,只需按下停止按钮 SB_1(1-3)即可。

9.3 2△/Y双速电动机手动控制电路

2△/Y双速电动机定子绕组如图 9.5 所示,出线端有 8 个出线端。

Y形接法:将电动机出线端 U_3 和 V_3 短接起来,再将电动机出线端 U_1、V_1、W_1 分别接到三相交流电源的 L_1、L_2、L_3 相上,此时电动机定子绕组为Y形接法。

2△形接法:将电动机出线端 U_1、U_3、W_1 短接起来接至三相交流电源的 L_1 相上,再将电动机出线端 U_2、V_1、V_3 短接起来接至三相交流电源

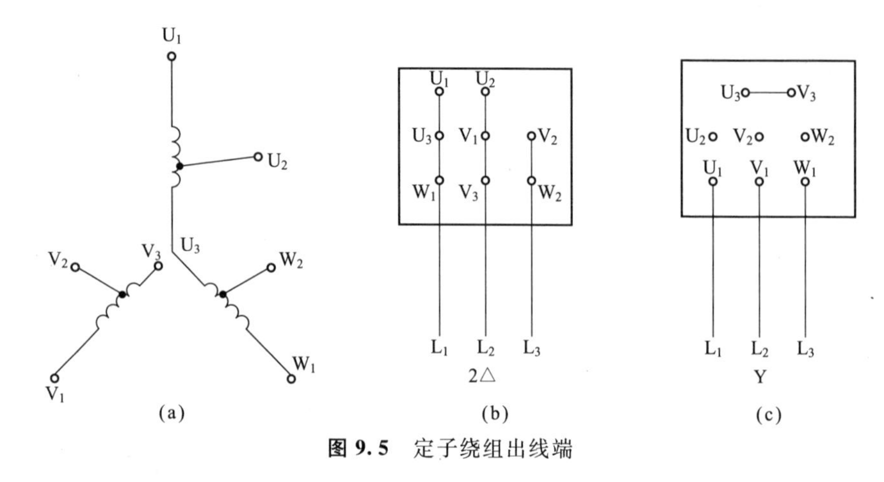

图 9.5 定子绕组出线端

的 L_2 相上，最后将电动机出线端 V_2、W_2 短接起来接至三相交流电源的 L_3 相上，此时电动机定子绕组为 2△形接法。

图 9.6 所示为 2△/Y双速电动机手动控制电路。

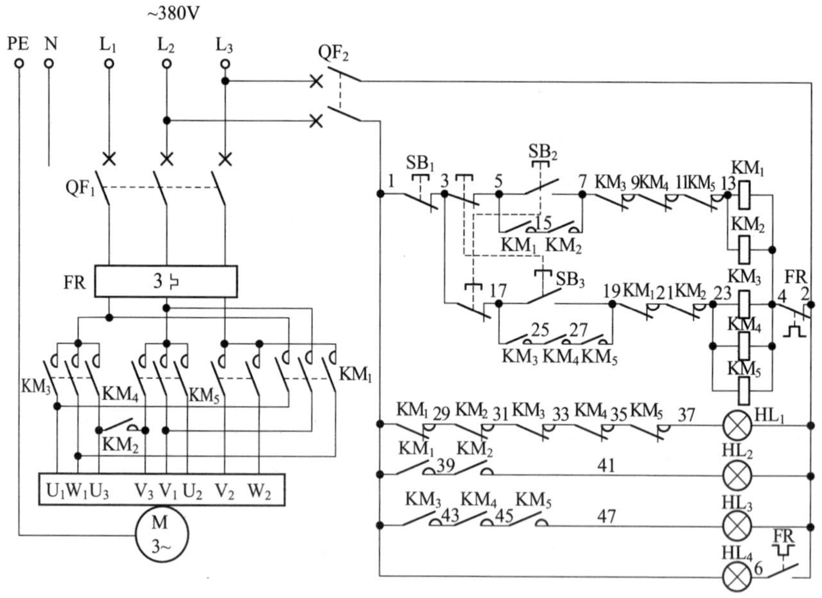

图 9.6 2△/Y双速电动机手动控制电路

1. Y形启动

按下启动按钮 SB_2，SB_2 的一组常闭触点(3-17)断开，切断交流接触

器 KM_3、KM_4、KM_5 线圈回路电源，起到互锁作用；与此同时，SB_2 的另一组常开触点(5-7)闭合，接通交流接触器 KM_1、KM_2 线圈回路电源，KM_1、KM_2 串联在 KM_3、KM_4、KM_5 线圈回路中的辅助常闭触点(19-21、21-23)断开，起互锁作用；KM_1、KM_2 辅助常开触点(5-15、7-15)闭合自锁，KM_1、KM_2 三相主触点闭合，其中 KM_1 三相主触点将电动机引线端 U_1、V_1、W_1 接到三相交流电源的 L_1、L_2、L_3 相上，KM_2 三相主触点将电动机引线端 U_3、V_3 短接起来，这样，电动机定子绕组连接成Y形启动运转。同时 KM_1、KM_2 辅助常闭触点(1-29、29-31)断开，电源兼作停止指示灯 HL_1 灭，KM_1、KM_2 辅助常开触点(1-39、39-41)闭合，Y形运转指示灯 HL_2 亮，说明电动机已Y形启动运转了。

2. 2△形启动

按下启动按钮 SB_3，SB_3 的一组常闭触点(3-5)断开，切断交流接触器 KM_1、KM_2 线圈回路电源，KM_1、KM_2 线圈断电释放，KM_1、KM_2 三相主触点断开，电动机Y形停止运转；与此同时，SB_3 的另一组常开触点(17-19)闭合，交流接触器 KM_3、KM_4、KM_5 线圈得电吸合且 KM_3、KM_4、KM_5 辅助常开触点(17-25、25-27、19-27)闭合自锁，KM_3、KM_4、KM_5 各自的三相主触点闭合，其中 KM_3 三相主触点将电动机引线端 U_1、W_1、U_3 短接起来后接至三相电源的 L_1 相上，KM_4 三相主触点将电动机引线端 V_3、V_1、U_2 短接起来后接至三相电源的 L_2 相上，KM_5 三相主触点将电动机引线端 V_2、W_2 短接起来后接至三相电源的 L_3 相上；这样，电动机定子绕组连接成 2△形启动运转。同时 KM_3、KM_4、KM_5 辅助常闭触点(31-33、33-35、35-37)断开，电源兼作停止指示灯 HL_1 灭，KM_1、KM_2 辅助常开触点(1-39、39-41)恢复常开状态，Y形运转指示灯 HL_2 灭，KM_3、KM_4、KM_5 辅助常开触点(1-43、43-45、45-47)闭合，2△形运转指示灯 HL_3 亮，说明电动机已 2△形启动运转了。

无论电动机是Y形运转还是 2△形运转，欲停止时，只要按下停止按钮 SB_1 即可使其电动机失电停止运转。

9.4 2Y/2Y双速电动机手动控制电路

2Y/2Y双速电动机定子绕组引出端如图 9.7 所示，为 9 根线。

第一组 2Y形接线：首先将引出端 U_3、V_3、W_2 短接起来，再分别将引

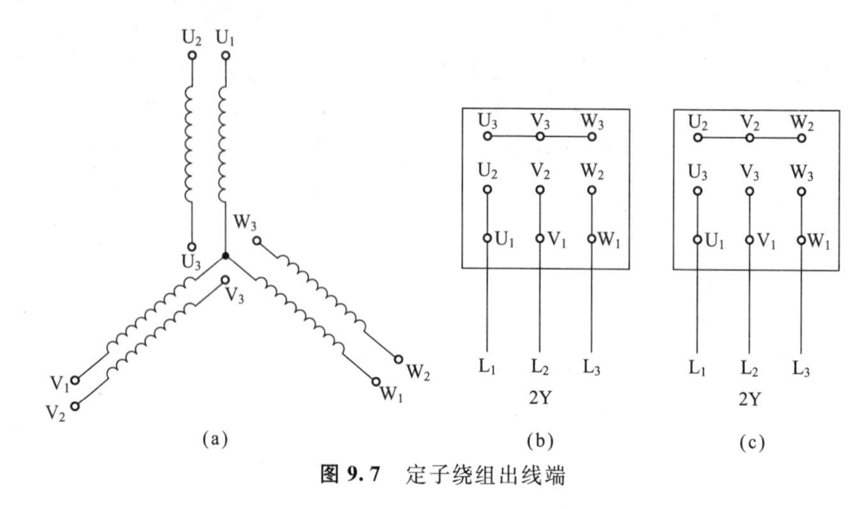

图 9.7 定子绕组出线端

出端 U_1、U_2 短接起来后通过 U_1 引出端接到三相交流电源的 L_1 相上，将引出端 V_1、V_2 短接起来后通过 V_1 引出端接到三相交流电源的 L_2 相上，将引出端 W_1、W_2 短接起来后通过 W_1 引出端接到三相交流电源的 L_3 相上，这样，电动机定子绕组为一种 2 丫形接法。

第二组 2 丫形接线：首先将引出端 U_2、V_2、W_2 短接起来，再分别将引出端 U_1、U_3 短接起来后通过 U_1 引出端接到三相交流电源的 L_1 相上，将引出端 V_1、V_3 短接起来后通过 V_1 引出端接到三相交流电源的 L_2 相上，将引出端 W_1、W_3 短接起来后通过 W_1 引出端接到三相交流电源的 L_3 相上，这样，电动机定子绕组接为另一种 2 丫形接法。

2 丫/2 丫双速电动机手动控制电路如图 9.8 所示。

1. 第一种速度启动

按下启动按钮 SB_2(5-7)，交流接触器 KM_2、KM_3 线圈得电吸合且 KM_2、KM_3 各自的辅助常开触点(5-13、7-13)闭合自锁，KM_2、KM_3 串联在 KM_1 线圈回路中的常开触点(3-25、25-27)闭合，KM_1 线圈也得电吸合，这样，交流接触器 KM_2 三相主触点分别将 U_1、U_2，V_1、V_2，W_1、W_2 短接后接至电源交流接触器 KM_1 三相主触点的下端，交流接触器 KM_3 主触点将 U_3、V_3、W_3 短接起来，组成第一种 2 丫形接法，KM_1 三相主触点闭合，电动机得电以第一种速度启动。同时，指示灯 HL_3 灭、HL_1 亮，说明电动机已以第一种速度启动运转了。

2. 第二种速度启动

按下启动按钮 SB_3，SB_3 的一组常闭触点(3-5)断开，切断 KM_2、KM_3

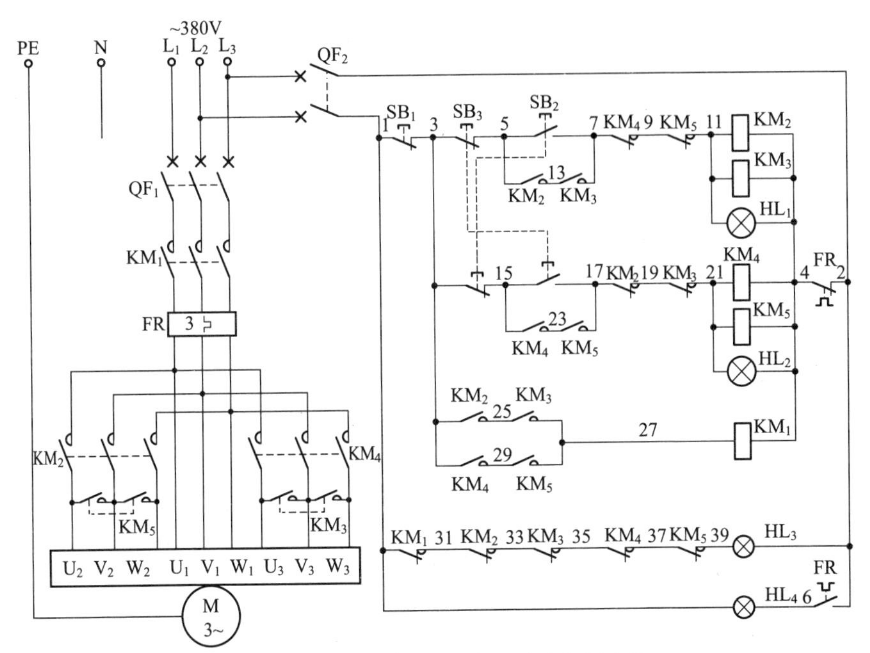

图 9.8 2Y/2Y双速电动机手动控制电路

及 KM_1 线圈回路电源，使 KM_2、KM_3、KM_1 线圈断电释放，KM_2、KM_3、KM_1 各自的三相主触点断开，电动机失电停止运转；与此同时，SB_3 的另一组常开触点(15-17)闭合，交流接触器 KM_4、KM_5 线圈得电吸合且 KM_4、KM_5 各自的辅助常开触点(15-23、17-23)闭合自锁，KM_4、KM_5 串联在 KM_1 线圈回路中的辅助常开触点(3-29、27-29)闭合，KM_1 线圈也得电吸合，这样，交流接触器 KM_4 三相主触点分别将 U_1、U_3，V_1、V_3，W_1、W_3 短接起来后接至电源交流接触器 KM_1 三相主触点的下端，交流接触器 KM_5 将 U_2、V_2、W_2 短接起来，组成第二种 2Y形接法，KM_1 三相主触点闭合，电动机得电已以第二种速度启动。同时，指示灯 HL_3 灭、HL_2 亮，说明电动机已以第二种速度启动运转了。

欲停止时，只需按下停止按钮 SB_1(1-3)即可。

9.5 双速电动机自动加速电路

图 9.9 所示电路为双速电动机在启动时为低速，再自动加速到高速

的应用电路，它实际上在使用时仅为一个高速，而低速只是高速运行前的一个过渡速度。

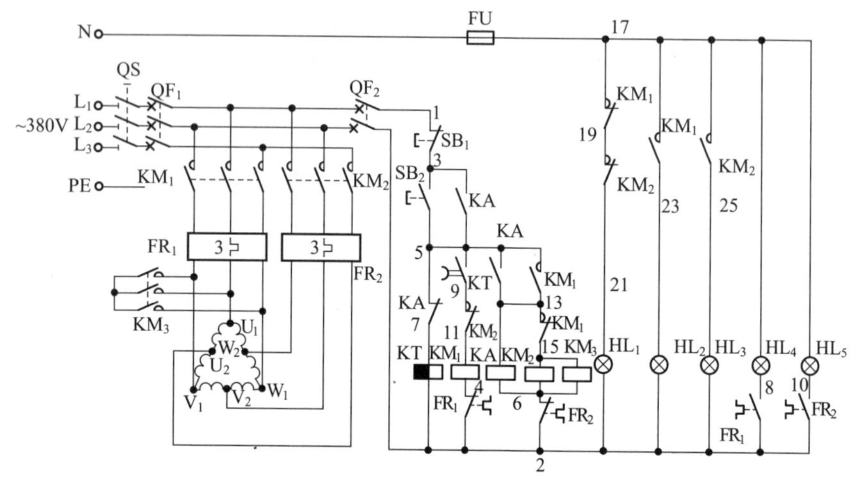

图 9.9 双速电动机自动加速电路

启动时，按下启动按钮 SB_2(3-5)，失电延时时间继电器 KT 线圈得电吸合，KT 失电延时断开的常开触点(5-9)立即闭合，接通了低速交流接触器 KM_1 线圈回路电源，KM_1 线圈得电吸合，KM_1 三相主触点闭合，双速电动机连接成△形低速启动。此时，KM_1 辅助常闭触点(17-19)断开，KM_1 辅助常开触点(17-23)闭合，指示灯 HL_1 灭、HL_2 亮，说明电动机已低速启动。同时，KM_1 串联在高速交流接触器 KM_2、KM_3 线圈回路中的辅助常闭触点(13-15)断开，起到互锁作用，并为低速停止后转为高速做准备。同时 KM_1 辅助常开触点(5-13)闭合，使中间继电器 KA 线圈得电吸合且双重自锁(5-13、3-5)，KA 串联在 KT 线圈回路中的常闭触点(5-7)断开，切断失电延时时间继电器 KT 线圈回路电源，KT 线圈断电释放，并开始延时。

经 KT 一段延时后，KT 失电延时断开的常开触点(5-9)断开，切断了低速交流接触器 KM_1 线圈回路电源，KM_1 线圈断电释放，其三相主触点断开，电动机低速△形接法电源解除。同时，KM_1 辅助常闭触点(5-13)闭合，高速交流接触器 KM_2、KM_3 线圈得电吸合，KM_2、KM_3 各自的三相主触点闭合，电动机绕组连接成双丫形高速运转，此时，指示灯 HL_2 灭、HL_3 亮，说明电动机已低速启动结束，进入高速正常运转。

停止时，按下停止按钮 SB_1(1-3)，交流接触器 KM_2、KM_3 和中间继电器 KA 线圈均断电释放，KM_2、KM_3 各自的三相主触点断开，电动机失电停止运转，同时指示灯 HL_3 灭、HL_1 亮，说明电动机已停止运转。

当电动机低速启动出现过载时，热继电器 FR_1 动作，FR_1 常开触点(2-4)断开，切断控制回路电源，使其相应主触点断开，电动机失电停止运转；同时 FR_1 常开触点(2-8)闭合，指示灯 HL_4 亮，说明电动机已低速过载动作了。同样，在电动机高速运行出现过载时，热继电器 FR_2 动作，FR_2 常开触点（2-10）闭合，指示灯 HL_5 亮，说明电动机已高速过载动作了。

注意：为了保证低速与高速运转方向的一致，在连接主回路时必须将高速电源相序反过来。

9.6 三速电动机自动加速电路

有的三速电动机正常工作时一般用高速挡工作，而低速、中速为连续加速启动用，也就是高速逐级加速启动，图 9.10 所示电路为三速电动机自动加速电路。

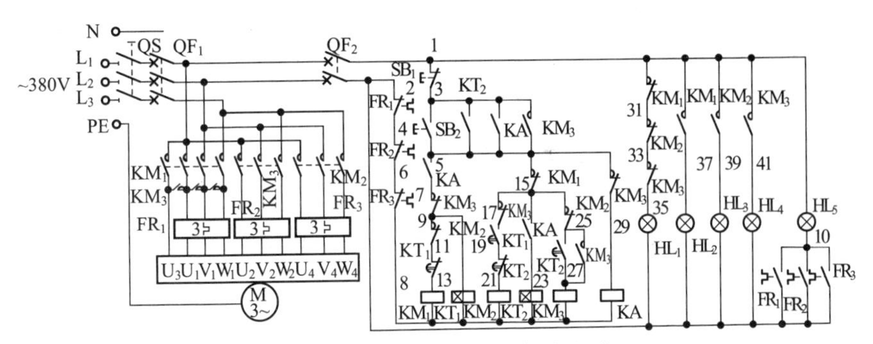

图 9.10 三速电动机自动加速电路

加速启动时，按下启动按钮 SB_2（3-5），中间继电器 KA 线圈得电吸合，KA 常开触点(3-5)闭合自锁，KA 常开触点(5-7)闭合，接通得电延时时间继电器 KT_1、低速交流接触器 KM_1 线圈回路电源，KT_1、KM_1 线圈得电吸合，KM_1 主触点闭合，电动机出线端 U_1、V_1、W_1 通以三相 380V 电源，KM_1 另一组主触点将 W_1 端与 U_3 端短接起来，电动机定子绕组为△形接法，电动机低速启动；此时指示灯 HL_1 灭、HL_2 亮，电动机已处于低速启动状态。同时 KT_1 开始延时，向中速自动加速。

经KT_1一段延时后，KT_1得电延时断开的常闭触点(11-13)断开，KM_1线圈断电释放，KM_1主触点断开，电动机失电解除低速连接，但仍靠惯性继续转动；同时，KT_1得电延时闭合的常开触点(17-19)闭合，中速交流接触器KM_2线圈得电吸合，KM_2三相主触点闭合，电动机出线端U_4、V_4、W_4通以三相380V电源，电动机定子绕组为Y形接法，电动机由低速加速到中速，电动机中速启动；此时指示灯HL_2灭、HL_3亮，电动机已处于中速启动状态。同时KT_2开始延时，向高速自动加速。

经KT_2一段延时后，KT_2得电延时断开的常闭触点(19-21)断开，KM_2线圈断电释放，KM_2主触点断开，电动机失电解除中速，但仍靠惯性继续转动；同时KT_2得电延时闭合的常开触点(25-27)闭合，高速交流接触器KM_3线圈得电吸合，KM_3主触点闭合，电动机出线端U_2、V_2、W_2通以三相380V电源，KM_3另一组三对主触点将U_1、V_1、W_1、U_3全部短接起来，电动机定子绕组为2Y形接法，电动机自动加速到高速运转。同时指示灯HL_3灭、HL_4亮。电动机已处于高速正常运转。从而完成由低速(△形)→中速(Y形)→高速(2Y形)逐挡自动加速启动。

9.7 △-Y-2Y三速电动机手动控制电路

△-Y-2Y三速电动机与Y-△-2Y三速电动机一样，其定子绕组也有9个出线端，如图9.11所示。低速时，将三相电源L_1、L_2、L_3分别接至定子绕组出线端U_1、V_1、W_1，其他出线端悬空不接；中速时，将三相电源L_1、L_2、L_3分别接至定子绕组出线端U_2、V_2、W_2，其他出线端悬空不接；高速时，将三相电源L_1、L_2、L_3分别接至定子绕组出线端U_3、V_3、W_3，再将U_1、V_1、W_1短接起来，余下的3个出线端U_2、V_2、W_2悬空不接。

△-Y-2Y三速电动机手动控制电路如图9.12所示。

本电路有两大特点：一是有按钮常闭触点互锁和接触器常闭触点互锁功能，互锁程度高；二是在低速、中速、高速操作时，不需按动停止按钮就可随意改变所需速度，操作起来很方便。

1. 低速启动

按下低速启动按钮SB_2，SB_2的两组常闭触点(3-11、3-17)断开，切断交流接触器KM_3、KM_2、KM_4线圈回路电源(即切断了中速、高速交流接触器线圈回路电源)，起到按钮常闭触点互锁作用；SB_2的一组常开触点

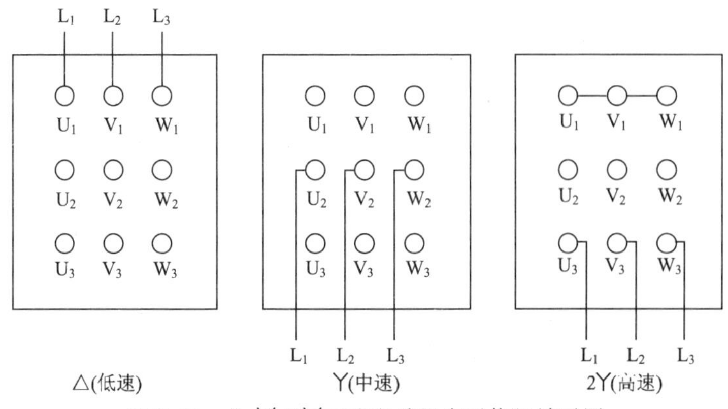

图 9.11 △-Y-2Y三速电动机定子绕组端子图

(3-5)闭合，接通交流接触器 KM_1 线圈回路电源，KM_1 线圈得电吸合，KM_1 辅助常开触点(3-5)闭合自锁，KM_1 三相主触点闭合，电动机绕组 U_1、V_1、W_1 通以三相 380V 交流电源接成△形低速启动。与此同时，KM_1 的两组辅助常闭触点(8-12、14-16)断开，起到互锁作用；KM_1 辅助常开触点(1-25)闭合，指示灯 HL_2 亮，说明电动机低速启动运转了。

2. 中速启动

按下中速启动按钮 SB_3，SB_3 的两组常闭触点(5-7、17-19)断开，其中 SB_3 的一组常闭触点(5-7)切断交流接触器 KM_1 线圈回路电源(即切断了低速、高速交流接触器线圈回路电源)，KM_1 线圈断电释放，KM_1 三相主触点断开，电动机绕组 U_1、V_1、W_1 失电而停止低速运转；KM_1 辅助常开触点(1-25)断开，低速运转指示灯 HL_2 灭；其中串联在交流接触器 KM_2、KM_4 线圈回路中的另一组 SB_3 常闭触点(17-19)断开，对 KM_2、KM_4 线圈回路起互锁作用。在 SB_3 启动按钮按下的同时，SB_3 常开触点(11-13)闭合，接通中速交流接触器 KM_3 线圈回路电源，KM_3 线圈得电吸合，KM_3 辅助常开触点(11-13)闭合自锁，KM_3 三相主触点闭合，电动机绕组 U_2、V_2、W_2 通以三相 380V 交流电源接成Y形中速启动。与此同时，KM_3 的两组辅助常闭触点(8-10、4-14)断开，起互锁作用；KM_3 辅助常开触点(1-27)闭合，指示灯 HL_3 亮，说明电动机已中速启动运转了。

3. 高速运转

按下高速启动按钮 SB_4，SB_4 的两组常闭触点(7-9、13-15)断开，其中 SB_4 的一组常闭触点(13-15)切断交流接触器 KM_3 线圈回路电源(即切

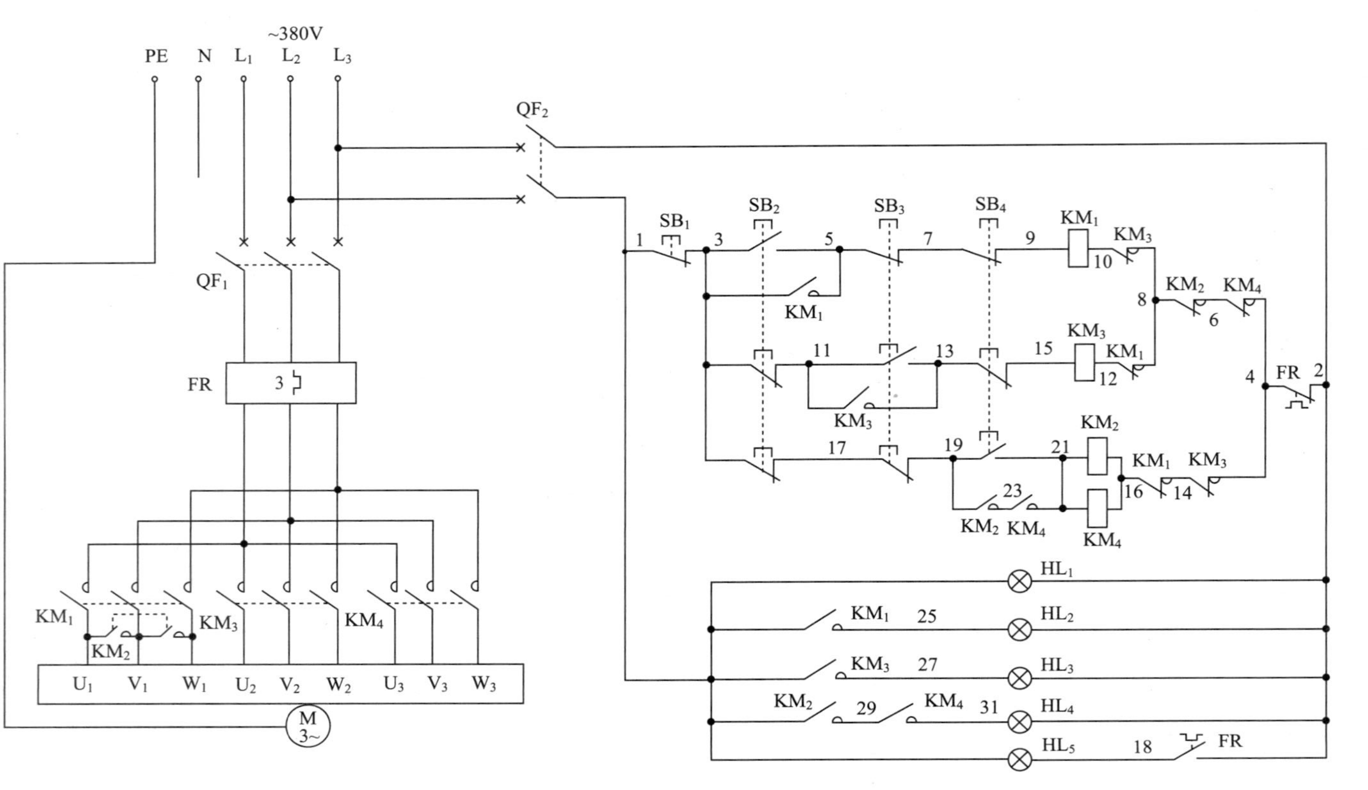

图 9.12　△-Y-2Y三速电动机手动控制电路

断了低速、中速交流接触器线圈回路电源)，KM_3 线圈断电释放，KM_3 三相主触点断开，电动机绕组 U_2、V_2、W_2 失电而停止中速运转；KM_3 辅助常开触点(1-27)断开，中速运转指示灯 HL_3 灭；SB_4 的另一组常闭触点(7-9)断开，对 KM_1 线圈回路起互锁作用。在 SB_4 启动按钮按下的同时，SB_4 的一组常开触点(19-21)闭合，接通高速交流接触器 KM_2、KM_4 线圈回路电源，KM_2、KM_4 线圈得电吸合，KM_2、KM_4 辅助常开触点(19-23、21-23)闭合自锁，KM_2 三相主触点闭合，将电动机绕组 U_1、V_1、W_1 接成人为Y点；KM_4 三相主触点闭合，电动机绕组 U_3、V_3、W_3 通以三相 380V 交流电源接成 2Y形高速启动。与此同时，KM_2、KM_4 辅助常闭触点(6-8、4-6)断开，起互锁作用；KM_2、KM_4 辅助常开触点(1-29、29-31)闭合，指示灯 HL_4 亮，说明电动机已高速启动运转了。

4. 停　止

无论电动机处于何种运转速度，只要按下停止按钮 SB_1(1-3)，即可切断相应交流接触器线圈回路电源，使其线圈断电释放，其三相主触点断开，电动机失电而停止运转。同时，相应指示灯灭，以指示电动机停止运转了。

9.8 △-△-2Y-2Y四速电动机手动控制电路

△-△-2Y-2Y四速电动机定子绕组有 12 个出线端，如图 9.13 所示。低速时，将三相电源 L_1、L_2、L_3 接至出线端 U_1、U_2、U_3，其余 9 个出线端均悬空不接；中速时，将三相电源 L_1、L_2、L_3 接至出线端 U_2、V_2、W_2，其余 9 个出线端均悬空不接；高速时，将三相电源 L_1、L_2、L_3 接至出线端 U_3、V_3、W_3，再将 U_1、V_1、W_1 短接，其余 3 个出线端悬空不接；最高速时，将三相电源 L_1、L_2、L_3 接至出线端 U_4、V_4、W_4，再将 U_2、V_2、W_2 短接，其余 3 个出线端悬空不接。

△-△-2Y-2Y四速电动机手动控制电路如图 9.14 所示。

1. 低速启动

按下低速启动按钮 SB_2(3-5)，交流接触器 KM_1 线圈得电吸合，KM_1 辅助常开触点(3-5)闭合自锁，KM_1 三相主触点闭合，电动机绕组 U_1、V_1、W_1 通以三相 380V 交流电源接成△形低速启动。同时，串联在中速、

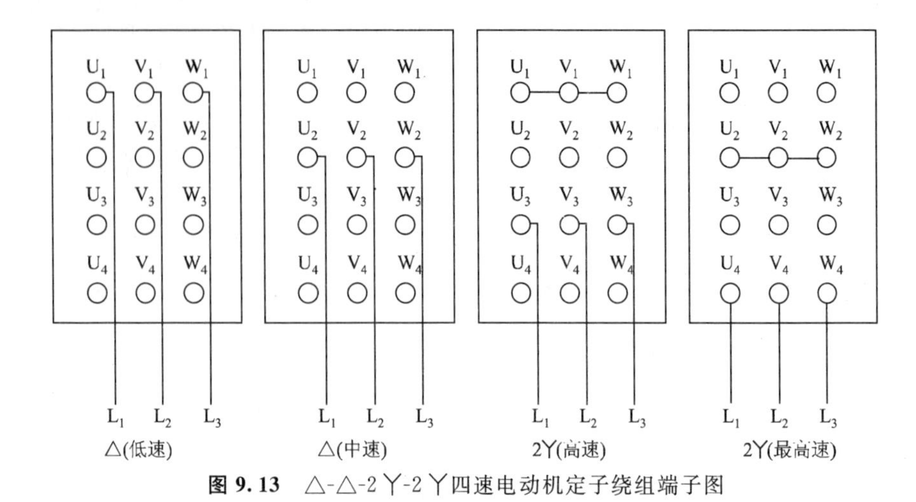

图 9.13 △-△-2Y-2Y四速电动机定子绕组端子图

高速、最高速交流接触器 KM_2、KM_3、KM_5、KM_4、KM_6 线圈回路中的两组 KM_1 辅助常闭触点(10-16、20-22)断开,起互锁保护作用。

2. 中速启动

按下中速启动按钮 SB_3(3-7),交流接触器 KM_2 线圈得电吸合,KM_2 辅助常开触点(3-7)闭合自锁,KM_2 三相主触点闭合,电动机绕组 U_2、V_2、W_2 通以三相380V交流电源接成另一种△形中速启动。同时,串联在低速、高速、最高速交流接触器 KM_1、KM_3、KM_5、KM_4、KM_6 线圈回路中的两组 KM_2 辅助常闭触点(10-12、2-20)断开,起互锁保护作用。

3. 高速启动

按下高速启动按钮 SB_4(3-9),交流接触器 KM_3、KM_5 线圈得电吸合,KM_3、KM_5 各自的辅助常开触点(3-11、9-11)闭合串联自锁,KM_5 三相主触点闭合,将电动机绕组 U_1、V_1、W_1 接成人为Y点;KM_3 三相主触点闭合,电动机绕组 U_3、V_3、W_3 通以三相380V交流电源接成2Y形高速启动。同时,串联在低速、中速、最高速交流接触器 KM_1、KM_2、KM_4、KM_6 线圈回路中的四组 KM_3、KM_5 辅助常闭触点(8-10、4-6、30-32、22-30)断开,起互锁保护作用。

4. 最高速启动

按下最高速启动按钮 SB_5(3-13),交流接触器 KM_4、KM_6 线圈得电吸合,KM_4、KM_6 各自的辅助常开触点(3-15、13-15)闭合串联自锁,KM_6

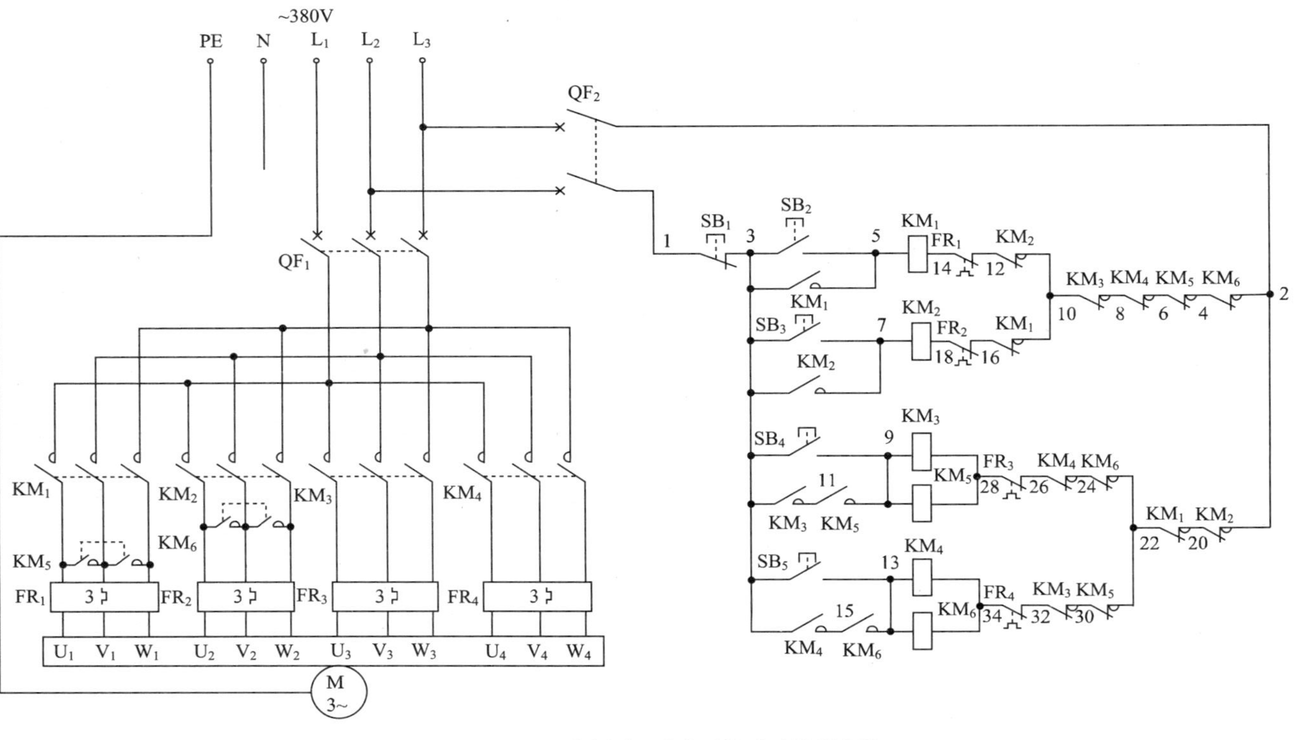

图 9.14 △-△-2Y-2Y四速电动机手动控制电路

三相主触点闭合，电动机绕组 U_2、V_2、W_2 短接成人为Y点；KM_4 三相主触点闭合，电动机绕组 U_4、V_4、W_4 通以三相 380V 交流电源接成另一种 2Y形最高速启动。同时，串联在低速、中速、高速交流接触器 KM_1、KM_2、KM_3、KM_5 线圈回路中的四组 KM_4、KM_6 辅助常闭触点（6-8、2-4、24-26、22-24）断开，起互锁保护作用。

9.9　电磁调速控制器应用电路

电磁调速控制器是用于电磁调速电动机（又称为滑差电动机，简称滑差电机）的调速控制，实现恒转矩无级调速。

图 9.15 所示为常用的 JD1A 型电磁调速控制器的电气原理图。

JD1A 型电磁调速控制器由速度调节器、移相触发器、晶闸管整流电路及速度负反馈等环节组成。速度指令信号电压和速度负反馈信号电压比较后，其差值信号被送入速度调节器进行放大，放大后的信号电压与锯齿波相叠加，控制了三极管的导通时间，产生了随着差值信号电压改变而移动的脉冲，从而控制了晶闸管的导通角，其输出电压也随着变化，使滑差离合器的励磁电流得到了控制，即滑差离合器的转速随着励磁电流的改变而改变。由于速度负反馈的作用，使滑差电动机实现恒转矩无级调速。

输出转速应随面板上转速指令电位器的转动而变化。

1. JD1A、JD1B 型电磁调速控制器的调整

(1) 转速表的校正：面板上转速表的指示值正比于测速发电机的输出电压，由于每台测速发电机的输出电压有差异，必须根据电磁调速电动机的实际输出转速对转速表进行校正。调节转速指令电位器，使电动机运转到某一转速时，用轴测试转速表或数字转速表测量电动机的实际输出转速，如果面板上的转速表所指示的值与实际转速不一致，可以调整面板上的“转速表校正”电位器，使之一致。

(2) 最高转速整定：此种整定方法就是对快速反馈量的调节，将速度指令电位器顺时针方向转至最大，并调节“反馈量调节”电位器，使转速达到电磁调速电动机的最高额定转速（$\leqslant$15kW 时为 1250r/min，$\geqslant$15kW 时为 1320r/min）。

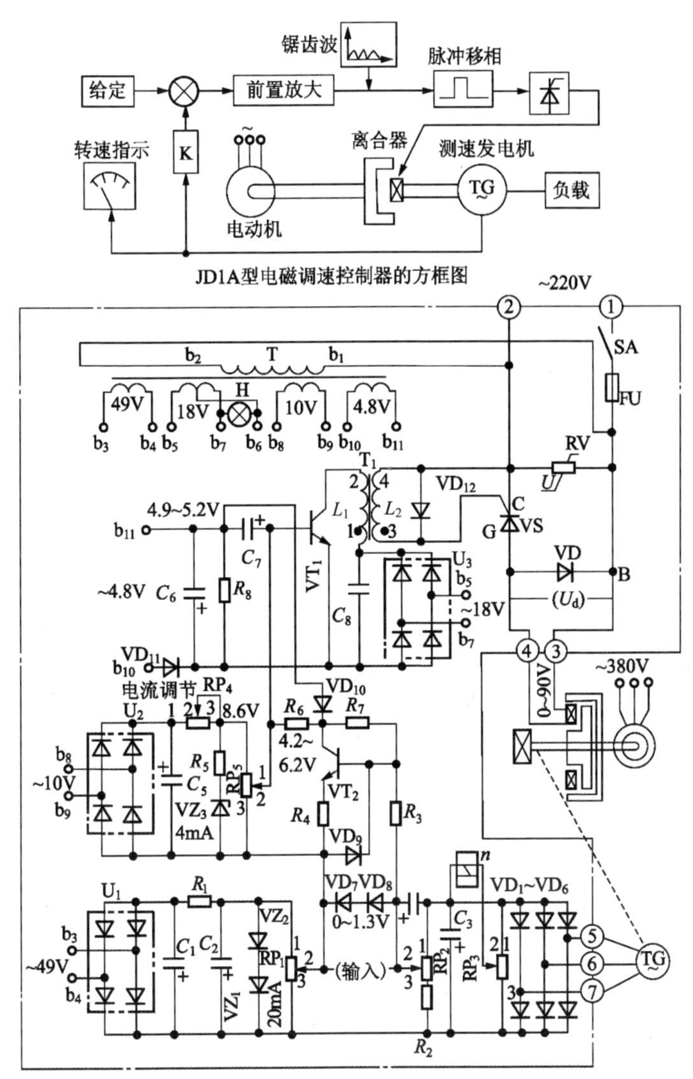

图 9.15 JD1A 型电磁调速控制器的电气原理图

2. JD1A、JD1B 型电磁调速控制器的安装使用和维护

在测试开环工作状况时，7 芯航空插座的 3、4 芯接入负载后，输出才是 0～90V 的突跳电压；如果不接负载，输出电压可能不在上述范围内。

面板上的反馈量调节电位器应根据所控制的电动机进行适当的调节。反馈量调节过小，会使电动机失控；反馈量调节过大，会使电动机只能低速运行,不能升速。

面板上的转速表校准电位器在校正好后应将其锁定。否则,如果其逆时针转到底时,会使转速表不指示。

运行中,若发现电动机输出转速有周期性的摆动,可将7芯插头上接到励磁线圈的3、4线对调;对JD1B型,应调节电路板上的"比例"电位器,使之与机械惯性协调,以达到更进一步的稳定。

3. JD1A、JD1B型电磁调速控制器的试运行

JD1A、JD1B型电磁调速控制器应按图9.16所示电路正确接线。

接通电源,合上面板上的主令开关,当转动面板上的转速指令电位器时,用100V以上的直流电压表测量面板上的输出量测点应有0~90V的突跳电压(因测速负反馈未加入时的开环放大倍数很大),此时认为开环时工作基本正常。

启动交流异步电动机(原动机)使系统闭环工作,此时电动机的输出转速应随面板上转速指令电位器的转动而变化。

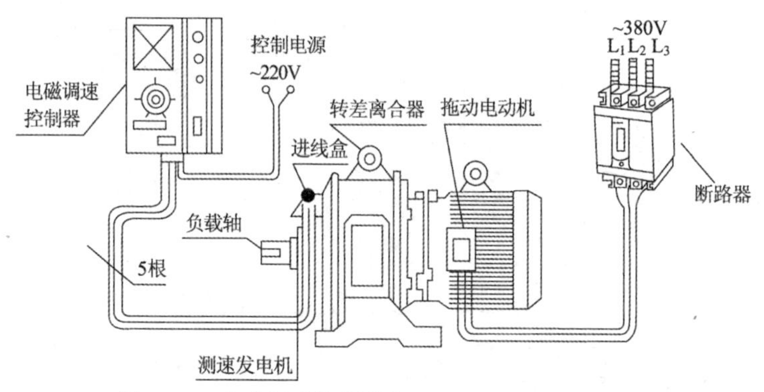

图9.16 电磁调速控制器与电磁调速电动机的连接

9.10 得电延时头配合接触器完成双速电动机自动加速控制电路

得电延时头配合接触器完成双速电动机自动加速控制电路如图9.17所示,启动时,按下启动按钮SB_2(3-5),带得电延时头的交流接触器KMT线圈得电吸合且KMT辅助常开触点(3-5)闭合自锁,KMT辅助常

闭触点(13-15)断开,起互锁作用;KMT 三相主触点闭合,电动机绕组接成△形低速运转。在 KMT 线圈得电吸合后,KMT 开始延时。经 KMT 一段时间延时后,KMT 得电延时闭合的常开触点(3-13)闭合,使中间继电器 KA 线圈得电吸合,KA 常开触点(3-13)闭合自锁,KA 常闭触点(5-7)断开,切断了 KMT 线圈的回路电源,KMT 线圈断电释放,KMT 三相主触点断开,电动机绕组△形连接解除,电动机低速运转停止;与此同时,交流接触器 KM_1 和 KM_2 线圈均得电吸合,KM_1 和 KM_2 各自的辅助常闭触点(7-9、9-11)断开,起互锁作用;KM_1、KM_2 各自的三相主触点闭合,电动机绕组接成 2Y 形,电动机由低速自动加速到高速运转。

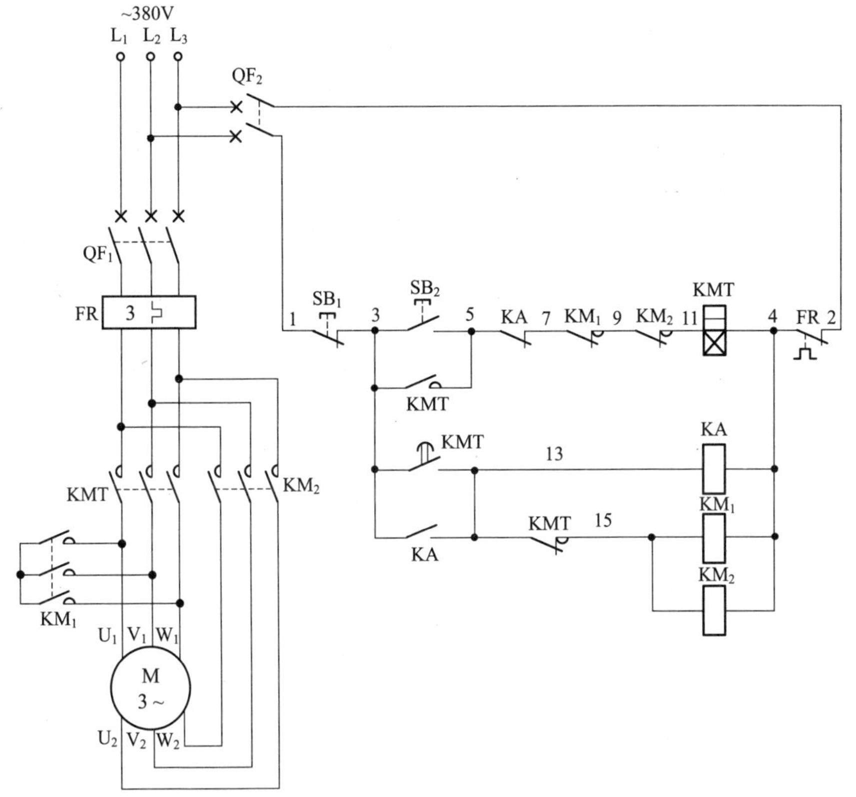

图 9.17 得电延时头配合接触器完成双速电动机自动加速控制电路

停止时,按下停止按钮 SB_1(1-3),交流接触器 KM_1 和 KM_2 线圈断电释放,KM_1 和 KM_2 各自的三相主触点断开,电动机失电停止运转。

第 10 章 其他实用电路

10.1 防止抽水泵空抽保护电路

防止抽水泵空抽保护电路如图 10.1 所示。

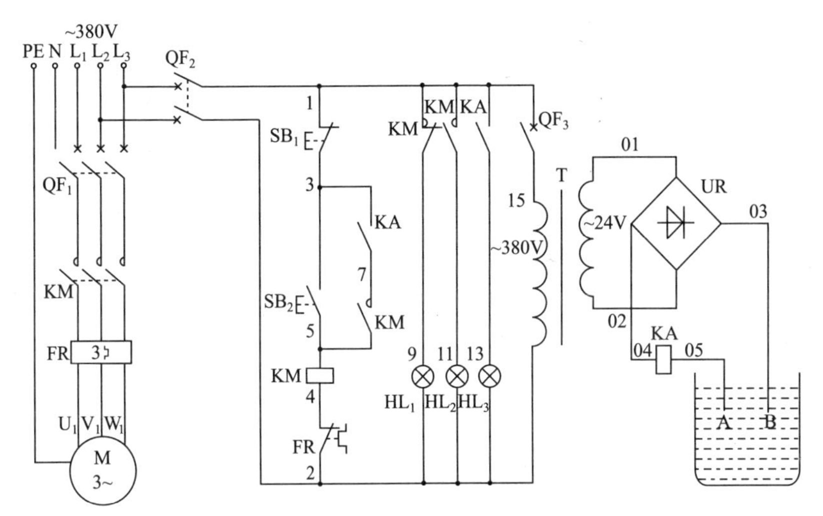

图 10.1 防止抽水泵空抽保护电路

合上主回路保护断路器 QF_1、控制回路保护断路器 QF_2、控制变压器保护断路器 QF_3，电动机停止兼电源指示灯 HL_1 亮，说明电动机已停止且电源有电，若此时指示灯 HL_3 亮，则说明水池内有水。若水池有水，探头 A、B 被水短接，小型灵敏继电器 KA 线圈得电吸合，KA 的两组常开触点均闭合，一组常开触点(1-13)闭合，为水池有水指示，另一组常开触点(3-7)闭合，作为 KM 自锁信号，为允许自锁提供条件。启动时，按下启动

按钮 SB_2(3-5),交流接触器KM线圈得电吸合且KM辅助常开触点(5-7)闭合自锁,KM三相主触点闭合,水泵电动机得电启动运转,带动水泵进行抽水;同时指示灯 HL_1 灭,HL_2 亮,说明水泵电动机已运转了。当水池内无水时,探头A、B悬空,小型灵敏继电器KA线圈断电释放,KA的一组常开触点(3-7)断开,切断交流接触器KM线圈的回路电源,KM线圈断电释放,KM三相主触点断开,水泵电动机失电停止运转,水泵停止抽水;同时,指示灯 HL_2 灭,HL_1 亮,说明水泵电动机已停止运转了;同时,KA的另外一组常开触点(1-13)断开,指示灯 HL_3 灭,说明水池已无水。通过以上控制可有效地起到防止抽水泵空抽现象,起到保护作用。

10.2 电动机过电流保护电路

电动机过电流保护电路如图10.2所示。

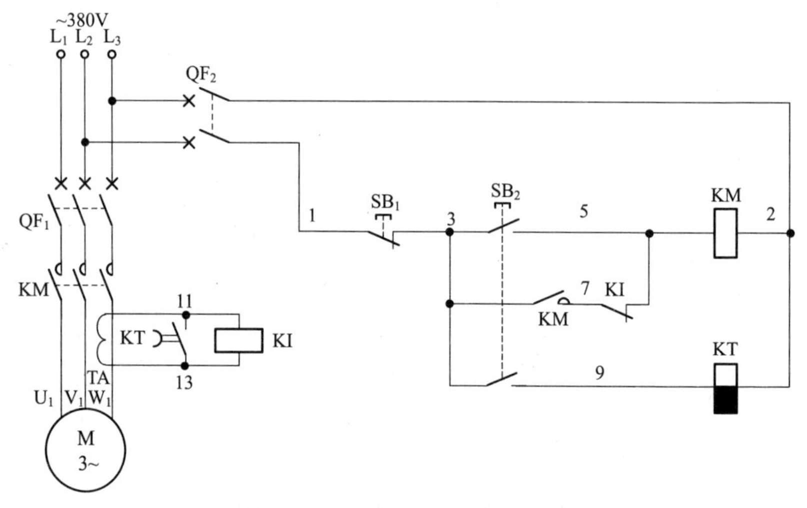

图 10.2 电动机过电流保护电路

启动时,按下启动按钮 SB_2 后又松开,SB_2 的一组常开触点(3-5)闭合,交流接触器KM线圈得电吸合;与此同时,SB_2 的另一组常开触点(3-9)闭合,使得失电延时时间继电器KT线圈得电吸合后又断电释放并开始延时,KT失电延时断开的常开触点(11-13)立即闭合,将过电流继电器KI线圈短接起来,以防止在启动时,由于电动机启动电流很大,造成过电流继电器KI线圈吸合而出现误动作。此时,KM辅助常开触点(3-7)闭合，与 KI 常闭触点(5-7)共同组成 KM 线圈的自锁回路，KM 三相主触点闭合，电动机得电启动运转。经 KT 一段延时，电动机启动后，其电流降为额定电流，KT 失电延时断开的常开触点(11-13)断开；过电流继电器投入工作，为电动机出现过电流起到保护作用做准备。

电动机正常启动运转后，出现过电流时，电流互感器 TA 感应到电流增大，使电流继电器 KI 线圈吸合动作，KI 串联在交流接触器 KM 线圈回路中的常闭触点(5-7)断开，切断其自锁回路，KM 线圈断电释放，KM 三相主触点断开，电动机失电停止运转，从而起到过电流保护作用。

10.3 电动机绕组过热保护电路

电动机绕组过热保护电路如图 10.3 所示。

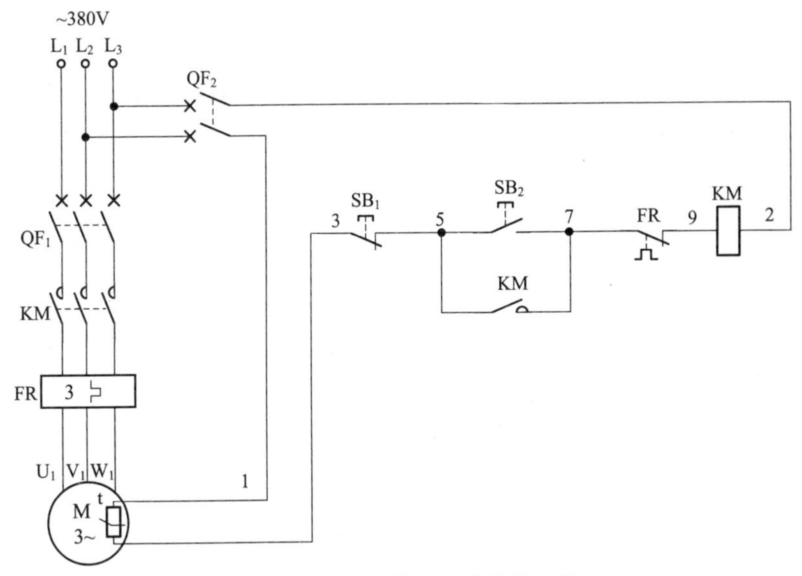

图 10.3 电动机绕组过热保护电路

启动时，按下启动按钮 SB_2(5-7)，交流接触器 KM 线圈得电吸合且 KM 辅助常开触点(5-7)闭合自锁，KM 三相主触点闭合，电动机得电启动运转。

当电动机绕组温度过高时，嵌在电动机绕组内的正温度系数热敏电阻(1-3)就会呈高阻状态，切断交流接触器 KM 线圈的回路电源，KM 线圈断电释放，KM三相主触点断开，电动机失电停止运转，从而起到保护作用。

10.4　电动机断相保护电路

电动机断相保护电路如图10.4所示。

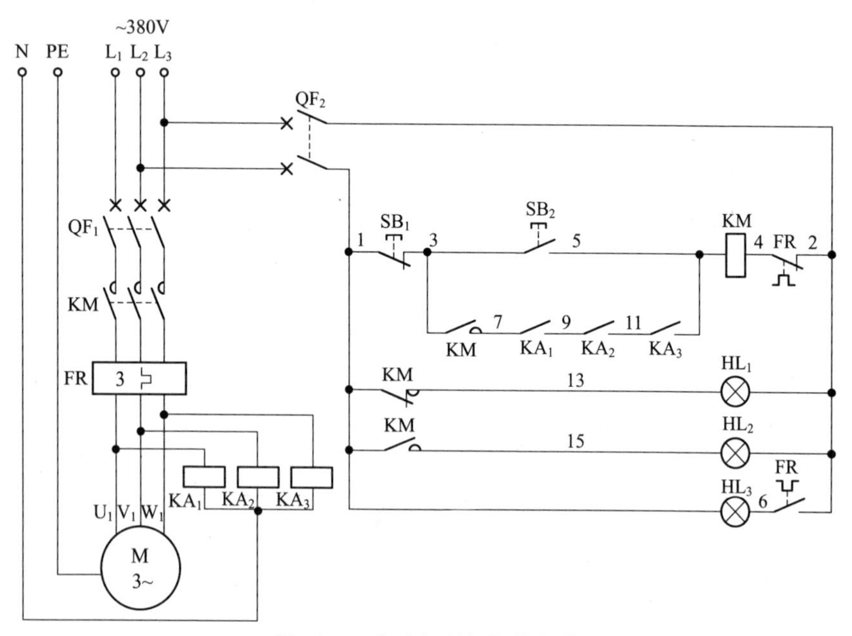

图10.4　电动机断相保护电路

启动时，按下启动按钮SB_2(3-5)，交流接触器KM线圈得电吸合，KM三相主触点闭合，电动机得电启动运转，若此时三相电源无缺相，则三只中间继电器KA_1、KA_2、KA_3线圈均得电吸合，KA_1、KA_2、KA_3各自的常开触点(7-9、9-11、5-11)均闭合，与已闭合的KM辅助常开触点(3-7)共同自锁，这样电动机正常启动运转。同时KM辅助常闭触点(1-13)断开，指示灯HL_1灭，KM辅助常开触点(1-15)闭合，指示灯HL_2亮，说明电动机已启动运转了。

当三相电源出现断相时，接在断相回路中的中间继电器的线圈就会断电释放，其串联在KM自锁回路中的常开触点就会断开，切断吸合工作的交流接触器KM线圈回路电源，KM线圈断电释放，KM三相主触点断开,电动机失电停止运转,起到断相保护作用。

10.5 开机信号预警电路(一)

开机信号预警电路(一)如图 10.5 所示。

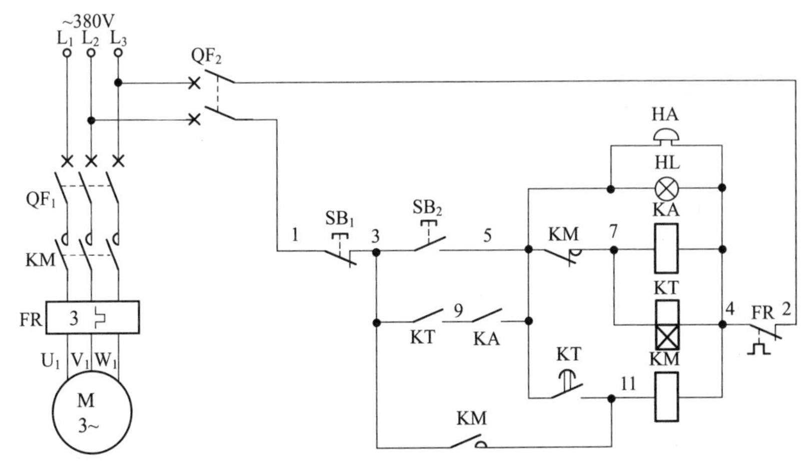

图 10.5 开机信号预警电路(一)

开机时,按下启动按钮 SB_2(3-5),中间继电器 KA 和得电延时时间继电器 KT 线圈均得电吸合,且 KT 不延时瞬动常开触点(3-9)与中间继电器 KA 常开触点(5-9)均闭合串联组成自锁回路,KT 开始延时。此时,预警电铃 HA 响、预警灯 HL 亮,以告知人们设备就要启动开机了。

经 KT 一段延时后,KT 得电延时闭合的常开触点(5-11)闭合,接通交流接触器 KM 线圈的回路电源,KM 线圈得电吸合且 KM 辅助常开触点(3-11)闭合自锁,KM 三相主触点闭合,电动机得电启动运转了。与此同时,KM 辅助常闭触点(5-7)断开,切断中间继电器 KA 和得电延时时间继电器 KT 线圈的回路电源,KA 和 KT 线圈断电释放,其各自的所有触点恢复原始状态,预警电铃 HA 停止鸣响,预警灯 HL 熄灭,解除预警信号。

10.6 开机信号预警电路(二)

开机信号预警电路(二)如图10.6所示。

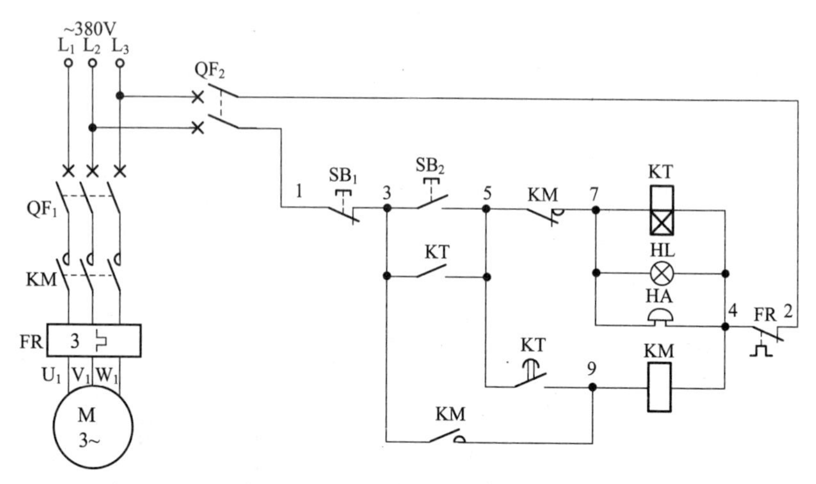

图10.6 开机信号预警电路(二)

启动时,按下启动按钮 SB_2(3-5),得电延时时间继电器KT线圈得电吸合且KT不延时瞬动常开触点(3-5)闭合自锁,KT开始延时。此时,预警电铃HA鸣响,预警灯HL点亮,进行开机信号预警。经KT一段延时后,KT得电延时闭合的常开触点(5-9)闭合,接通交流接触器KM线圈的回路电源,KM线圈得电吸合且KM辅助常开触点(3-9)闭合自锁,KM三相主触点闭合,电动机得电启动运转。与此同时,KM串联在得电延时时间继电器KT线圈回路中的辅助常闭触点(5-7)断开,切断KT线圈的回路电源,KT线圈断电释放并解除自锁,预警电铃HA停止鸣响。预警灯HL熄灭,开机预警结束。

10.7 开机信号预警电路(三)

开机信号预警电路(三)如图10.7所示。

开机时,按一下启动按钮 SB_2(3-5)后松开,失电延时时间继电器KT线圈得电吸合后又断电释放,KT开始延时。KT失电延时闭合的常闭触点(7-11)立即断开,KT失电延时断开的常开触点(3-7)立即闭合,接通了

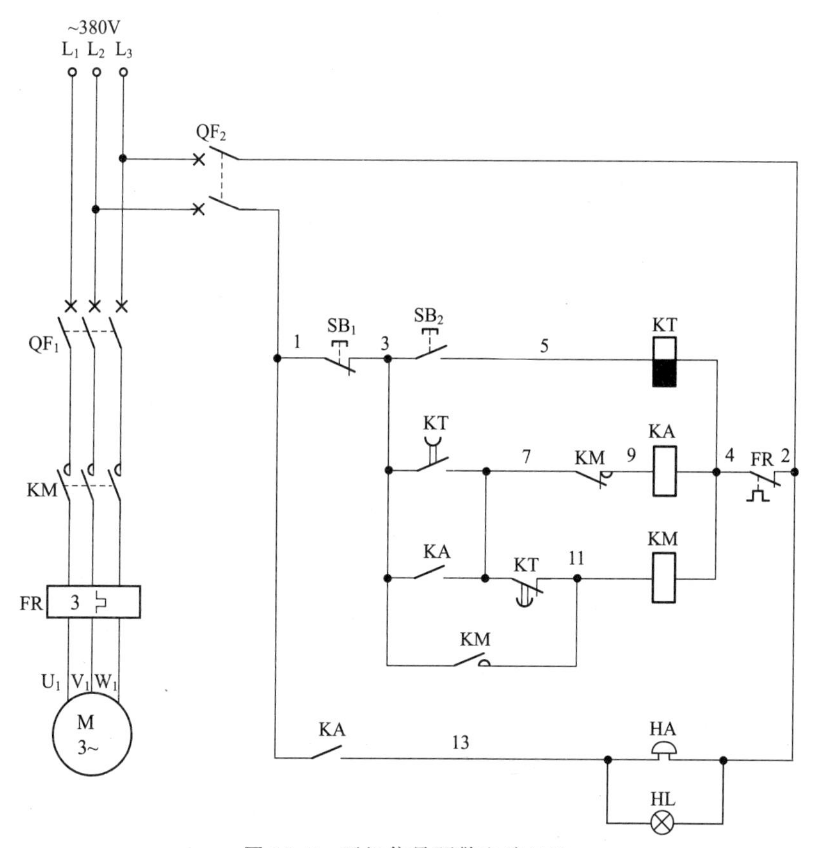

图 10.7 开机信号预警电路(三)

中间继电器 KA 线圈的回路电源,KA 线圈得电吸合且 KA 常开触点(3-7)闭合自锁,KA 常开触点(1-13)闭合,接通了预警回路电源,预警电铃 HA 响、预警灯 HL 亮,以告知人们此设备准备启动,注意安全。

经 KT 一段延时后,KT 失电延时闭合的常闭触点(7-11)恢复常闭,接通了交流接触器 KM 线圈的回路电源,KM 线圈得电吸合且 KM 辅助常开触点(3-11)闭合自锁,KM 三相主触点闭合,电动机得电启动运转。与此同时,KM 串联在中间继电器 KA 线圈回路中的辅助常闭触点(7-9)断开,切断了中间继电器 KA 线圈的回路电源;KA 线圈断电释放,KA 常开触点(1-13)断开,切断预警回路电源,预警电铃 HA 停响、预警灯 HL 熄灭,开机预警信号解除。

10.8 开机信号预警电路(四)

开机信号预警电路(四)如图 10.8 所示。

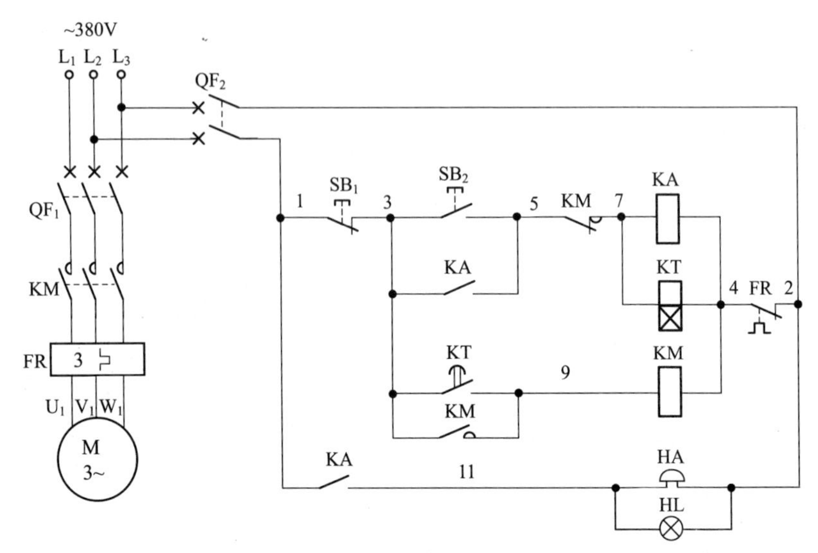

图 10.8 开机信号预警电路(四)

合上主回路断路器 QF_1、控制回路断路器 QF_2，为电路工作做准备。

1. 启 动

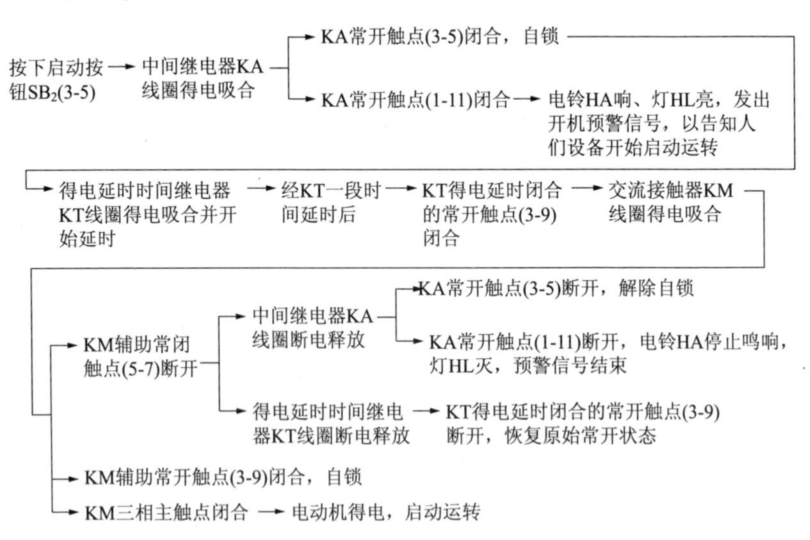

2. 停　止

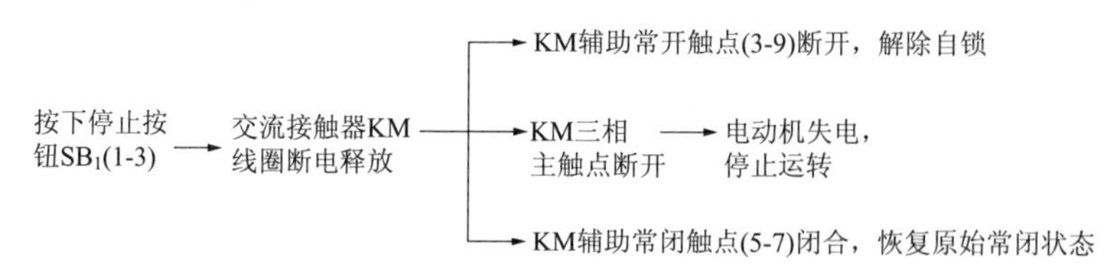

10.9 开机信号预警电路(五)

开机信号预警电路(五)如图10.9所示。

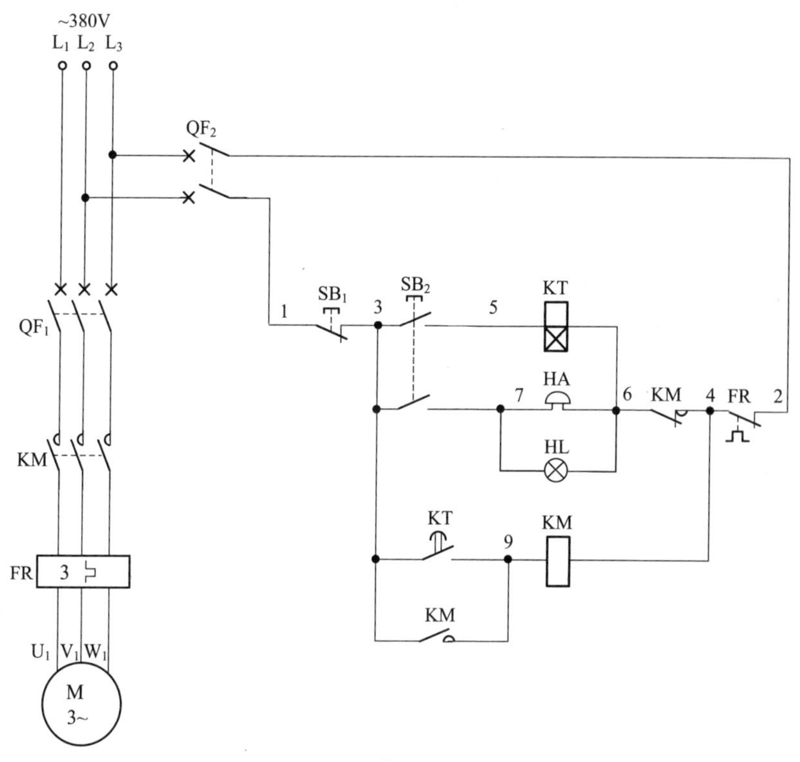

图 10.9 开机信号预警电路(五)

本电路与前几例的不同之处是，启动时先按住启动按钮SB_2不放手，KT线圈得电吸合动作并开始延时，预警电铃HA响，预警灯HL亮，待KT延时结束后，方可松开SB_2，预警结束，电动机启动运转。

具体工作原理如下:启动时按下启动按钮 SB_2 不放手,SB_2 的一组常开触点(3-5)闭合,接通了得电延时时间继电器 KT 线圈的回路电源并开始延时;SB_2 的另一组常开触点(3-7)闭合,使预警电铃 HA 和预警灯 HL 得电工作,铃响且灯亮,以告知人们此机马上启动,请注意安全。经 KT 一段延时后,KT 得电延时闭合的常开触点(3-9)闭合,接通了交流接触器 KM 线圈的回路电源,KM 线圈得电吸合且 KM 辅助常开触点(3-9)闭合自锁,KM 三相主触点闭合,电动机得电启动运转了。此时,可松开被按下的启动按钮 SB_2,预警信号解除。若在电动机未启动前松开 SB_2,也就是说 KT 未延时结束,电动机就无法实现启动操作,所以必须等到 KT 延时结束后,方可松开 SB_2。当电动机启动运转后,即使手未松开 SB_2,因 KM 辅助常闭触点(4-6)断开,切断预警信号回路,其预警信号仍自动停止工作。

10.10 XJ2 断相与相序保护器应用电路

XJ2 断相与相序保护器应用电路如图 10.10 所示。

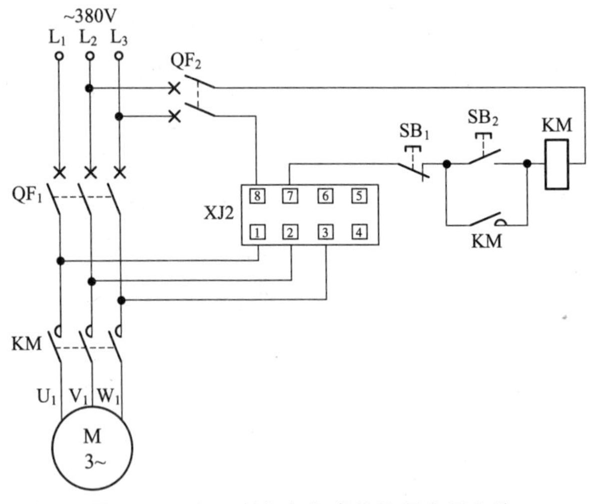

图 10.10 XJ2 断相与相序保护器应用电路

10.11 XJ11系列断相与相序保护继电器应用电路

XJ11系列断相与相序保护继电器应用电路如图10.11所示。

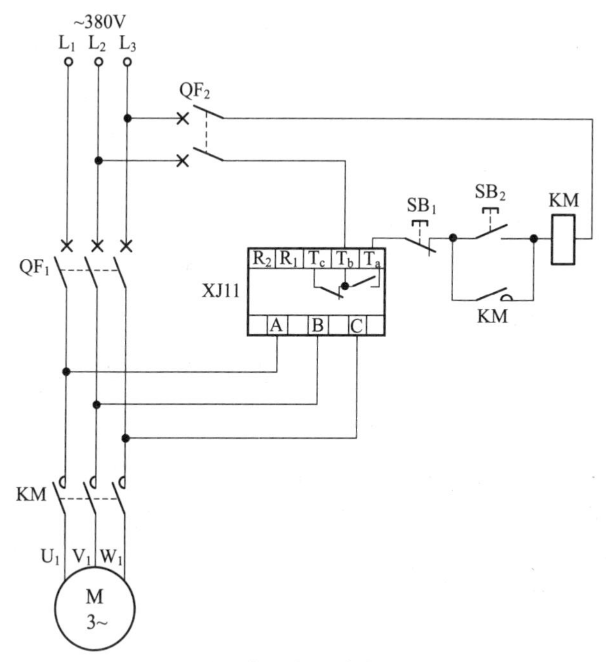

图10.11 XJ11系列断相与相序保护继电器应用电路

10.12 XJ3系列断相与相序保护继电器应用电路

XJ3系列断相与相序保护继电器具有断相、相序错误保护功能，其应用电路如图10.12所示。

图10.12中，XJ3端子1、2、3分别接三相电源L_1、L_2、L_3相上，端子5、6为保护继电器内部常开触点，端子7、8为故障报警外接触点。HL_1为电源兼电动机停止指示灯；HL_2为电动机运转指示灯；HL_3为故障外接指示灯。

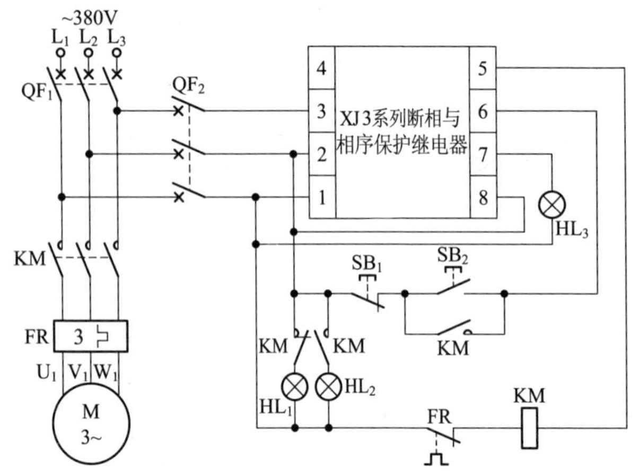

图 10.12 XJ3 系列断相与相序保护继电器应用电路

10.13 JD-5 电动机综合保护器应用电路

JD-5 电动机综合保护器应用非常广泛，当电动机在运转过程中出现断相、过流时，综合保护器内部触点动作切断控制交流接触器 KM 线圈的回路电源，KM 线圈断电释放，KM 三相主触点断开，从而及时切断电动机电源，使其失电停止运转，起到保护作用。其应用电路如图 10.13 所示。

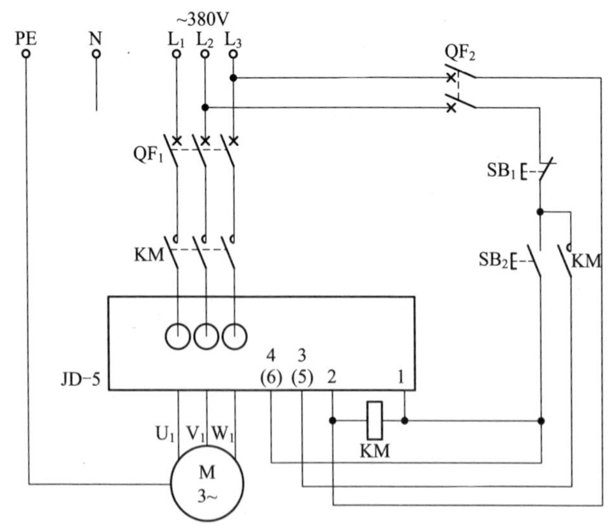

图 10.13 JD-5 电动机综合保护器应用电路

10.14 CDS11系列电动机保护器应用电路

本节采用CDS11系列电动机保护器，在电动机发生过载、堵转、断相、三相不平衡等故障时起保护作用。图10.14所示为手动按钮控制的CDS11系列电动机保护器应用电路。

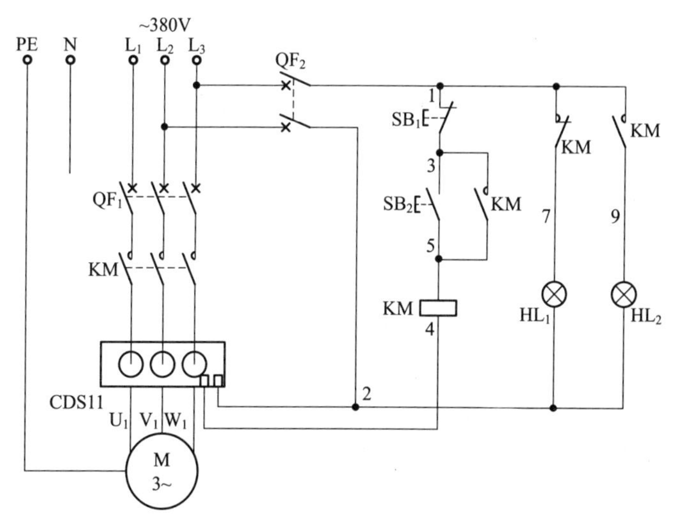

图10.14 CDS11系列电动机保护器应用电路

启动时，按下启动按钮SB_2(3-5)，交流接触器KM线圈得电吸合且KM辅助常开触点(3-5)闭合自锁，KM三相主触点闭合，电动机得电运转工作，此时，电动机保护器投入电路运行；同时，KM辅助常闭触点(1-7)断开，指示灯HL_1灭，KM辅助常开触点(1-9)闭合，指示灯HL_2亮，说明电动机已启动运转了。

当电动机在运转过程中出现过载、堵转、断相或三相不平衡等故障时，CDS11电动机保护器内部继电器动作，其内部常闭触点断开，切断交流接触器KM线圈的回路电源，KM线圈断电释放，KM三相主触点断开，电动机失电停止运转。同时KM辅助常开触点(1-9)断开，指示灯HL_2灭，KM辅助常闭触点(1-7)闭合，指示灯HL_1亮，说明电动机已停止运转了。

10.15 CDS8 系列电动机保护器应用电路

有的设备对电源相序要求非常严格，不能出现相序错误，CDS8 系列电动机保护器具有此功能。其具体应用电路如图 10.15 所示。

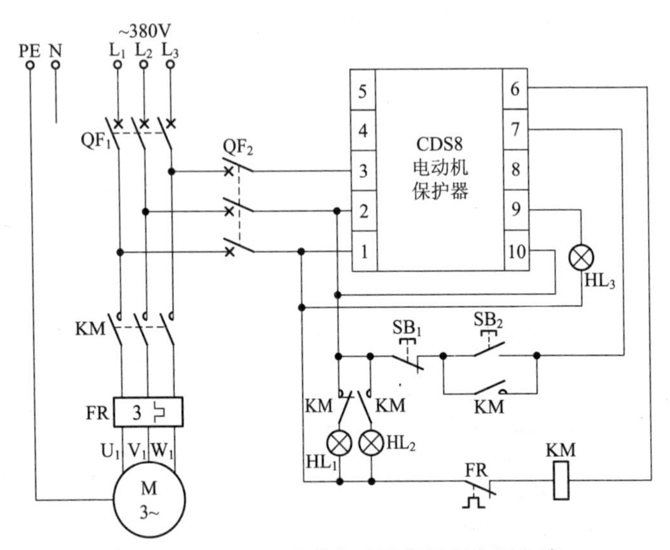

图 10.15 CDS8 系列电动机保护器应用电路

图 10.15 中，HL_1 为电源兼作电动机停止指示灯；HL_2 为电动机运转指示灯；HL_3 为电动机断相、相序错误故障外接指示灯。

10.16 具有定时功能的启停电路

具有定时功能的启停电路如图 10.16 所示。

启动时，按下启动按钮 SB_1(3-5)，接通了交流接触器 KM、得电延时时间继电器 KT 线圈的回路电源，交流接触器 KM 线圈得电吸合，且 KM 辅助常开触点(3-5)闭合自锁，KM 三相主触点闭合，电动机得电启动运转；同时，得电延时时间继电器 KT 也得电工作并开始延时，经 KT 设定延时时间后，KT 得电延时断开的常闭触点(5-7)断开，切断了交流接触器 KM 线圈及 KT 电源，KM 线圈断电释放，KM 三相主触点断开，电动机失电停止运转，从而实现手动启动、定时自动停机电路。

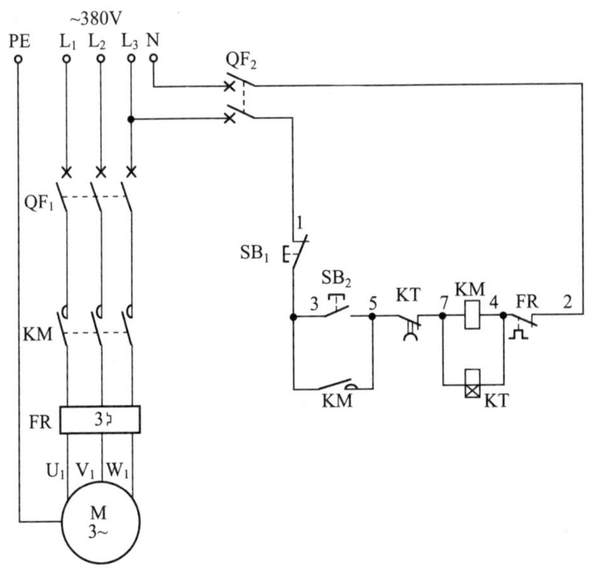

图 10.16　具有定时功能的启停电路

10.17　空调机组循环泵延时自动停机控制电路

空调机组停机后，仍需让循环泵继续循环一段时间再停机，这通常需要人工完成。本电路利用一只得电延时时间继电器 KT 及一只复位式二挡转换开关 SA 完成自动延时停机控制。电路如图 10.17 所示，合上断路器 QF_1、QF_2，电源兼停止指示灯 HL_1 亮，说明电源正常。

1. 循环开机

按下启动按钮 SB_2(5-7)，交流接触器 KM 线圈得电吸合，KM 辅助常开触点(5-7)闭合自锁，KM 三相主触点闭合，电动机得电启动运转。同时，KM 辅助常闭触点(1-11)断开，指示灯 HL_1 灭；KM 辅助常开触点(1-13)闭合，指示灯 HL_2 亮，说明循环泵已启动运转了。

2. 无定时人工停机

按下停止按钮 SB_1(3-5)，交流接触器 KM 线圈断电释放，KM 三相主触点断开，电动机失电停止运转。同时，KM 辅助常开触点(1-13)断开，指示灯 HL_2 灭；KM 辅助常闭触点(1-11)闭合，指示灯 HL_1 亮，说明

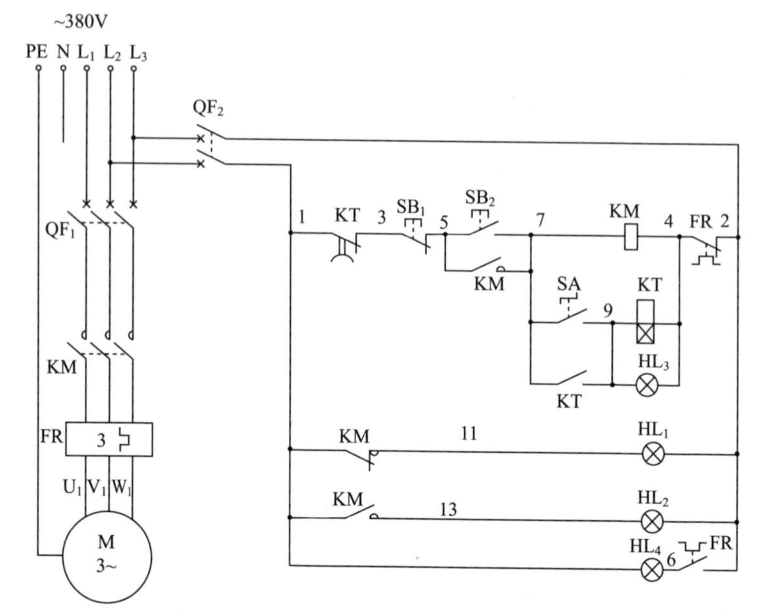

图 10.17 空调机组循环泵延时自动停机控制电路

循环泵已停止运转。

3. 定时自动停机

若循环泵在运转后需定时自动停机，可将复位式转换开关 SA 置于闭合状态后松手(又恢复到原始常开状态)。此时，得电延时时间继电器 KT 线圈得电，KT 不延时瞬动常开触点(7-9)闭合自锁，KT 开始延时。同时，延时指示灯 HL_3 亮，说明开始定时停机了。

经 KT 延时后，KT 得电延时断开的常闭触点(1-3)断开，切断交流接触器 KM 和得电延时时间继电器 KT 线圈的回路电源，KM、KT 线圈断电释放，KM 三相主触点断开，电动机失电停止运转。同时，指示灯 HL_2、HL_3 灭，HL_1 亮，说明循环泵定时停机了。

图中，HL_4 为电动机过载指示灯，当电动机过载时被点亮。

10.18 拖板到位准确定位控制电路

拖板到位准确定位控制电路如图 10.18 所示。

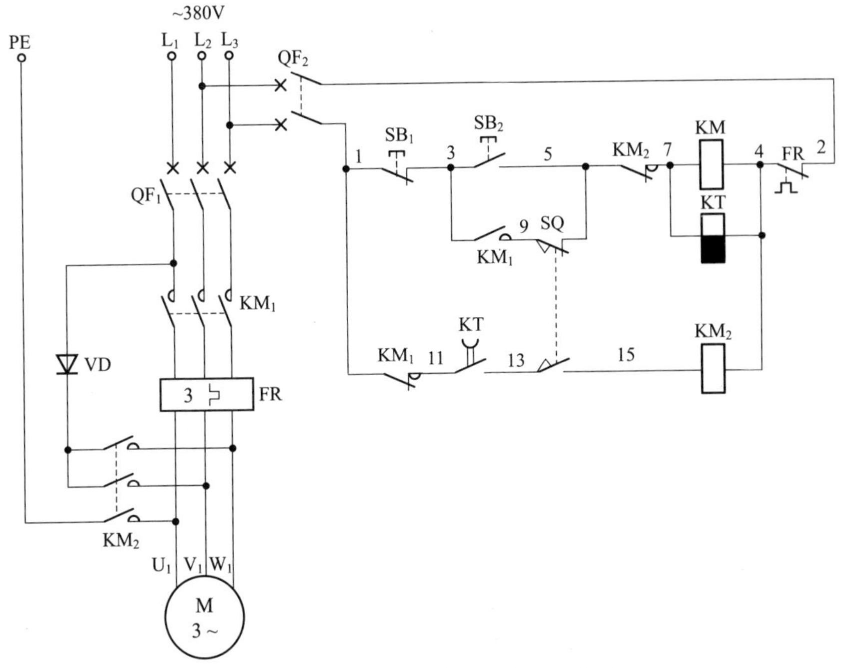

图 10.18 拖板到位准确定位控制电路

10.19 保密开机控制电路

保密开机控制电路如图 10.19 所示。

启动时，必须将三只按钮 SB_1、SB_2、SB_3 全部同时按下，其常闭触点(1-3、3-5、5-7)全部断开，其常开触点(1-9、9-11、11-13、1-15、15-17、17-19)全部闭合，交流接触器 KM 和失电延时时间继电器 KT 线圈均得电吸合，KT 失电延时断开的常开触点(1-7)立即闭合，KM 辅助常开触点(7-13)闭合，将 KM 线圈回路连接成过渡自锁回路，此时，将按下的按钮 SB_1、SB_2、SB_3 同时松开，失电延时时间继电器 KT 线圈断电释放，KT 开始延时，在松开三只按钮后，其所有触点恢复原始状态，其三只常闭触点将失电延时断开的常开触点(1-7)短接了起来，仍与 KM 辅助常开触点(7-13)形成正常自锁回路，经 KT 一段延时后(1s)，KT 失电延时断开的常开触点(1-7)断开，为按下任意一只按钮实现停止提供条件。在 KM 线圈得电吸合时，KM 三相主触点闭合，电动机得电启动运转。

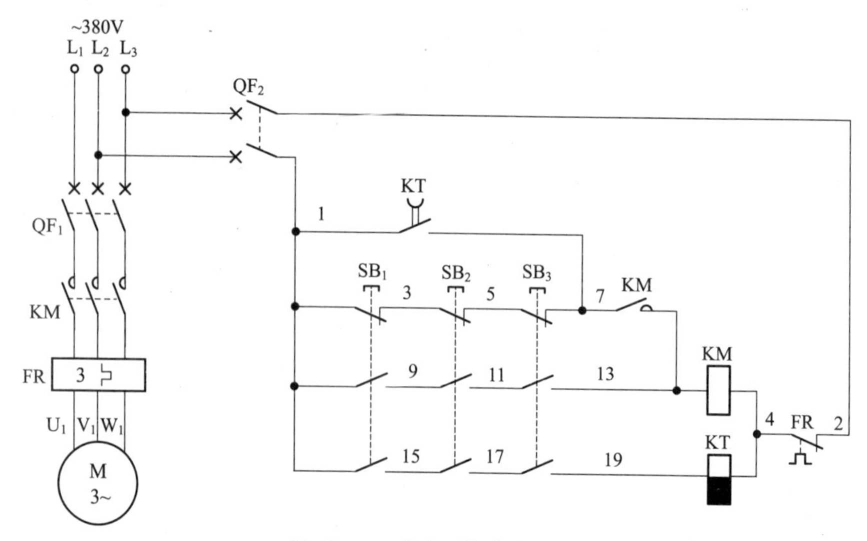

图 10.19 保密开机控制电路

停止时,可按下任意一只按钮(SB_1 或 SB_2 或 SB_3),其常闭触点(1-3、3-5、5-7)断开,切断 KM 自锁回路,KM 线圈断电释放,KM 三相主触点断开,电动机失电停止运转。

10.20 JS11PDN 型搅拌机控制器应用电路

通常用于建筑的混凝土搅拌机控制电路需多只电气元件进行正反转控制,本电路中介绍的 JS11PDN 型数字式时间继电器,它实际上就是一个成品的搅拌机控制器,其应用电路如图 10.20 所示。

合上断路器 QF,接通三相交流 380V 电源,电路处于热备用状态。

按下启动按钮 SB_2(7-9),搅拌机控制器 KT 得电工作,按照内置正转→停→反转→停……循环并定时,当运转时间到了设定时间后,KT 自动切断内部控制电路,使其停止运转。当需要停止时,按下停止按钮 SB_1(1-3)即可。

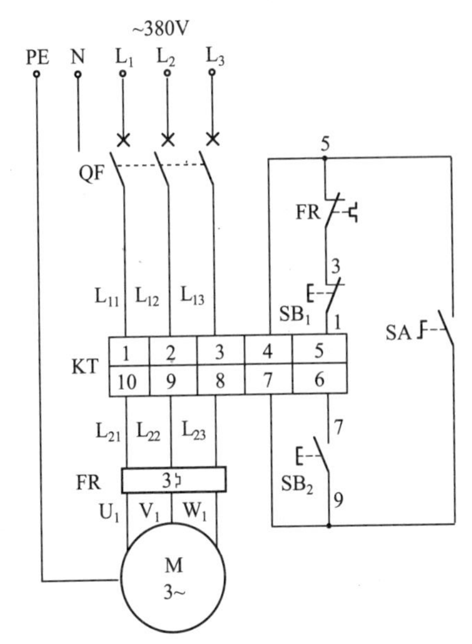

图 10.20 JS11PDN 型搅拌机控制器应用电路

10.21 双路熔断器启动控制电路

通常电路中的运转熔断器 FU_1 的熔断电流稍大于电动机的额定电流;而启动熔断器 FU_2 的熔断电流为电动机额定电流的 2 倍。

双路熔断器启动控制电路如图 10.21 所示,启动时,按下启动按钮 SB_2(1-3),交流接触器 KM_1 和得电延时时间继电器 KT 线圈得电吸合且 KM_1 的一组辅助常开触点(1-3)闭合自锁,KT 开始延时;与此同时,KM_1 三相主触点闭合,先将启动用熔断器 FU_2 投入启动电路中进行启动,KM_1 的另一组辅助常开触点(1-7)闭合,接通了交流接触器 KM_2 线圈的回路电源,使 KM_2 线圈得电吸合且 KM_2 辅助常开触点(1-7)闭合自锁,KM_2 三相主触点闭合,电动机得电进行启动。经 KT 一段延时后,也就是电动机串启动熔断器 FU_2 正常启动之后,需转为正常运转时,KT 得电延时断开的常闭触点(3-5)断开,切断 KM_1 和 KT 线圈的回路电源,KM_1 和 KT 线圈断电释放,KM_1 三相主触点断开,切除启动熔断器 FU_2,使其退出运行,这样,运转熔断器 FU_1 投入电路正常运转工作。

停止时,按下停止按钮 SB_1(7-9),切断交流接触器 KM_2 线圈的回路电源，KM_2 线圈断电释放，KM_2 三相主触点断开，电动机失电停止运转。

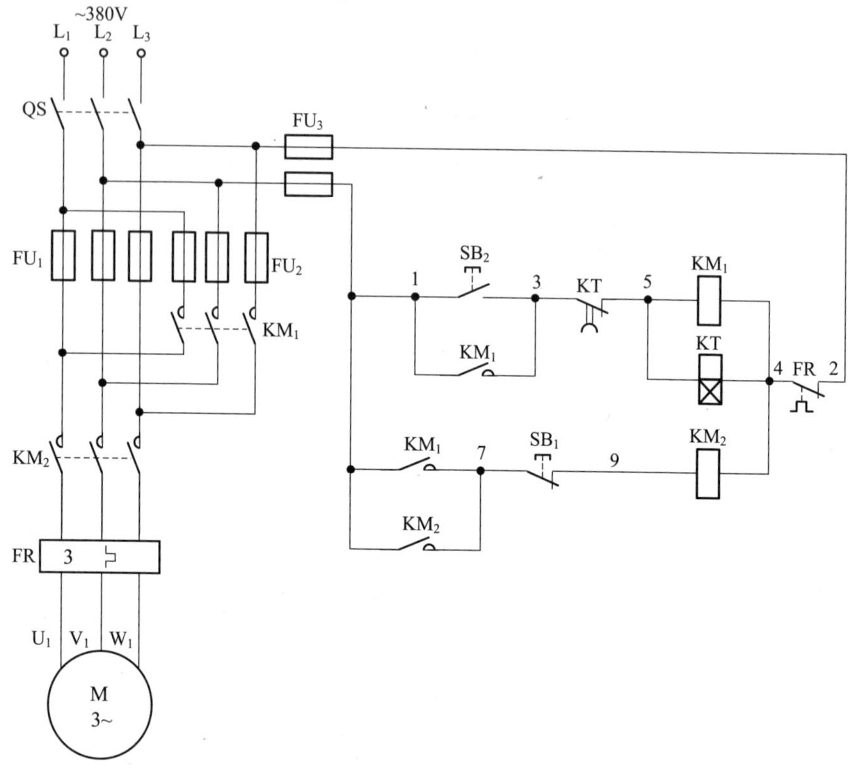

图 10.21　双路熔断器启动控制电路

10.22　电动机固定转向控制电路

电动机固定转向控制电路如图 10.22 所示。

合上主回路断路器 QF_1、控制回路断路器 QF_2，为电路工作做准备。

1. 当三相电源相序正确时

错缺相保护器 CQX-1 动作，其内部继电器 K 线圈吸合，K 常闭触点断开，K 常开触点闭合。也就是说，相序正确时，通过 CQX-1 内部继电器 K 的常开触点进行控制。

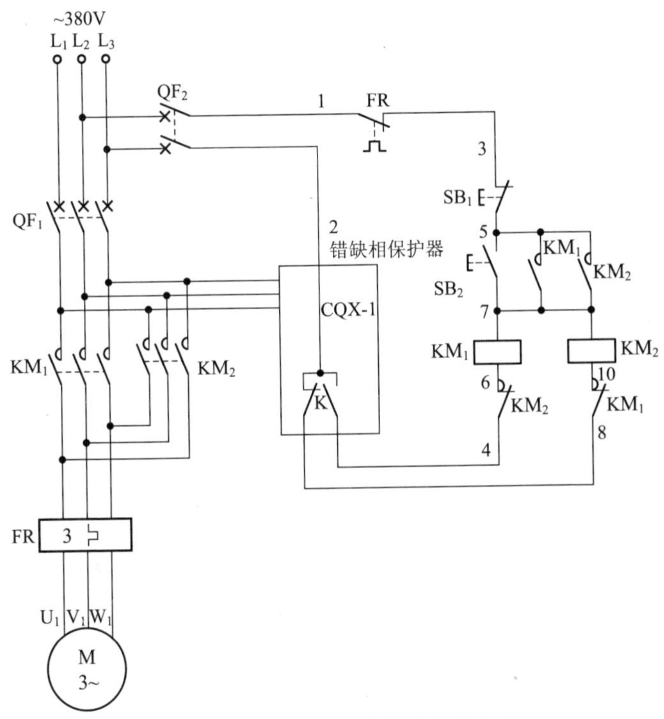

图 10.22 电动机固定转向控制电路

1）启　动

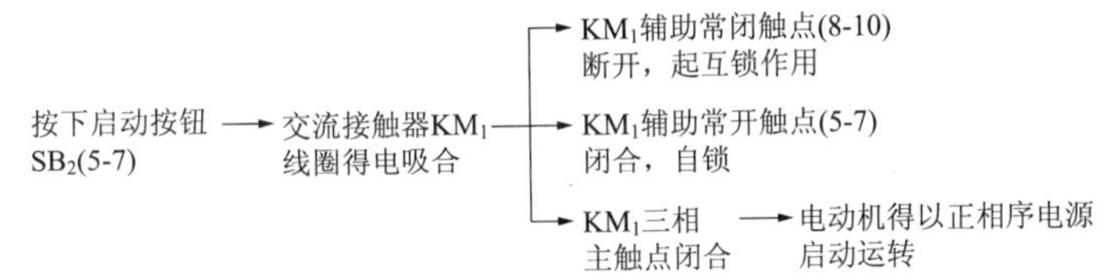

2）停　止

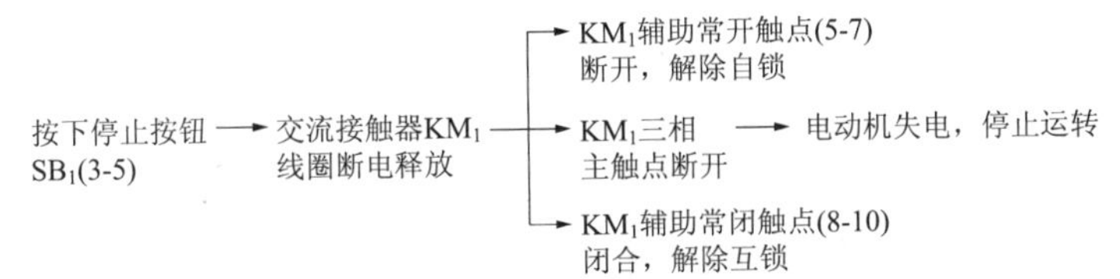

2. 当三相电源相序不正确时

错缺相保护器CQX-1不动作，其内部继电器K线圈断电释放，K常闭触点恢复常闭，K常开触点恢复常开。也就是说，相序不正确时，通过CQX-1内部继电器K的常闭触点进行控制。

1）启　动

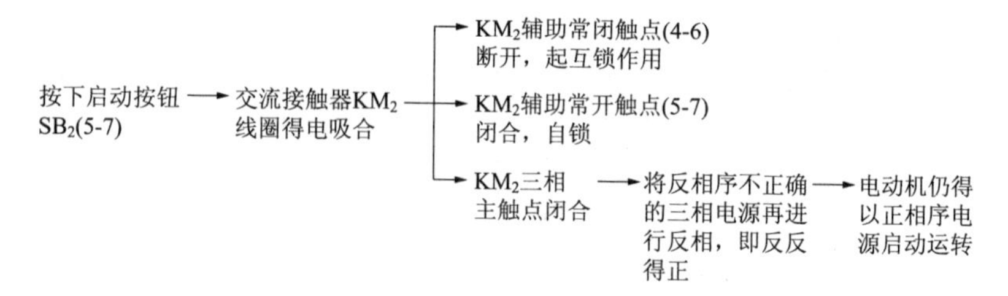

2）停　止

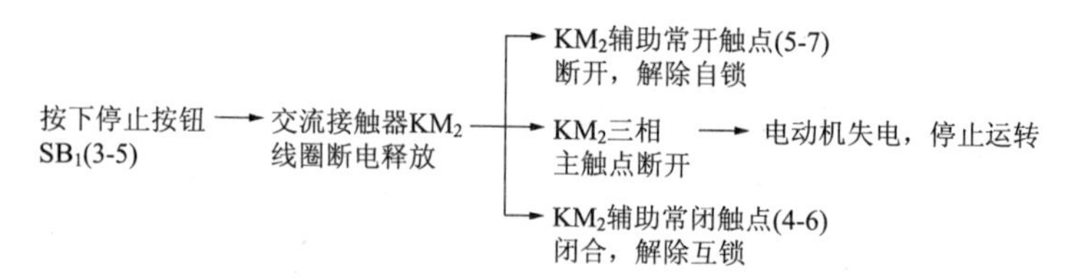

10.23　得电延时头配合接触器式继电器完成开机预警控制电路

得电延时头配合中间继电器完成开机预警控制电路如图10.23所示，开机时，按下启动按钮SB_2(3-5)，带得电延时头的接触器式继电器KAT线圈得电吸合且KAT常开触点(3-5)闭合自锁，KAT开始延时。此时，预警电铃HA响，预警灯HL亮，以告知此机正在进行开机。经过KAT一段时间延时后，KAT得电延时闭合的常开触点(3-9)闭合，接通了交流接触器KM线圈的回路电源，KM线圈得电吸合且KM辅助常开触点(3-9)闭合自锁，KM三相主触点闭合，电动机得电启动运转。与此同时，KM串联在KAT线圈的回路中的辅助常闭触点(5-7)断开，切断了KAT线圈的回路电源，KAT线圈断电释放，KAT所有触点恢复原始状态，预警电铃HA停止鸣响，预警灯HL熄灭。

停机时，按下停止按钮 SB_1(1-3)，交流接触器 KM 线圈断电释放，KM 三相主触点断开，电动机失电停止运转。

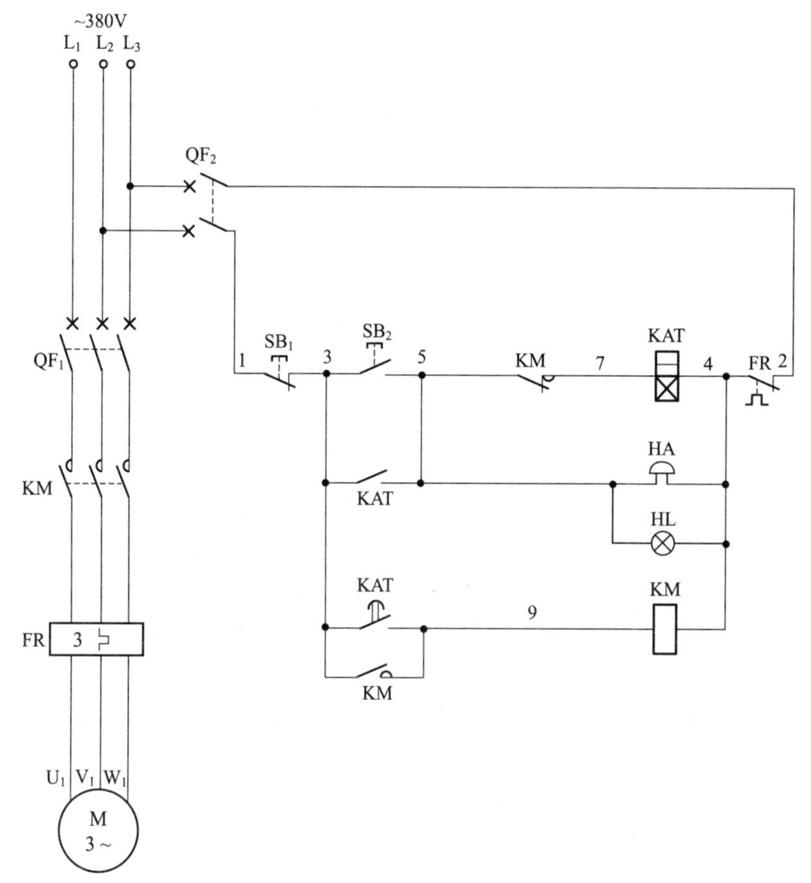

图 10.23 得电延时头配合接触器式继电器完成开机预警控制电路

10.24 重载设备启动控制电路(一)

重载设备启动控制电路(一)如图 10.24 所示。

合上主回路断路器 QF_1、控制回路断路器 QF_2，为电路工作做准备。

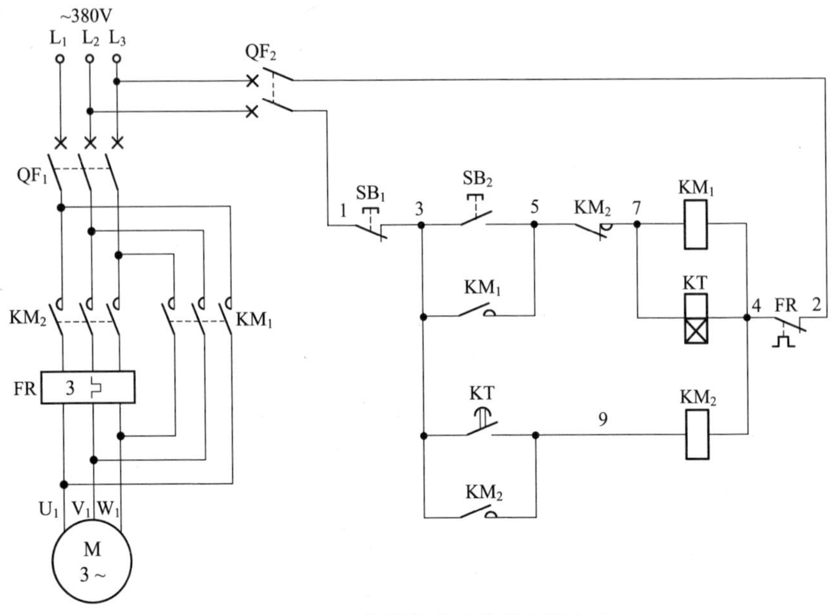

图 10.24 重载设备启动控制电路(一)

1. 启　动

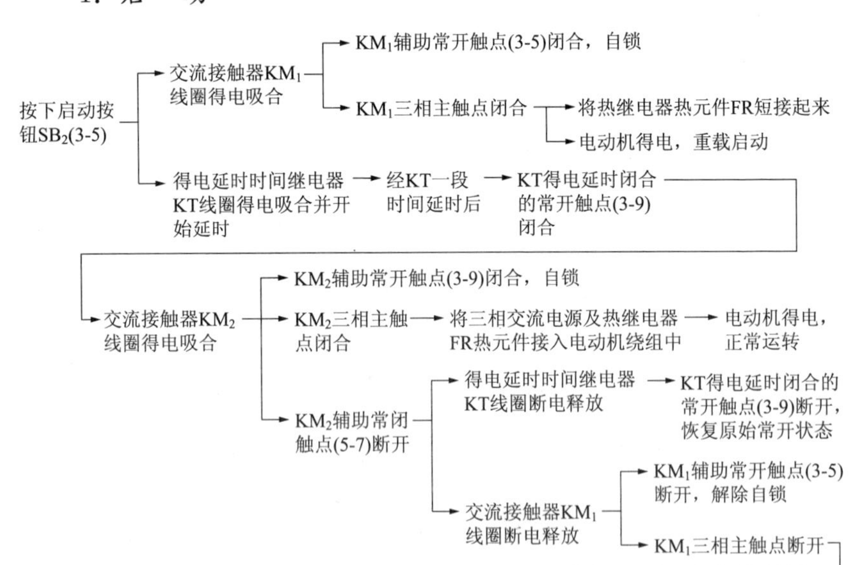

2. 停　止

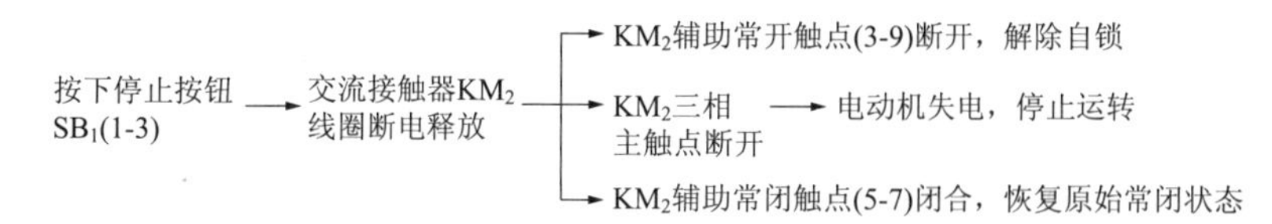

10.25 重载设备启动控制电路(二)

重载设备启动控制电路(二)如图 10.25 所示。

合上主回路断路器 QF_1、控制回路断路器 QF_2，为电路工作做准备。

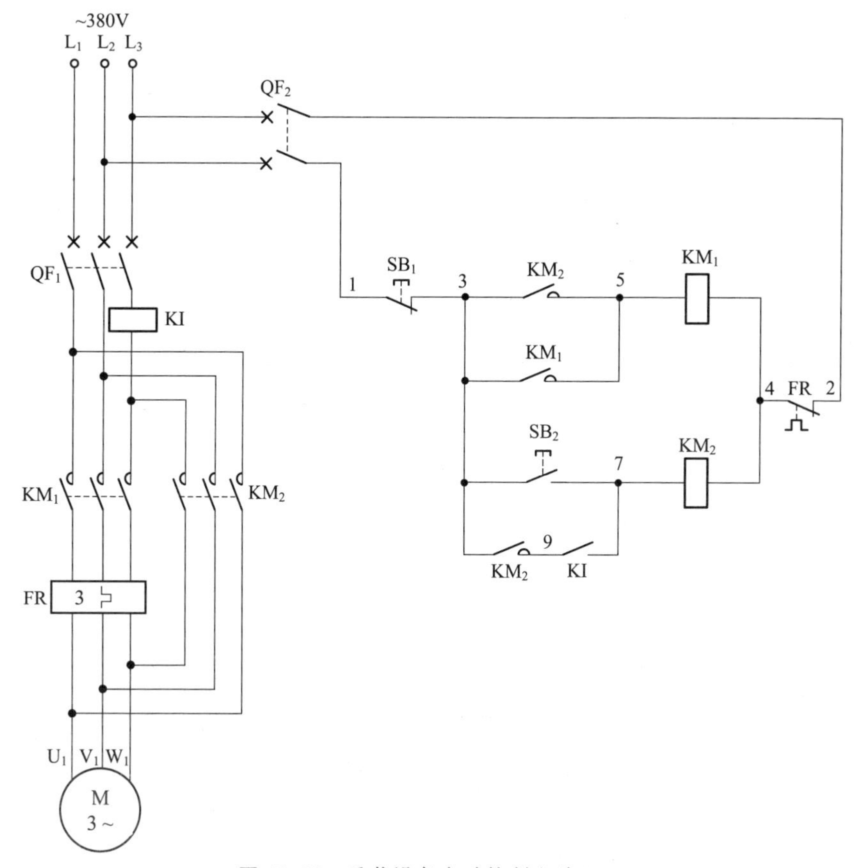

图 10.25　重载设备启动控制电路(二)

1. 启　动

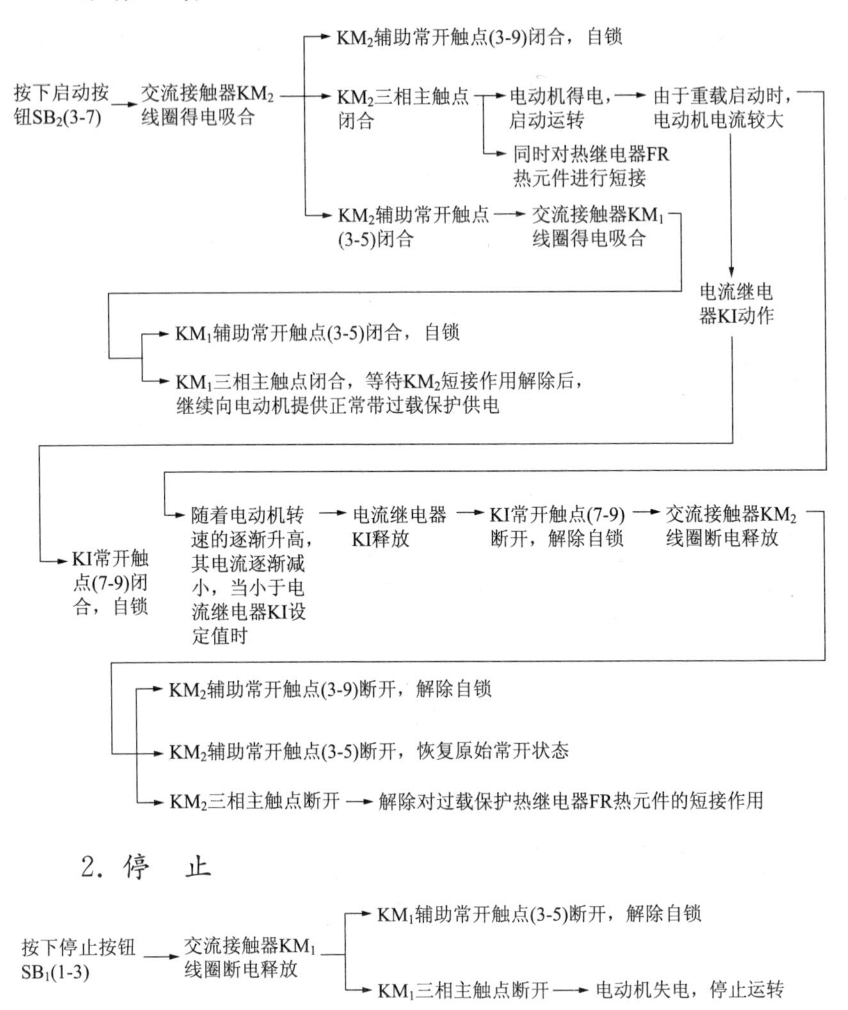

2. 停　止

按下停止按钮 SB_1(1-3) → 交流接触器 KM_1 线圈断电释放 → KM_1 辅助常开触点(3-5)断开，解除自锁；KM_1 三相主触点断开 → 电动机失电，停止运转

10.26 重载设备启动控制电路(三)

重载设备启动控制电路(三)如图10.26所示。

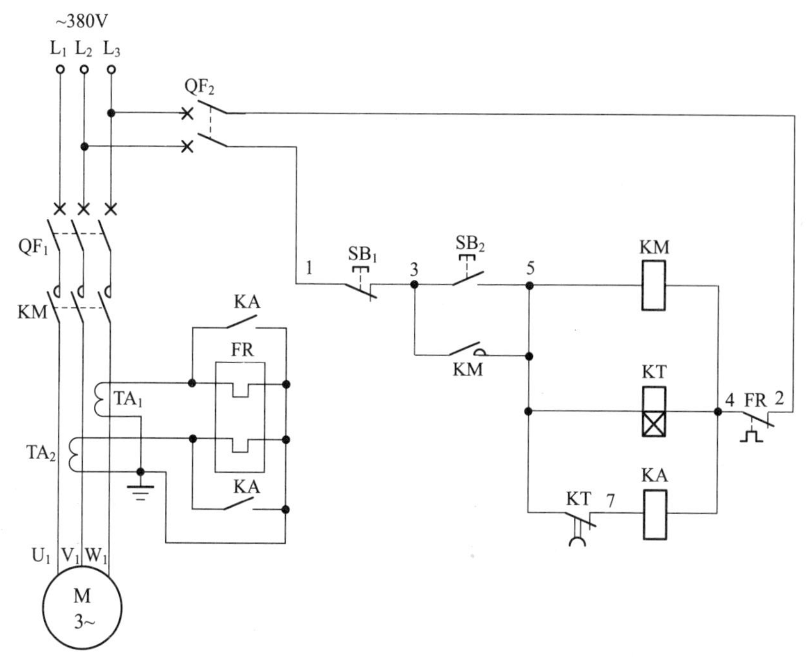

图 10.26　重载设备启动控制电路(三)

合上主回路断路器 QF_1、控制回路断路器 QF_2，为电路工作做准备。

1. 启　动

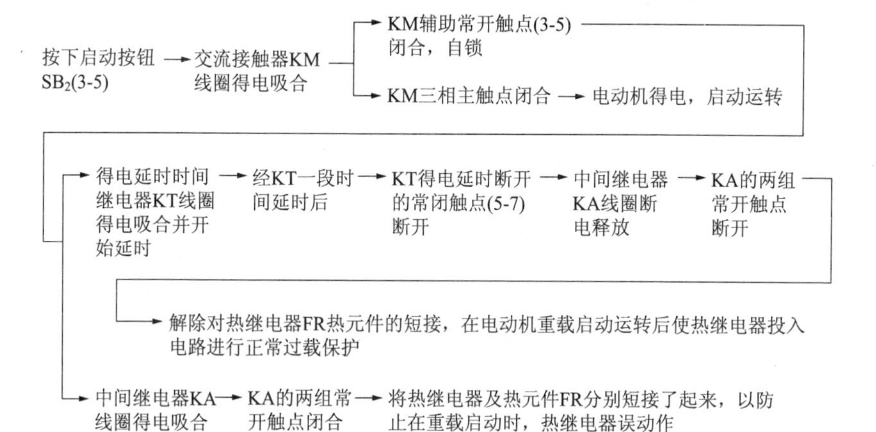

2. 停　止

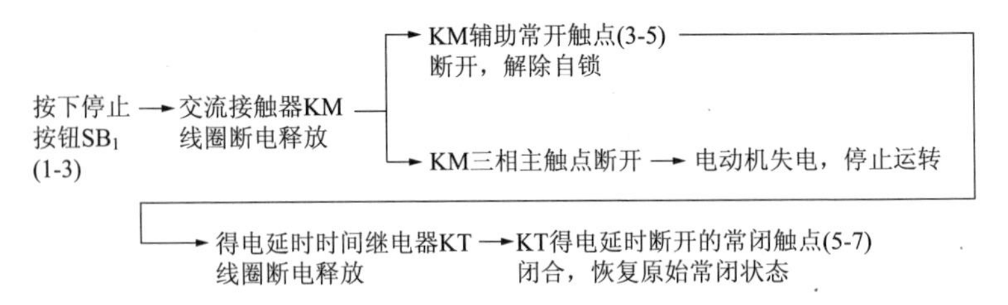

10.27　卷扬机控制电路(一)

卷扬机控制电路(一)如图10.27所示。

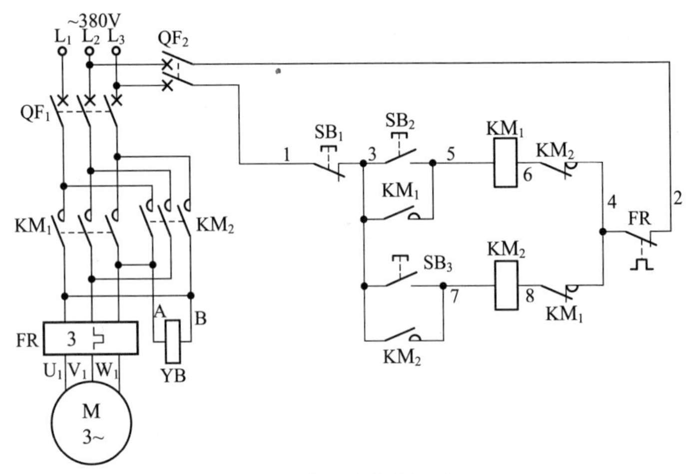

图10.27　卷扬机控制电路(一)

合上主回路断路器QF_1、控制回路断路器QF_2，为电路工作做准备。

1. 上升(正转)启动

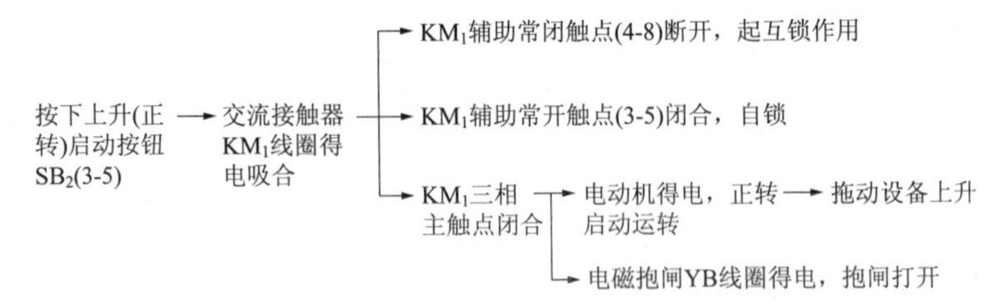

2. 上升(正转)停止

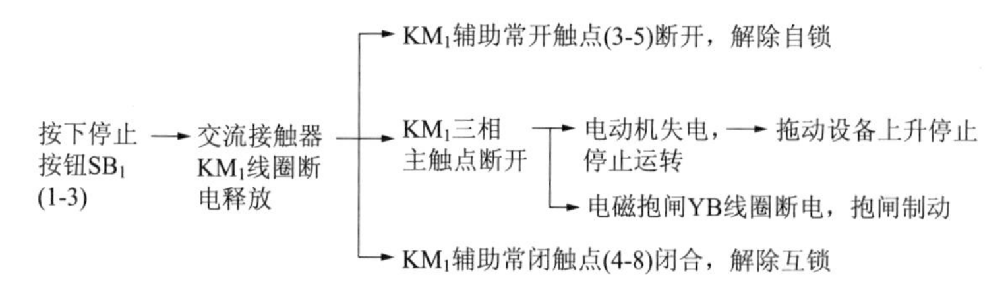

3. 下降(反转)启动

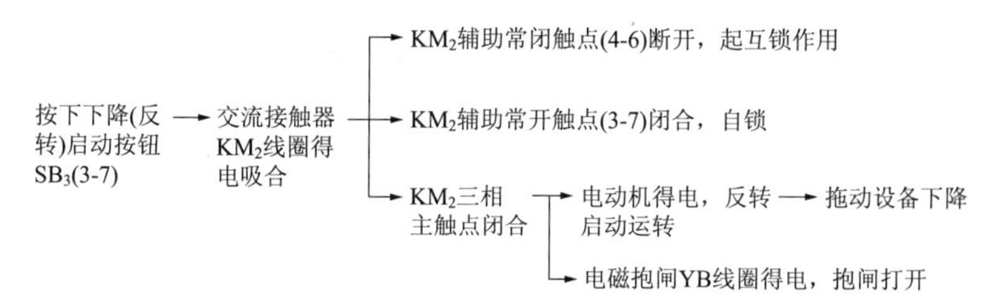

4. 下降(反转)停止

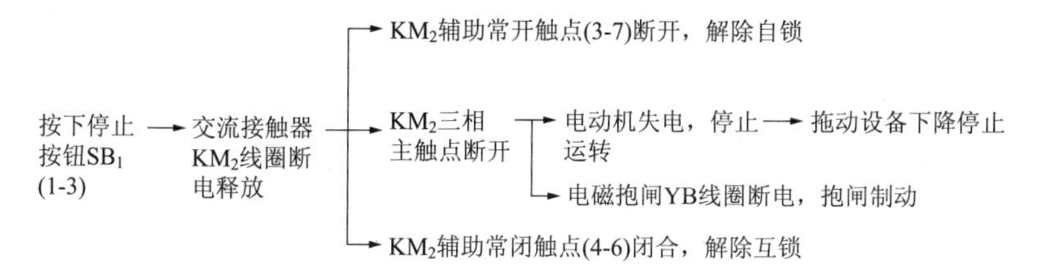

10.28 卷扬机控制电路(二)

卷扬机控制电路(二)如图 10.28 所示。

1. 正转启动运转

合上主回路断路器 QF_1，主回路通入三相交流 380V 电源，为电动机启动运转做准备。合上控制回路断路器 QF_2，控制回路通入从 L_2、L_3 相上引出的单相交流 380V 电源，为控制回路工作做准备。按下正转启动按钮 SB_2，其常开触点(3-5)闭合。正转启动按钮 SB_2 常开触点(3-5)闭合，接通了正转交流接触器 KM_1 线圈回路电源，KM_1 线圈得电吸合。正转交流接触器 KM_1 线圈得电吸合时，KM_1 辅助常闭触点(13-15)断开，

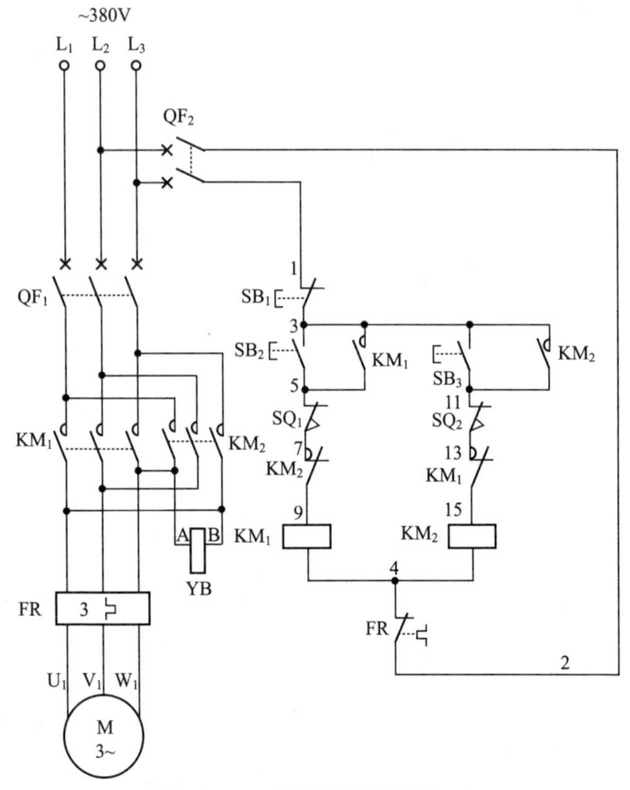

图 10.28　卷扬机控制电路(二)

切断了反转交流接触器 KM_2 线圈回路电源,使 KM_2 线圈不能得电吸合,起到接触器常闭触点互锁作用。正转交流接触器 KM_1 线圈得电吸合时,KM_1 辅助常开触点(3-5)闭合,起到自锁作用。正转交流接触器 KM_1 线圈得电吸合时,KM_1 三相主触点闭合,电磁抱闸 YB 线圈得电松闸打开,电动机得电正转启动运转,拖动设备正转工作。

至此,完成对电动机正转启动运转的控制。

2. 正转手动停止

按下停止按钮 SB_1,其常闭触点(1-3)断开。停止按钮 SB_1 常闭触点(1-3)断开,切断了正转交流接触器 KM_1 线圈回路电源,KM_1 线圈断电释放。正转交流接触器 KM_1 线圈断电释放时,KM_1 三相主触点断开,电动机失电停止运转同时电磁抱闸线圈 YB 失电抱住转轴制动,拖动设备正转运转停止。正转交流接触器 KM_1 线圈断电释放时,KM_1 辅助常开触点(3-5)断开,恢复原始常开状态,解除对 KM_1 线圈的自锁作用。正转交流接触器 KM_1 线圈断电释放时,KM_1 辅助常闭触点(13-15)闭合,恢复原始常闭状态,解除对反转交流接触器 KM_2 线圈的互锁作用。

至此,完成对电动机正转的手动停止控制。

3. 正转到位自动停止

当正转到位碰触到行程开关 SQ_1 时,其常闭触点(5-7)断开。行程开关 SQ_1 常闭触点(5-7)断开,切断了正转交流接触器 KM_1 线圈回路电源,KM_1 线圈断电释放。正转交流接触器 KM_1 线圈断电释放时,KM_1 三相主触点断开,电动机失电停止运转同时电磁抱闸线圈 YB 失电抱住转轴制动,拖动设备正转运转停止。正转交流接触器 KM_1 线圈断电释放时,KM_1 辅助常开触点(3-5)断开,恢复原始常开状态,解除对 KM_1 线圈的自锁作用。正转交流接触器 KM_1 线圈断电释放时,KM_1 辅助常闭触点(13-15)闭合,恢复原始常闭状态,解除对反转交流接触器 KM_2 线圈的互锁作用。

至此,完成对电动机正转到位时的自动停止控制。

4. 反转启动运转

按下反转启动按钮 SB_3,其常开触点(3-11)闭合。反转启动按钮 SB_3 常开触点(3-11)闭合,接通了反转交流接触器 KM_2 线圈回路电源,KM_2 线圈得电吸合。反转交流接触器 KM_2 线圈得电吸合时,KM_2 辅助常闭触点(7-9)断开,切断了正转交流接触器 KM_1 线圈回路电源,使 KM_1 线圈不能得电吸合,起到接触器常闭触点互锁作用。反转交流接触器 KM_2 线圈得电吸合时,KM_2 辅助常开触点(3-11)闭合,起到自锁作用。反转交流接触器 KM_2 线圈得电吸合时,KM_2 三相主触点闭合,电磁抱闸 YB 线圈得电松闸打开,电动机得电反转启动运转,拖动设备反转工作。

至此,完成对电动机反转启动运转的控制。

5. 反转手动停止

按下停止按钮 SB_1,其常闭触点(1-3)断开。停止按钮 SB_1 常闭触点(1-3)断开,切断了反转交流接触器 KM_2 线圈回路电源,KM_2 线圈断电释放。反转交流接触器 KM_2 线圈断电释放时,KM_2 三相主触点断开,电动机失电停止运转同时电磁抱闸线圈 YB 失电抱住转轴制动,拖动设备反转运转停止。反转交流接触器 KM_2 线圈断电释放时,KM_2 辅助常开触点(3-11)断开,恢复原始常开状态,解除对 KM_2 线圈的自锁作用。反

转交流接触器 KM_2 线圈断电释放时，KM_2 辅助常闭触点(7-9)闭合，恢复原始常闭状态，解除对正转交流接触器 KM_1 线圈的互锁作用。

至此，完成对电动机反转的手动停止控制。

6. 反转到位自动停止

当反转到位碰触到行程开关 SQ_2 时，其常闭触点(11-13)断开。行程开关 SQ_2 常闭触点(11-13)断开，切断了反转交流接触器 KM_2 线圈回路电源，KM_2 线圈断电释放。反转交流接触器 KM_2 线圈断电释放时，KM_2 三相主触点断开，电动机失电停止运转同时电磁抱闸线圈 YB 失电抱住转轴制动，拖动设备反转运转停止。反转交流接触器 KM_2 线圈断电释放时，KM_2 辅助常开触点(3-11)断开，恢复原始常开状态，解除对 KM_1 线圈的自锁作用。反转交流接触器 KM_2 线圈断电释放时，KM_2 辅助常闭触点(7-9)闭合，恢复原始常闭状态，解除对正转交流接触器 KM_1 线圈的互锁作用。

至此，完成对电动机反转到位时的自动停止控制。

10.29 两台电动机联锁控制电路(一)

两台电动机联锁控制电路(一)如图 10.29 所示。

合上主回路断路器 QF_1、QF_2 控制回路断路器 QF_3，为电路工作做准备。

1. 联锁启动

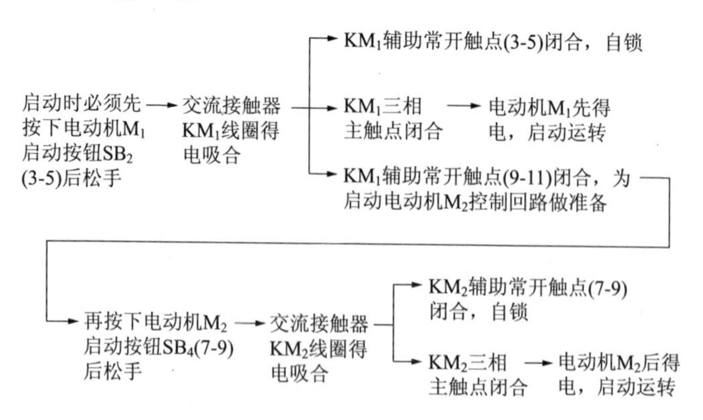

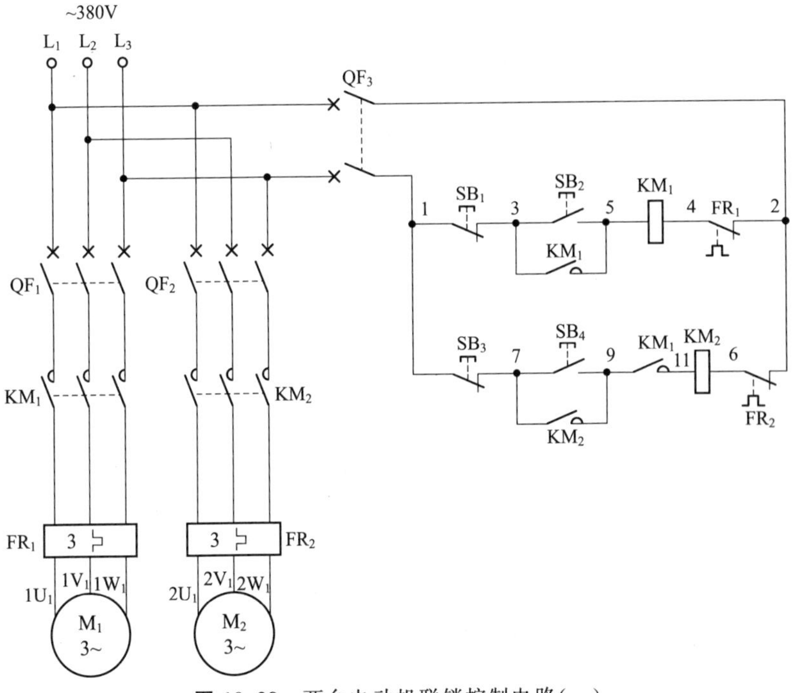

图 10.29 两台电动机联锁控制电路(一)

2. 停　止

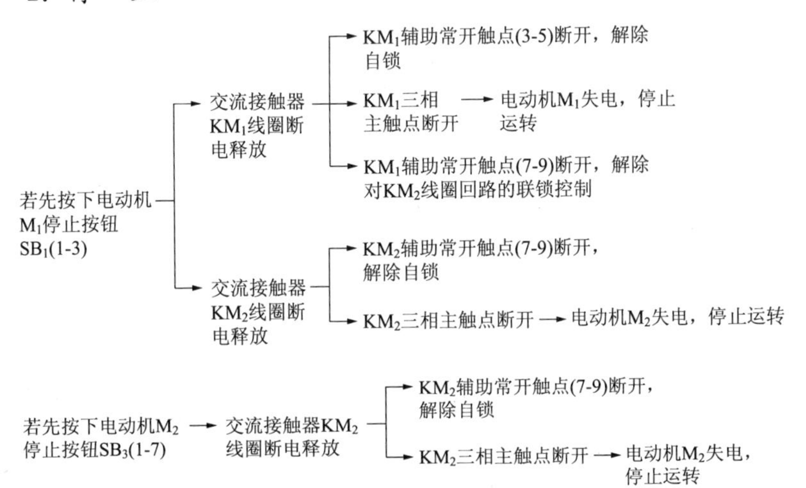

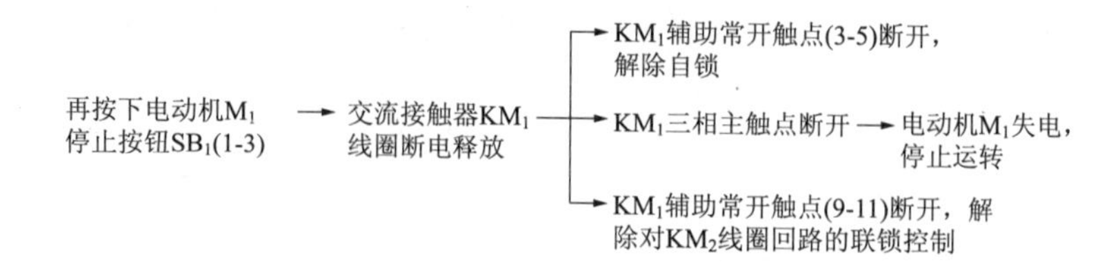

10.30　两台电动机联锁控制电路(二)

两台电动机联锁控制电路(二)如图10.30所示。

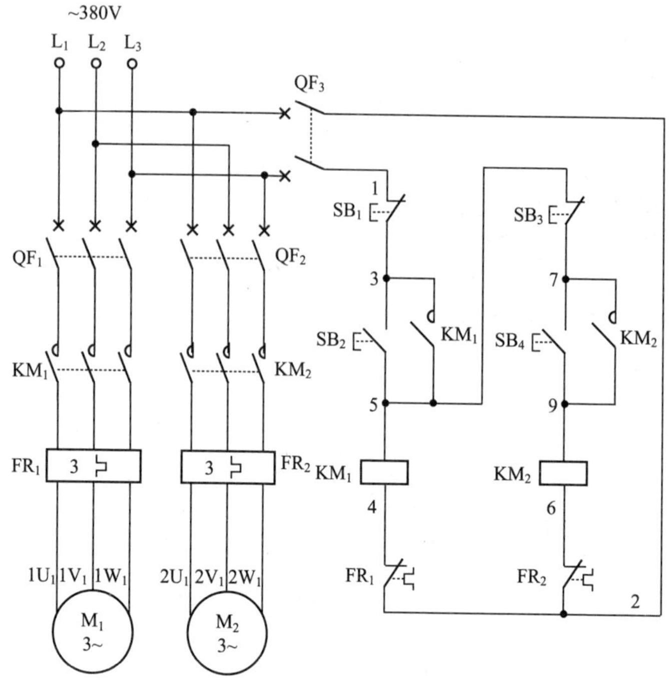

图10.30　两台电动机联锁控制电路(二)

1. 启　动

合上主回路断路器 QF_1，主回路通入三相交流380V电源，为电动机 M_1 启动运转做准备。合上主回路断路器 QF_2，主回路通入三相交流380V电源，为电动机 M_2 启动运转做准备。合上控制回路断路器 QF_3，控制回路通入从 L_1、L_3 相上引出的单相交流380V电源，为控制回路工作做准备。按下启动按钮 SB_2,其常开触点(3-5)闭合。启动按钮 SB_2 常开触点(3-5)闭合,接通了交流接触器 KM_1 线圈回路电源,KM_1 线圈得电吸合。交流接触器 KM_1 线圈得电吸合时,KM_1 辅助常开触点(3-5)闭合,将 KM_1 线圈回路自锁了起来。因 KM_2 线圈控制电路接在此常开触点之后,进行联锁控制。交流接触器 KM_1 线圈得电吸合时,KM_1 三相主触点闭合,电动机 M_1 绕组得以三相交流 380V 电源而启动运转,1# 拖动设备运转。先完成电动机 M_1 的启动运转控制。

当交流接触器 KM_1 辅助常开触点(3-5)闭合后,为电动机 M_2 控制回路交流接触器 KM_2 线圈工作提供了条件,允许对电动机 M_2 控制回路进行操作。再按下启动按钮 SB_4,其常开触点(7-9)闭合。启动按钮 SB_4 常开触点(7-9)闭合,接通了交流接触器 KM_2 线圈回路电源,KM_2 线圈得电吸合。交流接触器 KM_2 线圈得电吸合时,KM_2 辅助常开触点(7-9)闭合,将 KM_2 线圈回路自锁了起来。交流接触器 KM_2 线圈得电吸合时,KM_2 三相主触点闭合,电动机 M_2 绕组得以三相交流 380V 电源而启动运转,2# 拖动设备运转。后完成电动机 M_2 的启动运转控制。

至此,完成 M_1、M_2 两台电动机的联锁启动控制。即启动时必须先启动电动机 M_1,再启动电动机 M_2。

2. 停　止

本电路有两种停止方式,一是先按停止按钮 SB_1 完成两台电动机 M_1、M_2 同时停止控制;二是先按停止按钮 SB_3,再按停止按钮 SB_1 完成两台电动机从后向前逐台分别停止控制。

(1) 按停止按钮 SB_1 完成两台电动机 M_1、M_2 同时停止时的动作过程:按下停止按钮 SB_1,其常闭触点(1-3)断开。停止按钮 SB_1 常闭触点(1-3)断开,切断了交流接触器 KM_1 线圈回路电源,KM_1 线圈断电释放。交流接触器 KM_1 线圈断电释放时,KM_1 三相主触点断开,电动机 M_1 绕组失去三相交流 380V 电源而停止运转,1# 拖动设备停止运转。交流接触器 KM_1 线圈断电释放时,KM_1 辅助常开触点(3-5)断开,恢复原始常开状态,解除对 KM_1 线圈回路的自锁作用。停止按钮 SB_1 常闭触点(1-3)断开的同时,也切断了交流接触器 KM_2 线圈回路电源,KM_2 线圈断电释放。交流接触器 KM_2 线圈断电释放时,KM_2 三相主触点断开,电动机 M_2 绕组失去三相交流 380V 电源而停止运转,2# 拖动设备停止运转。交流接触器 KM_2 线圈断电释放时,KM_2 辅助常开触点(7-9)断开,恢复原始常开状态，解除对 KM_2 线圈回路的自锁作用。

至此，完成按停止按钮 SB_1 完成两台电动机 M_1、M_2 同时停止的控制。

(2) 停止时，先按下停止按钮 SB_3，再按下停止按钮 SB_1 完成两台电动机 M_1、M_2 从后向前逐台分别停止时的动作过程：先按下停止按钮 SB_3，其常闭触点(5-7)断开。停止按钮 SB_3 常闭触点(5-7)断开，切断了交流接触器 KM_2 线圈回路电源，KM_2 线圈断电释放。交流接触器 KM_2 线圈断电释放时，KM_2 三相主触点断开，电动机 M_2 绕组先失去三相交流380V电源而停止运转，2# 拖动设备停止运转。交流接触器 KM_2 线圈断电释放时，KM_2 辅助常开触点(7-9)断开，恢复原始常开状态，解除对 KM_2 线圈回路的自锁作用。再按下停止按钮 SB_1，其常闭触点(1-3)断开。停止按钮 SB_1 常闭触点(1-3)断开，切断了交流接触器 KM_1 线圈回路电源，KM_1 线圈断电释放。交流接触器 KM_1 线圈断电释放时，KM_1 三相主触点断开，电动机 M_1 绕组后失去三相交流380V电源而停止运转，1# 拖动设备停止运转。交流接触器 KM_1 线圈断电释放时，KM_1 辅助常开触点(3-5)断开，恢复原始常开状态，解除对 KM_1 线圈回路的自锁作用。

至此，完成停止时先按下停止按钮 SB_3，再按下停止按钮 SB_1 两台电动机 M_1、M_2 从后向前逐台分别停止控制。

10.31 采用安全电压控制电动机启停电路

采用安全电压控制电动机启停电路如图10.31所示。

合上主回路断路器 QF_1、控制回路断路器 QF_2、QF_3，为电路工作做准备。

1. 启 动

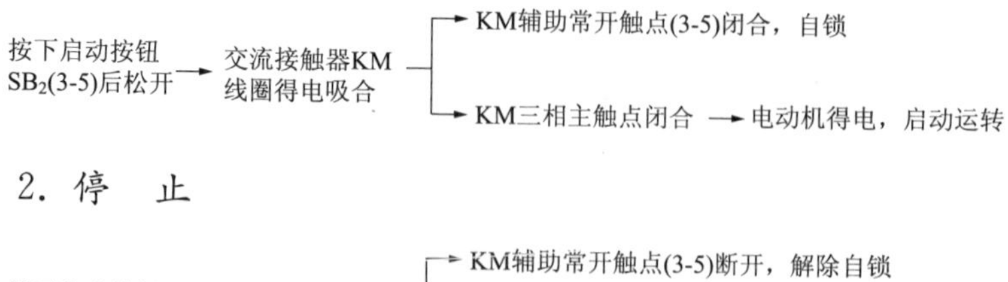

2. 停 止

按下停止按钮 SB_1(1-3) → 交流接触器KM线圈断电释放 →
- KM辅助常开触点(3-5)断开，解除自锁
- KM三相主触点断开 → 电动机失电，停止运转

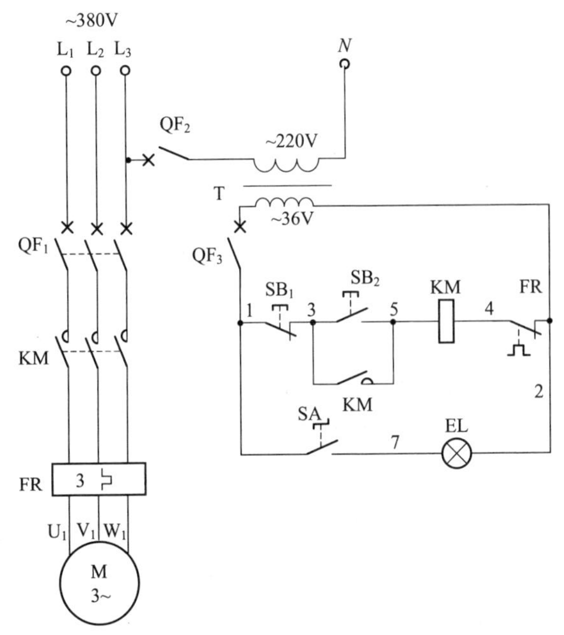

图 10.31 采用安全电压控制电动机启停电路

3. 照明灯控制

合上手动开关SA(1-7) → 照明灯EL点亮

断开手动开关SA(1-7) → 照明灯EL熄灭

10.32 带热继电器过载保护的点动控制电路

带热继电器过载保护的点动控制电路如图 10.32 所示。

合上主回路断路器 QF_1、控制回路断路器 QF_2，为电路工作做准备。

1. 点动启动

按住点动按钮SB(1-3)不放手 → 交流接触器KM线圈得电吸合 → KM三相主触点闭合 → 电动机得电，启动运转

2. 点动停止

松开被按住的点动按钮SB(1-3) → 交流接触器KM线圈断电释放 → KM三相主触点断开 → 电动机失电，停止运转

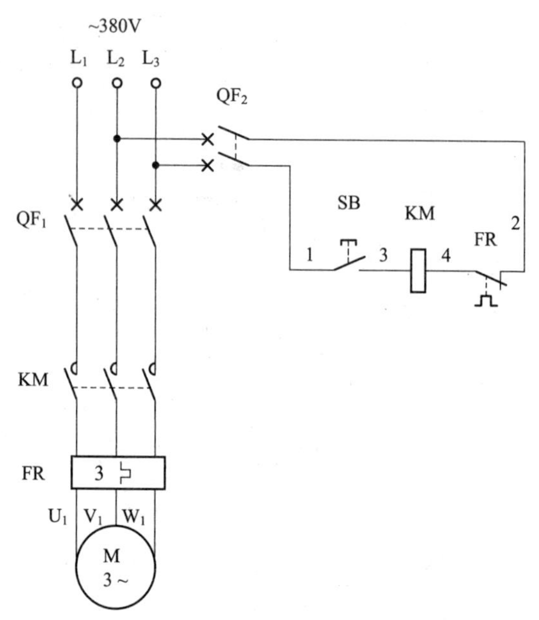

图 10.32　带热继电器过载保护的点动控制电路